高等职业教育“十四五”规划教材
国家“双高计划”课程成果系列教材
乡村振兴人才培养系列教材

动物医院实务

赵爱华　郝福星　戴建华　主编

中国农业大学出版社
·北京·

内 容 简 介

《动物医院实务》是一本以工作任务为导向的工作手册式教材。本教材内容围绕动物医院实际工作岗位设计，包括动物医院筹建、前台岗位工作、动物门诊岗位工作、化验岗位工作、病理检查岗位工作、治疗护理岗位工作、综合管理岗位工作共七个项目，每个项目下又设计若干任务，让学生在完成项目的具体任务过程中学习消化相关理论知识，并发展综合职业能力。在内容选取上，注意知识点与临床实践的对接、技术规范与工作岗位实际需求对接、知识体系与执业兽医师考证对接。本教材语言简洁，结构紧凑，紧扣实践，工作任务流程清晰，可操作性强；紧跟行业发展，融入行业新成果、新标准及相关法律法规，具有很强的执业指导性。

本教材适用面广，既可供职业院校师生专业教学之用，也可供动物诊疗行业从业人员自学、参考之用。

图书在版编目(CIP)数据

动物医院实务 / 赵爱华，郝福星，戴建华主编. -- 北京：中国农业大学出版社，2024.2 (2024.6 重印)

ISBN 978-7-5655-3169-9

Ⅰ.①动… Ⅱ.①赵…②郝…③戴… Ⅲ.①兽医院－运营管理 Ⅳ.①S851.7

中国国家版本馆 CIP 数据核字(2024)第 036598 号

书　名 动物医院实务

作　者 赵爱华 郝福星 戴建华 主编

策划编辑 林孝栋 康昊婷　　**责任编辑** 陈睿赜

封面设计 郑 川 李尘工作室

出版发行 中国农业大学出版社

社　址 北京市海淀区圆明园西路 2 号　　**邮政编码** 100193

电　话 发行部 010-62733489，1190　　读者服务部 010-62732336

编辑部 010-62732617，2618　　出 版 部 010-62733440

网　址 http://www.caupress.cn　　**E-mail** cbsszs@cau.edu.cn

经　销 新华书店

印　刷 运河(唐山)印务有限公司

版　次 2024 年 3 月第 1 版　2024 年 6 月第 2 次印刷

规　格 185 mm×260 mm　16 开本　17.5 印张　437 千字

定　价 54.00 元

图书如有质量问题本社发行部负责调换

编审人员

主　编　赵爱华（江苏农牧科技职业学院）
郝福星（江苏农牧科技职业学院）
戴建华（江苏农牧科技职业学院）

副主编　陈光明（江苏农牧科技职业学院）
田宗祥（甘肃畜牧工程职业技术学院）
顾庆云（西藏职业技术学院）
傅宏庆（江苏农牧科技职业学院）

参　编　（按姓氏笔画排序）
王　芳（山东畜牧兽医职业学院）
王　健（江苏农牧科技职业学院）
宁存贺（泰州市佳牧动物诊疗有限公司）
朱浩东（无锡市关爱宠物医院塘南总院）
刘文静（江苏农牧科技职业学院）
李梅清（山东畜牧兽医职业学院）
吴玉琴（泰州市牧友农牧科技有限公司）
张林吉（徐州生物工程职业技术学院）
陈　琳（江苏农牧科技职业学院）
陈颖妮（贵州农业职业学院）
卓国荣（江苏农牧科技职业学院）
单宏宇（如皋市爱贝宠物医院）
俞小波（如东县畜牧总站）
姜忠华（南通市康美宠物医院）
郭广富（江苏农牧科技职业学院）
窦浩华（泰州市君元生物科技有限公司）
蔡丙严（江苏农牧科技职业学院）

审　稿　武彩红（江苏农牧科技职业学院）
王希春（安徽农业大学）

前 言

习近平总书记在党的二十大报告中指出："加强企业主导的产学研深度融合，强化目标导向，提高科技成果转化和产业化水平。"本教材以《国家职业教育改革实施方案》(简称"职教二十条")为指导，校企共同研究制定人才培养方案，及时将新技术、新成果、新规范纳入教学标准和教学内容，编写工作手册式教材并配套开发信息化资源。本教材的编写过程以《职业技能提升行动方案(2019—2021 年)》(国办发〔2019〕24 号)、《教育部关于职业院校专业人才培养方案制订与实施工作的指导意见》(教职成〔2019〕13 号)为指南，落实《教育部　财政部关于实施中国特色高水平高职学校和专业建设计划的意见》(教职成〔2019〕5 号)的要求，结合教育部等四部门印发《关于在院校实施"学历证书＋若干职业技能等级证书"制度试点方案》(教职成〔2019〕6 号)，将 1＋X 证书制度融入教材编写中。

本教材突出"以学生为主体"的指导思想，打破以往教材以教师教学为中心的思维，让整个教学活动以学生的发展为中心，以学生的视野角度、认识特点和学习习惯来组织内容。突出职业教育的特色，即以实际岗位需求为依据、以职业能力为目标、以就业为导向的理念。教材内容结构以动物医院实际岗位职业能力为基本单位设计模块，以工作项目及任务作为知识载体，构建基于职业能力的模块化课程体系。

本教材体现活页式教材特点，打破传统教材学科逻辑思维，打造以实际动物医院岗位职业能力培养为板块的活页式知识体系，各板块知识技能体系相对独立，而又存在内在联系，既可以针对某一知识技能板块进行学习、培训，也可按动物医院工作流程进行系统的学习和培训，具有很强的实用性和灵活性。既可以作为职业院校专业教师教学的教材，也可作为动物诊疗行业从业人员学习、指导的工具书。

全书共设计动物医院筹建、前台岗位工作、动物门诊岗位工作、化验岗位工作、病理检查岗位工作、治疗护理岗位工作、综合管理岗位工作共七个项目，每个项目下又设计若干任务，让学生在完成项目的具体任务过程中学习消化相关理论知识，并发展综合职业能力。在内容选取上，注意知识点与临床实践的对接、技术规范与行业实际工作岗位需求对接、知识体系与执业兽医师考证对接。

本教材汲取了当前动物诊疗行业中的新成果、新规范、新技术，力求内容的新颖性、先进性，使学习过程与行业需求紧密对接，大大增加了学习者快速适应岗位的能力。

由于编者水平有限，书中定有不足与疏漏之处，恳请广大读者批评指正。

编　者

2023 年 12 月

目　录

项目一
动物医院筹建

任务一 动物医院选址

动物医院的发展离不开科学的选址。选址前要进行充分的市场调研、综合考虑，既要符合动物疫病防疫条件，又要有利于医院的经营。场所选择要符合《动物防疫条件审查办法》(农业农村部令 2022 年第 8 号)规定的动物防疫条件，同时要符合《动物诊疗机构管理办法》(农业农村部令 2022 年第 5 号)的规定。动物诊疗场所选址应距离畜禽养殖场、屠宰加工场、动物交易场所不少于 200 m；动物诊疗场所应设有独立的出入口，出入口不得设在居民住宅楼内或院内，其出入口应当距离居民楼院、幼儿园、学校、超市、农贸市场等人流密集区出入口 15 m 以上。在实施过程中，各地出台相应的实施办法，并略有不同，在开办前需向当地有关部门详细了解。具备以上条件后，主要从以下几个方面进行考虑。

一、城市选择

调查显示，国内近 80%的动(宠)物医院集中在一、二线城市，主要是因为该地域经济水平高、养宠人数多且宠物主人的医疗消费意识强。但是，随着一线城市开店成本的逐渐加大，宠物行业大型连锁机构的主体资源将逐渐从一线城市向二、三线城市转移。

二、规模选择

按照经营规模不同，将动(宠)物医院分为大型、中型和小型。一般大型动(宠)物医院的营业面积在 500 m^2以上，其诊疗服务的辐射半径应为周围 30 km 左右；中型动物医院的营业面积在 300 m^2左右，其服务的辐射半径是周围的 10～20 km；小型动物医院或诊所的营业面积在 200 m^2以下，其服务区域半径为 5 km 左右。按照相关规定，动物医院使用面积至少要达到 120 m^2以上，动物诊所(室)使用面积应在 60 m^2以上。

三、位置选择

一般而言，位置最好选择地理位置方便、有停车位的场所。同时还要调查了解周围动(宠)物医院的分布情况。

首先，考虑在市中心的商业街区旁开办动物医院。因为商业中心一般是该地区客流量大、购买频率和购买质量较高的地区，来此购物的顾客大多强调较高的质量要求，对价格的敏感程度较低，对服务质量的要求和心理诉求比较高。

其次，可以选择在宠物店铺聚集的街区开办动物医院。因为同一类店铺集中在某一地段或街区，更能招揽顾客，经营同类行业的店铺很多，顾客可在这里有更多的机会进行消费和选择。在宠物店聚集的区域内开展差异化经营，可更快地打开市场和动物医院知名度，但需注意避免出现太多雷同经营的情况。

最后，可以选择在人口密度高的居民区附近开店。因为此处人口比较集中，人口密度大，居民到店里的概率大，但是人口密度高不单单是指人口数量，更应关注的是养宠人数。

四、动物医院类型的选择

目前我国动物医院的类型主要包括大型连锁动物医院、社区动物医院或诊所。

大型连锁动物医院大多采取"中心动物医院＋专科医院＋社区医院"三级医疗体系，由于其资金和技术更具有优势，所以近年来成长速度非常快，其影响力也越来越大。动(宠)物医院连锁将成趋势，随着动(宠)物医院行业发展壮大，优质的、高端定位的连锁规模机构将快速发展，而资本和产业资本的介入也将对行业形成重要的支撑作用，推动大型连锁机构的扩张速度，同时也加大了动物医院之间的竞争。

社区动物医院或诊所以服务社区为主，多位于小区内或小区边缘，规模较小，医护人员少，诊疗器材简单，投资少，同时可以对每个客户实行全程跟踪服务。随着宠物行业的发展，宠物逐渐被视为家庭成员，成为养宠家庭中名副其实的"毛孩子"，所以每个养宠家庭对宠物的健康越来越重视，因此需要对宠物及时进行疫苗接种、体格检查、手术治疗以及住院诊疗，从而对社区型动物医院或诊所依赖性更强。

任务二 动物医院功能区规划

动物医院在筹建前要做好规划设计，动物医院内部要布局合理、功能齐全，各功能区要明显分开。按照相关规定拟开设动物医院的，应当分设诊疗室、处置室、手术室、病房、药房、化验室、X线室或B超室、消毒供应室8个科室；拟开设动物诊所的，应当分设诊疗室、处置室、手术室、药房、化验室、消毒供应室6个科室。

一般综合性的动物医院有三大核心功能区：医疗区、美容区和销售区，前台、库房和办公室则是为医院三大区提供服务与保障的重要区域。下面将介绍主要的功能区及其功能。

一、服务与保障区

1. 前台　前台一般设在医院的入口处，几平方米即可，设置电话等办公用品，应配备内部联网电脑，进行客户登记和查询，可兼管挂号、收银等业务。前台的吧台上可以放置些名片、宣传手册等，供客户使用。

2. 库房　库房存放药品、进货或者其他材料。

3. 办公室　服务管理人员的办公场所。

二、核心功能区

（一）医疗区

医疗区包括候诊室、诊室、药房、注射室和处置室、化验室 、影像室和心电图室、手术室、手术准备室、畜禽剖检诊断室、住院部、档案室等。

1. 候诊室　可直接设在前台区，可以悬挂宠物医院简介、就诊须知、医师简介、收费标准等，可以摆放相关杂志和医院宣传册，播放宠物相关视频作为宣传手段。

2. 诊室　根据诊疗需求可以设计多个诊室，每个诊室配备诊台、兽医师常用物品柜（含常用物品）、病历档案柜、X线观片器、体温计等。

3. 药房　一般有划价、取药功能。药品可按剂型及功能摆放。

4. 注射室和处置室　注射室要求严格消毒，防止交叉感染。一般可兼作处置室，用于轻度外伤清洗、拆线及术前动物剪毛、剃毛、消毒等准备工作。

5. 化验室　配备常用快速检测试纸、采血仪器、显微镜、兽用尿液分析仪、血细胞分析仪及细胞染色剂和稀释液等。

6. 影像室和心电图室

(1)X线室。X线室最重要的是严格按照规定隔离辐射，配备的洗片室必须保证足够的黑暗度。

(2)B超室。B超检查可单独一室，也可设置在X线室的洗片室内。

(3)心电图室。可以和B超室共用一室。

7. 手术室　配备手术台、无影灯、氧气设备、麻醉机、监护仪、消毒设备及其他常用器械。手术室必须定期消毒，严格管理。

8. 手术准备室　手术人员手术前进行准备的区域。

9. 畜禽剖检诊断室　根据需要设置畜禽剖检诊断室，对病死畜禽进行病理剖检以及样品采集。

10. 住院部　供重症病畜或手术后短期观察监控使用，必须安静、清洁，做到一畜一笼，患传染病的病畜须隔离观察。

11. 档案室　《动物诊疗机构管理办法》明确规定动物诊疗机构应当使用规范的病历、处方笺，病历、处方笺应当印有动物诊疗机构名称，病历档案应当保存3年以上。病例档案要归档整理放在档案室。

（二）美容区

美容区分为内间洗浴、烘干吹风，外间修剪美容。配备洗澡池、美容台、热水器及洗浴美容用具等。美容区可采用落地玻璃装饰。

（三）销售区

销售区可以设立动（宠）物用品超市，主要销售宠物食品、药品以及宠物用品，要求独立分区、干净整洁；同时提供宠物订购、宠物婚介。宠物医院门口可设投影灯、LED显示屏、夜间急诊灯箱、宣传海报等。在开张试营业前后，宜利用宣传册、优惠价、会员充值等各种形式在周边地区大力宣传，扩大知名度。

任务三 动物医院设备配置

开办动物医院需要设施设备的基本要求包括：具有与诊疗业务量相适应的诊疗场所，拥有独立的门诊室、手术室、药房、检验室和患病动物隔离室（箱）；配置药品柜、器械柜、冰箱、显微镜、高压灭菌设备、紫外消毒灯、喷雾消毒器等其他基本诊疗器械；配备相应的无害化处理设施；具有相应的防止噪声设施和隔音的硬件设施。

动物医院的仪器设备是诊断疾病的辅助手段，使用何种仪器设备诊断什么疾病是需要根据具体情况做综合判断。一般情况下，不同的疾病采用的诊断设备可能交叉或者有差别，按照功能的不同将仪器设备分别放在相应的功能区。

动物医院常用设备按照功能大致分为 5 大类：①化验设备，如酶标仪、超净工作台、血液分析仪、分光光度计、血液生化分析仪、显微镜等。②诊断设备，如心电图仪、X 线仪、兽用彩超仪、伍德灯等。③治疗设备，如无影灯、呼吸麻醉机、手术台、输液台。④超市区设备，如各种货架、促销牌等。⑤美容区设备，如美容台、洗澡池、吹风机等。

根据功能区的不同，将常用的仪器设备布置到相应的区域，现以诊疗区为例，对仪器设备进行布置。

1. 手术室　手术室为开展各种手术的场所，配备有动物专用手术台、手术无影灯、呼吸麻醉机、动物心电图仪、手术器械、生命监护仪、氧气设备，还应当具备紫外线消毒灯、TDP 烤灯、超声雾化仪、电子秤、空调等仪器设备。

2. 门诊室　门诊室是动物医生及工作人员对动物进行病情诊断的环境场所。诊疗室的设置应干净、简单，不宜过大。配备听诊器、麻醉喉镜、检眼镜、检耳镜、伍德灯等。

3. 化验室　化验室是动物医院的重要部门，甚至决定着动物医院诊断水平的高低。一般化验室应配备离心机、血液生化分析仪、尿液分析仪、血细胞分析仪、电解质分析仪、血气分析仪、显微镜、PCR 仪、酶标仪、超净工作台、恒温培养箱等。

4. 配药室　配药室主要用于药品配制、药品存放。需要配备药架、冰箱、冷冻柜、配药台、热水器、药液振荡器、恒温培养箱、吹风机、冰箱等。

5. 隔离室　隔离室是动物医院为防止病毒交叉感染而专门指定的区域。隔离室的主要用途是阻断动物感染和消毒设备，常配备紫外线消毒灯和喷雾灭菌器。

6. 病理诊断室　配备解剖台、显微镜、染色架、剖检器械等。

7. X 线室　X 线仪是检查骨折、关节脱臼、胃肠异物、结石等疾病的常用设备。

8. B 超室　B 超仪是妊娠诊断的常用设备，性能更好的 B 超仪可以检查胸腹腔肿瘤、心脏血液灌流、组织器官增生等疾患。

9. 注射处置室　注射室要求严格消毒，防止交叉感染。一般可兼作处置室，用于轻度外伤清洗、拆线及术前动物剪毛、剃毛、消毒等准备工作。应该配备剪毛器、注射器、消毒棉球、镊子、剪刀以及输液泵、空调等设备。

各个科室都应该做到设备良好，室内清洁，仪器设备每年校检，废弃物及时处理等，保证动物以及相关人员的健康安全。

小型动物医院应具有检查的基础设备，包括血液、粪便及皮肤病等相关方面的检查设备。中型动物医院配备X线仪、B超仪、常规检查与手术、血液生化分析仪等设备。大型动物医院通常配备X线仪、B超仪、全自动尿液分析仪、全自动血液生化分析仪、麻醉及基础检查和手术设备。部分有条件的动物医院配有病理实验室和微生物实验室。

任务四　动物医院人员配置

动物医院工作人员应熟悉并遵守动物防疫法、兽药管理、动物诊疗等有关法律、法规、规章，具有良好的社会公德和职业道德；身体健康，无人兽共患传染病，无色盲。

《动物诊疗机构管理办法》明确规定动物诊所应有不少于1名、动物医院不少于3名经全国考试、注册的执业兽医师从事动物诊疗工作。从业人员应身体健康、有爱心、责任心、耐心，不怕脏和累，不惧怕动物，皮肤不过敏。诊疗人员应有扎实的理论基础和熟练精湛的专业技能；前台应具有良好的沟通能力，细心负责。

治疗质量在很大程度上影响着动物医院的存亡。在动物医院开设之初，如果想要立足，则必须请到几位经验丰富、声誉良好的执业兽医。所请的执业兽医师和助理执业兽医师应该有很强烈的责任心，而且热爱动物。

任务五　动物医院相关证照申领

办动物医院之前，应向当地（区县级）动物防疫机关咨询相关办理事项。严格遵守《动物防疫条件审查办法》《动物诊疗机构管理办法》等法规文件中的相关规定，并取得动物诊疗许可证，办理工商营业执照、税务登记证和动物防疫条件合格证等相关手续。

根据《中华人民共和国动物防疫法》规定，从事动物诊疗活动的机构，应当向县级以上地方人民政府相关主管部门申请动物诊疗许可证。国家实行执业兽医资格考试制度，具有兽医相关专业大学专科以上学历，经考试合格的，方可获得执业兽医资格证书；从事动物诊疗的，还应向当地县级以上地方人民政府相关主管部门申请注册。

1. 动物诊疗许可证的办理流程　申请人需提交的申请材料包括开设动物诊疗机构书面申请书、动物诊疗机构法定代表人的身份证复印件、开设动物诊疗机构的方位图和室内平面图，以及所聘用的执业兽医及兽医助理技术人员的身份证复印件、学历证明复印件和职称证明复印件等。

2. 动物防疫条件合格证的申请流程　申请人首先应该向所在地县级地方人民政府兽医主管部门呈交书面报告，填写《动物防疫条件审查申请表》，申请动物防疫合格证。审核合格后发放动物防疫合格证。

3. 工商营业执照办理　首先必须得到农业农村主管部门的动物诊疗许可证，然后才能办理工商营业执照等。

项目二
前台岗位工作

任务一 了解前台工作

一、前台工作特点

1. 前台工作内容庞杂　前台的工作范围较广，项目多，通常包括接待、引导、登记、收银、问询、预约服务、回访等一系列内容，并且每项工作都有相应的规范与要求，在具体的操作过程中必须严格遵守，才能使动物主人满意。

2. 前台工作涉及面宽　前台在整个医院的管理过程中有协调功能，必然与各个相关部门发生联系，有时不仅需要熟悉本身的业务，还要了解其他部门的情况，才能帮助顾客解决问题。

3. 专业要求高　随着时代的进步，现代科技不断用于各行各业的管理中，医院前台也大都实行了电脑管理，员工必须经过专业培训才能上岗操作。另外，在帮助顾客解决困难，回答其提出的问题时，也需要员工具备相应的能力与业务知识背景，这就对员工的素质、专业水平提出了较高的要求。

二、前台人员精神风貌

前台人员工作时要统一着工作服，佩戴工号卡，工作服要保持干净整洁，无明显褶皱，充分展示医院精神风貌；准时上岗，不脱岗、不离岗；在服务过程中，如需离开前台位置，应告知前台同事；如需离开医院，需请假。上班时必须精神抖擞、朝气蓬勃、心情愉快，不能因情绪低落而影响工作；仪容要以干净、整洁、大方为标准，发式要庄重大方，香水要以清淡为宜，上班不穿高跟响底鞋，走路要特别轻；工作时间内不与院内员工大声说笑、议论、争吵；用普通话交流；顾客一进门应将视线转向顾客，面带微笑，主动热情上前招呼，明确就诊目的；在空闲时间多向动物主人介绍门诊业务范围和医生技术水平，耐心专业解释动物主人提出的各种疑问。

三、前台具体工作

1. 准备工作　将每天预约顾客的病历档案放置在预约登记本旁边；检查客户资料的更新情况。检查前台区域环境卫生、灯光、空调及宣传杂志摆放情况，检查接待等候区域的环境卫生及物品摆放情况；打开电脑，登录动物医院管理系统；准备好顾客饮品和一次性口杯等。

2. 接待　电话铃声响起三声之内接听电话，若接听延误先表示歉意；顾客进门时要起立问好，提供导引、开门等帮助；安排顾客在候诊区域等候，为顾客提供饮用水、杂志；熟悉动物医院所在地理位置、乘车路线、电话、传真、网址及周边环境等；维持大厅秩序，劝阻随地吐痰、乱扔果皮纸屑、吸烟等不文明行为，及时协助处理在门诊部发生的纠纷。

3. 分诊　预检分诊服务台应配备体温表、口罩、帽子等防护、消毒用品。预检为传染病或疑似病例时，分诊到传染病室就诊。病例离开后要进行局部环境消毒。

4. 咨询　服务台人员必须熟悉本院门诊各科医师的特点与专长、开展的治疗项目、科室组成、医疗器械、设备等医院概况，以便能正确地引导就诊。

5. 预约　早班会中通报前一天治疗情况和当天预约情况：核对当天预约动物的病历调出情况；与第二天预约动物主人进行预约确认。

6. 收银　系统准确划扣，及时将划扣单据递送收费处，指引动物主人在病历上签字确认本次治疗，在消费明细上签字确定本次治疗费用。

7. 其他工作

(1)医院往来的信件、资料、报刊的处理工作。

(2)医院文件、通知、决议、会议记录及各类物品的发放工作。

(3)日常文件的归档工作。

(4)回访工作。

任务二　与客户交流沟通

一、联络卡交流

面对面的交流是动物医院内每天发生的顾客交流方式。顾客联络卡也是一种交流方式，它可增进动物主人对动物医院的了解，加强医生与动物主人之间沟通和联系。

(1)将一张“欢迎就诊卡”作为最开始的关系增强剂送给首次就诊的动物主人，以欢迎并感谢动物主人到本院就诊。随附一句声明，即动物医院将永远关心动物的健康和幸福。卡片上印有电话号码，即动物主人有任何关于动物健康问题时都可以打这个电话咨询。在这张卡片上填上动物主人姓名和动物名字。

对于推荐其他动物主人到该动物医院就诊的客户将得到一张“感谢推荐卡”，这张卡片能使客户感受到他们的推荐受到了重视。为便于本环节的进行，可以在客户资料单上设置推荐信息部分。

(2)给失去动物的动物主人送去一张“慰问卡”。工作人员可以在卡片上写一些给动物主人的慰问语。对于刚刚失去动物的主人，工作人员通常在 24 h 内致电动物主人并询问其当前状况，以便让动物主人欣慰地确信自己为其动物营造了幸福的生活，相信工作人员将会永远记住这只动物。如果动物主人需要，可以向动物主人提供关于动物葬礼的咨询服务。

(3)交给动物主人一张“提醒卡”，以提醒他们前来为动物做定期检查，如年度体检、牙病预防、注射疫苗等。一般在动物主人开始接受定期服务时填写此卡片，然后根据下次定期服务的年月将卡片存放于一个待邮寄箱中。每个月初，将记有当月服务安排的卡片邮寄给动物主人。有些动物医院使用电脑制作的提醒卡，有些动物医院使用提前印好的明信片。一旦有患病动物去世，必须从待邮寄箱内撤出提醒卡，以免伤害动物主人。

二、电话交流

医生和相关工作人员应定期致电给那些动物生病了但没有住院的动物主人。通过这种方法不仅可以监测患病动物，回答动物主人的提问，还可以使医生决定是否让患病动物在下次的预约前就来复诊。每家动物医院都有此项工作的相关规定。最简单的方法就是把需要电话追访的病历档案放在医生的电话旁边。另一种方法是使用“每天追访电话提醒”表格，该表格包括以下内容：

(1)动物主人的姓名和电话号码。

(2)患病动物名字。

(3)疾病综述。

(4)患病动物的出院时间和复诊时间。

(5)用于填写电话记录的空白部分。

做这份表格时，最好把病历档案放在桌上，表上的每项条目都要标有相应的日期，用来记录患病动物需要的服务。做好的表格放在负责此项任务的人的电话机旁。每天更换一张表格，工作结束时将表格收到活页夹中保存。如果有什么信息需要告诉医生，前台工作人员应立即告知。这些过程看似费时，但是动物医院日常工作的一部分，为提高满意度和服务质量做出了很大贡献。

【知识链接】

与客户交流的技巧

在动物医院，动物主人不仅花费金钱，而且要消耗大量时间，如果该动物被视为家庭成员，那么动物主人面临的心理压力将更大。工作人员通常要安慰那些情绪容易起伏的动物主人，有些动物主人会失去理智。要从动物主人的角度来看待这种情况，了解他们生活中的其他压力，应通过以下几种方式来处理这种情况：

(1)保持镇静。

(2)倾听，让他们说完想说的话。他们的话语中可能存在解决问题的线索。

(3)试着从他们的角度来分析这种情况，而不是以你的角度。

(4)不要争辩。不管动物主人说什么，他们都不是针对你个人。

(5)首先赞成动物主人的看法，再从专业的角度劝慰。例如，“X先生，我能理解您的心情，小乖病得非常严重，虽然他在家里会更快乐，但如果让他留在医院并接受输液治疗，那么他会很快康复回家的，而不会使病情恶化。”

(6)询问动物主人是否需要帮助。这时动物主人就会去思考需要怎样的帮助，整个紧张局面将会有所缓解。维持在这样的情形下，让有经验的员工继续询问，“X先生，您希望我们怎样做来让您和小乖觉得更舒服些?”这时动物主人就会考虑他的要求，如果他的要求完全不合理，可给他其他的选择。例如，X先生要求道："我想在病房安置一张床，这样我就可以睡在小乖旁边。"工作人员可这样回答："这的确是个好主意，但是病房内没有可安置小床的空间，您可以把昨晚穿的睡衣拿来，我们让小乖紧挨着睡衣，就如同您在它的身边一样。"

(7)其他情况处理。有些动物主人不满意前台工作人员的服务，这样的顾客最好交给医生来接待。将动物主人和病历档案带至诊室，告知医生整个情况，并交其处理。一般情况下，当动物主人与权威人士(医生)交谈时，更听得进去。

如果动物主人蛮横、吵闹、大喊、失控，那么应立即将其带离公共场所，以免其扰乱公共场所秩序。工作人员可将其带入空闲的诊室或办公室，与其单独进行交流沟通，化解矛盾和消除误会。

任务三 预约与安排

预约安排是一门艺术，如果安排得好，可以保持工作流程顺畅。一方面让客户安心，另一方面工作人员也不会感到窘迫，从而提高工作效率。

一、预约时间

大多数动物医院/诊所每15 min安排一个预约，这类预约的前提是接诊的都是常见病例，所有工作人员具有团队精神，兽医具有时间意识。当有复杂病例或新病例，需要占用兽医更多的时间，就不能按每15 min安排一个病例的情况进行预约了，当有比平时需要更长时间的病例时，最好与兽医或有经验的接待人员商量一下再决定预约的时间。可以将2个需时较短的预约安排在一个时间段(如拆线和幼犬第二次疫苗注射)，这种情况称为双重预约。由于不可预料的因素，预约安排可能会被紧急情况给打乱，在这种情况下最好及时通知客户，让他们知道预约将推迟，以便他们重新安排时间。

二、预约安排

安排预约时必须考虑到客户的需求、医护人员工作安排以及医院一天的接诊量等诸多因素。在动物医院营业前留出一部分时间给兽医用于住院病例的检查和治疗，一旦开始营业，可能数小时都用于接待预约病例。上午的接待时间结束后，可以安排新病例的手术和治疗，或做相关记录工作以及电话回访。下午3时以前恢复接诊。接诊时间结束后，治疗刚住院的新病例，检查已住院病例并做适当的治疗，医院其他工作人员则做结束营业的准备工作。

一天之内应该间歇性地安排预约，在常见病例预约之间可以穿插费时较长的预约。尽可能在上午安排较为复杂和严重的病例。临时的病例指的是未经预约而来的客户。如果不是急诊，要告知客户他们需要等待，因为医生要先接诊预约病例。如果不影响先前预约的病例，临时病例可以安排到预约表中。

三、预约类别

1. 急诊病例　一种是必须立即诊治的急性病例，另一种是在当天必须诊治但可以等待几小时的亚急性病例。急性病例是有生命危险的，如窒息、虚脱、中毒、昏迷、癫痫发作、毒蛇咬伤、突发性麻痹、车祸、持续努责（尤其是猫）以及难产。亚急性病例包括冻伤、荨麻疹、疾病恶化、眼外伤以及意外怀孕。

2. 普通病例　可以根据个人情况来安排的。普通病例包括年度体检、预约复诊、健康证明体检、接种疫苗、拆线以及常规实验室检查等。

四、预约形式

预约采用电脑预约软件或装订的预约本。使用铅笔在预约本上记录预约，这样容易更改。安排预约时应记录基本信息，包括客户姓名、患病动物姓名、预约原因以及客户白天的联系电话。如果安排预约时客户亲自到动物医院预约，那么给客户填写一张预约提醒卡。这张小卡片的一面写有动物医院/诊所的地址和电话，另一面为空白，用于填写预约信息：患病动物名字、日期和时间。还可以在空白处写一些提醒，如“就诊前禁食 12 h”或者“请携带粪便样本前来就诊”。

在预约病例前来就诊的前一天，给客户打电话进行确认。向动物主人介绍自己，告诉他你正在确认预约，确认内容包括患病动物名字、就诊地点和时间以及就诊目的。客户将肯定预约或要求更改预约。如果肯定预约，做上简单标记；如果更改预约，建议动物主人预约在其方便的时候，并和动物主人确定新的日期和时间。更改预约时，如果与动物医院/诊所的其他预约安排有冲突，那么可以建议预约另外的日期和时间；如果没有冲突，记下新的预约，并取消之前的预约。

电话预约要点：电话铃声响起三声之内按标准接听电话；记录患病动物信息、治疗项目、固定医生，为动物主人查询后进行预约；时间不能符合动物主人需求时，在征得动物主人同意后，根据当天预约情况，调整治疗医生；主动与医生及其他相关科室做好配合。

接听电话标准语言：

“您好，××动物医院，前台××为您服务。”

“××女士，如果您不介意的话，我们帮您的动物安排其他专业的治疗医生可以吗？”

“您好，××女士，我是××医院，打扰您了，明天××点为您预约了××治疗，您没有问题吧？那好，明天见。”

注意事项：接听电话语气要和蔼，面带微笑，即使客人在电话里看不到你的微笑，通过对话也可以听出你的表情；对客人提出的各项问题要耐心解答，如遇到不确定的，不要随意回答“应该是”“可能吧”等不确定语言；对次日预约客人进行提前确认，如电话不通，可以通过短信形式进行确认。

任务四 前台接待与档案建立

前台工作人员工作时必须随时保持微笑、镇静和乐于助人的态度，这样做对于客户服务至关重要，其真正意义在于满足客户对动物保健的客观需求，前台工作人员是动物医院/诊所的第一印象和最后印象，确保能给客户留下美好的印象。在接待区的每个工作人员必须是个多面手，因为经常会在接电话时还要办理患病动物的住院和出院手续，因此也要熟练掌握病历档案的建立与归档工作内容。

一、准备工作

(1)仔细阅读一些现有的客户档案。

(2)注意使用的表格类型。

(3)注意档案内表格放置的位置以及顺序。

(4)确定建立一份病历档案所需的所有材料。

(5)保持工作台面干净、整洁。

二、操作步骤

(1)选择一份完整的病历档案作为参考。

(2)列出病历档案要求使用的所有表格。

(3)按照动物医院/诊所规定的顺序将表格放置在病历档案夹内。

(4)固定档案夹内的表格。

(5)至少准备五份完整、空白的新病历档案。

三、补充要求

(1)如果你以前没做过这项工作。最好请熟练的前台工作人员检查你的工作。

(2)将准备好的空白病历档案放在接待区你容易拿到的地方。当新客户来动物医院/诊所时，给他们使用这些病历档案。

(3)将使用过的病历档案保存好，每天检查手边是否备有足够的空白病历档案。

(4)建立新的病历档案后，整理好所有材料。

四、病历归档

使用不同颜色标记病历档案夹，既可以避免错误归档，还可以作为特殊信息的一种提示。把彩色的标签粘贴在档案夹外面以提示数字或字母。这些定位标签可帮助工作人员更快、更准确地处理病历档案。病历档案夹的正反面都贴上标签，这样从文件夹的两面都能看见颜色。

按字母顺序归档时，可以使用颜色来标记姓氏的前 3 个字母。如姓氏 Harris，H 用紫色标签，A 用蓝色标签，R 用红色/白色标签。通常把标签粘贴在档案夹外侧左下角，当这些病历档案存放在开放式系统时，标签正好朝外。这样做以后，可以将所有 H 开头即贴有紫色标签的档案夹放在一起，将所有以 H 和 A 开头的即贴有紫色和蓝色标签的放在一起，那些前 3 个字母为 HAR 的病历档案夹即用紫色、蓝色、红色/白色标签的放在一起，这样就很容易发现归错档的病历档案。同样的，按数字顺序归档时也可以用颜色做标记。

为了方便起见，可将客户姓名打印在标签附近，即档案夹底部中央。如果需要，名字的第一个字母也可以用颜色标记，该标签可粘贴在客户打印名字的右侧。其他的彩色标签通常粘贴在档案夹的末页，包括最近的一次就诊时间，以方便淘汰很长时间不来的客户。过敏性标签提示该动物对哪些物质过敏。收费标签表明付费流程。

为了快速找到特殊信息，病历档案内也能使用颜色标记。可使用彩色标签或者彩色分隔条来区分不同类型的信息。例如，在同一份客户档案中可使用灰色标签或分隔条来标记电话记录，使用黄色标签或分隔条来标记付费记录。

彩色标签和彩色分隔条可以从归档系统公司和文具店买到。可根据成本、有效性以及个人喜好等因素决定使用哪种归档方法。

任务五 内部交流

动物医院（或诊所）内部员工之间的书面交流不需要正规的格式，但是应该清晰明了且准确地传达个人观点。要特别注意书写，医学术语要求正确书写，一个字的差异可以改变一个意思，进而导致可能威胁生命的错误。标点符号的错误使用也会导致意思的改变。如果字条是手写的，要求字迹清晰。句子要简单明了，避免不必要的词汇和修饰。现介绍一下书面交流的简单格式：首先是标题，包括接收人、写信人、日期和主题；然后在标题下面书写相关内容。

理想的书面交流都应该是打印的。可使用文字处理程序制作，如微软的 Word 程序，还可以制作备忘录模板。只要打印出一份模板，然后复印多份用于手写备忘录。这些复印件应该放置在所有员工便于取用的地方，只要有一份原件，就可以在需要时拿来复印。

【提示】

（1）备一本详细全面的医学词典放在动物医院/诊所。一本这样的医学词典是所有工作人员的需求，将其放在便于所有员工取阅的地方。词典要求是最新版本的，因为医学术语在不断地增加。询问本动物医院/诊所是否拥有医学词典，如果没有，可以要求院长购买一本。

（2）自己准备一本可置于口袋内的小手册，便于参考词语用法。找一本简明手册，内容包括常见错别字、易混词，如何造句和书写正式信件以及标点的正确使用。随时携带并使用它。

（3）人们会通过说话方式和外表来判断一个人，也会通过笔迹来判断一个人。请给人们留下一个美好的印象。

项目三
动物门诊岗位工作

子项目一　门诊岗位工作规范

任务一　门诊岗位职责和基本制度

一、门诊工作制度

(1)门诊部实行主任负责制。门诊部主任在分管院长领导下，负责门诊流程管理和急诊绿色通道管理。

(2)门诊标示清晰明白，应设有导诊服务工作人员，要做到态度和蔼，有礼貌，耐心地解答畜主问题。

(3)门诊医师由具有一定临床经验的执业兽医师担任。门诊病例护理工作由门诊部护理组承担。

(4)治疗护理岗除负责治疗护理单元的管理外，还负责抢救药品、器械等财、物管理，并参与门诊部的医疗质量与安全管理。

(5)门诊部成立由主任任组长的医疗质量与安全管理小组、抗菌药物与合理用药管理小组、医院感染管理小组、法律法规学习培训小组、继续学习小组、三基三严学习培训小组、消防安全管理小组，健康教育实行分级管理制度。

(6)对疑难危重病例、两次复诊仍不能确诊者，要向门诊部主任汇报，进行会诊。仍不能确诊者应及时接收住院，进一步诊疗或转院。

(7)门诊医师要及时书写门急诊病历、规范填写检查申请单、合理开具处方，做好门诊日志等各种记录，持续改进医疗质量。

(8)加强检诊与分诊工作。严格执行消毒隔离制度，防止交叉感染。

(9)门诊部实行无节假日门诊。合理调配各科室人力资源，尽量保证周一至周日及其他节假日各诊室有人值班。

(10)综合后勤岗工作人员应经常保持责任区域的环境卫生整洁，改善候诊环境。

(11)利用多种形式开展动物健康、生物公共安全教育工作。医师在口头健康教育的同时，及时填写健康教育记录。

二、门诊医疗差错事故处理报告制度

(1)建立差错、事故登记簿,对发生的差错及时登记,定期讨论,总结经验教训。

(2)发生严重差错或医疗事故时,当事人应立即组织抢救并尽快报告门诊部主任,门诊部主任随即报告院长,对隐瞒不报者应追究有关人员的责任,严肃处理。对重大事故,应根据国家有关规定做好善后处理。

(3)发生医疗事故或严重差错后,要专人妥善保管有关的各种原始资料,严禁涂改、伪造、隐瞒、销毁有关资料。畜主不得随意翻阅、索要、涂改、毁损有关资料。因输液、注射、服药等引起不良后果的,要对现场实物暂时封存保留,以备检验。

(4)对已发生的事故应详细调查,上交事故鉴定委员会鉴定,根据鉴定结果及性质,做出相应处理。

三、医疗纠纷处理制度

(1)一旦发生医疗纠纷,要迅速成立由院长负责,门诊部、后勤部门、化验室负责人参加的医患纠纷处理小组。遇到双方分歧较大,多次协商不能解决,畜主扬言进行人身威胁、冲击医疗单位、报复医务人员等情况的,应及时向当地派出所、公安局通报。

(2)处理医患纠纷时,要耐心听取畜主或养殖户反映的意见,对他们提出的问题,要及时答复,耐心解释,不简单化、不冷淡、不敷衍,并认真做好记录。

(3)发生医疗纠纷时,对临床诊断不能明确原因的,医疗单位应及时告知畜主、养殖户申请司法检验的有关规定,并将情况上报相关行政主管部门。

(4)医患纠纷中确因医务质量、服务质量、医疗技术操作失误造成的后果,事后,卫生行政部门或医疗单位应视情节轻重、责任大小,对有关当事人做出严肃处理。

(5)医疗纠纷赔偿大多以经济赔偿的形式解决,为了教育其本人、维护医院利益、杜绝医疗纠纷的发生,赔款金额与科室、个人挂钩,其赔偿比例按院有关规定。

(6)涉及医疗质量、技术的纠纷处理结束后,门诊或院内要及时组织讨论,分清责任,找出问题出现原因,提出整改措施。

任务二 门诊工作操作规范

一、接诊规范

(1)语言文明,热情周到,公平公正,相互尊重。

(2)接触动物时必须佩戴一次性无菌手套,接诊不同动物必须更换手套。

(3)接诊台每接触一个病例后,要更换垫物或进行消毒后方可接诊下一个病例。

(4)凡接触动物的检查设备,每次使用前都要进行消毒。

(5)接诊的病例要安排专门人员看护,不得让动物自由走动。

(6)门诊病例做到病历资料完整、规范。

二、注射操作规范

(1)注射器械使用规范。一次性注射器用后须放入专用废弃场所，不得随意丢弃，不得重复使用。注射针头大小选择合适。

(2)注射前药物检查规范。配制药物前必须对照医师处方核对药物品种、使用方法。不得随意更改处方用药。如需调换药品，须征得主治医师在处方上签字同意方可。

(3)注射部位消毒规范。注射药物时注射部位必须进行严格消毒，必要时可剪除局部被毛以利于消毒和固定。

(4)注射操作规范。操作人员严格按注射操作规范实施注射，尽可能减轻动物的痛苦。被注射动物必须进行适当的保定，以利于人、畜安全和顺利操作。特殊情况下不能实施静脉注射时，医师有权通过其他给药途径施药。

三、动物尸体剖检操作规范

(1)人员准备。必须穿戴防护服装、眼镜、手套，使用专用剖检器械。

(2)动物准备。病死动物放于特定场所；活体剖检动物要做好看护，防止逃逸造成感染扩散。

(3)操作规程。遵从由外到内、由净到污、安全方便的原则有序进行。

(4)病料处理。除已收集用于实验室检查的病料外，剖检后的动物体连同污染铺垫物等一并深埋或无害化处理。

四、外科操作规范

(1)人员准备。术前充分消毒手及手臂，术中必须穿戴手术服装、手术帽、手套、口罩。

(2)动物准备。术前动物禁食 6 h；做好麻醉及保定，并注意麻醉全程的护理。

(3)无菌操作规程。手术前、手术中、手术后都要严格消毒，避免人为感染。

(4)术后护理。术后做好医嘱；制定护理方案。

任务三 门诊工作职业素质

(1)良好的医德及职业操守。具备良好的思想政治素质、道德品质和法律意识。具备吃苦耐劳、积极进取、敬业爱岗的精神，要有奉献精神和“服务三农”的意识。

(2)团队协作力。光有一个好的医生是不行的，一个团队的力量胜过一个人的力量的。

(3)传帮带作用。要将所学、所得的经验继承和发扬下去，带好身边的每一个人。

(4)高度的责任感。门诊医生责任重于泰山，救死扶伤是天职。要把畜主和养殖户的利益放在第一位。

(5)严谨、细致的业务素养。无论是西医还是中医，都要对数字敏感，对配方要谨慎。除了医疗器械的问题外，因为医生的不尽职、不细心而造成的医疗事故及纠纷是很多的。

(6)健康的身体和良好的心理素质。从事医疗活动往往要耗费大量的时间和精力，因此，强健的体魄是必备条件。门诊医生每天面对各种不同的对象，以及不确定的各种突发情况，心理上要承受相当大的压力，因此，必须具备良好的心理素质。

(7)终身学习的意愿与能力。在业务上要有不懈追求的精神，不断学习和吸收先进的成果。技术技能、专业理念要与时俱进。

子项目二 门诊工作流程及技术规范

门诊工作的流程一般包括：挂号→就诊→首诊医师接诊问诊(包括主诉、持续时间、诱因、病程、诊疗经过、既往史等)→有重点地临床检查→合理开具检查申请单(同时说明理由及必要性，提示收费、检查处)→结合问诊、查体情况分析检查结果→综合分析评估→做出初步诊断→需要药物治疗时规范开具处方→提示畜主缴费、取药→畜主取药后，向其说明用法和注意事项→规范书写门诊病历→规范书写医嘱→填写《门诊日志》。

任务一 病例登记

一、接待畜主

1. 礼貌招呼　礼貌用语："您好""请坐""不着急""不要紧""慢慢说""不客气""不用谢""再见"。

2. 询问病情　"请您简要说一下×××的基本情况？有哪些异常?"具体问诊内容包括四个方面，实际操作可根据具体情况选择询问重点。①现病史。②既往病史。③饲养管理和使役情况。④流行病学及免疫情况。

3. 注意事项

(1)询问对象。根据需要和实际情况，可询问畜主、饲养员、管理人员等相关人员。

(2)方式方法。语言要通俗易懂，尽量不用超出其理解力的专业名词或术语。询问方式要以启发式语句询问为主，不要用判断式语句询问，以避免被询问者武断地回答，影响所收集资料的真实性。

(3)态度。和蔼亲切，要取得被询者的信任和配合。

(4)询问内容。既要全面，又要有重点。

4. 结果评价　不应绝对地肯定，又不能简单地否定，应结合现症及检查结果，进行综合分析；更不能单纯依靠问诊而草率做出诊断或开写处方、用药。

二、登记病历

1. 病历样式

(1)传统纸质病历。如图 3-2-1、图 3-2-2 所示。

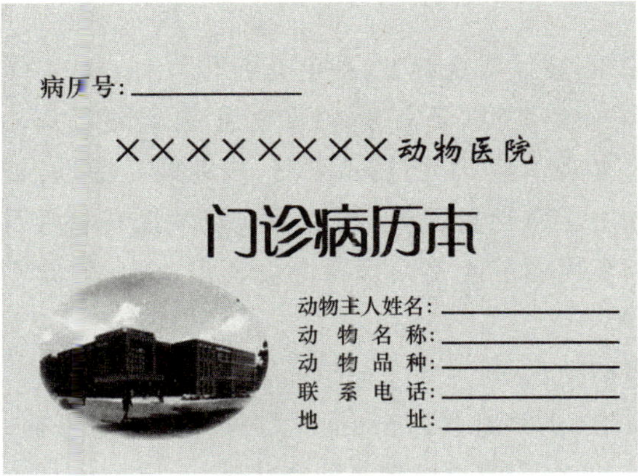

病历号：__________

××××××××动物医院

门诊病历本

动物主人姓名：__________
动　物　名　称：__________
动　物　品　种：__________
联　系　电　话：__________
地　　　　　址：__________

图 3-2-1　动物医院门诊病历封面

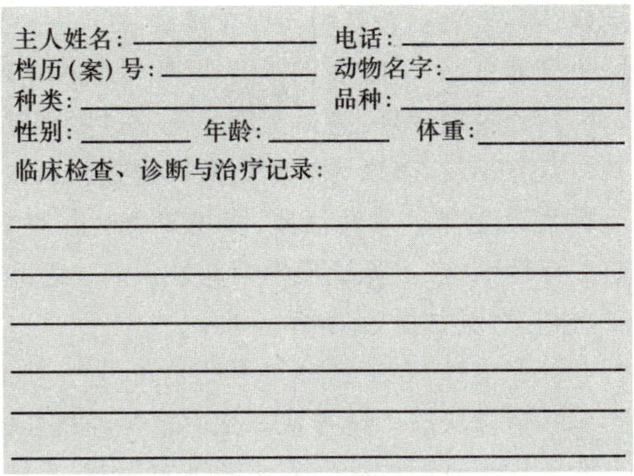

主人姓名：__________　电话：__________
档历(案)号：__________　动物名字：__________
种类：__________　品种：__________
性别：__________　年龄：__________　体重：__________
临床检查、诊断与治疗记录：

图 3-2-2　动物医院门诊病历正页

(2)动物医院诊疗系统电子病历。目前市面上有多款专门用于动物医院管理的软件系统，能实现挂号排队、客户信息登记、用户详情收录、查询交易历史、每日提醒等功能，已基本替代传统纸质病历。

2. 登记内容

(1)封面或动物信息栏。包括病历号、动物主人姓名、动物名称、动物品种、联系电话、地址。

(2)正页。

眉头：按项目填写相关内容，如动物品种、性别、年龄、体重等。

正文：主诉、临床检查、实验室检查、诊断、处方、主治医生签名、就诊日期等。

任务二　临床检查

子任务一　一般性临床资料收集

通过对动物的全身状态做整体性检查，对动物的疾病性质、程度做出初步估计，为下一步检查、诊断提供线索。实际操作中，可根据病例情况选择性检查相关项目。通常要检查的内容包括：精神状态、饮食欲情况、排粪排尿状态、体温、心率等。

一、整体状态观察

1. 体格检查　根据动物的骨骼、肌肉和皮下组织的发育程度，将动物的体格分为三个级别：强壮(发育良好)、中等(发育中等)、纤弱(发育不良)。

强壮：体躯高大，结构匀称，四肢粗壮，肌肉丰满、结实。

纤弱：身躯矮小，较同类同期动物相比发育迟缓，甚至停滞。多见于营养不良及患有慢性消耗性疾病。

中等：水平介于上述两者之间，为一般健康动物。

2. 营养状态　根据肌肉的丰满程度和皮下脂肪的蓄积量来判定，分为营养良好、营养过度良好、营养不良、营养中等四个等级。

营养良好：动物表现肌肉丰满，骨骼棱角不显露，皮肤富有弹性，被毛有光泽。

营养过度良好：为亚健康状态。过度肥胖可导致脂肪肝、子宫破裂、高血压、尿结石等病。

营养不良：表现为体重偏低，肌肉、脂肪较薄，外观消瘦，骨骼棱角显露，皮肤缺乏弹性，被毛粗乱无光泽。急性消瘦，多见于急性热性病或由于急性胃肠炎、频繁下痢而大量失水所引起。慢性消瘦，多见于慢性消耗性疾病。恶病质(高度营养不良)：病畜高度消瘦、全身营养不良，伴有严重贫血，多预后不良。

营养中等：介于良好与不良之间，为一般健康动物水平。

3. 精神状态　精神状态是中枢神经机能的反应，正常时其兴奋、抑制过程保持动态平衡。当发生疾病时中枢神经系统的平衡失调，表现为过度兴奋或过度抑制两个状态。

过度兴奋：表现为骚动不安、乱冲乱撞等。因大脑机能亢进所致，可由脑及脑膜充血、颅内高压及某些中毒病所引起。常见于脑炎、中毒、脑炎型传染病等。

过度抑制：中枢机能低下，表现为沉郁、嗜睡、昏迷。见于不同程度的脑及脑膜疾病、中毒、日射病、热射病、传染病(如李氏杆菌病、伪狂犬病等)，以及代谢紊乱性疾病(如产后瘫痪、酮病等)。

4. 姿势与体态　是指动物在相对静止或运动过程中的空间位置和姿态。

异常情况有强迫站立、站立不稳、强迫躺卧等。

(1)强迫站立。见于破伤风。

(2)站立不稳。见于体质虚弱，病情严重；脑机能障碍或外周神经受损；四肢骨骼、肌肉、关节疾病。

(3)强迫躺卧。见于严重的脑机能障碍、四肢疾病；机体高度衰竭。

其他异常姿势可见于骨营养代谢障碍，如骨软症、佝偻病；神经系统疾病，如脑炎、强直性脊柱炎等。

5. 运动和行为检查

(1)跛行。由于四肢的骨骼、关节、肌腱以及外周神经疾患所引起肢蹄的带痛性疾病，导致运动障碍。

(2)强迫运动。

①盲目运动。无目的、不顾障碍物和周围事物，低头徘徊前进。见于马的慢性脑室积水、脑炎、霉玉米中毒，猪的食盐中毒、李氏杆菌病、伪狂犬病等。

②转圈运动。按一定的方向做圆圈运动。常见于大脑的占位性疾病，如棘球蚴病(顺时针转则寄生在大脑右侧)。

③共济失调。走路时四肢配合不协调，走路摇摆、肢蹄高抬、用力着地。多见于小脑疾病。

④起卧滚转。表现为家畜急起急卧、卧地滚转，前蹄刨地、后肢蹴腹，并回头观腹。常见于腹痛，马疝最典型。

二、被毛、皮肤检查

内容：被毛或羽毛；皮肤的颜色；皮肤温度、湿度及弹性；皮肤疱疹、皮肤肿胀。

方法：视诊、触诊。

三、可视黏膜检查

1.检查内容　眼睑及分泌物;结膜颜色变化。

2.检查方法　视诊,检查眼结膜时,应在自然光线下进行,避免直接光线照射。应进行两眼的对照比较,必要时还应与其他可视黏膜进行对照。

中、小型动物:通常用两手的拇指和食指配合打开上、下眼睑进行检查。

牛:常检查巩膜。检查时可用双手握住牛角,并将牛头扭向一侧,此时眼球下转,巩膜即露出。

马:常检查眼结膜。检查时,一手固定马头,将另一手拇指放于下眼睑的中央边缘处,而食指则放于上眼睑中央边缘处,分别将眼睑向上、下拨开并向眼角处稍加压,眼结膜及瞬膜将充分暴露。

3.结果分析　健康动物可视黏膜的颜色为淡红色或粉红色,有光泽,湿润。

潮红:为眼结膜的毛细血管充血所致,表现为鲜红色、暗红色、深紫色。单侧性潮红,为局部血液循环发生障碍,见于局部炎症、外伤、不良刺激等。双侧潮红,呈弥漫性的,多见于各种发热性疾病;呈树枝状的,多见于脑病、心脏疾病、疼痛性疾病、中毒性疾病等。

苍白:外观淡白色,或白如纸,为毛细血管供血不足或血液稀薄(血红蛋白或红细胞含量下降)所致,见于各种贫血。

黄染:外观呈深浅不一的黄色,常见于各型肝炎、胆管堵塞、溶血等病。

发绀:黏膜呈暗红色、蓝紫色,见于各种疾病造成的缺氧。如心脏疾病、急性亚硝酸盐中毒、严重呼吸道疾病等。

出血:黏膜上出现多少不等的出血点、出血斑。多见于各种出血性疾病,如白血病、血小板减少症、败血病等。也可见于高血压性疾病。

四、浅表淋巴结检查

1.目的意义　淋巴结是动物防御体系的重要组成部分,且具有一定的位置、形态。

2.检查内容　一般情况下,牛主要检查下颌淋巴结、肩前淋巴结、膝上淋巴结(又称股前淋巴结)、腹股沟浅淋巴结(奶牛则称为乳房淋巴结);犬与牛基本相同,但其无膝上淋巴结,有腘淋巴结,位于膝关节后方,股二头肌与半腱肌之间;猪因皮下组织较厚,仅查腹股沟浅淋巴结。

3.检查方法　视诊和触诊,检查其体积大小、位置、质地、敏感性。

4.结果判断　急性肿胀:增大明显,光滑,热痛,坚实,移动性降低,见于马腺疫、流感、上呼吸道感染等。慢性肿胀:坚硬,不平,不移动,无热痛,见于结核病、白血病、泰勒虫病等。化脓:增温,敏感,有波动,主见于马腺疫。

五、临床三数(体温、呼吸、脉搏)检查

1.体温检查

(1)意义。体温变化可反映动物机体代谢状态、疾病性质、整体机能状态。

(2)检查方法。哺乳动物一般测直肠温度,对禽类一般测其翼下温度,对小动物可测量腋下和股内侧温度。通常情况下,腋下温度较直肠低0.5 ℃,阴道温度较直肠低0.2～0.5 ℃。

测量工具多用水银体温计。操作流程：动物适当保定，术者先将水银柱甩至最低刻度(多为 35.0 ℃)以下，后用消毒棉轻拭消毒，再涂液体石蜡以润滑。检测直肠温度时，术者一只手将动物尾根部提起并推向对侧，以另一只手持体温计以捻转方式徐徐插入动物直肠内 2/3。将体温计夹子夹在动物臀部被毛上，加以固定后放开尾巴。体温计在直肠中放置 3～5 min 后取出，先用酒精棉球拭净粪便或黏液，再读取水银柱上端的度数。测温完毕，应甩动体温计使水银柱降下并用消毒棉轻拭，以备下次使用。

临床上应对病畜逐日检温，最好每昼夜定期检温，并将测温结果记录在病历上或体温记录表上，对住院或复诊病例应描绘出体温曲线表，以观察、分析病情的变化。健康动物的体温范围如表 3-2-1 所示。

表 3-2-1　健康动物的体温范围 ℃

动物种类	正常体温	动物种类	正常体温
马	37.5～38.5	猪	38.0～39.5
骡	37.5～39.0	犬	37.5～39.0
驴	37.5～38.5	猫	38.5～39.5
奶牛	37.5～39.5	兔	38.5～39.5
黄牛	37.5～39.0	狐狸	38.7～40.1
水牛	36.5～38.5	鸡	40.0～42.0
绵羊、山羊	38.0～40.5	鹅	40.0～41.3
骆驼	36.0～38.5	鸭	41.0～43.0
鹿	38.0～39.0	鸽	41.0～43.0

猪的正常体温是 38.0～39.5 ℃，而仔猪的正常体温一般比成年猪高出 0.5 ℃。不同时间点的温度也会不一样，例如傍晚时候猪的体温会比上午高出大约 0.3 ℃。

(3)结果分析。体温超过或低于正常体温范围 0.5 ℃以上为异常。

体温升高：称为发热，见于各种病原体所引起的全身感染，也见于某些变态反应性疾病和内分泌代谢障碍性疾病。

体温降低：称为体温低下。机理：机体散热过多，或产热不足，体温低于常温。多见于严重贫血、营养不良、休克、大出血以及多种疾病的濒死期等。体温低于 36 ℃，同时伴有发绀、末梢冷厥、精神沉郁或昏迷、心跳微弱，多提示预后不良。

2. 呼吸频率检查

(1)检查方法。通过视诊胸腹侧运动、触感呼气流或听诊气管音/肺泡音来计数，以一次呼气、吸气构成一次呼吸，以次/min 为单位。

影响因素：品种、性别、年龄、体质、营养；生产状态；外界环境。

健康动物呼吸频率范围如表 3-2-2 所示。

表 3-2-2　健康动物呼吸频率范围　　次/min

动物种类	呼吸频率	动物种类	呼吸频率
马	8～16	犬	10～30
乳牛、黄牛	10～25	猫	10～30
水牛	10～30	兔	50～60
绵羊、山羊	12～30	狐狸	15～45
骆驼	6～15	鸡	15～30
鹿	15～25	鸽	20～35
猪	18～30		

(2)结果分析。

呼吸频率增多：多见于发热，呼吸不畅，循环障碍，疼痛，中枢兴奋，脑炎、脑水肿等。

呼吸频率减少：多见于颅内压升高(如脑炎、脑水肿)，上呼吸道狭窄(如鼻炎、喉炎、气管炎等)，呼吸中枢抑制(如酸中毒、药物中毒)，动物濒死期。呼吸次数的显著减少并伴有呼吸节律的改变，常提示预后不良。

3. 脉搏频率检查

(1)意义。脉搏频率的变化有助于判断心脏活动机能与血液循环状态，甚至可判断疾病的预后。

(2)检查方法。脉搏频率即每分钟的脉搏次数，以触诊的方法感知浅在动脉的搏动来测定。马通常检查颌外动脉，牛检查尾动脉，小动物检查股动脉或肱动脉。检查时用食指、中指和无名指指腹压于血管上，左右滑动，即可感觉到血管似一富有弹性的橡皮管在指下跳动。健康动物脉搏频率范围如表 3-2-3 所示。

表 3-2-3　健康动物的脉搏频率范围　　次/min

动物种类	脉搏频率	动物种类	脉搏频率
马、骡	26～42	猪	60～80
驴	42～54	犬	70～120
乳牛、黄牛	50～80	猫	110～130
水牛	30～50	兔	120～140
绵羊、山羊	70～80	狐狸	85～130
骆驼	32～52	鸡(心率)	120～200
鹿	40～80	鸽(心率)	180～250

(3)结果分析。

脉搏频率增多：多见于发热，循环障碍(如心脏病、贫血、血压下降等)，呼吸障碍，疼痛，中毒(如洋地黄、毒芹、阿托品中毒等)。

脉搏频率减少：多见于颅内压增高，中毒(如大戟、洋地黄、夹竹桃中毒)，尿毒症，胆血症，心脏传导阻滞。

子任务二 各系统疾病资料收集

以主诉、一般性检查发现的异常情况为线索，针对性地对相应功能系统进行排查，以确定患病的组织、器官，综合分析病因、机理，并把所收集的资料简明扼要地以规范化语句记录在病历上。

一、消化系统检查

就诊动物出现食欲异常、吞咽困难、呕吐、腹泻、便秘、消瘦等情况，须对消化器官进行排查。

（一）消化状态观察

1. 饮食状态　包括采食速度、采食量、食欲、饮欲等。出现此类情况，须排除饲料品质及其适口性的影响。

(1)食欲。食欲是否正常是消化机能的最直接表现。食欲异常改变包括：

①食欲不振（食欲减退）。采食慢，咀嚼无力，采食量明显减少。见于消化机能轻度障碍。

②食欲废绝。对食物完全没有欲望，不采食。见于消化机能严重障碍。

食欲废绝易与拒食或吞咽障碍相混淆。拒食为有食欲，但怕采食，多见于口腔疼痛性疾病。吞咽障碍多见于食管阻塞。

③食欲亢进。采食快，采食量增多。主要见于饥饿或疾病的恢复期，特别是消耗性疾病。

④食欲不定。食欲时好时坏。主要见于某些慢性疾病，如慢性猪瘟、慢性胃炎、前胃弛缓等。

⑤异嗜。采食正常食物外的异物的现象。异嗜多见于营养缺乏，也可因饲养管理不当而引起。如家禽的啄癖，家畜的食毛癖、自咬症。

(2)饮水。

①饮欲增加。口渴、饮水量增加，多见于脱水性疾病。

②饮欲减少。饮水明显减少，一般说明病情较为严重。

③饮水动作异常。动物神经机能紊乱时，饮水时将口、鼻皆浸入水中。

2. 采食咀嚼状态　观察动物采食方式、速度、咀嚼情况。

正常情况：牛用舌卷食，猪哄食，犬咬食，采食速度较快，咀嚼充分有力。

异常情况：采食速度缓慢，小心；采食方式的改变；咀嚼缓慢无力。

主因：口腔内有疼痛性疾患，应重点进行口腔检查。

3. 吞咽机能

正常：健康动物吞咽时都不表现明显的吞咽动作，食物经充分咀嚼后自然咽下。

吞咽障碍：吞咽时出现头顶地，伸颈，摇头或发出痛苦的呻吟等。

主因：咽部及食道疾病，如咽炎，食道梗塞。

4. 反刍　反刍是反刍动物特有的现象，将瘤胃内容物返回口腔，重新咀嚼并混入唾液，重新咽下的过程。通常在采食后 0.5～1 h 出现。牛每昼夜 6～8 次，每次 30～50 min；每个反刍食团咀嚼 30～50 次。

异常情况如下：

(1)反刍障碍。次数减少，持续时间明显变短，一个食团反刍次数明显减少。见于热性病及胃肠道疾病。

(2)反刍停止。不出现反刍现象,提示消化机能严重障碍。如前胃弛缓、创伤性网胃炎等。

5.嗳气　反刍动物通常以嗳气的方式来排出气体,以保证瘤胃内气体的动态平衡。

异常情况:

(1)嗳气减少或停止。见于消化机能障碍,食道阻塞。

(2)嗳气增加。见于消化不良。

6.呕吐

(1)特征。动物胃内容物不自主地由口中排出。呕吐难易度:肉食动物最易发生呕吐,杂食动物次之,牛马很难发生。如牛马发生呕吐时说明病情相当严重,特别是马,多为预后不良。

(2)病因。主要有两类:

①中枢性呕吐。指中枢直接受刺激(如炎症、水肿、化学物质)而引起的呕吐。如脑外伤、脑炎、脑水肿、中毒等。

②反射性呕吐。指胃(包括十二指肠)黏膜受到不良刺激后,通过神经反射而引起的呕吐。如胃肠炎、刺激性饲料、毒物刺激等。

(二)上消化道检查

上消化道的机能与下消化道密切相关,采食、咀嚼、吞咽障碍都可导致动物的消化机能紊乱及营养不良。

1.口腔检查

(1)口腔外部检查。

口唇歪斜:多为一侧性面神经麻痹。

口唇下垂:见于两侧性面神经麻痹。

表面病变:水疱、溃疡、结痂,可见于口蹄疫、水疱病、病毒性口炎。

不能闭合:见于放线菌病,下颌脱臼、骨折。

牙关紧闭:多见于破伤风、脑炎。

(2)口腔内部检查。方法:徒手或用开口器打开口腔进行检查。

①温度。除口炎外,一般与体温变化一致。

②湿度。

湿度过大:多量唾液从口中流出,称为流涎。见于吞咽障碍、口炎、中毒及某些传染病。

湿度过小:口腔干燥或黏腻,多见于脱水性疾病。

③气味。

酸臭味:多见于轻度消化机能障碍。

腐臭味:可见于严重的消化机能障碍。

④颜色。颜色变化与眼结膜颜色变化基本意义相同。

⑤口腔黏膜病变。观察口腔黏膜上有无出血、充血,破溃,了解病部所在。

(3)口腔附属器官。

①舌。

外观:观察有无充血、破溃、创伤或断裂。

舌苔:舌苔指舌表面覆盖的一层脱落不完全的上皮细胞。轻度消化机能障碍时,舌苔较薄,颜色较淡;严重消化机能障碍时,舌苔较厚,颜色较深。

②牙齿。检查有无畸形、松动、脱落，颜色是否正常。

2. 咽部检查

(1)视诊。异常情况有吞咽障碍、咽部肿胀等。咽内部：可对光观察是否有充血现象。

(2)触诊。异常情况有热痛、肿胀感，可见于咽炎。

3. 食管检查

(1)外部检查。颈部食管主要用视诊和触诊的方法。局部有隆起，触摸实且敏感，见于食道阻塞；呈绳索样且疼痛，多见食道痉挛；触诊敏感，见于食道炎症。

(2)食管探查。以胃导管插入食道，检查其敏感性及通畅性。正常情况下，可顺利送入胃管，动物相对安静，出现吞咽动作。若动物痛苦不安，提示食道炎。若胃管插入后不能前送，提示阻塞。若胃管不能插入，提示食道痉挛。若粗胃管不能前送，细胃管能通过，提示食道狭窄。

(3)食管 X 线检查。直接进行拍摄检查，亦可造影检查。若食管内出现高密度阴影，提示异物堵塞。若造影剂于局部变细或不能通过，提示食道狭窄。造影剂于局部变粗大，见于巨食道症，食道异常扩大。

(4)内窥镜检查。上消化道内窥镜检查是一项非侵入性的、损伤小的检查技术。可以对食道、胃及小肠上部疾病进行直观检查，还可用于取出异物、进行探条扩张术、放置胃管等。

方法：常规全身麻醉后左侧位保定，插入上消化道内窥镜，在屏幕上观察食管壁是否有病变，食管内是否有异物。

(三)腹部检查

1. 腹部视诊　观察被毛、皮肤及皮下组织、腹围的大小及外形轮廓。正常情况下，动物腹部大小、轮廓左右相近，被毛、皮肤完整。生理性增大见于母畜妊娠后期或饱食之后；生理性缩小多见于饥饿。异常情况如下：

(1)腹围增大。

上腹膨大：发生在左侧为瘤胃臌气；发生在右侧为肠臌气。

下腹膨大：发生在左侧为瘤胃积食；发生在右侧为肠便秘。

下腹对称性膨大：见于腹腔积液。

整体膨大：见于积食、便秘同发。

局限性肿大：常见于腹壁疝，较大的局限性肿胀(如血肿、淋巴外渗等)，大面积的腹下浮肿。

(2)腹围缩小。见于消化机能障碍、食欲废绝；脱水(严重腹泻性疾病)；长期饲喂不足，食欲紊乱，顽固性腹泻；慢性消耗性疾病，如贫血、营养不良、内寄生虫病、结核、副结核等。腹肌痉挛，如破伤风，腹膜炎的初期。

2. 腹部触诊　若腹壁敏感，提示腹壁损伤、腹膜炎、胃肠扩张及扭转、变位。冲击触诊，若有振水音或感觉到回击波，提示腹腔积液。腹壁紧张性增高可见于腹痛、破伤风。

(四)反刍兽胃肠检查

1. 瘤胃检查　瘤胃占据腹部左侧大部分，前至膈肌，后至盆腔入口；约占总胃容积的 80%。

(1)视诊。观察左腹围的大小变化：左上增大为臌气；左下增大为积食或积液。

(2)触诊。瘤胃内容物性状：用手掌或拳连续几次深部按压感知。瘤胃蠕动机能：用手掌贴于左肷部感知。

正常情况下牛的瘤胃蠕动频率为1～2次/min;绵羊为2～3次/min;每次持续15～30 s。强度和次数以食后2 h为最旺盛,食后4～6 h后逐渐减弱,饥饿时收缩次数减少。

内容物较硬,或触压后呈现压痕,可见于瘤胃积食或前胃弛缓。

腹壁紧张,弹性大,触诊不易感觉到胃内容物,示征瘤胃臌气。

有波动感、振水音,见于瘤胃积液。

蠕动减弱,次数少,力量微弱,见于前胃弛缓、瘤胃积食、慢性前胃病、热性病、全身性病。

瘤胃蠕动亢进,蠕动频繁、有力、持续时间长,见于瘤胃炎症、不良刺激、臌气的初期。

(3)听诊。在左肷部进行。正常的蠕动音似吹风样或远方雷鸣音。频率,强度及快慢变化结果分析同触诊。

(4)叩诊。

正常状态:左肷上部为鼓音,向下逐渐变为半浊音,下部为浊音。

病理状态:强鼓音,鼓音区向下扩大,提示瘤胃臌气;浊音区扩大,至肷部,提示瘤胃积食。

2. 网胃检查　网胃呈梨形,约占总胃容积的5%,位于瘤胃前下方,第6～7肋间,剑状软骨的上方。前缘紧贴膈肌,靠近心脏。

主要通过触诊(包括用强力压迫)、叩诊检查其敏感性,判断有无创伤性网胃炎。

(1)触诊。

拳顶压法:人蹲下,用拳自胸下剑状突起部向上顶压。

抬杠法:两人分站牛两侧,一手放于鬐甲部,各伸一手于剑状突起部,相互握紧,上抬。

结果:若牛反应敏感,提示创伤性网胃炎。

(2)叩诊。在网胃区进行强力叩诊或用拳轻击。

(3)视诊。运动小心、步态紧张,四肢缩于腹下,不敢前进,甚至呻吟、咬牙;起立如马,用前肢先起;拒走下坡路:以上特征提示创伤性网胃炎。

(4)听诊。呈弱的"沙沙"音,干扰较多,诊断意义不大。

3. 瓣胃检查　瓣胃呈球形,占总胃容积的7%～8%。

检查部位:右侧第7～9肋,肩端线上、下3～5 cm近圆形区域。

(1)听诊。正常蠕动音似细小的捻发音。瓣胃蠕动音显著减弱或消失,见于:瓣胃阻塞、前胃弛缓。蠕动音增强见于瓣胃炎。

(2)触诊。四指冲压肋间,若敏感,提示瓣胃炎;羊,如瓣胃区膨隆,可在靠近瓣胃的肋弓下部做插入式深触诊,可触及坚实的胃壁,常提示瓣胃阻塞 。

(3)穿刺检查。

部位:右侧第9肋间与肩端水平线交点上下2 cm。

方法:先垂直刺透皮肤、肋间肌肉,再向前向下刺入8～10 cm。

正常:刺入瓣胃后阻力减小,留在体表的针尾有摆动,注入50 mL左右的生理盐水,可回抽到草渣。

异常:阻力较大,留在体表的针尾不摆动,吸水性强,不能回抽到草渣。提示瓣胃阻塞。

4. 真胃检查　真胃占总胃容积的7%～8%,长囊状。位于右侧第9～11肋,沿肋弓区直接与腹壁接触。

检查方法:视诊、触诊、叩诊和听诊。

(1)视诊。右侧腹壁真胃区向外侧突出,左右腹壁显得很不对称,提示真胃阻塞。

(2)触诊。

①病畜表现回顾、躲闪、呻吟、后肢踹腹,见于真胃炎、真胃溃疡和真胃扭转等。

②真胃区坚实,见于真胃阻塞。

(3)叩诊。

正常情况:真胃叩诊为浊音。

异常情况:出现鼓音,见于消化不良。

在左侧倒数3个肋间中上部叩诊结合听诊,听到钢管音,多为真胃左方移位。必要时可行穿刺术做内容物检查。

(4)听诊。正常情况下真胃蠕动音类似流水声或含漱声。

蠕动音增强:提示真胃炎。

蠕动音稀少、微弱:表明胃内容物干硬或蠕动机能减弱,如真胃阻塞、消化不良 。

5.肠管检查　反刍动物的肠管位于腹腔右侧的后半部,紧靠瘤胃壁。

(1)听诊。

正常音质:小肠似流水音,大肠似弱远雷音,

肠音频繁、亢进:见于各类型肠炎及腹泻。

肠音微弱:见于热性病及消化机能障碍。

(2)触诊。拳或掌进行触压,感知肠管体积变化、内容物的性状及敏感性。

正常情况:肠管触诊为软而不实,无敏感性。

异常情况:有坚实感,内容物呈块状,常见于肠便秘;触压时有疼痛反应,见于肠炎、肠变位等。

(3)叩诊。于右侧饥饿窝部触之有胀满感,或同时有击水音,而且叩之呈鼓音,见于小肠或盲肠变位。

(五)肝、脾检查

1.肝脏检查

(1)肝脏的部位

牛:位于腹腔右侧第10~12肋间的中上部,正常时可以叩到一个四边形的浊音区。

犬:从右侧最后肋骨后方向前上方触压,可触知肝脏。于右侧第7~12肋间,肺后缘1~3指宽,左侧第7~9肋间沿肺后缘,均有肝浊音区与心浊音界的融合。

马:位于右侧第10~17肋骨的中下部,左侧第7~10肋骨间,两侧都不超过肺脏的后缘。

(2)方法。叩诊、插入式触诊。

(3)异常情况。叩诊浊音区扩大,肝肿大、触痛,见于肝炎、肝硬化、中毒性肝营养不良、肝脓肿等。

2.脾脏检查

(1)部位。在左侧第11~12肋间上部。

(2)触诊。肉食动物及其他小动物可行外部插入式。

(3)叩诊。牛在发生脾脏显著肿大的疾病(如炭疽、白血病等)时,可于肺与瘤胃上部之间呈现较小而狭长的浊音区。

必要时可做B超检查。

(六)排粪动作及粪便的感官检查

1. 排粪检查　排粪是一种反射动作。当直肠的感觉神经末梢受到粪便压力的刺激时,冲动传至腰荐部脊髓的低级排粪中枢,在大脑皮层的调节下,借助传出纤维的神经冲动,产生排粪动作。当以上任何环节受损时,即可产生排粪动作的异常。

正常动物的排粪次数与采食的数量、质量及使役情况有密切关系。马 8～10 次/d,牛 10～18 次/d,肉食动物 1～2 次/d。

排粪异常:

(1)便秘。

特征:排粪费力,次数减少或屡呈排粪姿势而排粪量少,粪便少,色深,干,颗粒状。

见于:热性病,脱水,胃肠弛缓,肠管阻塞;反刍动物常见于前胃弛缓,瘤胃积食;猪常见于慢性消化紊乱。

(2)腹泻。

特征:频繁排粪甚至排粪失禁,粪便呈稀糊状甚至水样。

见于:肠炎、肠应激反应。

(3)排粪失禁。

特征:动物不经固有的排粪姿势,不由自主地排出粪便。

表明:肛门括约肌松弛或麻痹。

见于:慢性肠炎后期,大脑或腰荐部脊髓损伤。

(4)排粪带痛。

特征:排粪时动物表现不安,惊恐或呻吟等。

见于:腹膜炎、直肠炎、肛门腺炎、肛门损伤等。

(5)里急后重。

特征:屡呈排粪便姿势,但只排少量粪便或无粪便排出的现象。

见于:顽固性腹泻致肛门水肿;直肠炎、肛门炎症、肛门损伤等。

2. 粪便的感官检查

(1)粪便的数量、形状和硬度。

正常情况:一般健康动物的粪便都有一定的形状和硬度。数量则受采食量的影响。

异常情况:量多,稀、软,不成形,见于消化不良或腹泻;量少,干硬、色深,颗粒状,见于便秘。另外,粪便形态也受直肠疾病的影响。

(2)粪便混合物。

①混有黏液,粪便呈粥样或水样,示征卡他性胃肠炎。

②混有脓液,示征肠道化脓性炎症。

③混有脱落的肠黏膜,提示有伪膜性与坏死性炎症。

④混有料渣,见于消化不良。

二、呼吸系统检查

当动物出现流鼻液、咳嗽、呼吸节律异常、呼吸困难等症状时,须对呼吸系统进行排查。呼吸系统疾病较为常见,因呼吸道与外界相通,所以各种刺激性因素和微生物都能引起呼吸系统疾病。其他器官、系统的疾病也可直接、间接地影响呼吸系统,如心脏疾病常引起肺淤血。

(一)呼吸状态检查

1. 呼吸频率

(1)方法。

视诊:观察胸腹壁的起伏运动,寒冷季节可观察动物呼出的气雾。

触诊:用手置于动物鼻孔前,感知气流的冲击。

听诊:用听诊器听取动物喉、气管或肺区的呼吸音。

(2)结果分析。同一般检查。

2. 呼吸方式　按胸壁和腹壁起伏运动的强度和协调性,可分为三个类型。一般情况下,健康动物多呈胸腹式呼吸。犬正常为胸式呼吸。

(1)胸式呼吸。除犬外,胸式呼吸是一种病理性呼吸方式。

特征:胸壁的起伏动作极为明显,而腹壁的动作则极轻微。

见于:腹壁或腹腔器官的疾病,如急性腹膜炎、急性胃扩张、瘤胃臌气、肠臌气、腹腔积液等。

(2)腹式呼吸　腹式呼吸是一种病理性呼吸方式。

特征:腹壁的起伏动作极明显,而胸壁的活动极轻微。

见于:肺气肿、气胸、急性胸膜炎、胸膜肺炎、胸腔大量积液等。

(3)胸腹式呼吸　一般健康家畜均采用这种呼吸方式(犬除外)。

特征:胸腹起伏动作协调,强度大致相等。

视诊:观察左右两侧胸廓在呼吸时的强度、幅度是否一致。

临床意义:健侧增强,病侧减弱。

3. 呼吸节律　健康家畜呼吸时有一定的节律,即吸气之后紧接着呼气,每一次呼吸运动之后,稍有休歇,再开始第二次呼吸。每次呼吸之间间隔的时距相等,如此周而复始,有规律,称为节律性呼吸。

(1)吸气延长。

特征:吸气异常费力,吸气时间显著延长。

表明:气流进入肺部不畅。

见于:上呼吸道狭窄,如鼻、喉、气管内有炎性肿胀、肿瘤、黏液、假膜等。

(2)呼气延长。

特征:呼气异常费力,呼气时间延长。

表明:气流呼出不畅,支气管腔狭窄,肺泡的弹性不足。

见于:猪的气喘病、肺疫;马的慢性肺泡气肿、慢性支气管炎等。

(3)间断性呼吸。

特征:先呼吸慢、少,再出现多次短促而有间断的吸气或呼气动作。

表明:肺部疾病或伴有疼痛性的胸腹部疾病,常见于肺炎、胸膜炎等。

(4)潮式呼吸。

特征:呼吸逐渐加强、加深、加快,又逐渐变弱、变浅、变慢,而后呼吸中断,经短暂停顿(数秒至 30 s)后,重复。

机理:呼吸衰竭的早期阶段,呼吸中枢对二氧化碳的反应性降低,即呼吸中枢兴奋的阈值高于正常值。

见于：脑炎、尿毒症、心衰等。

(5)毕奥特氏呼吸。

特征：数次连续的、大致相等的深呼吸和呼吸暂停交替出现。

见于：呼吸中枢极度衰竭。

(6)库斯茂尔氏呼吸(深长呼吸)。

特征：呼吸不中断，呼吸显著延长，呼吸次数减少(3～4 次/min)并且呼吸时带有明显的呼吸杂音。表明：呼吸中枢衰竭晚期。

见于：脑病、酸中毒、尿毒症、濒临死亡等。

4. 呼吸困难检查　呼吸困难是指呼吸运动加强，辅助呼吸器官明显参与，并伴有频率、方式、节律的改变。分为以下三类。

(1)吸气性困难。吸气费力，吸气时间明显延长，有时出现头顶地或发生痛苦呻吟。多见于上呼吸道狭窄。

(2)呼气性呼吸困难。呼气费力，呼气时间明显延长，常出现两段呼气，腹部出现“喘沟”，肛门伸缩运动，腹肌强烈收缩。多见于肺气肿。

(3)混合性呼吸困难。吸气、呼气都费力，有时呈气喘，见于呼吸道的炎症。缺氧也表现出此症状。

5. 鼻液的检查

(1)鼻液的性状。正常情况下，鼻腔保持湿润状态。

①浆液性鼻液。似水样，多见于炎症初期。

②黏液性鼻液。黏液黏稠，呈灰白色，一般出现炎症中期或中后期。鼻液发黄，似脓样，又称为黏液脓性鼻液。

③脓性鼻液。鼻液中混有脓汁，带脓臭味，多见于呼吸道有化脓性炎症或肺脓肿破裂。

④血性鼻液。鼻液中混有血液见于鼻出血、败血病。

(2)鼻液中的混杂物。若鼻液中混有细的饲料渣或唾液，多见于吞咽困难，如咽炎、食道阻塞。

(3)鼻液的排出状态。一侧性，说明疾病在鼻部；两侧性，要考虑呼吸道的各个部位，如低头时有，抬头时没有，说明疾病在副鼻窦。

(4)鼻液中弹性纤维的检查。

方法：用试管收集少量鼻液，加入等量的 10%氢氧化钾或氢氧化钠，加热溶解后离心，挑取离心物涂于载玻片，显微镜下检查，如发现有发亮的丝状物，说明有弹性纤维。

意义：可见于肺泡崩解的疾病，如肺坏疽。

6. 呼出气的检查

温度：可因体温、鼻部温度而改变。

气味：带尿臭味，见于尿毒症；带烂苹果味，见于酮病；带脓臭味，见于肺脓肿；带腐臭味，可见于肺坏疽。

强度：可判定鼻腔的通畅性。一侧性排出，可见于鼻肿瘤及感冒等。

7. 咳嗽检查　咳嗽是一种保护性反射性动作，当呼吸道有炎症或受刺激时，呼吸中枢兴奋，深吸气后声门关闭，继之突然剧烈地呼气，形成一股强烈的气流，使声带振动发出声音。

干咳：音调较高，声音脆、无痰汁，见于炎症初期及吸收期。

湿咳：音调低沉，声音闷，有痰汁，多见于炎症的渗出期。

痛咳：咳嗽时带有明显的疼痛表现，多见于炎症的初期。

痉挛性咳嗽：连续长时间咳嗽，说明呼吸道受到强而久的刺激，多见于支气管及肺部炎症。

（二）上呼吸道检查

1.鼻部检查

（1）外部检查。正常情况下左右对称。鼻歪斜，可见于猪萎缩性鼻炎；鼻中隔变形、鼻甲骨较软，可见于骨质软化症。

（2）内部检查。观察是否有出血、息肉、肿瘤等病变。对于马，通过检查有无火山口样溃疡，可判定是否有马鼻疽。

2.喉部检查

（1）视诊。

外部观察：如有喉部肿胀，触诊热痛，见于喉炎。

内部观察：内部对光检查，发现喉黏膜充血则提示喉炎。

（2）听诊。如有啰音，见于喉炎、喉水肿、喉部组织增生等。

3.气管检查　气管触诊有热痛，听诊有气管啰音，说明气管存在炎症。进行气管软骨环触诊，可检查有无软骨环塌陷。

（三）胸廓检查

1.胸廓视诊　胸廓视诊可检查胸廓的形状及皮肤的变化。正常家畜胸廓两侧对称，脊柱平直，肋骨隆起，肋间隙的宽度均匀，呼吸亦对称。

（1）桶状胸。

特征：胸廓向两侧扩大，左右横径大，肋间隙变宽，肋骨的倾斜度减少。

见于：严重的肺气肿，小动物胸腔积液，急性纤维性胸膜炎等。

（2）扁平胸。

特征：胸廓的左右横径显著减小，胸廓扁平而狭窄，脊柱变形，常伴有肋软骨结合处的串珠状肿，胸骨柄明显向前突出，又称鸡胸。

见于：佝偻病，软骨症，慢性消耗性疾病。

（3）两侧胸廓不对称。

特征：患侧胸廓平坦而下陷，肋间隙变窄，而对侧呈代偿性扩大，明显不对称。

提示：一侧胸廓范围内的器官疾病，对侧代偿性扩大。

见于：一侧肋骨骨折、单侧性胸膜炎、胸膜粘连、骨软化症、代偿性肺气肿等。

2.胸廓触诊　主要检查皮下气肿、皮下水肿、丘疹、外伤等。

（1）皮下气肿。

特征：边缘不清，触之有捻发音（沙沙声），压之向周围皮下组织窜动。

见于：外伤，肺气肿及牛黑斑病甘薯中毒，有时发生于气胸。

（2）皮下水肿。

特征：表面扁平且与周围组织界限明显，压之如生面团样，留有指痕。

见于：创伤性心包炎，心衰，重度贫血和营养不良等。

（3）胸壁疼痛　提示肋骨骨折、胸膜炎。

另外，胸壁的散在性扁平丘疹，常提示荨麻疹；伴有痒感的小结节样疹、水疱、皮肤增厚、脱落毛屑等，应考虑螨病或湿疹。

(四)胸、肺部叩诊

对健康动物肺区叩诊，会发出清音。肺的前部为肌肉和骨骼所掩盖，以致不能为叩诊所检查，因此家畜的叩诊区比肺本身小 1/3。瘦牛除正常叩诊区外，在肩前第 1～3 肋间部尚有一狭窄的肩前叩诊区。

1.肺叩诊区的病理变化　主要表现为扩大或缩小，其变动范围与正常叩诊区相差 3 cm 以上时，认为是病理征象。

(1)肺叩诊区扩大。为肺气肿、胸腔积气的结果。当肺过度充气时，则肺界后移，心脏绝对浊音区缩小。

急性肺气肿时，肺后界后移，常达最后一肋骨，心脏绝对浊音区消失。

慢性肺气肿时，肺后界后移，向下方扩大，但心脏浊音区常因右心室肥大而移位不明显。

气胸时，肺的后界也后移。

(2)肺叩诊区缩小。

①腹腔压力大，见于急性胃扩张、急性瘤胃臌气、肠臌气、腹腔大量积液。

②心肌肥大，心脏浊音区扩大，肺叩诊区缩小 。

2.肺叩诊音变化　大家畜肺正常叩诊音呈现清音，特征为音响较长，较大而洪亮，音调较低，以肺中的 1/3 为界声音逐渐减弱。小动物(犬、猫、兔等)由于肺的空气柱震动较小，正常肺区的叩诊音均甚清朗，稍带鼓音性质。

(1)浊音、半浊音。机理：肺泡内充满炎性渗出物，肺组织发生实变而发出浊音；肺内形成无气组织如肿瘤、棘球蚴囊肿等；胸腔积液或胸壁增厚。

①大片浊音区。胸廓的浊音区面积很大，由肺的多个小叶或大叶实变引起。大叶性肺炎时，由于炎症由下而上、向前后发展，故浊音区的上界常为弓形。

②局灶性浊音区。由肺小叶实变所引起，且病灶必须达到一定大小，距胸壁较近(5～7 cm)。常见于小叶性肺炎、肺脓肿、肺坏疽、肺结核、肺棘球蚴病、肺肿瘤等。

③水平浊音区。浊音区的上界为水平线，水平线以上呈过清音。见于渗出性胸膜炎、胸腔积液、血胸等。

(2)鼓音。

①肺实变以后出现溶解，液体被吸收或排出后形成空洞(直径大于 4 cm，距胸壁 3～5 cm)，洞壁较紧张，与支气管微通或不通，则出现鼓音。

②胸腔积气、积液(靠近渗出液上方)。

③肺浅表实变时，传音强化，出现鼓音。

(3)过清音。

特征：介于清音和鼓音之间的一种过渡性音响，音调接近鼓音。

提示：肺组织过度充气，弹性下降。

见于：肺气肿

(4)破壶音。

特征：类似叩击破瓷壶所产生的声响。

机理：肺组织有空洞，且与外界相通，叩诊时，空洞内气体急速通过狭小的支气管排出，在排出过程中所形成的声音。

提示：肺空洞，较大且与支气管相通。

3.胸肺部的听诊　家畜呼吸时，正常肺部可以听到两种不同性质的声音，即肺泡呼吸音和气管呼吸音。肺泡呼吸音，家畜的肺区均可听到，在肺区的中 1/3 最明显，类似"夫、夫"的声音；支气管呼吸音，是一种类似将舌抬高而呼气时所发生的"赫、赫"（hè）音，音强调高，呼气时最明显。正常时，除马以外在肺区前部均可听见。病理情况下，呼吸音的性质、强度发生变化，而出现各种各样的呼吸音。

（1）肺泡呼吸音增强。

①普遍增强。两侧和全肺的肺泡音均增强，如重读"夫夫"之音，表明呼吸中枢兴奋、呼吸运动和肺换气加强、机体需氧量增大，呼吸、通气增强。见于发热疾病，代谢亢进性疾病。

②局部增强。

特点：肺泡音在一侧肺或局部肺泡呼吸音增强。

表明：局部肺组织有病变，或一侧呼吸功能降低，另一侧代偿性增强。

见于：大叶性肺炎、小叶性肺炎、渗出性胸膜炎。

（2）肺泡呼吸音减弱或消失。

①进入肺泡的空气不足，见于：上呼吸道狭窄，肺臌胀不全，全身衰竭等。

②肺组织机能降低或丧失，见于肺泡被渗出物过度填塞，充气机能、弹性丧失。

③呼吸音传导障碍，见于胸腔积液、积气、胸壁肥厚。

（3）断续呼吸音（齿轮呼吸音）。健康家畜受寒冷、惊吓刺激时可听到。

表明：肺局部有小炎症病灶，小支气管狭窄，空气不能均匀进入肺泡。

常见于：肺结核和支气管炎。

（4）病理性支气管呼吸音。马（正常情况听不到支气管呼吸音）肺部及其他动物肺的后部听到支气管呼吸音时为病理性支气管呼吸音。在以下几种情况下可听到：

①肺实变　面积大、浅表，虽充气功能丧失，但传音性能良好，此时肺组密度增加，支气管呼吸音可以通过实变组织传到胸壁而听到。

②压迫性肺不张　胸腔积液时，压迫肺脏，出现肺一侧不张，此时使肺组织密度增加，而使支气管呼吸音易传导而听到。

③肺内有大空腔　有利于音响传导，并使空腔壁振动发生共鸣，而听到支气管呼吸音。

（5）混合呼吸音（支气管肺泡音）。

特点：吸气时出现柔和的肺泡呼吸音，呼气时出现粗糙的支气管呼吸音。

表明：肺的实变区较小，与正常肺组织共同存在；肺实变区较深，被正常的肺组织遮盖。

（6）啰音。啰音为伴随呼吸而出现的一种附加音响，分为干啰音和湿啰音。

①干啰音。

特征：类似于笛声或鼾声，在吸气或呼气时均能听到，在吸气时清楚，但有时不稳定，会减弱、移位或消失。

提示：支气管狭窄或病变。如支气管黏膜发生炎症，使黏膜肿胀；附着有黏稠的分泌物；支气管平滑肌痉挛或肿瘤压迫。

②湿啰音（水泡音）。

特征：类似含漱或水泡破裂的声音，吸气时较明显，特别是吸气末期。

表明：支气管、肺泡内或空洞内有稀薄的渗出物，当气流通过这些液体时振动液体形成水泡，并且水泡立即破裂而发出声音。按发生部位分为大、中、小的水泡音。

见于：支气管炎，各型肺炎，肺结核波及小支气管，广泛性湿啰音可见于肺水肿。

(7)捻发音

形成：由于肺泡内具有少量液体，使肺泡壁互相黏合，当气流通过细支气管使肺泡充气，充气液体产生细小的破裂音，即捻发音；或毛细支气管水肿并黏附黏稠的分泌物，当吸气时黏合的部分又被分开，而产生特殊的爆裂声，即捻发音。捻发音在吸气之末出现。

提示：肺实质的病变。

见于：肺炎，肺水肿的初期。

(8)空瓮呼吸音。

特征：声音类似吹狭窄细口瓶的声音，柔和且带金属音调。

形成：肺脏存在空洞，而且空洞与支气管相通，当气体经过支气管进入较光滑的大空洞时而产生共鸣。

提示：有空洞性病变。

见于：肺脓肿、肺坏疽、肺棘球蚴囊肿破溃形成的空洞。

(9)胸膜摩擦音。

形成：发生纤维素性胸膜炎时，壁层、脏层变粗糙，呼吸时摩擦产生的声音似两手背摩擦产生的声音。

特点：吸气、呼气均可听到，在胸的移动幅度较大处明显，在肘后、肺区下、肋弓处较为明显。

见于：纤维素性胸膜炎。

三、心血管系统检查

(一)心脏检查

心脏投影部位：心脏位于纵隔内，偏于左侧，在第 3～6 肋骨之间，呈倒置的圆锥体。

1. 心搏动检查　心搏动是心脏活动时撞击左侧胸壁产生的振动。

检查方法：视诊，观察心区被毛振动；或触诊感知其搏动。检查心搏动的位置、频率、强度。

注意事项：心搏动受心脏的收缩力量、胸壁的厚度、胸壁与心脏之间介质影响。

(1)心搏动加强。见于可引起心机能亢进的疾病，如轻度贫血、心脏病的初期、心肌肥大等。心搏动过度加强，引起整个体壁的振动，称为心悸，可见于犬心肌炎型细小病毒病病例。

(2)心搏动减弱。见于心脏衰弱；胸壁肥厚，如纤维素性胸膜炎或胸壁浮肿；胸壁与心脏之间的介质状态改变，如创伤性心包炎(心包有大量渗出液)、胸腔积水等。

2. 心区叩诊　左侧第 3～5 肋间，沿肋间隙由上到下、由前向后叩击，叩诊心脏与胸壁直接接触的部位发出的浊音称为绝对浊音；叩诊心脏被肺脏间隔部位发出的浊音称为相对浊音。

马：绝对浊音区有手掌大，位于肘突后，近似一个不等边的三角形，其顶点在第 3 肋间，距肩关节线下方 3～4 cm 处，经顶点斜向第 6 肋间下端引一弧线，即为其后下界。

牛：浊音区非常小，且仅有相对浊音区，无绝对浊音区(仅在左侧第 3～4 肋间、胸廓下 1/3 中央部)；羊类似于牛(在第 3～5 肋间)。

犬、猫：绝对浊音区在左侧第 4～6 肋间，上缘达肋软骨结合部，大致与胸骨平行，后缘受肝影响而不定。

(1)心浊音区扩大。见于下列原因:心容积增大,如心肌肥大、心室扩张;心包容积增大,如心包炎、心包积液;肺萎缩,导致露出的心区增大。

(2)心浊音区缩小。见于肺气肿、气胸,肺出现浊音区,使心脏的相对浊音区缩小。

(3)叩诊时动物出现回视、躲闪、反抗等。见于心包炎或胸膜炎。

3.心脏听诊

检查目的:听取心音的频率,判断心音的强度、性质、节律及心杂音情况。

听诊部位:左侧第3～5肋间肩关节水平线之下,左侧肘头内侧后上方。在实施听诊时,通常将左前肢向前跨半步。

心音的最佳听诊点:各心音随血流传到胸部的某一部位,该处心音最清楚,称该部位为最佳听诊点。

意义:对最佳听诊点进行听诊,可确定某一瓣膜心音的病理变化。

(1)牛的心脏最佳听诊点。

主动脉瓣音:左侧第4肋间,肩关节水平线下1～2指远(2～3 cm)。

二尖瓣音:左侧第4肋间,主动脉瓣音最佳听诊点下方。

肺动脉瓣音:左侧第3肋间,胸廓下1/3的水平线下方(即肘突的稍上方)。

三尖瓣音:右侧第3肋间(或第4肋骨上),胸廓下1/3水平线上。

(2)犬的最佳听诊点。

主动脉瓣音:左第4肋间,肱骨结节水平线上;

肺动脉瓣音:左第3肋间,接近胸骨处;

二尖瓣音:左第4肋间,主动脉瓣音最佳听诊点下方;

三尖瓣音:右第4肋间,肋骨、肋软骨结合部稍下方。

(3)马的最佳听诊点。

主动脉瓣:左侧第4肋间,肩关节水平线下1～2指处。

肺动脉瓣:左侧第3肋间,胸廓下1/3水平线下方。

二尖瓣:左侧第5肋间,胸廓下1/3水平线上。

三尖瓣:右侧第4肋间,胸廓下1/3水平线上。

4.心音强度异常

(1)第一心音增强。

表明:心室充盈不足和心肌收缩力增强,使血流的惯性增加,对二尖瓣、三尖瓣的冲击力加大。

常见于:心肌炎初期、轻度贫血、脱水 。

(2)第二心音增强。

表明:主动脉和肺动脉血压增高。

常见于:肾炎、破伤风、二尖瓣关闭不全、肺气肿、肺充血、肺水肿。

(3)两心音均增强。

见于:心肌肥大、发热、心肌炎初期等。

(4)两心音均减弱。

表明:心肌收缩力下降或传音障碍。

见于：心脏衰弱、渗出性心包炎等。

(5)第二心音减弱。

表明：主动脉、肺动脉血压下降。

见于：失血、脱水、休克等。

5. 心音性质异常

(1)心音混浊。

特征：心音低浊、含糊不清，相邻两心音之间缺乏明显界限。

原因：心肌变性或心脏瓣膜病变，从而使瓣膜振动发生改变。

常见于：高热、严重贫血、衰竭，伴发心肌营养不良。

(2)胎性心音。

特征：两次心音之间的间隔期缩短，且第一、第二心音强度、性质相似，持续时间相近，心率较快，听诊时类似胎儿的心音。因类似钟摆“滴答”音，又称“钟摆律”。

见于：心肌损伤。

(3)奔马律。

特征：因心率较快，舒张期缩短，出现三个心音连续的现象，即在原来两心音之外出现一个额外的声音，形成三音律，似马蹄声，故称为奔马律(或奔马调)。

舒张早期奔马律；特征是第二心音之后有一声音，为心房血液快速注入心室使较松弛的心室肌振动而引起。见于严重的心室肌损害和心衰。

收缩期前大规模奔马律；特征是第一心音之前出现一声音(心房振动)，亦称心房性奔马律。见于严重的心肌炎或房室阻滞等。

(4)心音分裂。第一心音或第二心音因病理原因而分裂为两个音响，称为心音分裂。

①第一心音分裂。因左、右心室收缩不一致，从而使左、右房室瓣关闭不一致，形成了第一心音的分裂。正常情况下，健康动物兴奋时也能出现。病理性第一心音分裂见于心肌变性、心肌传导障碍等。

②第二心音分裂。主动脉瓣和肺动脉瓣关闭速度取决于心排出血量及主动脉、肺动脉的压力。如果主动脉瓣和肺动脉瓣关闭不同步，则可导致第二心音分裂为两个心音。见于一侧血压过高的疾病，如一侧性心力衰竭、动脉狭窄、肺淤血、高血压病等。

6. 心律不齐

定义：每次心音的间隔时间不等并且强度不一，称为心律不齐。

原因：传导障碍；心肌的兴奋性改变；植物性神经兴奋性紊乱。

见于：心肌损害，如心肌炎型的犬细小病毒感染。

7. 心脏杂音　指伴随心脏活动而产生的正常心音之外的附加音响。它可以和正常心音分开，也可以和正常心音相连续，甚至完全掩盖正常心音。

(1)心内杂音。

①器质性杂音。因慢性心内膜炎引起瓣膜及其周围组织发生增生、变厚、粘连，使瓣膜或瓣膜口发生形状或弹性改变，从而使心音异常。分为两种：瓣膜闭锁不全导致的血液倒流音，瓣膜口狭窄导致血液通过时产生的尖厉的射血音。

特征：声音粗糙，似拉锯声、飞机声、口哨声，强度不定，受瓣膜闭锁不全的缝隙、瓣膜大小及血流速度影响。收缩期和舒张期都可出现 。

收缩期出现倒流音提示二尖瓣、三尖瓣闭锁不全；出现射血音，提示肺动脉瓣口、主动脉瓣口狭窄。

舒张期出现射血音提示二尖瓣、三尖瓣口狭窄；出现倒流音，提示肺动脉瓣、主动脉瓣闭锁不全。

②机能性杂音。

a. 心机能不全。心脏发生扩张时，瓣膜口相应扩大，导致闭锁不全，因而产生关闭不全杂音。

b. 贫血。血液稀薄，同时心脏活动加强，血流速度加快而引起振荡杂音。其音质柔和，似风吹的声音，仅出现在收缩期。

(2)心外杂音。心外杂音由心包及靠近心脏的胸膜发生改变而引起。心外杂音距耳近，听起来清晰、明显，用听诊器集音头压迫心区可使心外杂音增强，心内杂音则不变化。

①心包拍水音。

特征：类似液体振荡的声音。

见于：心包积液或渗出性心包炎。

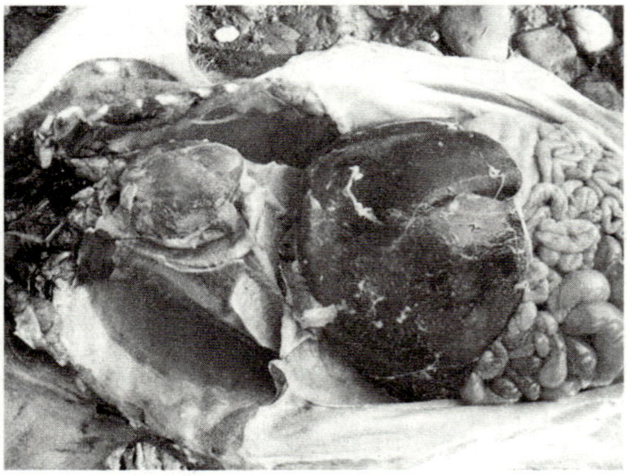

图 3-2-3 绒毛心

②心包摩擦音。

特征：为断续、粗糙的破裂音。

表明：纤维蛋白渗出较多，沉淀在心包的脏层和壁层上，形成绒毛心(图 3-2-3)，使接触面不光滑，产生摩擦音。

示征：渗出性心包炎。

(3)心包胸膜摩擦音。

特征：摩擦音伴随心跳和呼吸均出现。

表明：靠近心区的胸膜有纤维蛋白沉着，见于各种胸膜渗出性炎症，如猪副猪嗜血杆菌病、羊传染性胸膜肺炎等。

(二)血管检查

1. 动脉检查

检查部位：马为颌外动脉，牛为尾中动脉，猪、羊等中小动物为股动脉。

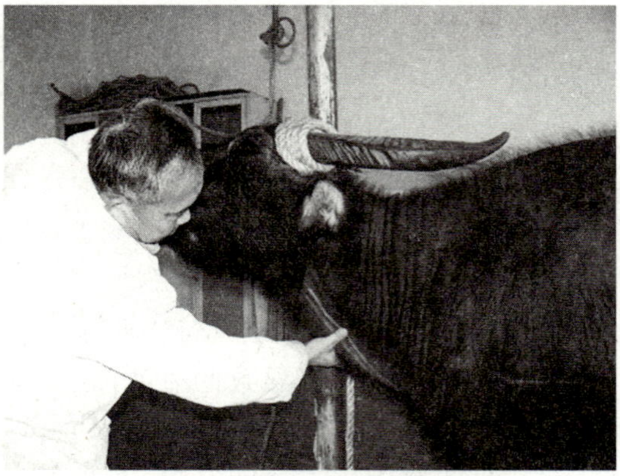

图 3-2-4 检查颈静脉搏动状态

检查方法：触诊。

检查内容：主要检查脉搏数(前已述)。此外，还可以检查其性质、节律。

2. 静脉检查

(1)视诊。如有静脉怒张，见于血液回流受阻、心肺功能障碍。

(2)触诊。外周静脉再充盈情况。

(3)触诊结合视诊。操作如图 3-2-4 所示，检查颈静脉搏动状态。

①阴性搏动。按压后搏动消失，明显者(超过颈中 1/3)见于右心衰竭。

②阳性搏动。按压后远心端消失，近心端更明显，为三尖瓣闭锁不全的示病症状。

③假阳性搏动。由颈动脉强烈搏动而带动产生，多见于主动脉关闭不全。

四、泌尿生殖系统检查

（一）排尿动作观察

正常排尿动作：母牛、母羊后肢下蹲、拱背举尾、腹肌收缩排尿；公牛、公羊无准备动作，腹肌不参与，仅以尿道部的收缩排尿；公猪的尿流急促、断续射出；母猪与母羊类似。

健康动物每天的排尿次数及尿量：猪 2～3 次，2～5 L；绵羊和山羊 2～5 次，0.5～2 L；犬 3～4 次，0.25～1 L；牛 5～10 次，6～12 L，最多达 25 L；马 5～8 次，3～6 L，最多达 10 L。

排尿异常及分析如下：

1. 频尿　指排尿次数增多，每次尿量不多或反减少，甚至呈滴状排出，但一昼夜内尿的总量并不增多。见于膀胱炎、膀胱结石、尿液性质改变和尿路炎症。

2. 多尿　排尿次数增多，而每次尿量并不少；或排尿次数不明显增加但每次尿量增多，一昼夜内排尿总量增多。多因肾小球滤过机能增强，或肾小管重吸收能力减弱。见于肾小管细胞受损伤（如慢性肾炎）；水肿吸收期；发热性疾病的退热期等。

3. 少尿或无尿　动物 24 h 内排尿总量减少，称为少尿；排尿停止，称为无尿，亦称尿闭。常见于严重脱水；电解质紊乱；循环虚脱、心衰；肾小管和肾小球严重受损的疾病；尿路受阻等。

临床分为肾前性（脱水）、肾原性（肾功能衰竭）、肾后性（尿路受阻）少尿或无尿。

4. 尿潴留　尿液滞留在膀胱内不能排出，称为尿潴留。见于膀胱壁肌肉麻痹；膀胱括约肌痉挛；尿道结石、血块、炎性肿胀及周围组织肿瘤、前列腺肥大压迫等导致尿道狭窄、阻塞。

5. 尿痛　动物排尿时感到不适甚至呈腹痛症状，导致排尿困难，称为尿痛。表现为患畜弓腰或背腰下沉、呻吟、努责、后肢踏地回顾、踢腹、阴茎下垂等。多见于尿结石、膀胱炎、尿道炎症等。

6. 尿淋漓　排尿不畅，尿液呈点滴状，无力地或断续地排出。见于尿路不全堵塞，如尿道炎、尿道结石；膀胱肌麻痹；前列腺肿大压迫尿道等。

7. 尿失禁　指动物不自主或未采取固有的准备动作和排尿姿势，而尿液自行流出，称为尿失禁。见于脑、脊髓疾病；膀胱括约肌麻痹。

（二）尿液的感官检查

1. 尿色　形成尿液颜色的主要物质为尿色素、尿胆原、尿胆素、胆红素及卟啉等。尿色还受酸碱度、摄入食物或药物的影响。正常情况下，马尿为淡黄或橙黄色；黄牛尿为淡黄色；水牛和猪尿呈水样外观。陈旧尿液则色泽变深。

(1)黄尿。外观为较深的黄色、棕黄色，尿中尿胆原、胆红素含量过多。在空气中久置，可因胆红素被氧化为胆绿素而使尿液外观呈棕绿色。振荡后产生黄色泡沫。见于黄疸、尿浓缩（脱水）。

(2)红尿。尿液外观呈红色、红棕色、棕褐色。见于血尿、血红蛋白尿、肌红蛋白尿、卟啉（铁卟啉，在血红素中）尿、药尿。

(3)血红蛋白尿。尿中仅含血红蛋白，均质红色而无沉淀，镜检不见（或有少量）红细胞。见于溶血。

(4)肌红蛋白尿。尿中仅含肌红蛋白,均匀红色,无沉淀,无红细胞,见于肌红蛋白尿症。

(5)乳糜尿。因乳糜液逆流进入尿中,使尿液外观呈不同程度的乳白色。

机理:从肠道吸收的乳糜液(脂肪皂化后的液体)不能经正常淋巴道引流至血液,而逆流至泌尿系统淋巴管中,使淋巴管内压增高、破裂,乳糜液溢入尿中,使尿色呈乳白色。

外观:尿白色,混浊如乳汁,或似泔水、豆浆。

病因:多见于丝虫进入淋巴管,造成淋巴管损害。罕见于结核、恶性肿瘤等广泛侵犯腹膜后淋巴管、淋巴结,造成局部淋巴管炎症损伤,致淋巴动力学改变。

特征:离心沉淀后外观不变。若由丝虫病引起,偶可于沉渣中查出微丝蚴。

(6)脓尿。尿液中含大量白细胞而使外观呈不同程度的黄白色混浊,严重时可见丝状、块状悬浮物。

特征:脓尿蛋白定性常为阳性;镜检可见大量脓细胞。

见于:泌尿系统感染、前列腺炎、精囊腺炎。可通过尿三杯试验初步了解炎症部位,办助临床鉴别诊断。

(7)盐类结晶尿。

特征:排出时较清亮,而静置后呈乳白色或淡粉红色颗粒状态混浊。在气温寒冷的时很快析出沉淀物。

鉴别:加热后混浊消失,为尿酸盐;加热后混浊增加,为磷酸盐、碳酸盐。加乙酸后均变清,可产生气泡的是碳酸盐尿。

(8)混浊尿鉴别

脓尿、结晶尿:经离心后上清液澄清;镜检可见多数的白细胞或盐类结晶;结晶尿加热加酸后混浊消失。

乳糜尿:加少量乙醚,振荡,水层混浊程度比原尿减轻。

2. 透明度　正常情况下,各类动物尿液透明度情况如下:①马属动物:尿中因含大量悬浮在黏蛋白中的碳酸钙和不溶性磷酸盐,呈混浊状,终末尿尤其明显。放于空气中混浊度增加,出现黄色沉淀。②反刍动物:新鲜尿液清亮透明。但放置不久会变混浊。③肉食动物:正常为清亮透明。

异常情况分析:马的新鲜尿液透明度增加,见于骨软化症、体内产酸过多(如代谢性酸中毒、过食精料等);其他动物的新鲜尿液变混浊,见于肾及尿路炎症造成的血尿、脓尿、蛋白尿等。

3. 尿味　正常情况下,因尿液中存在挥发性脂肪酸而具有特殊的气味。

氨臭味:见于膀胱炎、尿潴留;

腐败臭味:见于膀胱及尿路的病变,引起尿中蛋白质过多,分解而产生;

烂苹果味:见于酮病。

(三)肾脏检查

1. 检查部位

牛:左肾悬垂于第2～5腰椎横突下方;右肾呈长椭圆形,位于第12肋间至第2、3腰椎横突下方。

猪:几乎对称,位于第1～4腰椎横突下方。

羊:左肾位于第3～5(或第4～6)腰椎横突下方;右肾位于第1～3腰椎横突下方。

犬：右肾位于第1～3腰椎横突下方，左肾位于第2～4腰椎横突下方。

2. 检查方法　视诊、触诊、叩诊；必要时可进行特殊检查，如B超声波检查、X线检查等。

(1)视诊。观察患病动物是否有下列肾病症候：

腰痛：腰肌僵硬，背部稍拱，步态谨慎，后肢前移。

水肿：于眼睑、肉垂、腹下四肢、阴囊等部位。

泌尿异常：尿少，蛋白尿。

(2)触诊。适用于中小动物，可将拇指置于腰上方，四指在肾区腰椎横突下方前后滑动触诊。

正常：肾体触感坚实、光滑，无疼痛反应。

异常：①触痛、肿大，见于急性肾炎、肾盂肾炎。②体积增大、坚硬，见于肾硬化、肾肿瘤、肾盂结石等，③肾体缩小、坚实、无痛，见于肾萎缩、间质性肾炎，较少见。④肾脏表面不光滑，见于肾增生性炎症。⑤触有波动感，见于肾盂积水或肾盂肾炎。

(3)叩诊。适用于大动物，于肾区进行拳、掌捶击，观其敏感性。

异常：叩诊有疼痛反应。

见于：急性肾炎、肾结石、肾脏肿瘤等。

(4)直肠检查。适合于马、牛等大动物，可感觉肾的大小、形状、质地、敏感性，临床意义同触诊。

(四)膀胱检查

大动物的膀胱位于盆腔的底部；小动物的膀胱在耻骨联合前方的腹腔底部。

1. 视诊　患膀胱炎、膀胱结石的动物常表现出尿频、尿痛、排尿困难及尿潴留和膀胱膨胀等症状。

2. 触诊　对于小动物，可在腹部盆腔入口前缘施行外部触诊，也可直肠指检；对牛、马等大动物，只能进行直肠触诊。检查内容包括膀胱的位置、大小、充盈度、膀胱壁的厚度以及有无压痛等。

(1)膀胱破裂。患病动物停止排尿，下腹侧向下、向外膨大，腹腔积尿。进行直肠检查，可发现膀胱完全空虚，膀胱呈现浮动感；腹腔穿刺时，可排出大量淡黄、微混浊、有尿臭味的液体，或为红色混浊的液体。膀胱破裂后因尿液流入腹腔往往引起腹膜炎和尿毒症，有时皮肤可散发尿臭味。

(2)膀胱充盈。

特征：体积明显增大，紧张性增高，在整个骨盆腔及腹腔后部都可触及。

见于：膀胱麻痹(按摩可排尿)；膀胱括约肌痉挛、膀胱口或尿道堵塞。

(3)膀胱压痛。见于急性膀胱炎引起的尿潴留。

(4)硬固物体。在膀胱充盈的情况下触诊，可触摸到硬块物。可移动者为结石、异物，不可移动者可能为肿瘤、组织增生。

(五)尿道检查

1. 母畜尿道检查

检查部位：母畜尿道开口于阴道前庭的下壁，特别是母牛的尿道，宽而短，检查最为方便。

检查方法：术者将手伸入阴道，在其下壁可触摸到尿道外口。用金属、橡皮或塑料制导尿管进行探诊。

2. 公畜尿道检查　位于骨盆腔内的部分，可由直肠内触诊；位于骨盆及会阴以外的部分，可行外部触诊。

雄性反刍动物和公猪的尿道因有“S”弯曲，用导尿管探诊较为困难，而公马的尿道探诊则较为方便。

3. 异常情况分析

异常情况：触诊时感到膨大、坚硬物体，或触压时疼痛明显；尿道探查受阻。

尿道炎：触诊敏感，临床表现尿频、尿痛、尿道外口肿胀，可能出现血尿、脓尿。慢性者多无明显症状，仅有少量黏性分泌物。

尿结石：触诊敏感，尿道探查受阻，结合 X 线检查可确诊。公牛、公羊和公猪多发生在“S”状弯曲之上的部位；猪多发生在龟头的尖端。

尿道狭窄：应用导尿管探诊，遇阻不能前行。临床出现排尿困难，尿流变细或呈点滴状。见于：尿道损伤形成瘢痕、结石不完全阻塞、尿道炎性肿胀、尿道肿瘤等。

（六）公畜生殖系统检查

公畜生殖系统包括阴囊、睾丸、输精管、附睾、阴茎和一些副腺体（前列腺、精囊腺和尿道球腺）。

1. 睾丸和阴囊检查　阴囊内有睾丸、附睾、精索和输精管。检查睾丸的大小、形状、硬度以及有无隐睾、压痛、结节和肿物等。

（1）阴囊。

①阴囊及阴鞘水肿。阴囊及阴鞘呈椭圆形肿大，表面光滑，膨胀，触摸有囊性感，无压痛，压之留有指痕。

见于：阴囊局部炎症，睾丸炎，去势后阴囊积血、渗出浸润及感染、阴囊脓肿。也可发生于某些全身水肿性疾病，如贫血、低蛋白血症、心脏衰弱、肾脏疾病等。

②阴囊肿痛。阴囊体积显著增大，有明显的腹痛症状，有时持续而剧烈；触摸阴囊有软坠感，同时阴囊皮肤温度降低，有冰凉感。见于阴囊炎。

（2）睾丸。检查睾丸的大小、形状、温度及敏感性等。

猪患布鲁氏菌病时，睾丸明显肿大并发炎。公畜的睾丸炎多与附睾炎同时发生。

2. 精索　公畜去势后常发生精索硬肿：精索断端，可触大小不一、坚硬的肿块，有明显的压痛。多伴有阴囊和阴鞘水肿，甚至可引起腹下水肿。有的可形成脓肿或精索管。

3. 包皮　公羊和公猪最易发生包皮炎；猪的包皮炎可见于猪瘟；公牛多发生包皮红肿，阴筒肿胀。

发生包皮炎时，包皮的前端部充满包皮垢和浊尿，形成球形肿胀；同时包皮口周围的阴毛被尿污染，包皮脂和脓秽物粘在一起。

4. 阴茎及龟头　局部发炎、肿胀或溃烂，或尿道流血，见于阴茎损伤；包皮高度紧张、水肿，阴茎不能缩回，见于包皮嵌顿；阴茎脱垂不能缩回，见于阴茎麻痹；龟头出现局部肿胀、突起，见于病理性增生及肿瘤；尿道口发生糜烂，甚至坏死，有多量渗出液，外尿道可流出脓性分泌物，见于尿道炎。

（七）母畜外生殖器官检查

1. 阴道和阴门　观察阴道黏膜的颜色、湿度、损伤、炎症、肿胀情况及溃疡，同时注意子宫颈的状态及阴道分泌物的变化。健康母畜的阴道黏膜呈淡粉红色，光滑而湿润。

阴道炎：患畜表现拱背、努责、尾根翘起、时做排尿状，但尿量却不多，阴门中流出浆液性或脓性污秽腥臭液，甚至附着在阴门、尾根部形成干痂。阴道检查时，阴道黏膜敏感性增高，疼痛，充血，出血肿胀，干燥，有时可发生创伤、溃疡或糜烂。

2. 乳房　当动物疑有乳腺疾病时，需进行乳房检查。检查方法主要用视诊、触诊，并注意乳汁的性状。

(1)视诊。检查乳房大小、形状，乳房和乳头颜色，有无潮红、橘皮样变、外伤、隆起、皮肤结节及脓疱等。

牛、绵羊和山羊乳房皮肤上出现疹疱、脓疱及结节，多为痘疹、口蹄疫等症。老年犬、猫乳区出现不规则隆起，则应考虑乳腺肿瘤的可能。

(2)触诊。检查乳房皮肤的厚薄、温度、软硬度及乳房淋巴结的状态；有无脓肿、硬结，有无疼痛反应。

乳腺炎：炎症部位肿胀、发硬，皮肤呈紫红色，有热痛反应，有时乳房淋巴结也肿大，挤奶不畅。

乳牛乳房结核：乳房淋巴结显著肿大，形成硬结，触诊常无热痛。

乳腺肿瘤：多发于老年母犬，可见单个乳区甚至多个乳区存在坚实、不规则肿物，如肿物较大且伴炎症，则有触痛反应。如肿瘤生长较快且动物体质下降明显，可考虑恶性肿瘤。如肿物较小则不易发现，可在局部剃毛后再行检查。

(3)乳汁感官检查。检查时，将各乳区的乳汁分别挤入手心或盛于器皿内进行观察，注意乳汁颜色、稠度和性状。如乳汁浓稠，内含絮状物或纤维蛋白性凝块，或有脓汁，或带血，则为乳腺炎。

必要时进行乳汁的化学分析和显微镜检查。

五、神经系统检查

(一)精神状态检查

精神状态是中枢神经机能的反应。正常时中枢神经系统的兴奋、抑制两个过程保持动态平衡。异常则表现为过度兴奋或过度抑制。

1. 精神兴奋

特征：表现不安、易惊，对轻微的刺激产生强烈反应，甚至强烈挣扎，不顾一切地前冲、后退等。

机理：是中枢神经机能亢进的结果。

见于：脑膜充血，脑炎，颅内高压，代谢障碍，中毒等。

2. 精神抑制　由大脑皮层和皮层下网状结构占优势所致。根据程度不同分为：

(1)精神沉郁。

特征：注意力减弱，反应迟钝，离群呆立，头低耳耷，眼半闭或全闭，行动无力，尚有意识反应。

见于：热性病、脑水肿、脑损伤、贫血、脑炎、缺氧等。

(2)嗜睡。

特征：病畜重度萎靡，将鼻唇抵在饲槽上或倚墙或躺卧而沉睡。只有给予强烈的刺激才能产生轻微的暂时的反应，但很快又陷入沉睡状态。

见于：中等程度的中枢机能抑制。

（3）昏迷。

特征：患畜卧地不起，呼唤不应，全身肌肉松弛，意识完全丧失，仅保留植物神经活动，心搏动和呼吸变慢而节律不齐。

见于：重度昏迷常预后不良。

（二）运动机能的检查

1. 强迫运动　是指不受意识支配和外界环境影响而出现的强制发生的规律性运动。

（1）回转运动

特征：按同一方向做转圈运动。

机理：一侧的向心兴奋传导中断，对侧运动反应占优势；或病畜头颈或体躯向一侧弯曲，以致无意识地随着头、颈部的弯曲方向转动。

见于：大脑的占位性疾病，如棘球蚴病；颈肌痉挛；一侧性肢体麻痹等。

（2）盲目运动。

特征：无目的徘徊；或一直前进，患畜不注意周围事物，对外界刺激缺乏反应。

见于：马的慢性脑室积水、脑炎、霉玉米中毒，猪的食盐中毒、李氏杆菌病、伪狂犬病等。

（3）暴进暴退。

特征：患畜将头高举或低下，踉跄地向前狂进，称为暴进。或者患畜头颈后仰，颈肌痉挛而连续后退，后退时常颠簸，甚至倒地，称为暴退。

见于：脑部疾病，如脑炎、脑水肿等。

（4）滚转运动。

特征：病畜向一侧冲、倾倒、强制卧于一侧，或循身体长轴向一侧打滚，称滚转运动。

见于：剧烈腹痛性疾病。

2. 共济失调　是指运动时肌群动作不协调，导致的动物体位和运动失去平衡。常见肢体高抬，用力着地，如涉水样步态。

（1）静止性失调。站立时不能保持平衡，多见于小脑、前庭、迷路受损。

（2）运动性失调。动物行走时不能保持平衡，多见于大脑皮质、小脑、前庭、脊髓受损。

3. 痉挛　指横纹肌的不随意收缩。多由大脑皮层受刺激、脑干或基底神经受损引起。分阵发性痉挛和强直性痉挛。

（1）强直性痉挛。

概念：伸肌和屈肌处于持续均等的收缩状态，但以伸肌占优势。

机理：大脑皮层功能受到抑制，基底神经节受损或脑干和脊髓的低级运动中枢受到刺激所引起。

①挛缩。局限于一定肌群的强直性痉挛统称为挛缩，如牙关紧闭、角弓反张、扭颈等（图3-2-5）。

②全身肌肉发生的强直性痉挛。如破伤风、有机磷中毒等。

（2）阵发性痉挛。

定义：单个肌群不随意收缩和松弛交替发生的现象。

特征：肌肉收缩的发生短暂迅速，像触电一样，一个跟着一个，间隔期则肌肉松弛。常突然发作，并迅速停止。

见于：脑炎、脑脊髓炎、膈肌痉挛、中毒和低钙血症等。

①震颤。相互拮抗肌肉的快速、有节律、交替而不太强的收缩所产生的颤抖现象，称为震颤。见于脑部受损。

②癫痫。

定义：强直性、阵发性痉挛交替发生，并伴有意识暂时丧失。

特征：发作时表现强直性痉挛，瞳孔扩大、流涎、大小便失禁、意识丧失。

见于：脑神经兴奋性增高引起异常放电，多由脑炎、脑损伤、脑肿瘤等引起。

③惊厥。扩及全身的强烈阵发性痉挛称为惊厥。见于严重的脑机能紊乱，如脑炎、脑损伤、中毒等。

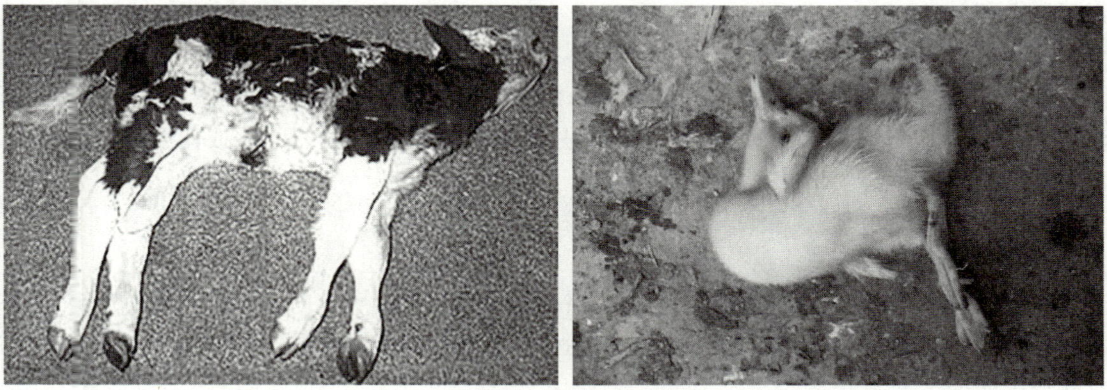

图 3-2-5　强直性痉挛

4.瘫痪　横纹肌随意运动机能减弱或丧失，称为瘫痪或麻痹。少数神经节支配部位的某一些肌肉或肌群瘫痪称单瘫。躯体双侧对称发生瘫痪称截瘫，多见于脊髓损伤。一侧肢体的麻痹称偏瘫，见于一侧大脑半球或锥体传导路径受损伤。两侧不对称部位发生瘫痪称交叉性偏瘫。

中枢性瘫痪：大脑皮质运动区及脊髓腹角细胞以上的运动神经元受到损害引起。特征为：肌肉随意运动消失，紧张性增高，肌肉不萎缩，腱反射亢进。

末梢性瘫痪：脊髓腹角下位运动神经元受损害引起。特征为：肌肉随意运动消失，紧张性降低，肌肉萎缩，腱反射减弱或消失。

(三)反射机能检查

1.浅表反射检查

鬐甲反射：轻轻触摸鬐甲被毛，可引起肩部和鬐甲皮肤抖动。反射中枢在第七颈髓段及第一、二胸髓段。

腹壁反射：用针刺腹壁引起相应部位收缩。反射中枢在胸腰髓段。

角膜反射：用毛发刺激角膜，引起眨眼。反射中枢在脑桥。

瞳孔反射：先用手将动物眼睛遮住使瞳孔放大，然后放开手，健康动物由于光照突然加强而瞳孔很快紧闭。反射中枢在中脑。

2.深部反射检查

膝反射：用叩诊锤叩击动物膝直韧带，正常情况下动物会出现小腿上抬的动作。反射中枢在腰髓段。

跟腱反射:用叩诊锤叩击动物的跟腱,正常情况下主要表现为腓肠肌和比目鱼肌收缩,而足趾屈曲。反射中枢在荐段。

蹄冠反射:叩诊或针刺动物蹄冠,动物会出现抬腿动作。前肢反射中枢在脊髓颈膨大;后肢反射中枢在脊髓腰膨大。

3.反射机能病理变化　反射增强表明大脑皮层受到损害;反射减弱表明反射中枢或反射弧的传导路径受损害。

(四)感觉机能检查

动物的感觉机能受神经系统的支配。感觉机能通常分为一般感觉和特殊感觉。

1.一般感觉

(1)浅表感觉。浅表感觉包括皮肤的触觉、痛觉、温觉和对电刺激的感觉。在动物主要检查其痛觉和触觉。

检查方法:用布将动物的眼睛遮住,用针尖或尖锐物以不同力量先从臀部开始,沿脊柱两侧逐渐向前刺激,直到颈部和头部。对四肢的检查从最下部开始,做环形刺激直至脊柱。健畜动物受到针刺时,出现相应部位的被毛颤动、皮肤或肌肉收缩,竖耳、回头,或四肢蹴踢动作。

结果分析:

①皮肤感觉性增强(过敏)。给予轻度刺激,引起强烈反应。

见于:脊髓膜炎、脊髓损伤、末梢神经发炎或受压,局部组织炎症。

②皮肤感觉性减弱。皮肤感觉迟钝或完全消失,对各种刺激的反应减弱或感觉消失,甚至在意识清醒下感觉能力完全消失。表明感觉神经、传导路径发生损坏导致神经冲动不能传送,或神经机能处于抑制状态。

见于:大脑皮层、延脑和脊髓路径受损,可能由多发性神经炎、马媾疫和某些传染病所致。

③感觉异常。由于传导路径上存在异常刺激所引起,是一种自发产生的感觉,如发痒、灼烧感、似蚂蚁走感等。表现为不断啃咬、搔痒、摩擦,使部分皮肤、被毛出现损伤。

见于:狂犬病、牛伪狂犬病、羊的痒病、神经性皮炎、荨麻疹等。

(2)深部感觉。又称本体感觉,指皮下深部肌肉、关节、骨骼、腱和韧带等处的感觉。

检查方法:人为改变动物肢体自然姿势,观察其能否自行恢复。正常动物会恢复自然姿态,如不能做出正常反应,即深部感觉异常。见于大脑、前庭、小脑及肌肉、关节等处的损伤。

2.特殊感觉　特殊感觉是由特殊感觉器官所感受到的感觉,包括视觉、听觉、嗅觉和味觉等。某些神经系统疾病,可使感觉器官与中枢神经系统之间的正常联系遭到破坏,导致相应的感觉机能障碍。

(1)视觉检查。

外观检查:观察眼睑、眼球、角膜、瞳孔的状态。

光反应试验:先遮盖其眼睛,然后迅即放开,观察光线射入后瞳孔是否缩小;或在较暗的条件下,突然用手电筒从侧方照射动物的眼睛,同时观察瞳孔是否缩小。

视力检查:用手指在眼前轻轻晃动并观察动物的闭眼反应。

(2)听觉检查。

检查方法:利用人的吆唤声或以其他音响(如击掌)刺激,观察动物的反应。

①听觉增强。对轻微声音呈强烈反应,如惊恐不安、肌肉痉挛等,可见于破伤风、马传染性脑脊髓炎、牛酮血症、狂犬病等。

②听觉减弱。对较强的声音无任何反应；主要提示神经中枢疾病或耳部损伤。

③异常反应。马患慢性脑室积水时，其耳朵可转向与声音来源相反的方向。

(3)嗅觉检查。犬、猫、牛、马、猪、羊的嗅觉高度发达，而禽类的则不发达。

检查方法：将动物眼睛遮盖，用有特殊气味的物质或饲草、饲料置于动物鼻前，观察其反应。

结果分析：对正常动物，可引起其寻食或咀嚼动作，唾液分泌增加。嗅觉减弱多见于鼻炎、鼻塞等，少数见于脑部疾病。

(五)头颅和脊柱检查

1. 头颅检查

检查方法：观察头颅形状、大小及脊柱的外形，配合进行触诊及叩诊。

结果分析：

(1)局部膨大变形。见于外伤、肿瘤、额窦炎；触诊头颅，可见动物呈敏感反应。如用力按压，局部向内陷入，常因多头绦虫的幼虫——多头蚴寄生致使头骨骨质菲薄所致。

(2)增温。局部增温，见于外伤、局部炎症；广泛增温，见于脑、脑膜充血及炎症；热射病及日射病；机体发热等。

(3)叩诊浊音。见于肿瘤、额窦炎、脑多头蚴病，应两侧对照检查。

2. 脊柱

(1)脊柱变形。健康动物的脊柱背面看呈直线，侧面看是弯曲的，包括颈曲、胸曲、腰曲、骶曲四个生理弯曲。

异常下弯：见于骨软化症、佝偻病。

侧弯：见于脊柱骨折、脱臼、炎症、破伤风等。

(2)局部肿胀、疼痛。多见于脊柱挫伤或骨折。

(3)脊柱僵硬。表现为快速运动或转圈运动时不灵活。常见于破伤风、腰肌风湿、猪肾虫病、强直性脊柱炎等；慢性骨质病或老龄役马也可见。

任务三　实验室检查

门诊医师依据主诉情况、临床检查，找出疾病线索，根据诊断需要提出相应的实验室项目，开列实验室检查申请单。实验室检查技术人员根据实验室检查申请单实施相应的项目检查，检查结果出来后，出具检查报告。

检查报告作为门诊医师建立诊断的重要参考依据，一般要附在病历上，与病历一起构成病例档案资料。

任务四　建立诊断

病史、症状和其他相关检查资料，是认识疾病的基础，是建立诊断的依据。运用相关知识对资料进行综合、分析、推理、判断，是建立正确诊断的途径。

一、建立诊断的步骤

(1)病史调查、收集资料。

(2)分析资料、初步诊断。

(3)实施防治、验证诊断。

二、建立诊断的方法

1. 论证诊断法　将实际的症状、资料和所提出的疾病应具备的症状、条件加以比较、核对、证实。

若全部或大部分症状、条件相符合,所有现象、变化均可用该病予以解释,则这一诊断即可成立。当疾病的病像已经充分显露,并表现出可以反映某个疾病本质的特殊症状时,即可依此而提出某一疾病的诊断。

2. 鉴别诊断法　复杂或不典型的病例,缺乏足以提示明确诊断的症状时,可根据某一或某几个主要症状,提出一组可能的、相似的而有待区别的疾病。将各个可能疾病的特征与现有资料相比较,逐步排除与之不符的疾病,最后留有一个(或几个)可能性较大的疾病。

任务五　开写处方

一、基本要求

(1)兽医处方,是指执业兽医师在动物诊疗活动中开具的,作为动物用药凭证的文书。

(2)执业兽医师根据动物诊疗活动的需要,按照兽药使用规范,遵循安全、有效、经济的原则开具兽医处方。

(3)执业兽医师在注册单位签名留样或者专用签章备案后,方可开具处方。兽医处方经执业兽医师签名或者盖章后有效。

(4)执业兽医师利用计算机开具、传递兽医处方时,应当同时打印出纸质处方,其格式与手写处方一致;打印的纸质处方经执业兽医师签名或盖章后有效。

(5)兽医处方限于当次诊疗结果用药,开具当天有效。特殊情况下需延长有效期的,由开具兽医处方的执业兽医师注明有效期限,但有效期最长不得超过 3 d。

(6)除兽用麻醉药品、精神药品、毒性药品和放射性药品外,动物诊疗机构和执业兽医师不得限制动物主人持处方到兽药经营企业购药。

二、处方笺格式

兽医处方笺规格和样式由农业农村部规定,从事动物诊疗活动的单位应当按照规定的规格和样式印制兽医处方笺或者设计电子处方笺。兽医处方笺规格如下:

(1)兽医处方笺一式三联,可以使用同一种颜色纸张,也可以使用三种不同颜色纸张。

(2)兽医处方笺分为两种规格,小规格长 210 mm、宽 148 mm;大规格长 296 mm、宽 210 mm。

三、处方笺内容

兽医处方笺内容包括前记、正文、后记三部分，要符合以下标准。

1. 前记　对个体动物进行诊疗的，至少包括动物主人姓名或者动物饲养单位名称、档案号、开具日期和动物的种类、性别、体重、日龄。

对群体动物进行诊疗的，至少包括饲养单位名称、档案号、开具日期和动物的种类、数量、日龄。

2. 正文　包括初步诊断情况和 Rp(拉丁文 Recipe“请取”的缩写)。Rp 应当分列兽药名称、规格、数量、用法、用量等内容；对于食品动物还应当注明休药期。

3. 后记　至少包括执业兽医师签名或盖章和注册号、发药人签名或盖章。

四、处方书写要求

(1)动物基本信息、临床诊断情况应当填写清晰、完整，并与病历记载一致。

(2)字迹清楚，原则上不得涂改；如需修改，应当在修改处签名或盖章，并注明修改日期。

(3)兽药名称应当以兽药国家标准载明的名称为准。兽药名称简写或者缩写应当符合国内通用写法，不得自行编制兽药缩写名或者使用代号。

(4)书写兽药规格、数量、用法、用量及休药期要准确规范。

(5)兽医处方中包含兽用化学药品、生物制品、中成药的，每种兽药应当另起一行。

(6)兽药剂量与数量用阿拉伯数字书写。剂量应当使用法定计量单位：质量以 kg、g、mg、μg、ng 为单位；容量以 L、mL 为单位；有效量单位以 IU、U 为单位。

(7)片剂、丸剂、胶囊剂以及单剂量包装的散剂、颗粒剂分别以片、丸、粒、袋为单位；多剂量包装的散剂、颗粒剂以 g 或 kg 为单位；单剂量包装的溶液剂以支、瓶为单位，多剂量包装的溶液剂以 mL 或 L 为单位；软膏及乳膏剂以支、盒为单位；单剂量包装的注射剂以支、瓶为单位，多剂量包装的注射剂以 mL 或 L、g 或 kg 为单位，应当注明含量；兽用中药自拟方应当以剂为单位。

(8)开具处方后的空白处应当画一斜线，以示处方完毕。

(9)执业兽医师注册号可采用印刷或盖章方式填写。

五、治疗处方原则

1. 对因治疗　以消除病因为目的所采取的措施和用药，是治愈疾病的关键。

2. 对症治疗　针对表现明显、危害较大的症状所采取的治疗措施和用药，以减轻和消除疾病损害为目的，可减轻动物痛苦和保护机体。

3. 辅助治疗　以提高患病动物机体抵抗力为目的所采取的措施和用药，可提高疗效、促进疾病痊愈。

六、处方保存

(1)兽医处方开具后，第一联由从事动物诊疗活动的动物医院留存，第二联由药房或者兽药经营企业留存，第三联由动物主人或者养殖单位留存。

(2)兽医处方由处方开具、兽药核发单位妥善保存2年以上。保存期满后,经所在单位主要负责人批准、登记备案,方可销毁。

任务六 开具医嘱

一、医嘱的开具

医嘱是指医生在医疗活动中下达的医学指令。

1.医嘱书写资格　医嘱内容及起始、停止时间只能由执业兽医师开具。

2.医嘱内容　包括护理常规、护理级别、饮食种类、体位、各种检查和治疗、药物名称、剂量和用法。

3.医嘱书写要求　要求层次分明,内容清楚,每项医嘱一般只能包含一个内容。医嘱转抄和整理必须准确,不得涂改。如需更改或撤销时,应用红笔注明“取消”字样并签名。临时医嘱应向护士交代清楚。医嘱要按时执行。开写、执行和停止医嘱时,医护人员用楷书签全名并注明时间。

4.医嘱种类　分长期医嘱、临时医嘱和备用医嘱。

(1)长期医嘱。有效期大于24 h,在医生注明的停止时间后失效。

(2)临时医嘱。有效期在24 h之内且只执行一次。有的临时医嘱有限定执行时间,如各项特殊检查等;有的临时医嘱须立即执行(即刻执行医嘱)。

(3)备用医嘱。又分为长期备用医嘱和临时备用医嘱两种:

①长期备用医嘱。有效时间在24 h以上,必要时用,医生注明停止时间后失效。

②临时备用医嘱。医嘱开出12 h内有效,必要时用,过期尚未执行则失效。

5.其他要求

(1)药剂师、护士对有疑问的医嘱必须询问清楚后方可执行。

(2)严禁不查看病例就开医嘱的行为。

二、医嘱的执行

(1)医嘱用药应在病历中记录。

(2)医嘱要求清晰、准确,处理、输录、整理医嘱必须准确、认真,不得修改。

(3)医生下达医嘱后,护士先对医嘱进行认真复查,对临时医嘱通知并督促有关人员5 min内执行,然后打印出医嘱单及各项治疗单。

(4)凡用于伤病动物的各类药品和各类检查、操作项目均应下达医嘱,并记入医嘱记录单。非急救情况下,护士不执行口头医嘱。

(5)动物手术、分娩后,应及时停止术前或产前医嘱,重新执行术后或产后医嘱。

(6)新下达的长期医嘱中的3次/d治疗方案(如内服药等),当日至少执行2次;2次/d治疗方案,当日必须至少执行1次,如有必要应按医嘱执行2次;1次/d方案,当日必须执行。须由下一班护士执行的临时医嘱,应向有关人员交代清楚,做好标本容器、特殊检查要求(如禁食、术前用药等)等各项准备,并在交班报告中详细交代。

(7)口头医嘱,仅限于危重病例急救时、手术中或其他必须立即处置的情况下执行。医生下达口头医嘱时,护士应复述1遍,在得到医师确认后方可执行,事后应请医师及时补充下达医嘱。医生必须在开出口头医嘱后6 h内补记医嘱。

(3)医嘱的停止。

①病例转入或转出监护室时所有医嘱即自动停止,新住的科室必须重开医嘱。

②一旦病例进行手术,所有术前医嘱自动停止,医生须重开术后医嘱。

子项目三　动物常见内科疾病的诊断及防治

任务一　常见消化系统疾病诊治

子任务一　食管阻塞

食管阻塞是指食管被饲料团块或异物阻塞而引起的,以突发吞咽障碍为特征的疾病。

【临床表现】

突然由口鼻流出带有饲料的涎沫,连续咳嗽,气促喘粗,不断做呕吐或吞咽动作;严重病例,将舌头伸于口外呼吸。进食时吞咽困难,不断伸颈摇头,或头向左右摆动。

反刍兽除有上述表现外,常继发瘤胃臌气。

【检查所见】

若吞食后立即由口鼻返流,则为颈段食管阻塞,触诊颈部食管常可触及阻塞物。

如果可吞咽草料,不久由口鼻中流出,则阻塞发生在食管的下部尤其是在胸部食管。此时,还可看到左颈静脉沟处出现膨大的食管,有时还可见蠕动,可听到液体流动声。

X线检查见图3-3-1。

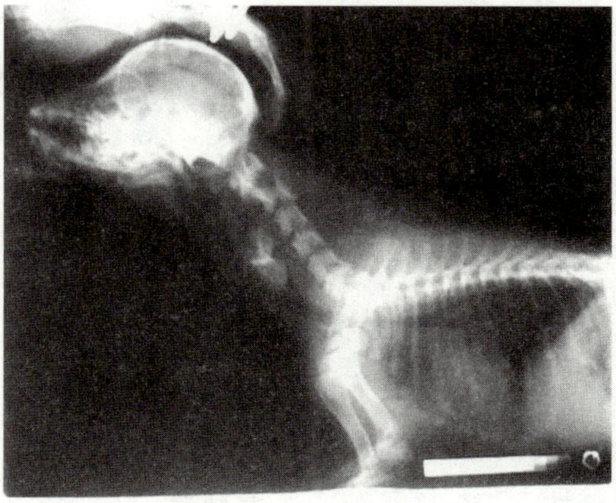

图3-3-1　食管阻塞X线影像

【病因分析】

饲料过干,且饮水不足所造成。采食较大的块状料,如生番薯、胡萝卜、马铃薯、甜菜或青玉米棒等,如吞食过快也易发生本病。也有少数是因吞食布头、塑料纸、毛团等异物而引起本病。也有的继发于食管疾病:食管狭窄、扩张、麻痹等。

【建立诊断】

依据突发流涎、咽下困难、痛苦不安表现,结合食管探诊可确诊。

【防治措施】

1.润滑促排　轻症者,可灌服液状石蜡油或豆油,大动物150～200 mL/次,中等动物30～50 mL/次,小动物5～10 mL/次。润滑食管使堵塞物下移入胃。

2.颈段食管阻塞　可先灌少许豆油,然后在颈外部用手挤压,使堵塞物移至咽处,再通过口腔用镊子取出。若为尖锐刺激物(如树枝、铁丝)须做局麻后取出。再进行消炎处理。

3.胸段食管阻塞 用液状石蜡油润滑后,再用胃管将堵塞物推送至胃内。或用气筒打气结合胃管推送。

【临床案例】

姜女士带着5岁的约克夏犬前来就诊。据了解,该犬前一天晚上吃骨头,吃很多,今早颈部疼痛,呼吸急促,精神沉郁。X线检查,可见胸段食道心区后方有一高密度异物梗阻(图3-3-2),胃内骨头较多。生化肝肾功能检查正常,主人同意实施手术治疗。医生团队根据实际情况制定了两套手术方案。

方案1:实施胃切开术,经过贲门取出异物。

方案2:如果方案1无法完成,采取开胸术。

手术过程:先切开胃,用手指触到异物,从口腔顺食道放置一根硬的气管插管,一直插到阻塞物处,吸出液体,然后在左手手指的指引下,右手持组织钳小心夹住骨头,一边用气管插管向胃的方向推骨头,一边撤组织钳,顺利取出异物,异物为一些形状不规则的碎骨片(图3-3-3)。

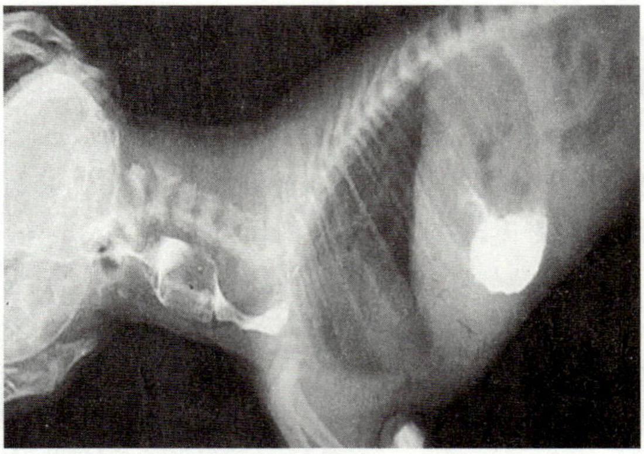

图3-3-2 犬食管X线影像

图3-3-3 犬食管内取出的碎骨片

该犬术后,恢复良好,3 d后可以自由饮水,5 d后出院,开始新的生活。

子任务二 瘤胃积食

瘤胃积食是指因各种因素造成大量食物滞留于瘤胃,引起瘤胃壁过度扩张、蠕动机能降低的疾病。舍饲牛易发,冬春季节多发。特征:瘤胃膨大,触诊坚实,听诊蠕动音减弱,明显脱水,急性重症病例可死于心力衰竭。

【临床表现】

患畜食欲减退或废绝,饮欲增加,左下腹部显著膨大,左肷部充满。

反刍减少或停止,嗳气酸臭。

有的出现呼吸障碍,呼吸加快,甚至呼吸困难。脉搏、心跳加快,眼结膜发绀。重症病例可见体温下降、体力衰竭,死前出现意识障碍、站立不稳、呻吟等神经症状。

如食入大量干燥饲料且饮水不足者,如过食颗粒料或豆谷等,则可在数小时内死亡。

妊娠后期的母畜可因腹压过大而发生流产。

【检查所见】

视诊:患畜皮肤、结膜干燥,尿少色深;呼吸快;左下腹围显著增大。

触诊：触压左侧腹部，坚实，有时可触及饲料团块的颗粒感和硬固感。

叩诊：左侧腹部大部呈明显浊音，浊音区可扩大到左肷部。

听诊：瘤胃蠕动音减弱或消失。

【病因分析】

1. 采食过量　特别是使役后或饥饿后突然大量进食。

2. 突然更换饲料　如粗料换精料，致使胃肠内环境不能适应，导致消化不良。

由舍饲转为放牧，常引起饲料结构改变引起消化不良。

3. 饲料难以消化　如采食大量粗老、干硬饲料或偷食大量禽用颗粒料。

4. 继发性原因　如前胃弛缓、瓣胃阻塞、肠阻塞等消化道疾病。

【建立诊断】

依病史及症状，结合临床检查可确立诊断。

注意与前胃弛缓、瘤胃膨气相鉴别。

【防治措施】

1. 促排内容物　若由过食麸、玉米、豆、薯等易膨胀料引起，应限制饮水。结合内服泻剂：硫酸镁或硫酸钠 400～500 g 配成 10%溶液，加鱼石脂 20～30 g，一次内服；也可内服豆油或液体石蜡 1 000～1 500 mL。

如无效则行瘤胃切开术。

2. 促进瘤胃蠕动　进行外部按摩。

静脉注射 10%氯化钠溶液 300～500 mL；或甲基硫酸新斯的明，4～25 mg，一次皮下注射（孕母畜禁用）；也可皮下注射 0.1%氨甲酰胆碱 3～4 mL。

3. 消除脱水及酸中毒

补液：可用复方氯化钠或 5%葡萄糖溶液 2 000～3 000 mL/次，静脉注射，2～3 次/d。缓解酸中毒：可用 5%碳酸氢钠，1 000～1 500 mL，一次静脉注射（牛）。

子任务三　前胃弛缓

前胃弛缓是指前胃迷走神经兴奋性降低，收缩力减弱，食物不能正常向后推送，发生腐败分解、产生毒物，引起以消化机能障碍、全身机能紊乱为主的一种疾病。

【临床表现】

患畜精神沉郁，食欲减退，喜饮水，喜食粗料，拒食精料及酸性料。反刍减少，嗳气明显增多。后期多伴发间歇性臌气。

慢性病例的症状与急性相似，病程较长，时好时坏，时有便秘、腹泻，大多消瘦、衰弱。

【检查所见】

听诊：瘤胃蠕动音减弱甚至消失。

触诊：蠕动次数稀少，力量微弱。用手掌或拳连续做几次深部触诊瘤胃，瘤胃壁松软，有压痕，其内容物呈稀糊状，或坚实。

临床三数：体温、脉搏、呼吸一般无明显变化。

【病因分析】

1. 原发性病因

采食刺激性料：如粗糙、枯老、干硬的秸秆，以及霉变饲料、冰冻料等。

长期饲喂粉料：造成胃壁刺激过弱，蠕动机能降低。

突然改变饲养方式：胃内环境不适应饲料变化，而致菌群紊乱。

使役不当：造成前胃消化机能紊乱。

营养缺乏：维生素、矿物质缺乏，可导致前胃蠕动机能降低。

2.继发性病因

前胃疾病：瘤胃积食、瘤胃酸中毒、创伤性网胃炎、瓣胃阻塞等。

急热性传染病及寄生虫病：如牛流行热、胸膜肺炎、小反刍兽疫、恶性卡他热等。

【建立诊断】

依据患牛食欲下降、反刍减少、瘤胃蠕动音减弱可确诊。

鉴别原发病：创伤性网胃炎、瘤胃积食、瓣胃阻塞及酮病等。

【防治措施】

1.减轻负担　饲喂易消化料、优质干草，块根料要切细碎。

2.兴奋前胃蠕动机能　马钱子酊 15～30 mL，加大黄酊、稀盐酸适量，一次灌服。或：甲基硫酸新斯的明，皮下注射，10～20 mg/次，配合内服硫酸钠 400～800 g（配成 10%溶液）。或：10%氯化钠溶液，300～500 mL，一次静脉注射。

3.防腐制酵　鱼石脂 10～30 g，加 2 倍量酒精稀释后，再加温水稀释成 2%～4%溶液，一次灌服。

若发生急性瘤胃臌气，可用 40%浓度的甲醛溶液，8～25 mL，一次灌服。但易抑杀瘤胃内纤毛虫，须注意后期调理。

4.健胃　可用人工盐（硫酸钠 44%、碳酸氢钠 36%、氯化钠 18%、硫酸钾 2%混合而成）50～150 g 内服，以促进胃肠分泌和蠕动，利于提高消化机能。

5.恢复微生物菌群　投服健康牛瘤胃液，4～8 L/次；或适量健康动物反刍食团也可。

用微生态制剂，按照说明书拌料喂服。

6.解除自体中毒　本病末期病牛常发生自体中毒。5%葡萄糖生理盐水 1 500～2 000 mL＋40%乌洛托品溶液 30 mL＋20%安钠咖溶液 10～20 mL，一次静脉注射，配合皮下注射胰岛素 100～200 IU。

【知识链接】

中药治疗前胃弛缓

四君子汤加味：补中益气、健脾和胃，1 次/d，连用 3 d。

温中散寒：红糖 25 g、生姜 200 g，冲服。

中成药“健胃散”：按说明书拌料喂服。

子任务四　胃肠炎

胃肠炎是指胃肠黏膜及其深层组织发生的重剧性炎症。临床以严重胃肠机能紊乱、脱水及自体中毒为特征。胃和肠的炎症多同时发生或相继发生。

【临床表现】

精神沉郁，食欲废绝，饮欲增加。剧烈腹泻，粪便稀薄，常混有黏液、血液及脱落的坏死组织碎片等，有时混有脓汁，恶臭难闻。猪多见呕吐。

【检查所见】

舌苔厚重，口腔干燥，口气较臭。结膜先潮红后黄染。

脉搏增数，呼吸加快，体温升高。肠音初期增强，以后逐渐减弱甚至消失。腹部触诊较敏感。尿液减少、呈深黄色。

出血性肠炎：腹泻不多见，明显腹痛，粪便呈酱色且腥臭，潜血呈阳性。甚至可见大量鲜红血液。

纤维素性肠炎：腹泻，排出大量膜状或筒状黄白色纤维素样物质。

【病因分析】

1.原发性病因

不良刺激：吃进品质不良的草料或有毒植物；刺激性药物运用不当；误食被农药污染的草料、种子。以上因素会直接造成胃肠黏膜的损伤。

机体抵抗力降低：饲喂失宜；营养不良；过度劳役或长途运输。以上因素会使条件性致病菌如大肠杆菌、坏死杆菌等毒力增强而感染。

滥用抗生素：造成胃肠道菌群紊乱。

2.继发性病因　本病常继发于胃肠卡他性炎症、肠阻塞、肠变位等病；也可继发于胃肠道的寄生虫病及传染病、维生素缺乏症等。

【建立诊断】

依全身症状，食欲紊乱，舌苔变化，粪便恶臭、带血、黏液、黏膜碎片等，可得出诊断。须结合血、粪、尿检查及饲料调查找出具体病因。

【防治措施】

1.消除炎症

氨苄青霉素 2～7 mg/kg，肌内注射/静脉注射。

庆大霉素，1 000～1 500 IU/kg，口服/肌内注射。

乙酰甲喹注射液，0.1～0.2 mL/kg，口服/肌内注射。用于仔猪黄痢、仔猪白痢。

磺胺脒 40～60 g，碳酸氢钠 40～60 g，加水适量，1 次内服，2～3 次/d；或用黄连素 2～5 g，1 次内服，2～3 次/d。

2.补液、强心缓解酸中毒　生理盐水或 5%糖盐水 3 000～4 000 mL，10%安钠咖 10 mL，静脉注射，2～3 次/d。

3.清理胃肠　硫酸钠、硫酸镁或人工盐 300～400 g，加鱼石脂 15～20 g，酒精 80～100 mL，常水 4～5 L，1 次内服；或液状石蜡 500～1 000 mL，松节油 20～30 mL，1 次内服。

灌肠：0.1%高锰酸钾溶液(用温水配制)，250～500 mL/次。用于 CPV 感染便血期。

4.止泻　粪的臭味不大而仍腹泻不止时，则要进行止泻。一般可用 0.1%高锰酸钾液 3～5 L，1 次内服，1～2 次/d；或用木炭末 100～200 g，常水 1～2 L，1 次内服；或用鞣酸蛋白 20 g、次硝酸铋 10 g，碳酸氢钠 40 g，淀粉浆 1 L，1 次内服。

5.止血　肠道出血可静脉注射葡萄糖酸钙溶液 250～500 mL，或肌内注射维生素 K_3。

【知识链接】

中药治疗胃肠炎

1. 白头翁散

方法：白头翁 15 g、黄柏 12 g、黄连 6 g、秦皮 12 g。

功能：清热解毒，凉血止痢。

主治：热毒痢疾；腹痛，里急后重，肛门灼热，下痢脓血，赤多白少，渴欲饮水，舌红苔黄，脉弦数。

2. 杨树花口服液

杨树花系杨柳科植物加拿大杨的花序，富含维生素、生物碱、有机酸、酚类和生物碱等成分，具有健脾养胃、化湿止痢、涩肠止泻、清热解毒之功效。

子任务五　犬胰腺炎

犬的胰腺炎是由于体内胰酶被异常激活后形成内消化，导致正常胰腺腺泡细胞遭到破坏，释放炎症因子，使胰腺及周围组织受损，引起全身炎症反应，急性胰腺炎病况可在短时间内迅速恶化，导致多器官功能障碍。胰腺水肿、充血，或出血、坏死。临床上出现腹痛、腹胀、恶心、呕吐、发热等症状。化验血和尿中淀粉酶含量升高等。

【临床表现】

病犬不食或少食，流涎，有呕吐和腹泻，有或无腹痛表现。开始粪便稀软，有油腻样物，部分犬出现黄疸，随着病程的发展，犬呕吐和腹泻加重。临床检查前腹部以右侧疼痛多见，或全腹部疼痛，腹痛有间歇性，食后或饮水后腹痛加剧，呈跪拜姿势卧地不起，触诊腹壁紧张、有压痛。粪便频数、分量逐渐变多，粪便有血或呈黑褐色。

【检查所见】

血常规指标检查：白细胞总数和中性粒细胞数升高明显，高达正常值的 2～4 倍；部分病例淋巴细胞数轻度升高。

血液生化指标检查：血清淀粉酶和脂肪酶、C 反应蛋白(CRP)明显增高。血清淀粉酶水平可达正常水平的 3～6 倍，脂肪酶可达 2～4 倍，C 反应蛋白可达 6 倍。钠离子、钙离子水平明显降低。总蛋白、球蛋白和天冬氨酸氨基转移酶均有不同程度升高，提示患犬疑存在肝损伤、机体脱水等情况。

影像学检查：B 超图像表现胰腺体积增大，实质回声不均匀，围绕犬胰腺肠系膜回声增强，不均匀，有些犬出现少量腹水。胰腺实质区域有低回声甚至无回声区，也有强回声区并伴有后方声影，提示有局部坏死灶。胰周形成高回声，提示胰腺肿大或有胰周脂肪发生炎症。

用爱德士犬胰腺炎特异性脂肪酶体外诊断试纸快速检测，为阳性。

【病因分析】

肥胖：长期饲喂高脂肪的食物，会诱发动物急性胰腺炎。

高脂血症：高脂血症也容易导致胰腺炎。血脂调节机制受损，如甲状腺机能低下、糖尿病，都会引发生胰腺炎。

胆管疾病：胆管发炎，扩散至胰腺，引起胰腺炎。

传染病：动物感染某些传染病，胰腺炎成为并发症，如弓形虫病、传染性肝炎。

十二指肠液返流：动物发生肠道堵塞时，会因为剧烈呕吐使十二指肠液或胆汁逆流进入胰腺导管和胰腺间质，从而引起急性胰腺炎。

【建立诊断】根据临床状态、白细胞数值、血清淀粉酶和脂肪酶、C反应蛋白增高，结合临床症状和B超检查，可建立诊断。如血清中尿素氮、肌酐含量增高，则提示重症胰腺炎。

【防治措施】

禁食、禁水3～7 d，减少胰腺分泌，实际禁止时间根据病犬病况适当调整。

镇痛：美洛昔康0.1 mg/kg，1次/d，皮下注射；或用盐酸曲马多2 mg/kg，皮下注射，2～3次/d。

止血：酚磺乙胺注射液250 mg，或维生素K_1注射液10 mg，皮下注射。

止吐：采用马罗匹坦1 mg/kg或溴米那普鲁卡因0.1 mL/kg，连续使用至症状缓解。或用阿托品，皮下注射。

补充体液、电解质和能量：生理盐水30～50 mL/kg，加维生素C 2 mL、乳酸钠林格液30 mL、复方氨基酸5 mL，静脉滴注。

消炎、抗感染：头孢曲松钠5 mg/kg，1次/d，静脉滴注；或恩诺沙星2.5～5 mg/kg，静脉滴注；或甲硝唑200 mL，静脉滴注。

抑制胰腺的分泌：首次发病的轻症胰腺炎，使用胰肽康10万IU/次，溶于500 mL 5%葡萄糖溶液或0.9%氯化钠溶液，静脉滴注，分3次使用，3次/d。首次发病的急性胰腺炎，或病程长的或重症胰腺炎，用乌司他丁2万IU/kg溶于5%葡萄糖或0.9%氯化钠溶液，缓慢静脉注射；生长抑素10 μg/kg，2次/d，静脉滴注。

复发性急性胰腺炎：生长抑素10 μg/kg和醋酸奥曲肽10 mg/kg联合使用，静脉滴注。

抑制胃酸分泌：奥美拉唑0.5 mg/kg加入生理盐水中静脉滴注，1次/d；或雷尼替丁5 mg/kg，加入5%葡萄糖注射剂50 mL，缓慢静脉滴注，连用3 d。也可二者交替使用。

预防：胰腺炎多发生于饮食不规律、暴饮暴食的犬只，特别是有混合饮食和吃剩菜剩饭习惯的犬更容易患病。应避免过量饲喂高脂肪、高蛋白食物，做到科学饲喂。

任务二　常见呼吸系统疾病诊治

子任务一　感冒

感冒指因机体受寒冷刺激或抵抗力降低而引起的上呼吸道感染。特征是流鼻液、呼吸增数、皮温不均，易继发感染。

【临床表现】

精神委顿、嗜睡。咳嗽；鼻液增多，呈水样，色清白。有的病例伴有结膜炎症，畏光流泪。如鼻、喉黏膜严重水肿，则可有呼吸困难。

病程一般为3～5 d，多在10 d内痊愈。也可因机体抗病力下降而继发感染其他疾病，如鼻炎、喉炎、气管炎等。

【检查所见】

体温升高，可达 40 ℃，但耳尖、四肢末梢发凉。呼吸增数。

气管及肺部检查未见明显异常。

【病因分析】

(1)机体受寒冷刺激，造成黏膜损伤，发生炎症。

(2)体质不良，免疫力低下。尤其是机体缺乏维生素 A 和 B 族维生素，导致上呼吸道黏膜抵抗力降低，发生感染。

【建立诊断】

依机体受寒、发病季节、症状特征，可初步诊断。

须区别于流感：流感具有高度传染性，体温常突升至 40～41 ℃，且全身症状明显，致死率高。

【防治措施】

1. 解热镇痛　复方氨基比林，大动物 20～50 mL(猪 5～10 mL，犬 2～5 mL)，肌内注射；或口服阿司匹林 15～20 g(猪、羊 2～6 g)；或 30%安乃近(或复方氨林巴比妥)20～40 mL(猪 5～10 mL，犬 1～2 mL)，肌内注射。

2. 抗菌消炎　可选用青霉素、链霉素，加注射用水适量，肌内注射。庆大霉素，每千克体重 1 000～1 500 IU，肌内注射。卡那霉素，每千克体重 5～15 mg，肌内注射。

3. 提高机体抵抗力　加强饲养管理；多补充水分，促进代谢废物排泄；增加营养，特别是维生素 C，提高机体解毒机能；注意休息、保存体力，限制剧烈运动。

4. 预防　加强耐寒锻炼，预防性使用增强机体免疫力的药物，如黄芪多糖、电解质、多种维生素等，避免受寒冷侵袭。

【知识链接】

中医治疗感冒

风热感冒：桑菊银翘散，辛凉解表。

风寒感冒：杏苏散，辛温解表。

针灸：山根、肺俞、血印、八字、尾尖等穴位。

子任务二　支气管炎

支气管炎是指支气管黏膜表层或深层发生的炎症。特征：不定型热，剧烈咳嗽，大量流鼻液，肺部叩诊无明显异常，肺部听诊啰音。

【临床表现】

1. 急性症状　咳嗽：初为干咳、短咳、痛咳，后渐转为湿咳，如细支气管发炎则为短促、弱痛咳嗽。流鼻液：初为浆液性，后为黏液性、脓性。

2. 慢性症状　病程较久，消瘦，体质低下。鼻液时多时少；长期咳嗽，多为干咳，听诊常有干性啰音。受刺激可引发剧烈咳嗽。机体抗病力低下，常发生其他感染。

【检查所见】

1. 急性病例

肺部听诊：初期可见肺泡音强、粗利，后出现干性啰音，渗出物逐渐增多且稀薄，则呈湿性啰音。如细支气管发炎，则为捻发音。

颈部气管炎症：咳嗽剧烈。大量流鼻液。体温变化不大或仅升高 0.5～1 ℃；无明显呼吸困难。

细支气管炎：精神沉郁，食欲减退；鼻液较少，黏稠，脓性；体温中热至高热；咳嗽声音低、弱，多带痛，呈尖厉狭窄音或粗利捻发音；脉增数；呼吸困难，常呈呼气性呼吸困难；后期明显发绀。

胸部听诊：干性啰音，或小水泡音。叩诊可见局部过清音。

X 线检查：可见肺纹理变清晰，增粗如树枝状（图 3-3-4）。

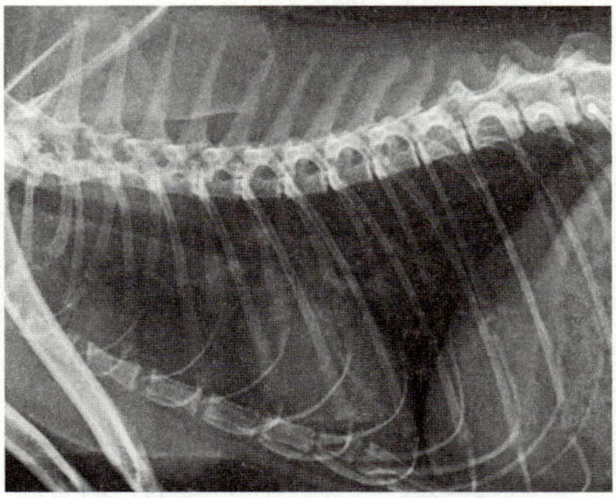

图 3-3-4　支气管炎 X 线影像

重症病例：可窒息死亡。

2. 慢性病例　病程较长，病畜多营养不良，被毛粗乱，消瘦。鼻液时多时少；长期咳嗽，多为干咳，听诊常有干性啰音。常因受刺激而引发剧烈咳嗽。

【病因分析】

不良刺激：如受寒、机械刺激、药物刺激。

炎症蔓延：如鼻炎、咽炎、气管炎、肺炎等。

继发于：传染病（猪肺疫、猪瘟、炭疽、流感）、维生素 A 缺乏等。

【建立诊断】

依据频繁咳嗽、流鼻液、气管啰音、不定型热、肺部叩诊等表现，可初步诊断。

与以下相似疾病的区别：支气管肺炎：全身症状明显，弛张热，肺部叩诊出现散在浊音区。

肺丝虫病：粪检有虫卵，气管内有虫体。

慢性肺气肿：呼吸困难，肺部叩诊呈过清音。

【防治措施】

1 抗菌消炎　10%磺胺嘧啶钠注射液，每千克体重 20～30 mg，一次肌内注射，1～2 次/d，连用 2～3 d。或 10%盐酸多西环素注射液，每千克体重 0.05～0.1 mL，肌内注射，1 次/d，连用 2～3 d。

气管内注射：适用于大动物，青霉素 240 万～480 万 IU、链霉素 1～2 g、3%普鲁卡因 10～20 mL，加蒸馏水至 60 mL，1 次/d，连用 2～4 次。

对于慢性病例，可用土霉素碱粉加植物油配成 20%油剂，于肩背两侧肌内注射，每千克体重 40～50 mg，每 3 d 1 次。

2. 止咳祛痰

（1）祛痰。氯化铵，内服一次量：马 8～15 g，牛 10～25 g，羊 2～5 g，猪 1～2 g，犬、猫 0.2～1 g，2～3 次/d。

（2）止咳。痛性咳嗽时应镇咳，可灌服复方樟脑酊或复方甘草合剂，一次量，犬 3～5 mL，猪 5～10 mL，牛 30～50 mL。

3. 对症治疗

(1)解热镇痛。复方氨基比林或安乃近，剂量同感冒。

(2)平喘。25%氨茶碱，一次量：犬、猫 0.5～1 mL，猪、羊 1～4 mL，马、牛 4～8 mL，静脉注射或肌内注射。

也可用麻黄碱，一次量：犬、猫 0.2 mL，猪、羊 0.5～1 mL，马、牛 1.5～15 mL，皮下注射或肌内注射。

【知识链接】

中医治疗支气管炎

款冬花散：清热降火、止咳祛痰，开水冲服。

子任务三　小叶性肺炎

小叶性肺炎指部分肺小叶或小叶群发生的炎症。多由支气管炎蔓延至肺部而同时或先后发病，又称为支气管肺炎、卡他性肺炎。

临床特征：弛张热，肺区叩诊有散在浊音区，肺区听诊有捻发音。

【临床表现】

病初为急性支气管炎症状。咳嗽，初为干咳，后为湿咳，鼻液黏稠，黄白色，多呈脓性。

后期精神沉郁，体温升高 1.5～2 ℃，呈弛张热型，动物呼吸增数，呼吸困难，全身症状明显。

【检查所见】

叩诊：肺区出现散在浊音区。

听诊：肺泡音消失，或出现捻发音、湿啰音。

血液检查：白细胞数量增多，核左移，如发生脓肺、脓胸，则可达 2 万个/mL 以上。

X 线检查：肺区出现散在的片状阴影(图 3-3-5)。

【病因分析】

多由支气管炎蔓延所致，可继发于流感、感冒、肺丝虫病、蛔虫病等。

幼龄、年老体弱、营养不良以及过度劳累等情况下，更易发生本病。

【建立诊断】

依呼吸困难、弛张热、叩诊出现散在浊音区、全身症状明显，可得出初步诊断。

须区别：大叶性肺炎，呈稽留热，肺部叩诊呈大片浊音区，听诊有支气管呼吸音出现或增强，有时流铁锈色鼻液(多在发病 3 d 后)。

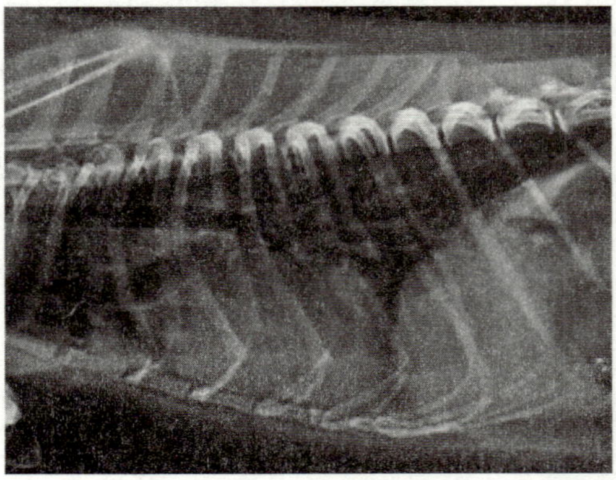

图 3-3-5　小叶性肺炎 X 线影像

【防治措施】

1. 抗菌消炎　氨苄青霉素，小动物 10～20 mg/kg，大动物 2～7 mg/kg；地塞米松，小动物 0.125～1 mg/次，大动物 5～20 mg/次。二者混合一次肌内注射或静脉注射，2 次/d，连用 3～5 d。

或用 10%氟苯尼考、10%多西环素，每千克体重各按 0.1～0.2 mL，混合一次肌内注射，1 次/d，连用 3～5 d。对支原体引起的肺部感染效果良好。

2. 止咳祛痰　祛痰：氯化铵，内服，20～30 g/次。止咳：可选用复方樟脑酊、复方甘草合剂、止咳糖浆内服。

3. 解热镇痛　对乙酰氨基酚，内服，10～20 g/次。也可选用氨基比林或乙酰水杨酸钠。

4. 制止渗出　可静脉注射 5%～10%的氯化钙溶液，大动物每次 100 mL。

【知识链接】

中药治疗小叶性肺炎

桑桔散：清热降火、祛痰止咳，水煎去渣灌服。

子任务四　大叶性肺炎

大叶性肺炎又称纤维素性肺炎、格鲁布性肺炎，指整个肺叶或大片肺叶发生的纤维素性炎症。特征是：呈稽留热型，出现铁锈色鼻液，肺部叩诊出现大片浊音区、病理变化呈定型经过。

【临床表现】

突发高热，呈稽留热型，一般可持续 6～9 d。

流鼻液：发病 2～3 d 后出现铁锈色鼻液，1～2 d 后变为脓性，常含小气泡。

咳嗽：多呈低沉、间歇性咳嗽，呼吸增快，呈混合性呼吸困难。

末期，高度沉郁，衰竭，卧地，呆滞，哀鸣，很快死亡（多在发病后第 7～9 天）。

【检查所见】

肺部叩诊：发病后 1～2 d 为鼓音，3～4 d 出现明显大片浊音区，维持 3～5 d 后恢复。

肺部听诊：充血期（1～2 d），声音粗利；渗出期，出现捻发音；肝变期，肺泡音消失；消散期，出现水泡音，渐转变为正常。

实验室检查：白细胞总数升高，达 2 万个/mm^3 以上；血沉加快。

X 线检查：病变部呈明显广泛阴影（图 3-3-6）。

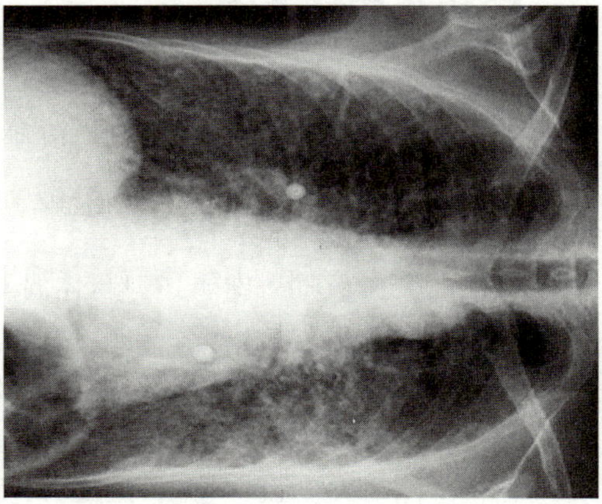

图 3-3-6　大叶性肺炎 X 线影像

【病因分析】

主要病因：多继发于传染病，如传染性胸膜肺炎、巴氏杆菌病及其他出血性败血病等。其他诱因：①机体抵抗力降低，如受寒感冒、过劳、营养不良；②吸入刺激性气体。

【建立诊断】

根据临床特征和 X 线检查可建立诊断。注意与以下疾病相区别：

胸膜炎：呈不定型热，最初可出现胸膜摩擦音，后在胸壁出现水平浊音区。

支气管炎：发病缓慢，病理过程不具典型性，无明显全身症状。

小叶性肺炎：呈弛张热型，肺部出现散在浊音区。

传染性胸膜肺炎：各种动物间易传染。

【防治措施】

抗菌消炎：青霉素，每千克体重1万～1.5万IU、链霉素1～2 g，一次肌内注射，重症感染，2次/d。同时应用氢化可的松、泼尼松、地塞米松等糖皮质激素，以减轻炎性反应。

减少渗出：5%氯化钙，150～200 mL，静脉注射。

防止机化：碘化钾，拌料，5～10 g/次，早晚各一次。

促进消散：氢氯噻嗪，中小动物0.05～0.10 g，大动物0.5～1 g，一次内服；或呋喃苯胺酸，0.5～1 mg/kg，肌内注射。

解热镇痛：30%安乃近，20～30 mL肌内注射。

对症治疗：心脏功能不全时，可肌内注射30%安钠咖20 mL，也可选用毒毛花苷K和西地兰。

严重缺氧时，可用0.3%过氧化氢葡萄糖溶液静脉滴注，每千克体重用2～3 mL。

出现呼吸衰竭时，可肌内注射尼可刹米2.5～5 g，或加于5%葡萄糖液500 mL中进行静脉滴注。

【知识链接】

中药治疗大叶性肺炎

麻杏石甘汤加味：麻黄24 g、杏仁30 g、石膏90 g、甘草24 g、芦根60 g、茅根60 g、黄芩45 g、大青叶30 g、双花30 g、蒌仁30 g、木通24 g。水煎去渣，一次灌服。

任务三 常见心血管疾病诊治

子任务一 贫血

贫血是指活体血容总量低于正常水平或单位容积血液中红细胞数、血红蛋白含量低于正常水平。按病因可分为失血性贫血、溶血性贫血、营养不良性贫血、再生障碍性贫血四种类型。

【临床表现】

1. 失血性贫血

急性大失血：苍白，虚弱，气喘，体温下降，失血量达到2/3可致死亡。

慢性失血：消瘦，易疲劳，苍白，免疫力低下。

2. 溶血性贫血　苍白、黄染，体温降低，重可致死。

3. 营养不良性贫血　病程长，消瘦，苍白，易疲劳，抵抗力低下。

4. 再生障碍性贫血　苍白，易疲劳，免疫力低下，易感染；病情顽固。

【检查所见】

1. 失血性贫血　可见外部创伤、局部出血病灶，或粪便、尿液带血或潜血。

2. 溶血性贫血　可视黏膜黄染，尿液颜色加深，呈红褐色、酱油色。

3. 营养不良性贫血　可视黏膜苍白，消瘦。血液检查：单位容积血液中血红蛋白、红细胞含量都有明显下降。

4. 再生障碍性贫血　可视黏膜苍白，虚弱，常有出血倾向。血液检查：全血细胞减少，红细胞、白细胞、血小板都减少。

【病因分析】

失血：急性大失血，如较大的体内外创伤；慢性出血，如长期胃肠道、尿路微量出血。

溶血：免疫性因素，如异型输血、母乳中含抗胎儿红细胞的抗体；自体中毒，自身产生的毒素造成红细胞崩解；其他溶血性疾病，如败血病、附红细胞体病等。

营养不良：B族维生素、铁、钴及蛋白质缺乏。

骨髓造血功能障碍：辐射；药物中毒，如长期使用氯霉素；骨髓疾病。

【建立诊断】

依据各型临床特征结合血液检查即可确诊。

【防治措施】

原则：去除病因，治疗原发病，对症治疗。

1. 失血性贫血　止血：安络血，中小动物1～5 mL/次、大动物10～20 mL/次；维生素K_3，中小动物30～50 mg/次，大动物100～300 mg/次，肌内注射；酚磺乙胺，中小动物0.25～0.5 g/次，大动物1.25～2.5 g/次，肌内注射。

2. 营养不良性贫血　补充营养，如铁、钴、B族维生素、蛋白质。

马、牛：硫酸亚铁2～5 g、稀盐酸10～15 mL、水500 mL，混合一次灌服。

仔猪：硫酸铜3 g，硫酸亚铁20 g，氯化钴3 g，碘化钾3 g，制成舔剂。

母猪孕期，肌内注射右旋糖苷铁，1 mL/次，可维持20 d。

3. 再生障碍性贫血　刺激骨髓造血机能：丙酸睾酮，肌内注射或皮下注射，200～300 mg/d，疗程1个月以上；硝酸士的宁，每天分别按5 mg、10 mg、15 mg、15 mg、20 mg肌内注射，连用5 d，间隔2 d，重复，疗程超过4周。

子任务二　心力衰竭

心力衰竭是因心肌收缩力减弱，导致心排血量减少而引起的一系列综合病理过程。特征是：易疲劳、多汗，浅表静脉怒张，全身水肿，心率快而脉搏弱。

【临床表现】

轻度急性：病畜精神沉郁，易疲劳、出汗，稍运动则呼吸增快；可视黏膜淤血、发绀，浅表静脉怒张。

最急性：高度呼吸困难，眼球突出，步态不稳，突然倒地，抽搐，数分钟内死亡。

亚急性：高度沉郁，卧地、废食；可视黏膜发绀；体表静脉怒张。全身出汗，四肢末梢厥冷。高度气喘，肺部有广泛水泡音，鼻流含小气泡鼻液。多于1 d内死亡。

慢性：病情发展缓慢，精神沉郁，食欲下降，易疲劳出汗；气喘，黏膜淤血发绀，可见颈部、胸腹下部、四肢末梢水肿。浅表静脉怒张，全身水肿。

【检查所见】

心区听诊，心脏收缩音增强，心律不齐；重则第一心音高朗、第二心音减弱。脉搏细弱不易感。

【病因分析】

急性：多因过重劳役、输液过快所致。也可继发于一些传染病、中毒病以及急性、热性病。

慢性：多因心脏有长期过重负担，或继发于各种心脏疾病，以及引起高血压的疾病（如肾炎、肺气肿等）。

【建立诊断】

依据易疲劳出汗，呼吸困难，黏膜淤血，全身性水肿，流泡沫样鼻液，心跳加快，第一心音高朗、第二心音减弱，脉搏细弱，可确诊。

【防治措施】

预防：避免长期过重劳役，加强饲养管理，提高心脏机能，积极治疗原发病。

治疗原则：减轻心脏负担，增强心肌缩力。

急性心力衰竭：减轻心脏负担，改善血液循环，排除毒物，强壮牛可酌情放血 1 000～2 000 mL，再静脉注射半量 25%葡萄糖液。

增加心肌营养：可用 25%葡萄糖溶液 500～1 000 mL、维生素 C 5～6 g，一次静脉注射。

兴奋心肌：20%安钠咖，中小动物 1～5 mL/次、大动物 10～20 mL/次，肌内注射。

10%樟脑磺酸钠/氧化樟脑：一次量，猪 5～10 mL，马、牛 10～20 mL，皮下注射、肌内注射或静脉注射。

0.1%肾上腺素：一次量，犬、猫 0.1～0.2 mL，猪 0.2～1 mL，马、牛 2～5 mL，皮下注射或肌内注射。

对症治疗：严重缺氧者，可将过氧化氢兑入 5%～10%的葡萄糖溶液为配成 0.3%浓度，静脉注射，剂量为每千克体重 2～3 mL。

消除水肿：双氢氯噻嗪口服，0.5～2 g/次。或呋喃苯胺酸，按每千克体重 0.3～1 mg，肌内注射；或每千克体重 2～3 mg，内服。3～4 次/d。

子任务三　创伤性心包炎

多因牲畜采食方式粗放，吞入夹在草中的铁丝、铁钉等尖锐刺激物，进入网胃后，刺破网胃壁，继而刺破膈、心包，而致心包炎；胸壁创、肋骨骨折也可损及心包而发生心包炎。

特征是：心区敏感、出现心杂音（心包摩擦音、心包拍水音）、心浊音区增大、浅表静脉怒张、心包穿刺液为渗出液。

【临床表现】

创伤性心包炎：前期有创伤性网胃炎症状：呈顽固的前胃弛缓症状，食欲、反刍减少。

呼吸浅表，疾速，呈明显的腹式呼吸，稍微运动即明显气喘。

发病 1～2 周后，结膜发绀，颈静脉怒张，下颌、颈、胸腹下部出现明显水肿。

多因继发心力衰竭及脓毒血症而死亡。

【检查所见】

创伤性心包炎：网胃区触压疼痛敏感。脉搏数增高，可达 100 次/min；体温升高，可至 40～41 ℃；多呈稽留热。

心包穿刺：穿刺液黏稠、浑浊、易凝固，有时可带有血或脓汁。

【病因分析】

放牧地区处于钢铁加工厂附近时，如果牲畜采食方式粗放，易吞入混于料中的尖锐金属异物，穿透胸壁，伤及心包或肋骨。

【建立诊断】

依据心区叩痛、心音遥远，颈静脉怒张，心包穿刺液浑浊、黏稠，可确诊。

鉴别诊断：

心包积液：无心区疼痛，无摩擦音，心包穿刺液透明、稀薄，不易凝固。

胸膜炎：胸壁触痛，叩诊呈水平浊音，摩擦音与呼吸一致。

【防治措施】

可尝试进行心包腔穿刺，排出心包腔内的积液；再向心包腔内注入用青霉素 200 万 IU、链霉素 2 g、胃蛋白酶 10 万～20 万 IU、生理盐水 100 mL 配成的溶液。

如刺入心包的异物退回网胃，则有可能治愈。如病情严重，往往治疗效果不佳，失去治疗价值，建议尽早淘汰。

任务四　动物常见泌尿生殖系统疾病防治

子任务一　肾炎

本病是指肾实质（肾小球、肾小管）、肾间质发生炎症的总称。特征是：肾区敏感，尿量减少，血压升高，尿中含有病理产物。

【临床表现】

1. 急性肾炎　精神沉郁，体温升高，食欲减退，反刍紊乱。

肾区敏感：拒动，拱腰，后肢叉开；行走时背腰僵硬，步态拘谨。

排尿异常：尿频，每次量少，有时无尿；尿色深，密度增高，有时排血尿。

水肿：在后期可见眼睑、胸腹下部、阴囊部水肿。严重时伴有喉水肿、肺水肿、体腔积液。

重症动物可发生尿毒症：血中非蛋白氮含量增高，体力急剧衰弱，意识障碍或昏迷，全身抽搐，严重腹泻，呼吸困难。

2. 慢性肾炎症状　多不明显。病初表现为疲乏，食欲不振，而后表现为消化不良，严重腹泻。

尿量不定，初期尿量增多，后期减少。

后期眼睑、四肢、胸腹下部出现水肿。

3. 间质性肾炎　初期尿多，后期尿少；尿中有少量蛋白质、红细胞、白细胞；血压升高。

【检查所见】

急性肾炎：叩击肾区，患病动物敏感并躲避强力压迫。外周血压升高，第二心音增强。尿液检查：尿中蛋白质含量增高，超过 3%；有时可出现管型体、血尿及肾上皮细胞、白细胞、细菌等。

慢性肾炎：血压升高，肾区痛感不明显。尿中有少量蛋白质、红细胞、白细胞，有时有透明的颗粒管型体。

间质性肾炎：血压升高；肾体积缩小、坚实；疼痛不明显。

【病因分析】

1. 急性肾炎

(1)感染。多见于某些传染病，如口蹄疫、猪丹毒、结核病、牛瘟、炭疽等病。

(2)中毒。

①内源性毒素。如胃肠道炎症、代谢病、大面积烧伤所产生的毒素，也包括某些代谢产物和组织崩解产物。

②外源性毒物。如有毒植物，大量霉变饲料，强刺激性的药(如松节油、苯酚、水杨酸等)；化学毒物(如砷、汞、磷等)。

(3)炎症蔓延。如肾盂肾炎、膀胱炎、子宫内膜炎、阴道炎等。

(4)免疫异常。如风湿症。诱因：营养不良，或过劳，受风寒湿作用，导致肾脏免疫机能降低。

2. 慢性肾炎　病因与急性肾炎类似，但刺激作用轻，持续时间较长，或由急性肾炎转来。

3. 慢性间质性肾炎　与慢性传染病(牛布鲁氏菌病、钩端螺旋体病)及慢性中毒有关。或慢性肾炎的转归。

【建立诊断】

依病史、典型症状、尿液检查、B超影像，可确诊。

【防治措施】

原则是清除病因，消炎、利尿，抑制免疫反应，防止尿毒症，对症治疗。

1. 抗菌消炎　青霉素或氨苄青霉素，肌肉或静脉注射，2次/d，连用3～5 d。

2. 抑制免疫反应

(1)肾上腺皮质激素。地塞米松，每千克体重0.1～0.2 mg；或泼尼松龙肌内注射。

(2)免疫抑制药。如环磷酰胺、氯喹，可抑制抗体蛋白形成。

3. 尿路消毒　40%乌洛托品10～50 mL，静脉注射或内服。

4. 利尿消肿　氢氯噻嗪：一次量，中小动物0.05～0.2 g/次、大动物0.5～2 g/次，内服，1～2次/d，连用3～5 d。或内服，利尿素。

5. 强心　可用安钠咖。

6. 尿毒症　5%碳酸氢钠溶液200～500 mL，加于5%葡萄糖溶液500～1 000 mL中，静脉注射。严重时可行腹膜透析。

如有大量蛋白尿，可用丙酸睾酮，促进蛋白合成。

如若血尿严重，可用安络血，一次量：中小动物1～5 mL，大动物10～20 mL；或维生素K_3，中小动物30～50 mg/次、大动物100～300 mg/次，肌内注射。也可用酚磺乙胺，中小动物0.25～0.5 g、大动物1.25～2.5 g，肌内注射。

【临床案例】

病犬精神沉郁，体温升高，厌食，有时有呕吐。肾区触压敏感，肾肿大。病犬不愿活动，站立时弓腰收腹，四肢收缩于腹下。强迫运动时，步态强拘，小步行走。

尿常规检验：尿量减少，密度上升，尿蛋白上升。尿沉渣中可见有透明的管型体。

治疗方案：消炎、利尿，抑制免疫反应，防止尿毒症。

参考处方：

①青霉素，每千克体重 6 万 IU，肌内注射；氨苄青霉素，每千克体重 20～40 mg，肌内注射，2 次/d。注意：禁用卡那霉素、庆大霉素和磺胺类药物，因为此类药对肾有一定的损害。

②呋喃苯胺酸，每千克体重 5 mg，肌内注射，可根据病情决定给药次数。

③地塞米松，每千克体重 0.2 mg，肌内注射；泼尼松，每千克体重 0.5 mg，口服，2 次/d。

④对症治疗，视情况开具解毒、强心、补充营养等药物。

子任务二　膀胱炎

膀胱黏膜或黏膜下层发生的炎症。按性质可分为卡他性、纤维蛋白性、化脓性、出血性四种。本病特征：尿痛、尿频、尿中出现较多膀胱上皮、脓细胞、血液及磷酸铵镁结晶。

【临床表现】

尿频，尿痛，每次尿量减少，多呈点滴状流出，疼痛不安。

若膀胱颈部黏膜肿胀或括约肌痉挛，引起尿闭。直肠检查或外部触诊可发现膀胱高度充盈。久则可破，痛感突然解除，不久病情迅速恶化。

全身症状通常不明显，当炎症蔓延至深部组织，则可出现发热。严重的出血性膀胱炎可引起贫血。

慢性病例，病程较长，症状较轻，无明显排尿困难。

【检查所见】

直肠检查或外部触诊：膀胱敏感。

尿液检查：尿液浑浊，尿沉渣中可见大量白细胞、红细胞、膀胱上皮或脓球。碱性尿还可见到尿酸盐及磷酸盐的结晶。

B 超检查：膀胱壁增厚，黏膜不光滑，边缘毛糙（图 3-3-7）。

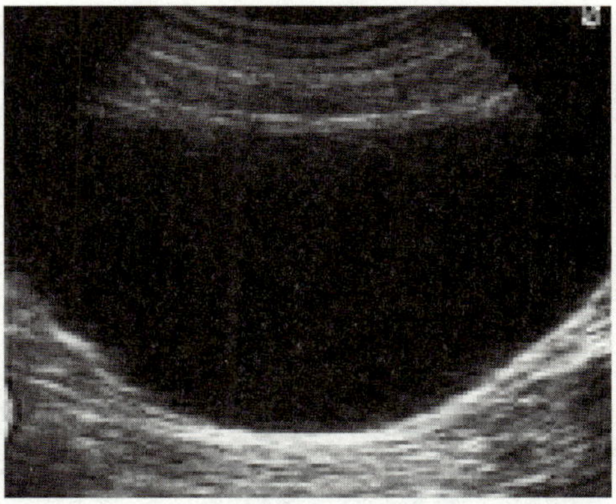

图 3-3-7　膀胱炎 B 超影像

【病因分析】

1. 感染　如传染病（猪瘟、猪繁殖与呼吸综合征等）、非特异性细菌感染（大肠杆菌、葡萄球菌、绿脓杆菌等）。

2. 邻近器官组织炎症的蔓延　如肾、输尿管、尿道、阴道、子宫内膜等处的炎症。

3. 长期不良刺激　机械刺激，如膀胱结石、导尿管刺伤、膀胱肿瘤等；化学性刺激，刺激性药物（如松节油、甲醛）、外毒素、内毒物的蓄积。

【建立诊断】

依症状、尿液检查及 B 超检查可诊断，须区别膀胱麻痹、痉挛及尿石症。

【防治措施】

原则是抗菌消炎、防腐消毒、对症治疗。

先用导尿管导出尿液，再注入生理盐水灌洗，再用 1%～3%硼酸溶液或 0.1%高锰酸钾溶液或 0.1%雷佛奴尔反复灌洗 2～3 次。

慢性膀胱炎可用 0.02%～0.1%硝酸银溶液或 0.1%～0.5%蛋白银灌洗；或乌洛托品、呋喃妥因每千克体重 12～15 mg，内服。

青霉素 100 万～200 万 IU，加上 50 mL 生理盐水或 0.5%普鲁卡因，注入膀胱。

左氧氟沙星：每千克体重 10～20 mg，肌内注射，2 次/d。

子任务三　尿石症

因尿液中可溶性盐类发生结晶，析出形成凝结物，刺激尿路黏膜，引起尿路出血、炎症或阻塞的疾病。特征是尿频、尿痛、血尿，严重时可导致尿闭。

本病多发于去势后的肉用公牛，水牛多呈地区性发生。

【临床表现】

尿石细小且量少时，一般无明显症状。体积较大则表现明显症状，具体表现与部位有关。

1. 肾盂结石　呈肾盂肾炎症状，体温升高，血尿，肾区敏感，可见尿闭。

2. 输尿管结石　刺激黏膜或堵塞输尿管，患畜剧烈疼痛，双侧堵塞则可发生尿闭。大动物直肠检查时可发现阻塞部位近肾端输尿管紧张充盈，远肾端则柔软空虚。

3. 膀胱结石　多有尿频或血尿，膀胱敏感性升高；公牛包皮周围常附有干燥细沙样物质。若结石在膀胱颈部，会有明显的疼痛，排尿障碍，尿频或无尿排出，排尿时呻吟，腹壁抽缩。

4. 尿道结石　不完全阻塞尿道时，表现为尿痛、尿淋漓，时有血尿。完全阻塞尿道时，会出现尿闭、肾性腹痛；拱背缩腹，频频举尾，但无尿可排；可致膀胱破裂，继发尿毒症。

【检查所见】

患畜有尿痛、血尿、排尿障碍，结石所在部位触诊敏感。对有膀胱结石的动物，可触及多少、大小不等的硬固物体。尿道结石可伴随尿路炎症，出现局部肿胀、尿频、尿痛、血尿，甚至不能排尿。

X 线检查，可看到结石所在的部位、大小、数量、形状（图 3-3-8、图 3-3-9）。

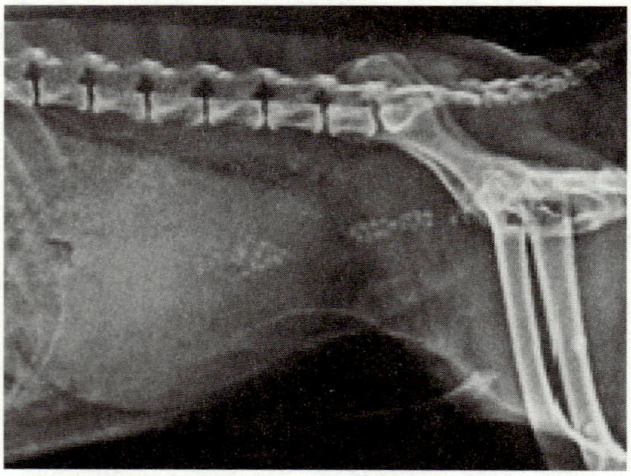

图 3-3-8　犬膀胱、尿道结石 X 线影像

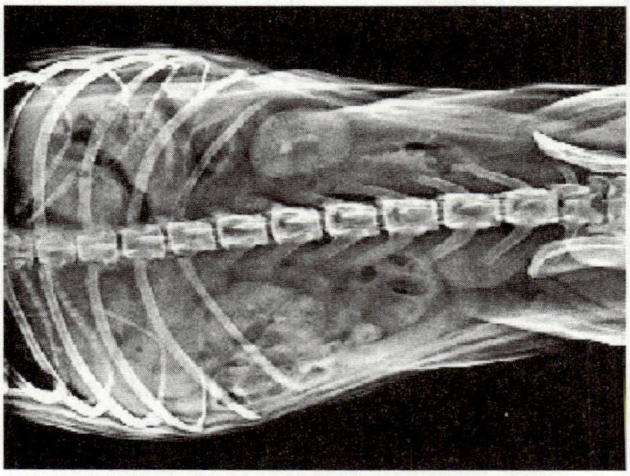

图 3-3-9　犬肾结石 X 线影像

【病因分析】

（1）尿中保护性胶体物质减少。

（2）摄入过多盐类物质。

（3）尿液浓缩。长期饮水不足，使盐类浓度过高。

（4）长期或周期性尿潴留。尿素分解形成氨，使尿液呈碱性，易析出盐类。

（5）维生素 A 或胡萝卜素缺乏，引起肾及尿路上皮角化、变性或脱落，形成结石基质；神经组织发生病变，则导致盐类形成调节机能障碍。

【建立诊断】

依病史、症状、尿液变化、X线检查可确诊。

【防治措施】

结石较小时，可供给大量饮水，投服利尿剂，必要时可肌内注射适量阿托品扩张尿道，可将尿石冲洗排出。也可试用中成药“排石饮液”。

对稍大结石，可先电磁振荡碎石，再利尿冲之。

若结石体积较大并伴有尿闭或尿路感染，应施行尿道切开术或膀胱切开术，取出结石。必要时可施行尿道改路术或阴茎切除术。

对急性尿闭，应立即施膀胱穿刺术排出尿液，再处理。对膀胱破裂患牛可试行修补手术。

【知识链接】

体外冲击波碎石的原理

在水中高压放电产生的高能冲击波进行碎石。它是以水作为介质的，原因是动物机体和水的密度几乎都为“1”；在碎石过程中，机体是作为介质的，高能冲击波穿过机体而对机体不产生作用。只有碰到密度较大的物体，如结石或者是骨组织才起作用。而且在碎石过程中是反复多次的小能量冲击，使结石逐渐出现裂缝、开裂、继而破碎直至粉碎。所以在碎石过程中脏器是很少受到损伤的。但是，冲击波能量过大则可能造成脏器的损伤，甚至碎裂，应慎重。

【临床案例】

雪纳瑞犬，体重 8 kg，年龄为 9 岁。主诉该犬近几天小便不畅，出现尿频、尿淋漓，有时还有血尿；腹肌紧张，腹围增大，触之敏感；精神差，食欲不振。

1. 腹部触诊检查　腹壁紧张，膀胱充盈。触诊时病犬疼痛不安、躲闪、呻吟。

导尿管尿路探查：从尿道口插入导尿管，感觉尿道内有硬物阻塞。

2. X 线检查　动物采取侧卧位保定，X 线摄影。X 线影像（图 3-3-10）显示其膀胱充盈，膀胱和尿道内有多个圆形结石，且大小不均。

3. 诊断　根据其症状、临床检查及 X 线检查，确诊为膀胱和尿道结石。

4. 手术治疗　取出结石如图 3-3-11 所示。

注意：术后改变犬日粮结构，饲喂犬全价日粮或者肾脏护理配方粮，减少诱因，供给犬只足量的饮水，防止复发。自术后第 2 天开始，患犬排尿通畅，但仍有少量血尿。配合使用止血药物，从术后第 4 天起，血尿症状消失，精神较好。手术后第 5 天撤去导尿管。术后第 10 天拆线，伤口愈合良好，排尿通畅。

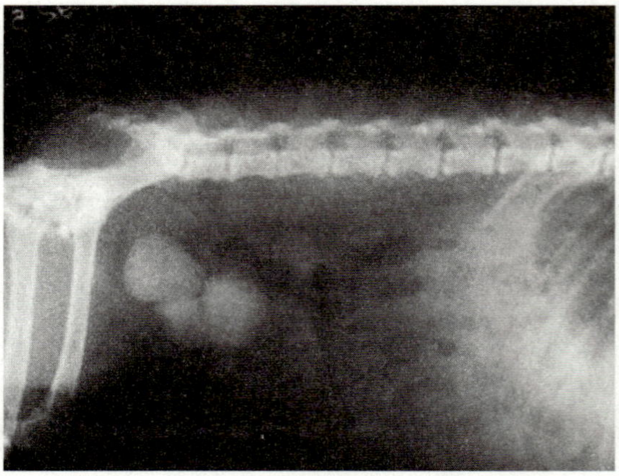

图 3-3-10 犬膀胱和尿道结石的 X 线影像

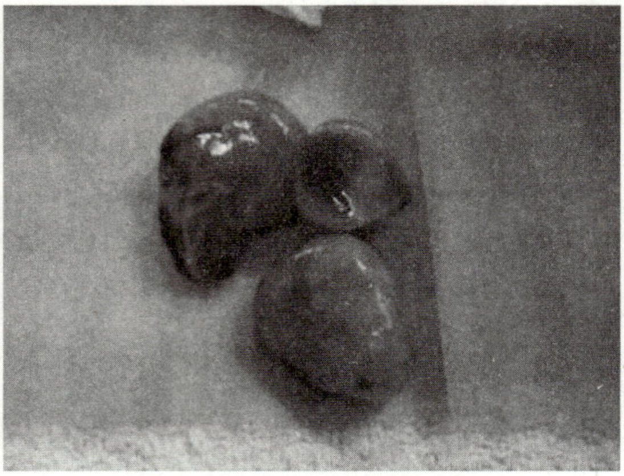

图 3-3-11 手术取出犬的结石

【考点链接】

1. 家畜频做排尿动作,但尿液仅呈细流状或滴状排出的症状称为(　　)。

A. 尿淋漓　　B. 尿失禁　　C. 尿闭

D. 少尿　　E. 无尿

2. 犬,雄性,7 岁,体温 39 ℃,精神差,无食欲,近两天下腹部略微增大,频频做痛苦的排尿状,从尿道口不时流出带氯味的液体,有时红色,X 线诊断显示膀胱增大,其余未见异常,尿道有白色亮斑。根据临床表现诊断所患病是(　　)。

A. 肾脏结石　　B. 输尿管结石　　C. 膀胱结石

D. 尿道结石　　E. 子宫积脓

3. 对犬膀胱尿道结石早期诊断没有指导意义的方法是(　　)。

A. 尿液检查　　B. 尿道检查　　C. X 线检查

D. B 超检查　　E. 血液尿素氮含量测定

4. 治疗猫磷酸铵镁结石,可用于酸化尿液的药物是(　　)。

A. 稀盐酸　　B. 磷酸氢二钠　　C. 蛋氨酸

D. 氢氧化铝　　E. 水合氯醛

(5～7 题共用题干)

公犬,6 岁。突然发病,频做排尿姿势,强力努责,但仅有少量尿液滴出。腹部触诊膀胱充盈、敏感。

5. 该病最可能的诊断是(　　)。

A. 肾结石　　B. 输尿管结石　　C. 尿道结石

D. 肾炎　　E. 膀胱炎

6. 患犬的排尿异常属于(　　)。

A. 频尿　　B. 多尿　　C. 少尿

D. 尿失禁　　E. 尿闭

7. 该犬尿液检查可能发现(　　)。

A. 尿糖阳性　　B. 尿胆素原增多　　C. 尿潜血阳性

D. 尿酮体阳性　　E. 尿胆红素阳性

8. 母犬的膀胱结石主要成分一般为(　　)。

A. 碳酸盐　　B. 尿酸盐　　C. 胱氨酸

D. 硅酸盐　　E. 磷酸盐

9. 公牛的尿道结石多发于(　　)。

A. 肾盂　　B. 输尿管　　C. 膀胱

D. 乙状弯曲部　　E. 尿道的盆骨中部

10. 公犬,频频排尿,努责,排尿困难,有血尿。X线检查显示膀胱中有高密度阴影。手术治疗选腹中线切口,需依次切开并分离皮肤、皮下组织和(　　)。

A. 腹白线、腹膜　　B. 腹横肌、腹膜　　C. 腹直肌鞘、腹膜

D. 腹内斜肌、腹外斜肌、腹膜　　E. 腹外斜肌、腹内斜肌、腹膜

任务五 常见神经系统疾病诊治

子任务一 中暑

中暑是日射病、热射病的合称。日射病,烈日直射头部,引起脑部急性病变,发生中枢神经机能严重紊乱。热射病,环境湿热,使机体体热蓄积,引起严重中枢机能紊乱。

【临床表现】

1 日射病　病初沉郁,四肢无力;倒地;易惊惧,有时多汗;后出现心力衰竭,呼吸衰竭;末期散瞳、抽搐,重则死亡。

2 热射病　体温剧升,皮温高,直肠灼手;剧烈喘息,后晕倒,全身无力。猪可见呕吐、战栗;羊可见恐惧不安。禽则虚弱无力,共济失调。

本病发展急剧,可因脑出血而卒中;一般病程 1～2 d,陷于衰弱、脱水、虚脱死亡。重剧病例多因脑部受损而愈后不良。

【检查所见】

患畜精神沉郁,体温显著升高,高达 41 ℃以上。并可见神经症状。

【病因分析】

烈日直射头部:紫外线导致神经细胞组织蛋白变性;红外线导致头部因热应激而温度过高。

环境潮湿、闷热:体热散发障碍,环境温度高于体温,则体热蓄积,体温上升。

诱因:体质不良,对高温耐受力降低;天气炎热,导致环境温度过高;多汗缺水,体液不足,血液浓缩,易发生心力衰竭;地区性迁移,途中受热,或应激反应导致机体机能紊乱,适应性和抵抗力降低,易发生中暑。

【建立诊断】

依环境调查及病史可确诊。

鉴别诊断:高热性传染病如炭疽、猪瘟、蓝耳病等,此类病不仅表现高热,还有很强的传染性、高病死率,且有全身多脏器出血现象。中暑则不具此特点。

【防治措施】

原则是:防暑降温、安神镇静、补液强心、缓解酸中毒。

1. 防暑降温　将病畜置于阴凉通风处，并避免外界刺激；用冷水浇头部、心区；或直肠大量灌注冷盐水，同时灌服1%～2%凉盐水。

2. 安神镇静　2.5%盐酸氯丙嗪，中小动物1～5 mL/次，大动物10～20 mL/次，肌内注射；5%水合氯醛300～500 mL，灌肠。

3. 补液、强心、兴奋呼吸　兴奋呼吸可用尼可刹米，中小动物1～4 mL/次，大动物10～20 mL/次，肌内或静脉或皮下注射。

4. 缓解酸中毒　5%碳酸氢钠，中小动物40～150 mL/次，大动物500～1000 mL/次，静脉注射。

5. 后期护理　病情好转后，可用10%氯化钠溶液静脉注射。中小动物30～50 mL/次，大动物200～300 mL/次，以兴奋胃肠蠕动机能。同时内服盐泻剂，以达清理目的。

子任务二　脑膜脑炎

脑膜脑炎指脑膜及脑实质发生的炎症，可分为化脓性脑膜脑炎和非化脓性脑膜脑炎。

【临床表现】

1. 一般症状　病初，精神沉郁。有时突然发作，兴奋骚动，或惊恐不安，易攻击人畜，称为兴奋期。最终进入抑制期，意识不清或意识丧失，呈嗜睡状态，重则昏迷，甚至死亡。

兴奋期感觉过敏，皮肤感觉异常、剧痛，瞳孔缩小；抑制期则相反。

2. 局灶症状　因脑组织病变，而出现相应的机能异常。

肌肉痉挛：眼肌痉挛引起斜视；咬肌痉挛引起牙关紧咬；颈肌痉挛可致头颈强直，头后仰或向一侧反张。

肌肉麻痹：咽、舌麻痹可致舌垂脱、吞咽障碍、流涎；面神经麻痹可引起口唇歪斜或下垂。严重则可出现偏瘫。

【检查所见】

患病动物精神异常，过度兴奋或过度抑制，肌肉痉挛或麻痹导致异常活动和行为。

【病因分析】

1. 细菌性感染　临床以链球菌、葡萄球菌、肺炎球菌、双球菌、巴氏杆菌、李氏杆菌多见。

2. 炎症蔓延　中耳、鼻、额窦、眼球、腮腺等周边组织、器官发生的炎症蔓延至脑部；另外，外伤感染、褥疮也可引起本病。

3. 中毒　铅、食盐、霉玉米等中毒，可损伤脑组织。

4. 寄生虫感染　马蝇蛆、脑包虫、囊虫及血液原虫感染。

【建立诊断】

依症状、病史，脑脊液混浊，含蛋白、细胞较多，可建立诊断。如脑脊液中出现中性粒细胞、微生物，则为化脓性炎症。

【防治措施】

原则：降低颅内压、抗菌消炎、镇静安神、对症治疗。

1. 降低颅内压　对急性脑水肿，先放血，再输高渗液。以马、牛为例，放血1 000～2 000 mL，再输等量25%葡萄糖溶液。或放血后，输半量20%甘露醇或25%山梨醇溶液。

2. 镇静安神　2.5%盐酸氯丙嗪，中小动物2～4 mL/次，大动物10～20 mL/次，肌内注射；或1%～3%水合氯醛，300～500 mL灌肠。

3. 抗菌消炎　氯霉素，每千克体重 10 mg，深部肌内注射；氨苄青霉素，大动物每千克体重 5～7 mg/kg，小动物每千克体重 10～20 mg，肌内注射或静脉注射。

化脓性脑炎：10%磺胺嘧啶钠，0.5～1 mL/kg；40%乌洛托品，中小动物 10～40 mL，大动物 50～100 mL；加入葡萄糖溶液适量，混合一次静脉注射。

4. 对症治疗　强心、利尿、补液、导滞、助消化。

任务六　动物常见免疫系统疾病诊治

子任务一　湿疹

湿疹是指表皮或真皮上皮乳头层由致敏物质引发的过敏性炎症，是复杂的内、外因子引起的一种迟发型变态反应。

病变特征：皮肤表层水肿、角化不全和棘层肥厚；真皮层血管扩张、水肿和细胞性浸润。

【临床表现】

1. 急性湿疹　病理过程可分为红斑期、丘疹期、水疱期、脓疱期、糜烂期、结痂期、鳞屑期七个阶段。病初为多数密集的粟粒大小的丘疹、丘疱疹或小水疱，基底潮红，逐渐融合成片，病畜感觉剧痒而搔抓，丘疹、丘疱疹或水疱顶端被抓破后呈明显的点状渗出及小糜烂面，边缘不清。如继发感染，炎症更明显，可形成脓疱、脓痂、毛囊炎、疖等。多发于头面、耳后、四肢远端、阴囊、肛周等，多对称发生。

2. 亚急性湿疹　炎症减轻后，皮损以小丘疹、结痂和鳞屑为主，仅见少量丘疱疹及糜烂。仍有剧烈瘙痒。

3. 慢性湿疹　常因急性、亚急性湿疹反复发作不愈而转为慢性湿疹；也可开始即为慢性湿疹。表现为患处皮肤增厚、浸润，有色素沉着，表面粗糙，覆鳞屑，或因抓破而结痂。自觉剧烈瘙痒。常见于小腿、蹄、肘窝、腘窝、外阴、肛门等处。病程不定，易复发，经久不愈。

急性湿疹病程在 3 周以上，慢性湿疹可达数月，不易痊愈。

【检查所见】

猪、犬多发生在股部、胸腹下部等处皮肤；牛多发生在前额、颈部、尾根及后肢系部凹陷处。急性期患部皮肤具渗出倾向，慢性期则表现为浸润、肥厚。有些病例直接表现为慢性湿疹。皮肤损害具有多形性、对称性、瘙痒和易反复发作等特点。

继发症状有表皮的结痂、脱屑及真皮乳头层肥大和胶原纤维的变性。

【病因分析】

湿疹病因复杂，常为内、外因相互作用结果。

1. 内因　如慢性消化系统疾病、精神紧张、过度疲劳、内分泌失调、感染、新陈代谢障碍等。

2. 外因　如生活环境、气候变化、食物等均可影响湿疹的发生。外界刺激如日光、寒冷、干燥、炎热以及异种动物皮毛、植物、肥皂、人造纤维等均可诱发。

3. 变态反应　由各种致敏物质的刺激所致。机理：不良因素刺激引起机体释放组胺、胆碱、乙酰胆碱、腺苷类化合物等，引起毛细血管平滑肌麻痹性扩张，毛细血管渗透性增高。渗出液使生发层细胞间的间隙逐渐增大，因组织液不能透过含类脂质的颗粒粒层，生发层上部的湿度增大，细胞发生膨胀，导致湿疹的发生。

【建立诊断】

主要根据病史、皮疹形态及病程建立诊断。湿疹的皮损为多形性，以红斑、丘疹、丘疱疹为主，皮疹中央明显，逐渐向周围散开，界限不清，呈弥漫性，有渗出倾向，慢性者皮肤浸润肥厚。病程不规则，反复发作，剧烈瘙痒。

鉴别诊断：

皮炎：以红肿热痛为主，多不瘙痒。

疥螨病：瘙痒显著，病变处刮屑镜检可发现虫体。

【防治措施】

原则是：去因，消炎，脱敏，避免不良刺激。

1. 消炎

红斑、丘疹期：用等量混合的麻油、石灰水涂于患部。

水疱期、脓疱期、糜烂期：患部剪毛、消毒，涂 3%～5%龙胆紫或 2%硝酸银溶液，此后可涂氧化锌或水杨酸氧化锌软膏。

2. 对症治疗

脱敏：苯海拉明或异丙嗪，口服，1～2 次/d。

止痒：1%～2%苯酚，涂布于患部，1～2 次/d。

子任务二　荨麻疹

荨麻疹俗称风疹块，是由于皮肤、黏膜小血管扩张及渗透性增加而出现的一种局限性水肿反应。通常在 2～24 h 内消退，但反复发生新的皮疹。病程可迁延数天至数月。

【临床表现】

发病初期，先出现皮肤瘙痒，随即出现风团，呈鲜红色或苍白色、皮肤色，少数有水肿性红斑。持续数分钟至数小时，少数可延长至数天后消退，不留痕迹。

常泛发，也可局限。有时合并血管性水肿，偶尔风团表面形成大的疱块。部分病例可伴有呕吐、腹痛、腹泻。严重者还可有不安、心率加速、血压下降、呼吸短促等全身症状。

短期内痊愈者，称为急性荨麻疹。若反复发作，达每周至少两次且连续 6 周以上者，称为慢性荨麻疹。

【检查所见】

局部皮肤出现风团，动物有瘙痒症状。

【病因分析】

病因非常复杂，约 3/4 的病例找不到原因，特别是慢性荨麻疹。常见原因主要有：

(1)部分食物及食物添加剂引起过敏，如含有特殊蛋白质的鱼、虾、蟹、鸡蛋、牛奶等。

(2)接触刺激性物质，如各种花粉、尘土等，或被昆虫叮咬，受其毒素刺激。

(3)感染，如发生某些细菌性感染、病毒性感染、真菌性感染与寄生虫感染。

(4)药物过敏，如青霉素、呋喃唑酮、磺胺药类药物。吗啡、可待因、阿托品等药物能直接使肥大细胞释放组胺。

(5)物理因素，如机械刺激、冷热变化、日光直射等。

(6)其他，如精神因素、内分泌机能紊乱、遗传因素等。

【建立诊断】

本病根据临床上出现风团样皮疹,即可确诊。由于病因复杂,最好通过详细询问病史、详细检查,尽可能明确病因。

【防治措施】

1. 去除病因　如果是感染引起的,应积极治疗感染病灶;如果由药物引起,应停用过敏药物;食物过敏引起者,找出过敏食物后,不要再吃这种食物。

2. 消除诱发因素　如寒冷性荨麻疹应注意保暖,乙酰胆碱性荨麻疹减少运动、出汗及情绪波动,接触性荨麻疹减少接触的机会等。

3. 抗炎抗过敏

(1)抗组胺类药物。H1 受体拮抗剂均有抗组胺作用,常用的有苯海拉明、赛庚啶、马来酸氯苯那敏、阿伐斯汀、西替利嗪、咪唑斯汀、氯雷他定、依巴斯汀、氮卓斯汀、地氯雷他定等。

(2)抑制肥大细胞脱颗粒作用,减少组胺释放。如硫酸间羟异丁肾上腺素、酮替酚、色甘酸钠、曲尼司特。

(3)糖皮质激素。如泼尼松、曲安西龙、地塞米松、得宝松。

(4)免疫抑制剂。环孢素具有较好的疗效,硫唑嘌呤、环磷酰胺、甲氨蝶呤及免疫球蛋白等也可试用。

4. 降低血管通透性　如维生素 C、安络血、钙剂等,常与抗组胺药合用。

任务七　动物常见营养代谢性疾病防治

子任务一　维生素 D 缺乏症

舍饲动物缺少日光照射,或因饲料中缺乏维生素 D,或因饲料中抗维生素 D 物质过多等,均可导致维生素 D 缺乏症。临床上主要表现为食欲下降,生长迟缓,严重时骨骼发生病变。幼年动物发生佝偻病,成年动物发生骨软化症或骨纤维性营养不良。

【临床表现】

1. 幼年动物　患佝偻病,表现为消化紊乱,生长发育迟缓;骨质钙化不全,软骨肥大,骨变形,胸廓狭窄;肋骨与肋软骨处形成球状肿胀,呈串珠状排列,脊柱弯曲变形;四肢骨呈内弧或外弧状,导致动物跛行。

雏禽:可见胸骨脊呈 S 状弯曲。喙角化不全,质地较软,俗称“橡皮喙”。胫跗骨也有轻度弯曲,极易折断。

2. 成年动物　可发生骨软化症,或纤维性骨营养不良。成年母鸡产薄壳蛋或软壳蛋,继而产蛋量减少,且种蛋孵化率降低。

【检查所见】

血液生化检查:早期血磷浓度降低,后期血钙浓度降低,AKP(血清碱性磷酸酶)活性升高。

X 线检查:幼年动物骨骼发育不良,变形;成年动物骨密度下降,骨质疏松。

【病因分析】

1. 缺乏光照　动物长期关禁饲养或冬天阳光不足，缺乏紫外线照射时，体内合成的维生素D_3过少，则可能导致维生素 D 缺乏。

2. 断奶过早　幼年动物对维生素 D 需要量较大，而且其主要来源于母乳和皮肤内合成。特别是舍饲仔畜，如断奶过早而未补充维生素 D，或母乳本身维生素 D 含量不足，即可造成幼畜缺乏。

3. 吸收障碍　饲料中维生素 A 与维生素 D 是拮抗的，粗老植物中维生素 D 含量较高，幼嫩植物中胡萝卜素（维生素 A 的前体）含量较高。如料中维生素 A 或胡萝卜素含量过多，则可干扰和阻碍维生素 D 的吸收，造成动物维生素 D 吸收不足而发生本病。

【建立诊断】

依据饲料调查、临床症状可做出初步诊断。

实验室诊断：成年患畜 AKP（血清碱性磷酸酶）活性升高。幼年动物则不明显。

特殊诊断：X 线检查，骨密度降低，软骨肥大，长骨末端呈羊毛状或蛾蚀斑状。

【防治措施】

处方一：鱼肝油或鱼肝油丸（浓缩鱼肝油），按每 100 kg 体重 4～6 mL，口服。

处方二：维生素 A、维生素 D 复合注射液，马、驹、犊牛 2～4 mL，仔猪、羔羊 0.5～1.0 mL，肌内注射。

如按每千克体重 275 μg 剂量一次性肌内注射，可保持动物在 3～6 个月内不发生维生素 D 缺乏症。若每天口服量为每千克体重 0.5～1.1 μg，或一次性口服 50 mg，可保持 2 个月内不缺维生素 D。

【知识链接】

维生素 D 的生理作用

（1）促进小肠近端对钙的吸收、远端对磷的吸收。

（2）促进肾小管对钙的吸收。

（3）促进骨骼中 Ca^{2+} 的运动。

维生素 D_2、维生素 D_3 在肠道内被吸收后，先在肝内先转化为 25-羟胆钙化醇，再与血中 α_2-球蛋白结合，经血液运送到肾，然后在肾脏内转化为 1,25-二羟胆钙化醇后，再与 α_2-球蛋白结合并运往靶组织，调节钙的吸收、转运与动员。

维生素 D 缺乏则可引起肠道对钙、磷的吸收率下降，血浆钙、磷浓度降低，促进甲状旁腺素分泌，骨骼钙盐重溶，导致成年动物产生骨软化症或纤维骨营养不良；幼畜维生素 D 缺乏时，则钙吸收不足而致骨骼钙化不全、软骨肥大及骨变形，生长迟缓。

子任务二　维生素 A 缺乏症

维生素 A 缺乏症指动物饲料中维生素 A 或胡萝卜素不足导致体内维生素 A 含量不足而引起的疾病。

本病多发于幼畜、家禽。特征是：视觉障碍，皮肤病变，成年动物繁殖机能下降，幼畜出现神经症状。

【临床表现】

视力障碍：夜盲症、干眼病、角膜翳，重可穿孔失明。

皮肤病变：皮炎，衍生物发育不良。

繁殖障碍：早产，产弱胎；胎儿先天脏器缺损、畸形，如无眼、无脑、内脏外漏等。

神经症状：颅骨生长不良，导致颅内压升高，出现运动、视觉障碍。

黏膜抵抗力降低：易感性增强，易发生呼吸道、消化道的炎症。

【检查所见】

实验室检查：测定血浆（肝脏含量）：维生素 A 从 25 μg/100 mL 降至 5 μg/100 mL，胡萝卜素从 150 μg/100 mL 降至 9 μg/100 mL。

【病因分析】

1. 饲料中不足　棉籽、干豆、干谷、萝卜、土豆中几乎不含维生素 A 原；饲料长期曝晒，使脂肪变质、氧化而损耗维生素 A。

2. 合成障碍　维生素 A 在肠内合成，肝内贮存。慢性肠道疾病、肝病可导致维生素 A 合成及贮存障碍。

3. 吸收障碍　慢性消化道疾病；料中脂肪过少或过多。

【建立诊断】

依据临床症状、实验室检查可建立诊断。

【防治措施】

用维生素 A 治疗效果明显。

皮下注射：猪、牛，133 μg/kg(440 IU/kg)；鸡，364 μg/kg(1 200 IU/kg)。

拌料：牛、猪，12～24 μg/kg；羊，9～24 μg/kg；鸡，364～727 μg/kg。

内服：鱼肝油，牛 20～30 mL/次；猪 5～10 mL/次，禽 0.5～1 mL/次。

在动物日粮中应添加维生素 A，动物妊娠、泌乳、催肥时对维生素 A 的需求量是一般需求量的 2 倍。各种动物对维生素 A 的需求量：牛，12～24 μg/kg；羊，9～24 μg/kg；猪，12～24 μg/kg；鸡，364～727 μg/kg；鸭、珍珠鸡、火鸡需求量比鸡高 20%左右。

【知识链接】

维生素 A 的生理功能

(1)增强黏膜上皮、腺上皮、神经组织的抵抗力。

(2)参与视色素的合成，包括感弱光的视紫红质和感强光的视紫蓝质。若维生素 A 不足，则视紫红质再生慢且不完全，故暗适应恢复时间延长。

(3)参与胎儿器官的形成。

子任务三　B 族维生素缺乏症

饲料中 B 族维生素不足会引起代谢性疾病，多发于幼畜和家禽。

【临床表现】

1. 维生素 B_1 缺乏症

雏禽：多发性神经炎，肌肉麻痹，腿屈曲，翅下垂，坐地，头后仰，呈“观星”姿势（图 3-3-12）。

成年鸡：鸡冠发青，肌肉麻痹。1～2 周死亡。

小公鸡睾丸发育受抑制，母鸡卵巢萎缩。

猪：食用生杂鱼或在海滩放牧会引起维生素 B_1 缺乏症，表现为厌食、呕吐、腹泻、生长不良。重可死于心力衰竭。

犊牛：多在 30 日龄以内发生。食欲减退，脱水；以神经症状为主，如兴奋、痉挛发作、惊厥、四肢抽搐、倒地、眼球震颤甚至失明、牙关紧闭、角弓反张。

2. 维生素 B_2 缺乏症

雏鸡：生长缓慢，衰弱，下痢；消瘦，贫血，鸡冠苍白；足趾内卷呈钩状，飞节着地，行走困难（图 3-3-12）。

雏禽：出壳时瘦小、水肿、脚爪弯曲；羽毛不能开展，呈棒状、球状羽毛。

猪：生长缓慢，腹泻；皮肤出现湿疹、鳞屑、溃疡或脱毛（图 3-3-13）；眼有白内障，甚至失明。母猪流产、早产、不孕。仔猪秃毛，出生后不久死亡。

犊牛（自然不易发生）：口、鼻周围黏膜充血、厌食、腹泻、脱毛（图 3-3-14）。

图 3-3-12 雏鸡维生素 B_2 缺乏症的表现

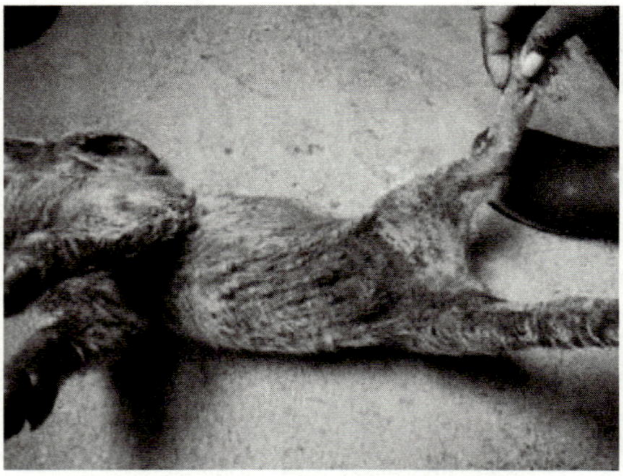

图 3-3-13 仔猪维生素 B_2 缺乏症

图 3-3-14 犊牛维生素 B_2 缺乏症

3. 烟酸缺乏症

禽：骨短粗，股骨弯曲，罗圈腿；鼻黏膜、喙角、眼睑、皮肤发炎；羽毛生长不良；跗关节增生、发炎（飞节肿大）；下痢。

猪：多发于仔猪，食欲下降，严重腹泻。皮肤粗糙，先从头、颈部出现斑块状病变，逐渐蔓延至身体两侧，病部皮肤增厚，干燥开裂，结黑色痂皮，局部常脱毛。逐渐消瘦死亡。剖检可见胃、十二指肠出血，大肠溃疡，回肠、结肠局部坏死。

4. 维生素 B_{12} 缺乏症

猪：厌食，生长停滞，贫血。生殖力降低：易流产、死胎，胎儿发育不全、畸形，产仔数减少，产弱仔。

犊牛：厌食，生长停止，肌肉衰弱。行走时摇摆不稳，运动失调。

鸡：生长缓慢，孵化率降低。

【检查所见】

饲料调查：饲料中缺乏富含 B 族维生素的原料，或未添加。

病例观察：患病动物有不同程度的消化机能紊乱，时间较长者可见营养不良、生长发育迟缓。不同种类的 B 族维生素缺乏尚有不同的特征表现。

【病因分析】

饲料中缺乏富含 B 族维生素的原料，如青绿饲料、酵母、米糠、发芽的种子；饲料经过长期高温贮藏或水浸，损耗了大量 B 族维生素。

合成障碍：长期滥用抗生素，使肠道菌群紊乱；有的病例发生于慢性胃肠炎过程中。

吸收不足：断奶过早；慢性消化道病。

损耗过多：生鱼中含大量硫胺酶，可破坏 B 族维生素；植物中含 B 族维生素拮抗物，如芜菁、马尾草、蕨菜等。

【建立诊断】

依据饲料调查、临床特征症状可建立诊断。

【防治措施】

改善营养：在饲料中添加青绿饲料、酵母、麸皮、米糠；每吨饲料中添加 100～300 mg 维生素 B_1，1.5～3 g 维生素 B_2，2～5 mg 维生素 B_{12}，10 g 烟酸，4 mg 叶酸，可预防本病发生。

治疗：每千克体重添加 0.25～0.5 mg 维生素 B_1，2～4 mg 维生素 B_2，1～2 μg 维生素 B_{12}，20～30 mg 烟酸，25～50 μg 叶酸，肌内注射或内服，1 次/d，连用 7 d。

子任务四　硒-维生素 E 缺乏症

维生素 E 缺乏或维生素 E 与硒都缺乏，导致成年动物繁殖力下降、幼畜肌肉营养不良、雏鸡小脑软化等症状。

【临床表现】

1. 白肌病　以羔羊、雏鸡、鸭多见。精神不振，采食减少，腿软弱，共济失调，重可瘫痪，或突然死亡。

2. 桑葚心　4 月龄犊牛、仔猪多见。呼吸困难，发绀，躺卧，强迫行走，常在运动中突然死亡。最急性者大声嚎叫而亡，两腿内侧皮肤出现紫红色斑点，重则波及全身。

3. 渗出性素质　多见于 3～8 周龄小鸡。病鸡沉郁，不愿运动，起立困难，翅膀展开，行走时共济失调，最后衰竭死亡。

上述缺乏症补硒、维生素 E 都有效果。

4. 猪黄脂病　因大量喂给鱼粉或变质的高脂肪类食物（蚕蛹）所致。患猪生长缓慢，机体衰弱；屠宰后，可见腹腔脂肪呈黄色，有腥臭味；肝黄色、肿大、质脆。

5. 鸡小脑软化症　多发于 5 周龄雏鸡。共济失调，易跌倒、痉挛、抽搐；扭颈，瘫痪，很快死亡。耐过鸡有后遗症：头颈扭曲、跌倒，受惊时更明显，且终身不愈。

6. 繁殖障碍　公猪睾丸肿大，精液品质不良，精子数量及活力不足；母猪卵巢机能降低，发情不正常，不孕、产死胎、流产。产蛋母鸡：产蛋量、孵化率下降，死胚率高，弱仔多。

上述症状补硒效果不明显，补维生素 E 则效果显著。

【检查所见】

桑葚心：病死畜心肌变薄，横径变大，心肌有斑点状出血而呈红紫色，外观如桑葚。

渗出性素质：胸、腹、翅、大腿皮下广泛淡绿色水肿。

鸡小脑软化症：脑部广泛出血、水肿，小脑有针尖状出血、软化水肿。可波及大脑、延脑、中脑。

【病因分析】

饲料中维生素 E 缺乏：种子胚芽中维生素 E 丰富，动物内脏（肝、肾、脑）、肌肉中也有维生素 E 贮备；秸秆、根茎中则不足。若饲料搭配不合理，则可能导致维生素 E 缺乏。

损耗过多：曝晒、浸渍、发酵、霉烂致使维生素 E 失效；饲料中不饱和脂肪酸过高时，也会与维生素 E 起反应而损耗。

消化吸收障碍：肝胆病。

促进因素：饲料中缺硒或硒类似物不足。

【建立诊断】

根据饲料调查、临床症状，结合剖检病变可得出诊断。

【防治措施】

1. 预防　饲料中增加大麦芽、绿豆芽、麦片、小麦等；除去饲料中不良的脂肪、变质鱼粉、发酵后的饼粕；饲料高温（40～50 ℃）下保存不得超过 3～5 d。

补充醋酸生育酚：母牛产犊前 1 g/d；犊牛 0.15 g/d；母羊 75 mg/d，羔羊，25 mg/d。

2. 治疗　一旦发现病禽，在饲料中添加浓缩维生素 E，成年鸡 3～5 mg/只，雏鸡每千克饲料添加 5～20 mg。补充亚硒酸钠，每 100 mL 水中加 1 mg。同时在饲料中增加适量的含硫氨基酸。

补充醋酸生育酚：牛、羊每千克体重 5～20 mg；马驹、犊牛 0.5～1.5 g/头；仔猪 0.1～0.5 g/头；皮下或肌内注射。每天或隔天一次，连用 10～14 d。也可内服维生素 E 胶丸。

母畜产前 1～2 个月、仔畜产后 1 周内补充 0.1%亚硒酸钠，每千克体重 0.05～0.1 mL，皮下/肌内注射，1 次/d，连用 2～3 次。

【知识链接】

维生素 E 和硒的生理作用

1. 维生素 E 生理作用　抑制、减慢多价不饱和脂肪酸的过氧化，减少游离基、超过氧化物的产生，保护细胞膜的脂质结构不被过氧化、破坏。

2. 硒的生理作用

(1)增强维生素 E 的抗氧化作用。

(2)清除游离基及超过氧化物。

1 分子硒的作用相当于 700～1 000 分子维生素 E 的作用，1 个含硒蛋白的作用超过 500 分子维生素 E 的作用。

任务八　常见中毒性疾病防治

子任务一　食盐中毒

食入过多的钠盐会引起中毒。钠盐包括氯化钠、碳酸钠、丙酸钠、乳酸钠等，其中以氯化钠(食盐)中毒最为常见。临床特征(猪)是脱水、肌肉震颤、抽搐、口吐白沫。

【临床表现】

1. 急性病例

猪：呕吐，脱水，烦渴，口吐白沫，皮肤干燥，黏膜充血，少尿。神经兴奋，冲撞人畜。体温正常。后期倒地，呈游泳状，很快虚脱、昏迷，死亡。病程多为1～2 d。

家禽急性中毒：脱水，烦渴，废食，常伴下痢。神经症状：委顿，运动失调，腿无力或麻痹。呼吸困难，多死于呼吸衰竭。

2. 慢性中毒(猪)　多在1～2个月后发病。多于暴饮后突发脑水肿。表现为：突发兴奋，转圈，点头，哼叫，仰翻，最终死于呼吸衰竭。病程一般为数小时至三四天。

有的表现不典型：轻度呼吸困难，呈犬坐姿势，呼吸迫促，抗生素治疗无效，经过1～2 d死亡。主要病变：胃底黏膜严重淤血。

【检查所见】

剖检：胃肠黏膜充血、出血、有炎症；脑脊髓水肿。

猪还可见脑血管大量白细胞浸润，呈特征性“袖套”外观(图3-3-15)。

【病因分析】

过食食盐：长期“盐饥饿”，导致一次过食。

血中相对升高：饮水不足，失水等。

耐受力降低：缺乏钙、镁离子、维生素E、含硫氨基酸等。

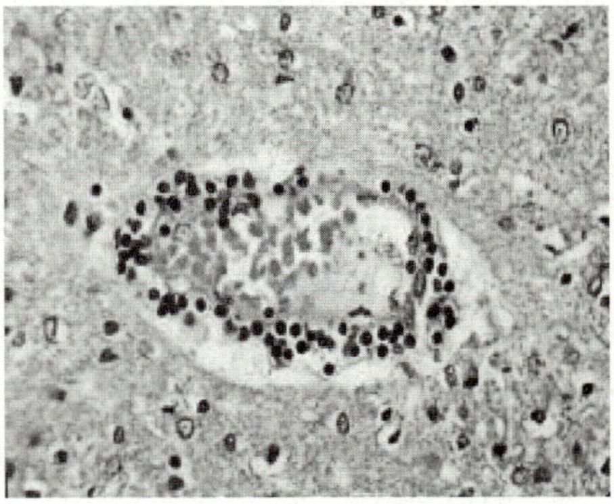

图3-3-15　猪脑血管“袖套”现象

【知识链接】

1. 钠盐中毒机理

(1)直接刺激胃肠黏膜，使其发生炎症。

(2)胃肠内容物渗透压升高，使机体脱水。

(3)血液中钠离子浓度升高，使中枢神经过度兴奋。

(4)脑脊液渗透压升高，导致脑水肿。

(5)钠离子毒害作用，包括抑制葡萄糖无氧酵解，脑细胞缺乏能量，脑灰质变性坏死。

2. 不同动物对食盐的敏感性

(1)中毒量。牛、马为每千克体重1～2.2 g；绵羊为每千克体重3～6 g；鸡为每千克体重1～1.5 g。

(2)致死量。猪，125～250 g/次；犬，30～60 g/次；牛，1 500～3 000 g/次。

【建立诊断】

依据患畜有过食食盐史(正常情况下饲料中食盐添加量不得超过 0.5%)、胃肠炎表现、无体温反应、大量饮水引发显著的神经症状等可建立诊断。

【防治措施】

1. 恢复血中离子平衡

猪:5%氯化钙明胶溶液,每千克体重 4 mL,皮下分点注射。

牛:5%葡萄糖酸钙(200～400 mL/次)或 10%氯化钙溶液(100～200 mL/次),静脉注射。

2. 消除脑水肿　20%甘露醇(首选)或 25%山梨醇,大动物 1 000～2 000 mL/次,中小动物 100～250 mL/次,静脉注射。或 50%葡萄糖溶液,猪 20～100 mL/次,牛 100～500 mL/次。

3. 促排钠离子　服用利尿剂,如氢氯噻嗪。

4. 解痉镇静　2.5%盐酸氯丙嗪;25%硫酸镁溶液、溴化钾等也可。

5. 预防　饲料中食盐添加量不得超过 0.5%。给动物供给充足的饮水。适当补充矿物质及维生素。

【临床案例】

[**案例 1**]

某养猪户共饲养 17 头 40 日龄仔猪,发病前猪群一直正常。某日早起喂料,发现猪均不在舍内。于村头小河旁寻到失踪的仔猪,大部已死亡,个别猪死前有抽搐、尖叫现象,不久死去。畜主怀疑有人为投毒,遂报警。

经兽医人员调查发现,仔猪并无传染性疾病感染症候及病变,周边养殖场也未有急性高死亡率的流行病发生。剖检结果显示:胃黏膜明显充血呈暗红色,脑组织水肿,其他组织未见明显异常。经询问得知:该养殖户一直使用食堂、饭店收集来的泔水喂猪,未用其他饲料成分拌和,且近期天气炎热也未注意供应充足的饮水。综上资料,兽医人员给出结论:该起仔猪死亡事件系养殖户饲喂不当造成食盐中毒所致。

[**案例 2**]

某养猪户共饲养 8 头猪,每头体重 35 kg 左右。发病表现为后肢无力,呈犬坐姿势,呼吸迫促,体温正常。当地兽医按肺炎治疗,连续抗菌消炎 3 d,未有明显效果,已死亡 3 头。解剖病死猪发现:病猪除胃底黏膜充血水肿外,其他脏器未见明显病变。了解得知:该养殖户一直使用当地中学食堂泔水作为主要饲料,已经使用 1 个多月。综合分析,初步诊断为食盐中毒。通过消除脑水肿、限制饮水、换料等措施,其他猪得以恢复。

子任务二　有机磷中毒

有机磷农药是毒性很强的接触性神经毒物,临床上多经消化道和皮肤进入体内而引起动物中毒。有机磷中毒临床特征是流涎、呕吐、腹泻、肌肉震颤、瞳孔缩小。

【临床表现】

轻度中毒(毒蕈碱样症状):以 M-胆碱能神经过度兴奋为主,病畜食欲减退、废绝,恶心,大量流涎,呕吐,排稀软粪便。

中度中毒:除上述症状外,还有烟碱样(N-胆碱能神经过度兴奋)。其症状为骨骼肌兴奋,尤其是肘后、股前肌肉震颤明显,重则全身抽搐、痉挛。后转为麻痹,多因呼吸麻痹而窒息死亡。

重度中毒：动物呈中枢神经中毒症状，如昏迷、抽搐，发热，粪尿失禁，全身震颤，瞳孔缩小，心跳加快，突然倒地，很快死亡。

【检查所见】

剖检病变：胃肠黏膜充血，胃内容物有大蒜臭味；肺充血水肿。血检：血中胆碱酯酶活性<50%。

【病因分析】

违反农药的保管、使用安全规程，使农药污染了饲料、牧草及食具、饮水。

饲喂未过药残危险期的牧草、蔬菜。

机体驱虫时超过规定剂量。

人为投毒：防鼠、防野鸡、防野犬投药而致误食，或故意投毒。

【知识链接】

有机磷中毒机理

急性中毒：有机磷进入血液→其磷酸基与血中胆碱酯酶结合→磷酰化胆碱酯酶失去活性(总体活性<50%即有害)→血中乙酰胆碱蓄积→胆碱能神经持续过度兴奋→出现症状。呼吸衰竭是死亡的主要原因。呼吸衰竭最常见的原因是肺水肿，其次是呼吸肌麻痹。有时两者同时存在，病情更严重。一般情况下，胆碱酯酶活性小于10%时致死，小于40%时出现症状，在70%～80%时无明显症状。临床以胆碱酯酶活性<50%作为急性中毒的诊断依据。

慢性中毒：引起神经脱髓鞘，导致迟发性神经综合征：中毒后8～15 d再次发生麻痹。

长期接触：有轻度致畸作用。

【建立诊断】

根据毒物来源调查，结合“前流、后泻、中间抖”的特征症状，以及血中胆碱酯酶活性<50%，可确诊。

【防治措施】

1. 排毒　经皮肤中毒者，立即大量清水冲洗体表。经口中毒，可用清水或0.2%～0.5%高锰酸钾(农药1605中毒禁用)、2%～3%碳酸氢钠(敌百虫中毒禁用)溶液进行洗胃。

2. 特效解毒　1%硫酸阿托品：牛3～5 mL/次，猪0.5～1 mL/次。若首次用药后1 h未见症状减轻，可提前重复给药，当出现瞳孔散大、流涎停止、脉搏加快时，停止用药，然后按正常量每隔4～5 h用一次，连用1～2 d。

解磷定：每千克体重20～50 mg，溶于100 mL生理盐水或5%葡萄糖溶液中，静脉注射，皮下注射皆可，忌与碱性药物配伍，易形成剧毒的氰化物。

3. 对症治疗

(1)消除肺水肿，可静脉注射高渗葡萄糖溶液，结合注射或口服呋塞米，2～3次/d。

(2)兴奋呼吸中枢，可用尼可刹米，肌内注射。

(3)镇静解痉，可用巴比妥，肌内注射。

(4)强心,可肌内注射安钠咖。

子任务三　有机氟中毒

动物直接或间接食入有机氟药物污染的饲料或饮水会发生中毒。临床常见氟乙酰胺及氟乙酸钠中毒。

临床特征是:突发痉挛,狂奔,很快死亡,瞳孔散大。

【临床表现】

1.犬猫中毒　突发不安,无目的地狂叫、乱窜、乱撞、乱跳,有的走路摇晃,似醉酒样。轻者间隙几分钟,吃几口食后又发作,且每次发作均较前一次更为严重。病情迅速发展则狂叫不停,并出现全身痉挛,表现特别痛苦,倒地后四肢不停地划游,呈角弓反张姿势。舌伸出口腔外,多数被自己咬破而从口鼻腔流出带血色的泡沫。心率加快、失常;瞳孔持续散大;尿、粪频繁;肢端冰凉,体温未见升高。死前强直性痉挛,意识丧失,呼吸困难,数分钟至数小时内死亡。

2.牛羊中毒

急性型:病牛死前无明显的前期症状,食后 9～18 h,突然倒地并剧烈抽搐、惊厥或角弓反张,瞳孔散大,迅速死亡。

有的病程可达 2～3 d,反复发作,间隙渐缩短,多以死亡告终。

潜伏发病型:食后 5～7 d,仅表现食欲减退,反刍停止,离群,靠墙站立或卧地不起,有的可逐渐康复,有的则在卧地后不久即死亡。

慢性型:有的病牛在食后第二天表现为精神沉郁,食欲减退,反刍减少。3～5 d 后,稍受外界刺激即尖叫、狂奔、全身颤抖、呼吸迫促,持续 3～5 min 后症状消退,但可反复发作,终因呼吸抑制和心力衰竭而死亡。

3.猪中毒　呛食,猛冲,不避障碍,抽搐;惨叫死亡;伴有口吐白沫,死后口流血样泡沫。一般在发病后 20 h 至数天(多在 24 h 内)死亡。

【检查所见】

剖检病变:血液凝固不良,有胃肠炎、心肌炎及脑水肿;心包积液,心肌变性脆弱,心外膜或心内膜出血,心房有紫黑色凝固不良的淤血;两肺尖叶水肿;胃内容物充满,胃底、小肠黏膜广泛出血;肝小叶有成片出血点;膀胱黏膜充血;脑膜充血或出血,大脑脑回变浅,淤血。

有机氟的实验室检验:取胃内容物,分别做羟肟酸反应、奈氏试剂反应和显微结晶反应,三种不同的方法均可检测到氟乙酰胺的存在。

【病因分析】

违反农药的保管、使用安全规程,使农药污染了饲料、牧草及食具、饮水;饲喂未过药残危险期的牧草、蔬菜。

食(饮)入被污染的饲料和水:氟乙酰胺是用于防治农作物蚜虫及草原鼠害的剧毒农药,残效期长。动物因误食(饮)被氟乙酰胺处理的或污染的植物、种子、饲料或饮水,而发生中毒。

二次中毒:误食氟乙酸钠毒饵或中毒死后的鼠、禽等动物的尸体。

人为投毒:防鼠投药而致误食,或故意投毒。

【知识链接】

有氟中毒机理

氟乙酰胺进入机体后，脱胺而形成氟乙酸，呈强毒性作用，氟乙酸经乙酰辅酶A活化并在缩合酶的作用下，与草酰乙酸缩合生成氟柠檬酸。氟柠檬酸的结构同柠檬酸相似，是柠檬酸的拮抗物，可阻碍柠檬酸代谢、抑制乌头酸酶、中断三羧循环，使糖代谢受阻。以致组织和血液内的柠檬酸蓄积，而生成不足，破坏组织细胞的正常功能，这一毒性作用普遍发生于全身所有的组织细胞内，但在能量代谢需求强烈的心、脑组织出现得最快，病变的程度也最重。氟柠檬酸对中枢神经可能还有一定的刺激作用。

【建立诊断】

根据毒物来源调查，结合特征症状可初步诊断。确诊须做以下实验室检查。①生化检测：血糖、氟、柠檬酸含量明显升高。②毒物分析：采取可疑的饲料、饮水、呕吐物、胃内容物、肝脏或血液，测定毒物。

鉴别诊断：有机磷、士的宁中毒、急性胃肠炎。

【防治措施】

1. 排毒　催吐、洗胃。

2. 解毒　50%乙酰胺(1 g/支)，每千克体重0.1～0.2 g，肌内注射，早晚各1次，连续2 d。或每4 h注射1次，连用5～7 d。直到症状消失为止。

5%乙醇和5%醋酸，口服，每千克体重各2 mL，2次/d。

3. 对症治疗

解除肌肉痉挛：有机氟中毒常出现血钙降低，可用葡萄糖酸钙或柠檬酸钙静脉注射。

镇静：用巴比妥、水合氯醛口服或氯丙嗪肌内注射。

兴奋呼吸：可用山梗菜碱、尼可刹米解除呼吸抑制。

保肝解毒：静脉注射10%葡萄糖和维生素C、B族维生素等。

消除脑水肿：可用20%甘露醇或25%山梨醇注射液静脉注射。

子任务四　黄曲霉毒素中毒

因食(饮)入被黄曲霉毒素污染的饲料、水而引起的中毒性疾病。本病以肝脏损害，肝功能障碍，肝细胞变性、坏死、出血、增生为特征。

【临床表现】

猪、牛：多发于2～4月龄。消化紊乱：食少，饮多，生长停滞。黏膜出血、水肿：便血；皮肤出血，紫斑；阴门黏膜水肿。肝损伤：黄疸；消瘦。死前出现神经症状：不安，痉挛，角弓反张。

雏禽：精神沉郁，脱毛。食少腹泻，粪便带血。后期出现神经症状：鸣叫，角弓反张。急性中毒死亡率达80%～90%。慢性中毒可致肝癌。

成年禽：多为慢性中毒，消瘦，贫血，长期可致肝癌。

【检查所见】

患畜消瘦，腹泻，黏膜水肿，出现黄疸。

剖检病变：肝脏肿大，脂肪变性，质地脆；胃肠黏膜充血、出血、有炎症。

饲料检查：可见不同程度的霉变。

黄曲霉素检测：基于胶体金免疫层析技术。如果样品中的黄曲霉素 B_1 含量大于灵敏度，检测线在规定时间内不显颜色，结果为阳性，如检测线显红色色带，则为阴性。

【病因分析】

吃了被黄曲霉毒素污染的花生、玉米、麦类、豆类、酒糟及其他农副产品所致。

各种谷物及其副产品极易污染，尤其是梅雨季节，温度为 24～30 ℃和湿度适宜的时期，污染情况更为严重，产生的毒素量也最多。

黄曲霉毒素广泛存在于自然界中，温度 24～30 ℃、湿度 10%～15%为最适条件。

黄曲霉毒素是黄曲霉菌的代谢产物，目前已知黄曲霉毒素及其衍生物有 20 余种，其中 B_1、B_2、G_1、M_1 型具有很强的致癌性。黄曲霉毒素 B_1 的毒性是氰化钾的 10 倍，致癌作用是偶氮苯的 900 倍。

敏感性：雏鸭、火鸡、兔、猫、仔猪、鼠、鸡、羊较为敏感。

【知识链接】

黄曲霉毒素的毒害作用

1. 严重肝毒　肝细胞变性坏死，胆小管增生，诱发肝癌。
2. 严重血管毒　损伤血管，血管变脆，致出血。
3. 抑制蛋白合成　抑制 mRNA 合成；改变 DNA 的结构。
4. 抑制细胞免疫系统　明显抑制疫苗的保护力。

【建立诊断】

调查病史，并对现场的饲料进行检查，结合临床症状，可做出初步诊断。

确诊：必须进行病原菌分离培养和毒素检测。

【防治措施】

做好饲料的防霉工作，妥善保存，避免遭受雨淋、堆场发热，以防止霉菌生长繁殖。尽量不喂发霉的饲料。

目前尚无特效疗法。发现中毒，应立即停喂霉败饲料，给予含碳水化合物丰富的青绿饲料，减少含脂肪多的饲料。

保肝解毒，防止出血：①25%～50%葡萄糖溶液并加入维生素 C 静脉注射。②葡萄糖配成 3%浓度，自由饮水，连用 7 d。③每 150 kg 饲料料加入 100 g 维生素 C，连用 7 d。④用 5%氯化钙或葡萄糖溶液、40%乌洛托品注射液，静脉注射。⑤心脏衰弱者，可肌内注射 20%安钠咖 10～20 mL。

【临床案例】

某养鸭场位于沿海地区，气候温暖湿润，有 2 500 只鸭子，饲喂自配料，主要原料为玉米、豆粕。普遍在 7～8 日龄发病，第 1 天死亡 20 只左右，第 2 天 50 只，第 3 天 150 只。部分鸭蹼和腿部皮肤有发紫现象。部分鸭死亡时呈“观星状”。剖检可见肝脏土黄色（图 3-3-16），显著肿大，质

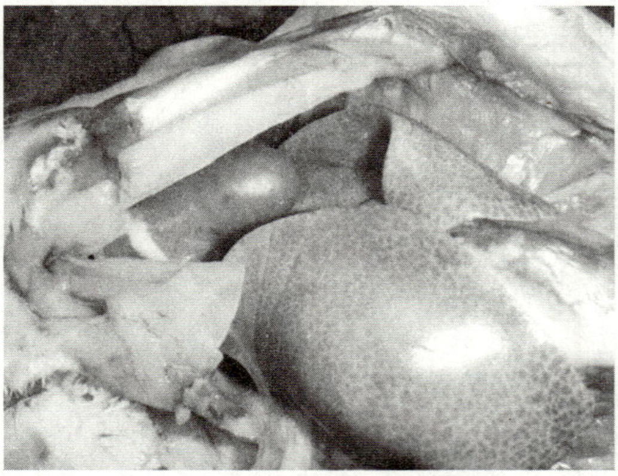

图 3-3-16　鸭黄曲霉毒素中毒后的肝脏

地较脆；肾肿大。其他未见明显异常。

周边10个养殖场都发病，发病时间和症状都相似。

子任务五　犬洋葱中毒

犬食入洋葱或含洋葱的食物引起的中毒。

临床特征是：贫血、血红蛋白尿。

小型犬如贵宾犬、北京犬等较敏感，以秋田犬最为敏感。

【临床表现】

消化机能紊乱：在吃入洋葱以后的几个小时内，病犬出现呕吐、腹泻。

贫血：精神沉郁，体力虚弱，易疲累，皮肤松弛，眼结膜、牙龈变白。

血尿：一般发生在采食洋葱或者大葱1～2 d后，出现明显的血尿，尿颜色因中毒严重程度不同而不同，从浅红到深红到酱油色。症状比较轻的犬精神相对正常，鼻头湿润，饮食不会有影响，体温稍低。

严重中毒的犬尿呈现酱油色，食欲下降，精神萎靡，呼吸急促，可视黏膜苍白，心悸，逐渐衰竭，如果不及时治疗可能引起死亡。

【检查所见】

病犬精神沉郁；消化机能紊乱，呕吐，腹泻；体温低于下限0.5～1 ℃；齿龈、眼结膜苍白；尿液呈红色至酱油色。

【病因分析】

洋葱中含有一种生物碱——正丙基二硫化物，被吸收进入血液后，可将红细胞中的血红蛋白氧化成海恩茨氏小体，而犬的网状内皮系统则将这些海恩茨氏小体当成入侵的物质，将其吞噬掉，从而造成红细胞破裂，引起急性溶血性贫血。同时，红细胞破裂以后，大量血红蛋白释放进入血中，透过肾小球而形成血红蛋白尿。

通常犬食入洋葱的中毒剂量为每千克体重15～20 g。个体间因体质差异则出现不同的中毒程度。引起中毒的物质正丙基二硫化物加热不能被破坏，因此，食入生、熟洋葱都可引起发病。除了洋葱以外，在韭菜、大蒜等相近的植物当中，也含有这种物质。

【建立诊断】

调查病史，对食物成分进行检查，结合临床症状，可做出诊断。

实验室检查：可对患犬进行血常规、血液生化、尿常规检查。本病可致红细胞数量显著降低，血液涂片出现海恩茨氏小体，胆红素显著升高。尿常规可见胆红素和破裂的红细胞。

【防治措施】

1. 补液　可静脉注射林格氏液和葡萄糖增加体液。

2. 保肝、抗氧化　可以输维生素C，口服甘必利。甘必利主要成分为L-腺甲硫氨酸和水飞蓟，具有明显的抗氧化损伤的作用。

3. 止疼、止吐　应用布托啡诺、枸橼酸马罗匹坦镇痛和止吐。

4. 对症治疗　消炎，口服或注射抗生素；调节代谢，可注射复合B族维生素、辅酶A等。

5. 输血　若红细胞数低于正常水平的20%，应及时输血。

子项目四　动物门诊常见外科与产科疾病的诊断及防治

任务一　创伤

创伤是因锐性外力或强烈的钝性外力作用于机体组织、器官，使受伤皮肤或黏膜出现伤口及深在组织与外界相通的机械性损伤。

创伤基本结构包括创缘、创口、创壁、创底、创腔和创围等部分。创缘由皮肤或黏膜及其下的疏松结缔组织组成；创伤的最深部称创底；创壁之间的间隙为创腔；创口周围的皮肤或黏膜称为创围。

【临床表现】

1. 出血　刺伤常引起内出血；切创的出血量多，常有大动脉损伤；挫伤以毛细血管出血为主，出血量较少；咬伤、搔伤的出血也较少。

2. 创口裂开　创口裂开的程度取决于受伤的部位、创口的长度和深度以及组织的弹性。活动性较大的部位，创口裂开明显，肌腱的横创比纵创裂开得宽。

3. 疼痛及机能障碍　感觉神经分布较密的部位如蹄冠、外生殖器、肛门、骨膜等处发生创伤，疼痛显著。砍伤、挫伤、咬伤等，疼痛较剧烈。

由于受伤部位疼痛和组织器官的损伤，常出现机能障碍，如跛行、排尿困难等。

【检查所见】

创围：对创围剪毛、消毒，检查创围的情况。

创壁：组织的受伤情况、出血及污染情况。

创底：深部组织的受伤状况，有无异物、血块及创囊的存在。

分泌物：颜色、气味、黏稠度、数量和排出情况等。

肉芽创：对于出现肉芽组织的创伤，应注意肉芽组织的颜色、生长情况是否正常。

新鲜创：伤后的时间较短，创内尚有血液流出或存有血凝块，创内各部组织的轮廓清晰，未出现细菌感染的症状。

陈旧创：伤后经过的时间较长，创内各组织轮廓不清，出现细菌感染的症状，有的出现脓汁，有的出现肉芽组织。

【病因分析】

锐性外力或强烈的钝性外力作用于机体组织、器官。

【建立诊断】

根据病史、创伤检查，确定创伤的性质。

1. 一般检查　了解创伤发生的时间，致伤物的性状，发病当时的情况和病畜的表现等。观察病畜的体温、呼吸和脉搏，以及可视黏膜颜色、运动和精神状态。

2. 创伤外部检查　观察创伤发生的部位、性质、损伤程度。对创围进行柔和而细致的触诊，确定局部温度的高低、疼痛程度、组织硬度、皮肤弹性及移动性等。

3. 创伤内部检查　先清理创围，剪毛、清洗、消毒，检查。观察创壁，了解组织的受伤情况、出血及污染情况。检查创底，观察深部组织的受伤状况，有无异物、血块及创囊存在。同时观察分泌物的颜色、气味、黏稠度、数量和排出情况等。

对于出现肉芽组织的创伤，注意肉芽组织的颜色、生长情况是否正常。

【防治措施】

1. 一般原则　①抗休克；②防治感染；③消除影响创伤愈合的因素；④加强饲养管理；⑤努力创造创伤愈合的条件，缩短愈合的时间。

2. 创伤治疗的基本方法

(1)创围清洁。先用数层灭菌纱布块覆盖创面，防止异物落入创内。

剪毛：剪毛面积以距创缘周围 10 cm 左右为宜。若被血液或分泌物黏着难以清除时，可用 3%过氧化氢和氨水(5∶1)混合液清洗。用 70%酒精棉球反复擦拭直至清洁为止。最后用 5%或 2%碘酊消毒创围。

(2)创面清洗。揭去覆盖创面的纱布块，用生理盐水冲洗创面后，持消毒镊子除去异物、血块或脓痂。若发生化脓，则改用 0.1%高锰酸钾水和 3%过氧化氢冲洗。清洗创腔后，用灭菌纱布块轻轻地擦拭创面，以除去创内残存的液体和污物。

(3)清创手术。

修整创缘：造成平整的创缘以便于缝合。化脓创要尽量保护创缘的皮肤，以减少瘢痕。

扩创：若创口小，创底深，需要进行扩创。沿创口的上角或下角切开组织，扩大创口，充分暴露创底，除去异物和血凝块。对于创腔深且弯曲的创伤，可选择创底最低处且靠近体表的健康部位做一适当长度辅助小切口，以利于创液的排出。

切除创内所有失活组织：失活组织一般呈暗紫色，刺激不收缩，切割不出血，无明显疼痛反应。创造新创壁。

消毒：清创手术结束后用防腐液(0.1%新洁尔灭或洗必泰等)反复冲洗创面，直至干净为止。

(4)创伤用药。

化脓创：以控制细菌感染和促进炎性净化为目的，常应用魏氏流膏(碘仿 3，松馏油 5，蓖麻油 100)或呋喃唑酮鱼肝油流膏(1∶100)。

肉芽创：应使用保护肉芽生长的药物，如抗生素软膏、3%龙胆紫等。

新鲜的污染创：若污染轻，清创彻底，一般仅应用抗生素，也可以应用 10%氯霉素酒精药敷 3～5 min。

(5)创伤缝合法。

初期缝合：对受伤后数小时的清洁创或经彻底外科处理的新鲜污染创施行缝合。

延期缝合：先用药物治疗 3～5 d，待炎症消退和渗出减少时再施行的缝合。

肉芽创缝合：通过适当的外科处理，10%氯霉素酒精药敷后方能施行肉芽创缝合。

肉芽创应无坏死组织，肉芽组织呈粉红色平整颗粒状，肉芽组织上被覆的少量脓汁内无厌氧菌存在。用于加速创伤愈合，减少瘢痕形成。

(6)创伤引流。当创腔深、创道长、创内有坏死组织或创底有渗出物潴留时进行创伤引流。

纱布条引流法：将纱布条浸以药液(如抗生素生理盐水、10%氯化钠溶液等)，用长镊子将纱布条的两端夹住，先将一端疏松地导入创底，另一端游离于创口下角。

其他方法：也常用胶管、塑料管进行引流。

(7)创伤包扎。一般经外科处理后的新鲜创都要包扎。化脓性创伤的包扎要疏松且应经常更换包扎绷带。

包扎绷带用3层，即从内向外由吸收层(灭菌纱布块)、接受层(灭菌脱脂棉块)和固定层(卷轴绷带)组成。

创伤绷带的交换时间取决于渗出物的多少。更换绷带时，要轻柔、仔细、严密消毒，防止继发损伤和扩大感染。

(8)全身疗法。当病畜出现体温升高、精神沉郁、食欲减退、白细胞增多等全身症状时，应该施行全身疗法。

常用药物有抗生素、5%碳酸氢钠溶液、10%氯化钙溶液、维生素C及强心利尿剂等。

受伤轻微、无创伤感染及全身症状的病畜，可以不进行全身疗法。

任务二 疝

腹腔脏器从天然孔道或病理性裂隙脱至皮下或其他解剖腔的一种常见病称为疝，又称赫尔尼亚。

【临床表现】

1.脐疝　腹腔脏器经脐孔脱至脐部皮下形成局限性突起。内容物：猪多为小肠，犬多为镰状韧带、小肠、大肠及大网膜，牛多为瘤胃及网膜。临床表现为：于脐部出现隆起，先小后大，一般可还纳、可摸及疝孔，听诊有肠音，肿胀随腹压增大而增大。大动物常因与地面摩擦发炎而产生粘连，很少出现嵌闭。小动物则易发生嵌闭，导致局部淤血、水肿，并伴疼痛。猪、犬多发，偶见于牛、马，以先天性为主。

2.阴囊疝　腹腔脏器经腹股沟环脱出并下降至阴囊鞘膜腔内，又称为腹股沟阴囊疝。在腹股沟区可以看到或摸到肿块，会有下腹部坠胀、腹胀气、腹痛、便秘、营养吸收功能差、易疲劳和体质下降等表现。

【检查所见】

1.先天性外疝

(1)有固定的解剖部位，疝内容物为该部游动性较大的脏器。

(2)患部皮肤隆起且随腹压和体位变化而变化。

(3)触诊柔软，可还纳，可摸及疝孔。

(4)听诊有时可听到肠蠕动音。

(5)一般无全身症状。

2.病理性外疝　多为外伤引起，炎症反应强烈且随时间推移而加剧。疝环不规则且难触及，疝液较多而透明，疝底水肿下沉，多伴有全身症状。

3.粘连性外疝　多继发于病理疝后期和先天疝再损伤后。不可还纳，疝孔难辨，疝液较少，疝底易擦伤感染形成瘘管。

4.嵌闭性外疝　疝内有粪结，或有疝孔肌肉反射性痉挛(即弹力性嵌闭)，或有逆行肠段而嵌闭。疝痛和全身症状明显，疝液多而混浊，含大量中性粒细胞。

【病因分析】

1. 脐疝　多为断脐不当，拉扯撕裂脐孔或断端太短（正常留 7～10 cm）或突然腹压增高所致。犬多为先天性脐孔偏大所致。以京巴、吉娃娃等小型犬多发。

2. 腹股沟阴囊疝　在雄性猪、马、犬常见，有遗传性。胎儿睾丸下降过程留下腹股沟环，腹股沟环过大或关闭不全时易发生先天性疝；也有在出生后由于腹压突增时发生。有的时候阉割不当如硬拉睾丸也会造成阴囊疝。母羊、母犬则可因内脏突入腹股沟管而发生腹股沟疝。

【建立诊断】

诊断时应根据实际情况做以下检查：解剖部位；柔软度；可否还纳；可否摸及疝孔；可否听到疝内容物蠕动音；是突发还是渐发；有否全身症状；穿刺液的性质；血象变化，中性粒细胞增多往往提示嵌闭。必要时可进行 B 超检查或 X 线检查。大动物可结合直肠检查，尤其是会阴疝和腹股沟阴囊疝。

外疝应与脓肿、血肿、淋巴外渗、肿瘤、精索静脉曲张、阴囊积液、睾丸炎等区别。

【防治措施】

1. 保守疗法　适于疝孔小的可复性疝。

(1)挤压还纳固定法。可贴胶布或用压板绷带固定。

(2)刺激剂注射法。将刺激剂（如 95%酒精、高渗盐水或糖水等）分 3～4 点（每点 2～3 mL）注入疝孔周围，促使疝孔封闭。

2. 手术疗法

(1)皮外缝合法。将外疝还纳后施行疝孔缝闭，易误缝，建议少用。

(2)手术切开法。局部剪毛消毒，浸润麻醉。于疝囊底中点做平行纵轴切口或十字切口。切开疝囊，检查疝内容物，如无异常将其还纳。如发生粘连，可涂 20%樟脑油或液状石蜡或鱼肝油剥离粘连；嵌闭时可扩大疝孔，有坏死则切除后做端端吻合，再还纳。

清理疝囊，闭合疝环。口小可用结节缝合，口大而腹压大时可用纽扣缝合。

切口处理，可环形切除多余皮瓣，结节缝合皮肤。用绷带压迫固定。

脐疝术后护理同一般开腹手术。

任务三　锁肛

【临床表现】

一般在幼畜出生后即发现肛门闭锁。有的则是动物出生后主人未发现肛门异常，因为外观是正常的，多在一个月左右时发现肛门下面有一“溃疡”，里面经常挤出胶冻样分泌物。

【检查所见】

尾根下，“溃疡”部位实际是直肠瘘；将肛门口分开发现为闭锁状态。用导尿管经瘘管插入直肠做造影检查，可判断直肠盲端离肛门口的距离。

【手术治疗】

1. 麻醉与保定　动物做全身麻醉，俯卧保定，前低后高，尾部用绷带提举固定。

2. 术部准备　肛门周围除毛，清洗干净，碘酊或碘伏消毒，干燥后用 75%酒精脱碘。

3. 肛门造口　沿瘘管周围切开皮肤，钝性分离直至直肠盲端，将肛门 3 点至 9 点位置切除并与一开始所做的下面的瘘管切口连接，以扩大再造肛门的大小。将直肠盲端外拉并剪开，用可吸收缝合线将皮肤与直肠黏膜进行结节缝合，术后小心护理术部。

【术后护理】

术后禁食 5 d，每天静脉补充营养液。肛门处保持干净，每天用碘伏涂布 1～2 次，同时外涂抗生素软膏。术后 10 d 左右，视愈合情况拆线。

任务四 肛门和直肠脱垂

脱肛，指直肠末端的黏膜层脱出肛门外。直肠脱，指直肠一部分甚至大部分向外翻转脱出肛门外。严重的病例还可并发肠套叠或直肠疝。本病多见于猪和犬，马、牛和其他动物也可发生，均以幼龄动物易发。

【临床表现】

脱肛：病畜卧地或排粪后，直肠部分脱出，即直肠部分或黏膜脱垂。在肛门口处见到圆球形、淡红或暗红的肿胀物。预后：若脱出时间过长，则脱出的黏膜淤血、发炎，很快形成高度水肿，不能自行复原。可发展为直肠脱。

直肠脱：脱肛病例可随着炎症和水肿的发展，致直肠壁全层脱出，即完全脱垂。由肛门内突出呈圆筒状下垂的肿胀物。水肿严重，表面污秽不洁，继而发生黏膜出血、糜烂、坏死和损伤。全身症状：精神沉郁，体温升高，食欲减退。频频努责，屡呈排粪姿势，致脱出加剧。

【检查所见】

患畜肛门口有球状或柱状物脱出。有的黏膜严重水肿，直径粗大；有的颜色暗红，表面有出血、坏死，有的发生炎症、化脓。

【病因分析】

1. 直肠韧带松弛　直肠黏膜下层组织和肛门括约肌松弛和机能不全。

2. 直肠松弛　发育不全、萎缩或神经营养不良，导致松弛无力，可导致直肠全层肠壁脱垂。

3. 腹压剧增　如用力挣扎，妊娠后期、便秘、分娩时用力努责。

4. 诱因　长时间泻痢，便秘；病后虚弱；病理性分娩；仔猪维生素缺乏；饲料突然改变等。不良刺激：用刺激性药物灌肠后引起强烈努责，腹内压增高促使直肠向外突出。马胃蝇蛆在直肠肛门停留；牛的阴道脱垂。

【建立诊断】

依据症状可做出诊断。注意是否并发套叠和直肠疝。单纯性直肠脱：圆筒状肿胀脱出向下弯曲下垂，手指不能沿脱出的直肠和肛门之间向盆腔的方向插入。伴肠套叠的脱出：脱出的肠管由于后肠系膜的牵引，而使脱出的圆筒状肿胀向上弯曲，坚硬而厚，手指可沿直肠和肛门之间向骨盆方向插入，不遇障碍。

【治疗措施】

1. 整复法　适用于发病初期或黏膜性脱垂的病例。整复应尽可能在直肠壁及肠周围蜂窝组织发生水肿以前施行。先用温热的 0.25％高锰酸钾溶液或 1％明矾溶液清洗患部，除去污物或坏死黏膜，然后用手指将脱出的肠管还纳原位。在肠管还纳复原后，可在肛门处给予温敷以防再脱。注意：使动物躯体后部抬高或倒提保定，以减小腹压。可给患畜施荐尾硬膜外腔麻醉或直肠后神经传导麻醉，以减轻动物疼痛和挣扎。

2.挤除水肿法　适用于脱出时间较长、水肿严重、黏膜干裂或坏死的病例。“洗、剪、挤、送、温敷”五个步骤。

(1)用温水洗净患部，继以温和消毒液(0.1%新洁尔灭/2%硼酸溶液)冲洗患部。

(2)用剪刀剪除或用手指剥除干裂坏死的黏膜。

(3)用消毒纱布兜住肠管，撒上适量明矾粉末揉擦，挤出水肿液，用温生理盐水冲洗后，涂液状石蜡润滑。

(4)从肠腔口开始，将脱出的肠管向内翻入肛门内。在送入肠管时，术者应将手臂(猪、犬用手指)随之伸入肛门内，使直肠完全复位。

伴肠套叠的直肠脱处理：采用温水灌肠，将套叠肠管挤回盆腔。若不成功，则切开脱出直肠外壁，用手指将套叠的肠管推回肛门内。

(5)最后在肛门外进行温敷。

3.固定法

(1)缝合固定。距肛门孔 1～3 cm，围绕肛门周围做荷包缝合，收紧缝线，保留 1～2 指大小的排粪口(牛 2～3 指)，打成活结。经 7～10 d 病畜不再努责时拆除缝线。实践证明：大动物以 2～3 针纽扣状缝合肛门，固定较为可靠。

(2)药物固定。用药物刺激直肠周围结缔组织增生，以固定直肠。方法：在距肛门孔 2～3 cm 处，肛门上方和左、右两侧直肠旁组织内分点注射 70%酒精 3～5 mL(猪和犬)或 10%明矾溶液 5～10 mL，2%盐酸普鲁卡因溶液 3～5 mL。

注意：注射的针头沿直肠侧直前方刺入 3～10 cm。进针方向与直肠平行，避免针头远离直肠或刺破直肠。

4.直肠部分截除术　行荐尾间隙硬膜外腔麻醉或局部浸润麻醉。有黏膜下层切除术和直肠部分切除术两种方法。

(1)黏膜下层切除术。适用于单纯性较短的直肠脱。

在距肛门周缘约 1 cm 处，环形切开达黏膜下层，向下剥离，并翻转黏膜层，将其剪除，最后顶端黏膜边缘与肛门周缘黏膜用肠线结节缝合。整复脱出部，肛门口做荷包缝合(图 3-4-1)。

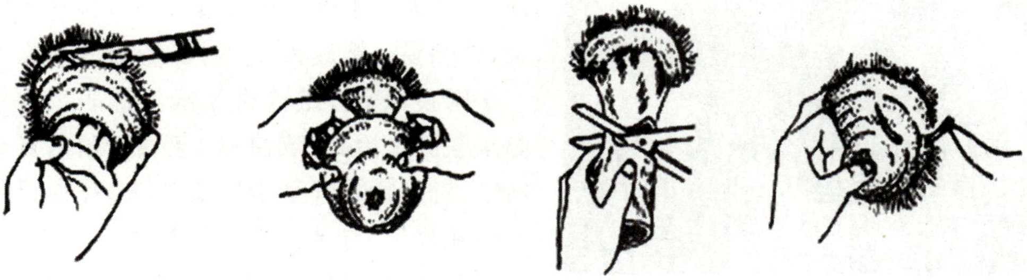
1　2　3　4

图 3-4-1　直肠黏膜下层切除术

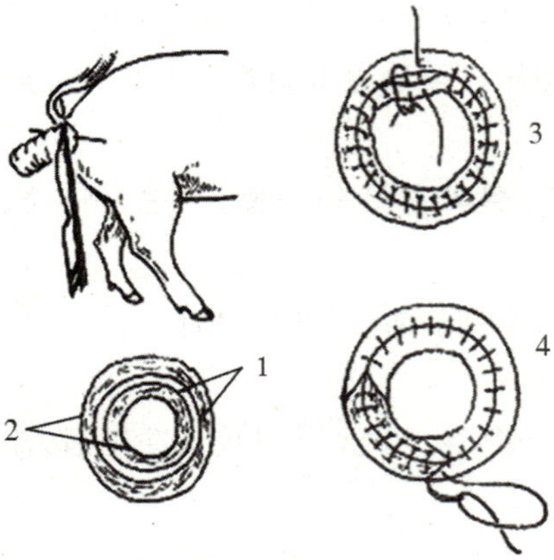

图 3-4-2　直肠部分切除术

(2)直肠部分切除术。

①术部清洗、消毒。

②取两根灭菌针头紧贴肛门外交叉刺穿脱出的肠管将其固定。

③距固定针 2 cm 处将直肠环形横切,充分止血。

④两层断端的浆膜、肌层分别结节缝合,单纯连续缝合两层黏膜层。缝合完毕,用 0.25% 高锰酸钾溶液冲洗、消毒,涂碘甘油或抗生素(图 3-4-2)。

5. 开腹复位、固定法　实施开腹术,在腹腔内将直肠复位,并将其缝合固定在腹壁上。

【术后护理】

手术后喂以麸皮、米粥和柔软饲料,多饮温水,防止卧地。根据病情给予镇痛、消炎等对症疗法。

任务五　犬急性胃扭转

胃扭转是胃的幽门部从右侧转向左侧,从而导致胃内容物不能后送到肠管的疾病。

【临床表现】

突然发病,行走拘谨,不安,腹部迅速膨胀,随着病程进展,腹围异常增大,腹部可见一侧或两侧膨胀,但以前腹部膨胀最为明显。患犬精神沉郁,呆立或时而爬卧,时而不停走动,行走时小心谨慎,回头视腹。呼吸困难,眼结膜发绀或苍白,眼球下陷,心脏搏动增数,心音亢进。全身肌肉震颤,咬牙,流涎,偶有干呕。

【检查所见】

触诊腹壁:紧张,有腹痛感,冲击触诊有拍水音。

叩诊:沿肋弓腹部叩击,有明显鼓音区。

听诊:肠音消失,多数病犬可听到短促的胃蠕动音,似流水音和金属音。当导出胃内容物后,此种音响便逐渐减弱或消失。

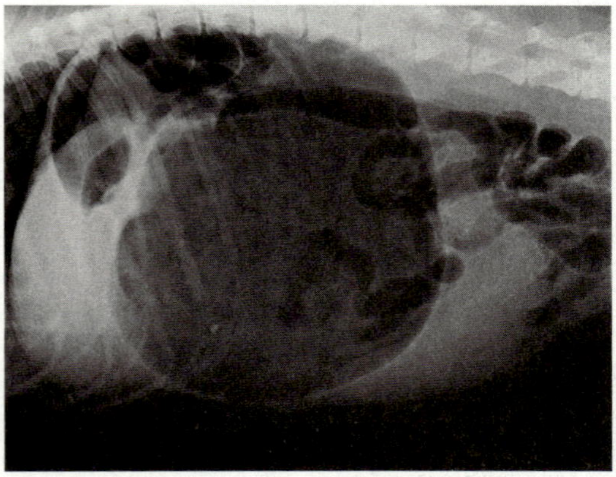

图 3-4-3　犬胃扭转 X 线片(巨小萌拍摄)

X 线检查(图 3-4-3):器官轴型胃扭转的 X 线影像表现为胃体和胃窦的胃大弯位置升高,致使胃大弯翻转向上、胃小弯翻转向下,形成凸面向上、凹面向下的胃形。食管与胃体黏膜皱襞交叉,胃黏膜呈螺旋状。

网膜轴型胃扭转的 X 线影像表现为胃窦部翻至左侧并抬高,致使胃大弯翻向右,胃小弯翻向左,胃黏膜皱襞呈十字交叉状,胃食管前庭段下移并拉长,与十二指肠相交。

混合型胃扭转则兼有上述两者的特点。

剖检变化:胃不同程度扭转,胃壁坏死、穿

孔，严重的消化道出血。心脏变大，心肌松弛，可见大量出血点。肠系膜淋巴结肿大，切面呈褐色，肠道臌气。胃内有大量发酵食物，严重者发生胃壁破裂。

【病因分析】

机械移位：当胃内有大量食物，例如吃饱后大量喝水或急速喘气，造成胃内有很多空气，如果此时有极大的外力导致胃摇晃就有可能让它翻转，从而形成胃扭转。

胃壁痉挛：食颗粒饲料并饮大量水后，饲料膨胀，刺激胃壁，引发胃肌、膈肌痉挛，从而诱发胃扭转。

【建立诊断】

依据临床症状、腹部检查结合 X 线检查可确诊。

【手术治疗】

手术治疗胃扭转是最有效的方法。

采取全身麻醉，仰卧保定。

打开腹腔：切口选择在腹中线上，剑状软骨与脐连线的中点即为切口的中央，切口长为 10～15 cm。术部剃毛，常规消毒，打开腹腔，充分暴露胃。

找到臌胀的胃后采取排气、排液、减压以导出胃内积聚的气体或液体。将胃切开，取出胃内未消化的食物，用生理盐水反复冲洗胃壁。如胃壁出现坏死，可切除其坏死部分，对胃壁行双层缝合，即先做康乃尔式缝合后连续做伦勃特式缝合。

将扭转的胃矫正恢复原位，并用 3 根牵引线将胃固定在腹壁上。在多数情况下，胃幽门被挤压在肝脏、食道末端和胃底之间，胃大弯与脾脏变为垂直横行。如伴发脾脏扭转（脾脏折叠、肿大）或内出血（腹腔内有大量血液），则需进行脾脏的整复或摘除，内出血时应进行彻底止血。

用温生理盐水清洗腹腔，然后向腹腔撒抗生素，常规闭合腹壁切口，整创、消毒和系绷带。

【术后护理】

术后患犬禁食 1～2 d，根据病犬的具体情况及时采取补充血容量、抗菌消炎、止血、补充体液等措施，禁止犬剧烈运动。恢复前期，可喂给少量易消化食物，逐渐增加喂量。根据情况加喂西咪替丁等抗酸及抗溃疡药。

任务六　巨结肠症

本病是指大量粪便滞留于结肠内，引起肠管极度扩张、伴顽固性便秘的疾病。

【临床表现】

长期便秘，完全不能自主排出粪便时间长达半年左右。在患病初期，用开塞露或液体石蜡灌肠的方法进行排便，效果非常理想，润滑后马上就能顺利排出粪便。但持续使用此法，一个月左右，即便使用软皂液灌肠后仅能排出少量粪水，结肠内大量的硬粪球因水分被吸干而坚硬如石，不能软化排出。在随后的时间内，大量液体灌肠基本无效。动物腹围显著增大，食欲减退，饮水增多。后期，动物精神沉郁，可出现流涎、呕吐，食欲废绝，体质虚弱，消瘦。

【检查所见】

视诊：患畜腹围显著增大。触诊：腹壁紧张，触感坚实，可触及坚硬的粗大柱状实体。X 线检查可见：从回盲口至骨盆腔入口处整段结肠粗大，占据腹腔大部，可见高密度粪便充满整个

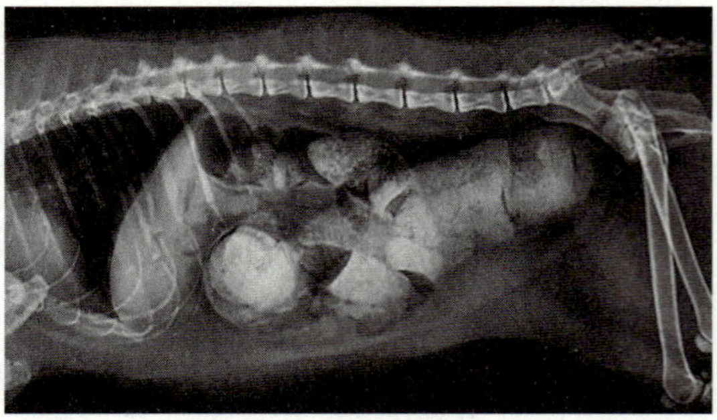

图 3-4-4 猫巨结肠症 X 线影像(姜雪拍摄)

结肠(图 3-4-4)。

【病因分析】

突发性巨结肠症主要是由于年老动物结肠平滑肌功能障碍,引起结肠松弛、扩张和粪便蓄积。粪便在结肠内聚积时间长后,水分被结肠吸收,粪便变得非常坚硬和结实,并且骨盆腔入口处的粪便直径往往比骨盆腔本身还要大,在使用灌肠通便疗法时,水分不能进入结肠内和粪球内使粪便软化,因此灌肠治疗无效。

【建立诊断】

通过病史、临床症状以及 X 线检查得到确诊。如:突然出现排便困难,频繁努责,初期使用润滑通便有效,长期使用则失去作用。动物持续性便秘,腹部触诊见结肠充满粗大的长条状硬粪。X 线检查可见高密度粪便充满整个结肠。

【手术治疗】

1. 麻醉 全身麻醉,可采用异氟醚吸入麻醉,或舒泰、陆眠宁混合麻醉。

2. 手术方法 常规腹正中线开腹,切口起于脐孔,止于耻骨联合。将巨结肠牵拉至腹腔外,使用隔离巾将结肠与腹腔切口隔离。将粪便向结肠中段推移,在预定切除肠管处使用肠钳钳夹。双重结扎结肠动静脉。选择结肠切除位置时,在回盲口后以 45°角度剪断结肠前端,结扎出血点;随后在骨盆腔入口前以垂直结肠方向切断结肠。游离结肠,并去除。回盲口段结肠与骨盆腔处结肠做端端吻合术。

3. 术后护理 术后前 3 d,每天直肠内灌注 2 万 IU 庆大霉素。术后 1 周每天注射抗生素;术后禁食 3 d,以补液维持,第 4 天开始饲喂少量流食和营养膏,第 5 天时饲喂少量罐头食品,术后第 10 天饲喂正常日粮。

【注意事项】

(1)结肠的主要功能是吸收水分,结肠切除手术以后,这部分功能丧失,水分无法被正常吸收;同时肠管变短,肠腔内容物在消化道停留的时间缩短,所以手术以后最常见的问题是大便不成形,排便次数过多。其间,注意动物饮食十分重要。

(2)行结肠切除术时,适量保存部分结肠十分重要。一般保留 3～5 cm 为宜,有利于术后动物维持大便的正常形态。保留过多,则可能致便秘,因结肠仍然无法完全恢复正常机能,部分粪便和内容物依然有可能在此处长期滞留。

(3)注意严格无菌操作,以避免术后并发腹膜炎。

(4)动物术后消化机能需要长期调理、恢复,必须注意饮食结构,给予高能量、易消化食物,且少喂多餐为宜。

任务七 膀胱结石

膀胱结石是泌尿系统的常见疾病,中老年犬的发病率较高。临床特征包括:尿痛、血尿、尿频、尿淋漓、膀胱敏感。

【临床表现】

早期有血尿现象，逐步发展为尿血，尿痛，尿不尽，频繁有排尿姿势但仅有少量尿液排出。尿液带红色，重则呈酱油色，甚至呈咖啡色。一般情况下，食欲、精神和大便无异常，但当发生膀胱炎时，则表现出食欲不振，精神沉郁。

【检查所见】

触诊：腹股沟淋巴结肿大，耻骨前缘膀胱欠充盈，患犬疼痛抗拒。

B超检查：发现膀胱欠充盈，膀胱黏膜增厚，内有强回声及强回声声影，为膀胱黏膜炎症和膀胱结石。

X线检查：侧位平片拍摄，可见膀胱内有高密度阴影，大小、数量、形态各异(图3-4-5)。

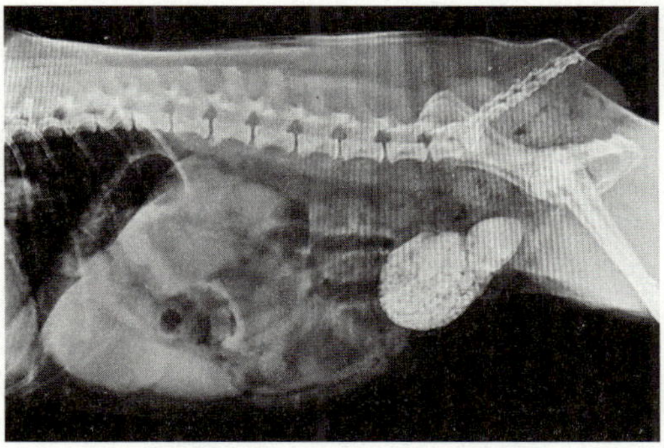

图 3-4-5　犬膀胱结石 X 线影像

【病因探讨】

1. 矿物质代谢紊乱　有研究表明膀胱结石与机体矿物质代谢障碍有关，特别是食物中的钙磷比例失调，如高钙低磷食物或低钙高磷食物都可导致矿物质的代谢障碍，如经常性摄入菠菜、芹菜、香菜、巧克力、茶等草酸含量高的食物。

2. 尿中形成结石核心物质　主要与炎症反应有关，尿中细菌和炎性产物积聚，可形成盐类晶体沉淀的核心。

3. 尿中盐浓度过高　饮水不足，或过量摄入高蛋白食物，导致尿中尿酸盐浓度偏高，盐类结晶析出而形成结石。

4. 促进因素　尿液pH的高低也影响结石形成，尿液的pH可影响盐类晶体的溶解度，碱性尿会促使磷酸钙、磷酸铵镁结石的形成，酸性尿内易形成尿酸盐结石和胱氨酸结石。

【建立诊断】

根据病史、临床检查结合实验室检查，可确立诊断。

【手术治疗】

全身麻醉，仰卧保定。

术部消毒：将患犬麻醉后，仰卧保定于手术台上，对腹部脐孔至耻骨前缘进行大范围剃毛，阴茎尿道口用0.1%新洁尔灭清洗，然后用75%酒精棉球擦拭消毒，再用碘伏棉球于耻骨前缘腹正中线部位由内而外消毒2～3次，最后再用酒精棉脱碘。

膀胱切开：于阴茎旁，沿阴茎平行方向做皮肤2～3 cm紧张切开，后将阴茎牵引至一侧，腹正中线切开肌肉腹膜，探查到膀胱，并将其牵引至切口外，用无菌纱布将膀胱隔离。用灭菌注射器将膀胱内的尿液全部抽出。在膀胱背侧少血管处预切口两端安置两根牵引线，再沿着平滑肌的走向一次切开膀胱。切开膀胱后，将结石全部取净。从尿道口插入导尿管，用甲硝唑注射液通过导尿管对膀胱进行冲洗。

缝合膀胱：将膀胱黏膜和浆膜肌层进行两层内翻缝合，确保膀胱腔内没有缝线，以减少结石复发概率。将膀胱还纳腹腔，为防止膀胱与腹壁粘连，将肠系膜覆盖于膀胱上。

关腹：常规闭合腹壁。用碘伏消毒切口，装结系绷带。

【术后护理】

在手术结束后3～4 h，避免病犬进行剧烈运动，同时导尿管需要留置3～4 d。手术后6 h

内,禁止给患犬喂食和饮水。

术后 7 d 内,术部消毒,每天使用抗菌消炎药。

护理期间注意观察犬的排尿情况,可喂少量流食和水,同时饲喂少量泌尿道处方粮,一周后拆线。

任务八 犬直肠阴道瘘

【临床表现】

多发于 1～3 月龄的幼犬。主见排粪困难,随机体的生长发育、体型的增大,症状逐渐加重,动物痛苦不安。

【检查所见】

多继发于先天性肛门闭锁,肛门处有肛门遗迹但并不通畅。在外阴处发现粪便污染。阴道检查,可发现阴道壁一方有瘘口,可见污物,并有粪便臭味。

【病因分析】

先天性肛门闭锁继发直肠阴道瘘。

【建立诊断】

依临床症状,结合 DR 检查,可确定瘘口及直肠盲端的位置。

【手术治疗】

1. 全身麻醉　俯卧或侧卧保定,后躯稍高。

2. 术部准备　肛门周围除毛,清洗干净,碘酊或碘伏消毒,干燥后用 75%酒精脱碘。

3. 肛门造口　小心打开闭锁的肛门括约肌,尽量少地剪除肛门括约肌,成形接近圆形;小心剥离直肠,发现直肠瘘道口通往外阴处,剥离直肠壁直到充分暴露直肠;把瘘口处直肠剪除,修剪整齐;最后把直肠断端和括约肌皮肤缝合。

【术后护理】

术后禁食 5 d,每天静脉补充营养液。肛门处保持干净,用碘伏涂布 1～2 次/d,同时外擦抗生素软膏。术后 7～10 d,视愈合情况拆线。

任务九 犬会阴疝

【临床表现】

会阴部肿胀,排便困难、里急后重、顽固性便秘、大便疼痛。肿胀部位一般位于肛门的外下侧方,在双侧同时发病的病例可表现为肛门外突;有些伴有前列腺疾病或是前列腺和膀胱发生扭转的病例可出现淋尿甚至尿闭症状;其他症状还有会阴部患侧皮肤发紫、变红。

【检查所见】

直肠检查可见触摸到直肠憩室(单、双侧均可发生)、肿大的前列腺;按压肿大的会阴部有时呈捻面状、指压留痕,有时非常坚实,有时有弹性。疝内容物可有:盆腔内脂肪组织、膀胱、前列腺、积液、直肠憩室等。

【手术治疗】

1. 术前准备　术前 2～3 d 喂流食，如营养膏，来减少粪便的数量；术前灌肠、清便，对于便秘严重的病例需反复灌肠多次。

2. 麻醉前及麻醉用药　阿托品按每千克体重 0.02～0.04 mg，肌内注射或皮下注射。丙泊酚诱导，吸入麻醉维持。采取俯卧、前低后高保定姿势，两后肢间垫上约 10 cm 厚的软垫，尾巴从根部开始向上用绷带包裹，并向前上方牵引、固定。

3. 术部准备　会阴部、尾根、臀部大面积剃毛消毒。直肠内塞入约 3 cm 长、拇指粗细的纱布卷，纱布卷表面涂抹上适量的红霉素软膏，并用丝线拴住。铺设创巾。

4. 手术步骤

(1)切口起点位于尾根外侧方 1～2 cm 处，止点位于同侧坐骨结节上方，由上至下做一弧形弯向外侧的切口。一次性切开皮肤及皮下组织，显露疝囊。

(2)撕开疝囊，显示疝内容物。将疝内容物复位。辨别清楚肛门外括约肌、尾骨肌以及闭孔内肌。

(3)纽扣状缝合提肛肌和尾骨肌，人字形缝合闭孔内肌、提肛肌、尾骨肌，完全闭合疝孔。

(4)皮肤缝合完毕，留置引流管。

【术后护理】

术后护理：口服或肌内注射抗生素 5～7 d。戴伊丽莎白脖圈，以防止动物舔咬伤口。术后饲喂营养膏或连续输液 2～3 d。一周之内喂流食。10～14 d 拆线。

任务十　骨折

(一)夹板固定法

(1)选用大小合适的夹板和压垫。

(2)局部涂敷药膏以活血化瘀、清热解毒、消肿止痛、疏通经络，涂敷范围可大一些，表面应平整。

(3)将绷带松松地缠绕 4～5 圈后，再在适当的部位放置压垫，并以胶布固定。

(4)安放夹板，用 4 道扎带捆缚，先捆缚中间两道，再捆缚远侧和近侧的，捆缚时两手平均用力缠绕两周后打结。

扎带的松紧以能在夹板面上上下移动 1 cm 为准。

(二)石膏绷带固定法

1. 石膏绷带准备　整复骨折后，将准备好的石膏绷带于温水中浸泡 2～5 s 取出，挤压多余的水分。

2. 包扎　整平后沿肢体纵向依次平敷于骨折部位覆盖一周，严重骨折时可在第一层之上用石膏绷带重复一层，再用石膏绷带沿骨折肢体横向依次缠绕，再用纱布沿横向缠绕数周，最后用干净白布缠绕。

3. 动物限动　待 15～25 min 石膏基本凝固后，方可解除保定，但必须采取措施保证手术肢体避免活动。

4. 石膏绷带的解除　若骨折轻微且是幼龄动物，石膏固定后 20～25 d 解除石膏绷带；骨折较重且年龄较大的动物可延长至 30～40 d 后解除。解除石膏绷带后要仔细检查骨折部位是否完全恢复，如果恢复不彻底，还需重复固定。

（三）髓内针固定法

1. 闭合性髓内针内固定术　对于不显露骨折端，在骨折闭合复位后，仅在长骨一端的进针部位做一小切口，在 X 线透视或摄片的指导下，将髓内针打入髓腔，穿过骨折部至所需要的深度。

2. 开放性髓内针内固定术　对于显露骨折端，在直视下复位、穿针。进针方法上可分为顺行法和逆行法两种。

（1）顺行法。先由骨端进针，经过骨折处，进入另一骨折段，骨折端显露少，损伤小，但进针方向不易掌握，一般多用于位置表浅、进针方向易于掌握的骨折（如尺骨、胫骨和桡骨）。

（2）逆行法。先将髓内针自骨折近端逆行打出骨端，复位后再顺行打入骨折远段，技术上较顺行法简单、安全，临床上多用。但此法骨折端显露范围要大，切口较长，骨膜剥离较广，血运破坏较重，多用于周围肌肉多、进针方向不易掌握的骨折。

任务十一　犬髌骨脱位

髌骨是膝关节的组成部分，它被限制在滑车沟内运动，一旦离开滑车沟就会引发膝关节运动障碍，称髌骨脱位。犬的髌骨脱位分为内方脱位和外方脱位。临床上多见内方脱位，且内方脱位多发生于小型犬，如泰迪犬、巴哥等犬种；而外方脱位多发生于大型犬，如金毛、哈士奇等品种犬，且纯种犬发病概率更高。临床症状常表现为患肢疼痛、跛行，行走时三足着地，或跳跃式行走。

【临床表现】

患犬独立行走时患病后肢呈间歇性跛行。精神、食欲正常。

【检查所见】

体温、脉搏、呼吸基本正常。

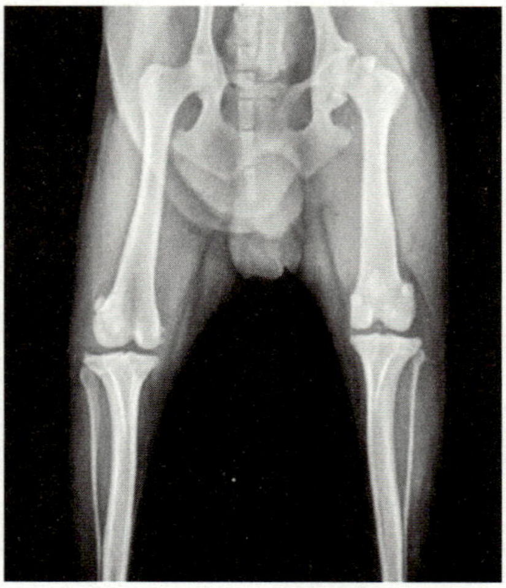

图 3-4-6　犬双侧髌骨脱位

触摸患肢膝关节，患犬未有疼痛反应，在滑车处并未发现髌骨，在膝关节内侧发现游离硬块。在腿伸直时保持人为复位，腿弯曲则又会自动脱位。人为将髌骨向外推，患犬才可以正常行走。髌骨位置异常，呈现中度的弓形腿走路且胫骨也有扭转。让病犬侧躺，用一只手触摸大腿骨，另外一只手触髌骨，发现髌骨处于正常位置偏内侧，膝关节及附带肌群肌肉萎缩，滑车沟变浅，并有痛感。

血常规检查：如伴发关节炎症，则白细胞总数升高。

血液生化检查：如伴有肌肉损伤，则肌酸激酶明显升高。

X 线检查：可显示患犬滑车沟较浅，髌骨脱位（图 3-4-6）。

【病因探讨】

髌骨脱位是犬的一种先天性缺陷疾病，幼犬发生髌骨脱位的概率为7.2%，为所有先天缺陷疾病中概率最高的。且小型犬发生髌骨脱位的概率是大型犬的10倍左右，杂种犬的发病的概率比纯种犬低。犬髌骨脱位很少独立发生，它常常伴有后肢骨骼解剖结构的畸形，多在外力作用下发病。

【建立诊断】

依据临床症状、检查反应结合X线检查，可确立诊断。

【手术治疗】

1.全身麻醉、仰卧保定　病犬麻醉后，将患犬仰卧保定在手术台上，同时使患肢悬放、隔离，以便于进行手术。

2.术部准备　患肢剃毛、消毒、隔离。

3.打开手术通路　用手术刀沿着髌骨旁做一长约8 cm的弧形皮肤切口，从胫骨粗隆一直切到髌骨水平处，再往上做一距离等长的延长线。沿着皮肤切口切开皮肤和浅筋膜，使阔筋膜与膝关节的外侧筋膜完全暴露。沿股二头肌前缘，通过阔筋膜做一弧形切口，切口一直延伸至膝关节外侧筋膜。经过滑车嵴时，再将髌骨外侧缘和髌韧带平行切开。向后牵拉与股二头肌相连的外侧筋膜，并快速分离股外侧肌，可见股骨处由阔筋膜形成的肌间隔连接于此处。切开此筋膜，移动股二头肌和股四头肌，并沿着髌骨侧边将关节囊切开。用组织钳向外充分牵拉已切开的肌肉，充分显露关节内部构造。

4.滑车楔形切除术　切开关节囊后，将髌骨向一侧移动位置，暴露膝关节滑车沟。将滑车沟的软骨表面用骨锯缓慢地锯出一个"V"形的凹槽，在此基础上将凹槽的边缘充分挖平，挖好后的形状类似于一个"U"形。小心剥离软骨瓣，注意不得弄断软骨瓣。清理软骨下方的骨骺，清理完成后，用无菌生理盐水冲洗碎掉的骨骺，再将软骨瓣重新覆盖在已刚刚加深后的滑车槽中，形成新的软骨关节窝。新的滑车沟形成后，屈伸患肢检查其活动性，用来检查滑车沟是否达到合适的深度。

5.胫骨结节移位术　滑车加深术完成后，再向外移动胫骨结节的位置。使用骨凿缓慢小心地切下胫骨结节，选择恰当的附着点，用克氏针缓慢固定住胫骨结节，再用螺丝钉将其重新固定。当胫骨结节移位完成后，使用灭菌生理盐水冲洗术部，并且检查膝关节的活动性。在确认患肢的力学结构合理、膝关节能够自如活动后，使用可吸收的缝合线缝合关节囊。

6.闭合切口　关节囊与膝关节的外侧筋膜用可吸收线做结节缝合，但缝合线应该位于关节囊外纤维层，该位置可以防止缝线对关节软骨造成磨损继而引起关节炎、关节积液等并发症。随后再用连续缝合的方式缝合髌骨近端阔筋膜。肌肉层用八字缝合，皮肤用丝线做结节缝合。

【术后护理】

(1)消炎止痛。术后1周内，每天注射消炎药，碘伏消毒创口。止痛可用曲马多适量皮下注射。

(2)加强护理。限制患犬活动，佩戴伊丽莎白圈，以防舔伤口造成损伤及引起细菌感染。

(3)术后7 d拆线，10 d后患犬可自由行走。

任务十二 犬乳腺肿瘤的手术治疗

1.术前准备

(1)术前检查。项目包括血常规、生化、血凝、电解质、血压等,测定值在正常范围内方可施术。胸部X线检查,确定是否发生淋巴结转移;腹部彩超检查,确定是否发生腹部脏器转移。

(2)动物准备。术前禁食禁水8～12 h。

(3)术部准备。剃毛过程中,应仔细检查肿瘤周围乳腺组织是否发生异常变化,检查两侧腋下与腹股沟部位淋巴结或组织是否有异常变化,确定所有肿瘤所在部位后按严格的消毒程序进行消毒。

2.麻醉、保定　全身麻醉,将患犬仰卧保定在手术台上。

3.皮肤切口　单个、区域或同侧乳腺的切除,在所涉及乳腺的周围做椭圆形皮肤切口。切口外侧缘在乳腺组织的外侧,切口内侧缘应在腹中线。

第一乳腺切除:皮肤切口可向前延伸至腋部,以便将腋下淋巴结摘除。

第五乳腺切除:皮肤切口可向后延伸至阴唇水平处,并须将腹股沟淋巴结一同摘除。

两侧乳腺全切除:以椭圆形切开两侧乳腺的皮肤,胸前部做"Y"形皮肤切口,以免在缝合胸后部时产生过多的张力。

建议助手使用镊子或止血钳协助术者将肿瘤实体提起,选择尽可能少的皮肤面积做环形切口,切开肿块周围皮肤组织,不可切开肿瘤实体组织。

4.分离肿瘤组织　沿着腹壁将乳腺肿块的一面切开,然后切开另一面,可做环形切口,实施组织的钝性与锐性分离,将肿瘤组织与健康的乳腺或皮肤组织进行彻底分隔。

为避免恶性肿瘤细胞的扩散,建议对肿瘤基部组织进行彻底的清理,对可疑肿瘤转移组织实施彻底摘除;对与肿瘤基部粘连的组织,全部摘除直至看到健康的新鲜组织。其间,要对术部进行充分止血。

5.摘除肿瘤组织

根据具体情况确定切除范围,包括以下几类:①只切除肿瘤;②局部乳腺切除术,即切除部分乳腺及肿瘤;单侧乳腺切除术;全乳腺切除术。如果动物未进行绝育,在乳腺切除前需要进行子宫卵巢摘除。如果肿瘤越过腹中线与腹直肌筋膜粘连,可以将体壁和乳腺组织全部切除。切除肿大的淋巴结。尽量保证肿瘤组织的包膜完整,摘除所有的乳腺肿瘤组织,也要保留足够的正常组织,以完整对合创口,使其不至于受到过大的张力。由于内容物在切开的瞬间压力很大,可能喷出造成大面积的污染,避免在术部对肿瘤实体切开,防止实体内部可能存在的分泌物、积聚物或钙化物甚至血液成分溅出。

6.缝合切口　对于皮肤面积损失较少、摘除的肿瘤体积较大的创口,可实施双层缝合,使用可吸收缝线先连续缝合内层肌肉层,然后对合创口边缘皮肤,使用丝线实施结节缝合;皮肤创口面积损失较多时,应对内层组织实施多点连续缝合,避免肌肉张力过大引起皮肤牵拉,造成皮肤对合不紧或紧张度过大,使得皮肤组织出现供血不良而发生坏死。

7.术后护理　首先,大面积的皮肤切除后,应避免动物术后剧烈运动和上下楼梯活动,这可能导致伤口皮肤发生撕裂;其次,要使用一段时间的抗生素,避免发生感染,若万一发生感染，应进行及时处置，避免感染大面积扩散；最后，术后患犬拆线时间要根据动物本身的状况和伤口皮肤愈合情况决定，老年患犬建议术后 10～12 d 进行拆线，青年和幼年患犬可在 7～10 d 拆线。

任务十三　难产

【难产原因调查】

询问畜主配种时间、初产还是经产、胎膜是否破裂、有无羊水流出。观察母畜的身体状况，有必要时测量体温，根据不同情况，采取相应的助产和治疗方法。

胎位正常时，用手指伸入胎儿口中，感到有吸吮感，则表明胎儿还活着，否则为死胎；胎位倒置时用手指伸入胎儿肛门内有收缩感，则表明胎儿还活着，否则为死胎。

【人工助产】

1. 术前准备　将选用的各种器械进行彻底消毒，有必要时选好助手；剪短磨平双手指甲，先用清水洗净双手，再用新洁尔灭消毒，戴上一次性手套；

保定：就近选择保定地址，若没有保定架，可选用木桩做简易保定架。将难产母牛缓慢牵到保定架中，最好采取前肢低、后肢高的姿势，便于矫正胎位；

清洗消毒：用清水将母牛会阴、尾根部的粪便及污物洗净，再用新洁尔灭冲洗消毒。

2. 助产　若胎位不正，应先将胎儿缓慢推回子宫腔内，再矫正胎位。拖拉胎儿时，用力要适当，并配合母牛的努责，以免损伤产道。当双前肢和头部或双后肢及尾暴露在外时，术者或助手要抱平胎儿慢慢拉出。

胎儿拉出后，及时清除产犊母牛子宫内的胎衣碎片及淤血，并用生理盐水冲洗子宫腔，再涂抹一定量的抗生素粉，以免术后感染。

若产道干燥，可以注入一定量无菌的石蜡液体，以润滑产道，并保护黏膜。

【剖宫产术】

当母畜情况危急，或普通人工助产不能产出胎儿的情况下，应及时施行剖宫产术。

1. 保定　采取右侧横卧保定或仰卧保定。

2. 麻醉　可选用硬膜外腔麻醉、吸入麻醉、非吸入全身麻醉等方法进行。

3. 手术部位　可选择在腹胁部或腹中线部位，如在左腹胁部实施手术，可在肋弓后 3 cm 处开始做一与脊柱平行的 7～12 cm 的切口。

4. 手术步骤

切开腹壁后，隔着子宫壁抓住胎儿，连同子宫一同带出切口。

尽可能在子宫体背部做一切口，通过同一切口取出双侧胎儿。子宫角尖端的胎儿，可用手抓着子宫角轻轻捏挤，是胎膜破裂，胎儿四肢或头部漏出切口后用手抓住，从切口处拉出。如骨盆腔中有胎儿，可用牵引术从阴道拉出，也可向后牵引从切口拉出。

取出胎儿后，分离出胎盘。

接着缝合子宫壁切口，常规闭合腹壁切口。

5. 术后护理　同开腹术。

任务十四 子宫蓄脓

各种原因导致大量脓汁蓄积于子宫腔内的现象。临床上根据子宫颈是否开张，将子宫蓄脓分为开放性和闭合性两种类型。本病多发于犬、猫。

【临床表现】

1. 开放型子宫蓄脓　患畜精神沉郁，食欲减少，体温升高。随着病情发展逐渐出现呕吐，食欲大减，有的病例只饮水，体温升至 39～41.5 ℃，阴门红肿，有红褐色或灰白色的脓性分泌物污染外阴部，腹部可见到明显膨大，触诊腹壁紧绷，子宫区域可感到有类似香肠样较硬的子宫角，这时的病畜精神极度沉郁、拒绝进食、呈嗜睡状态。

2. 闭合型子宫蓄脓　该类病占统计病例的一半以上，子宫颈完全不开放，阴门没有脓性分泌物排出。患畜精神沉郁，喜卧恶动。食欲减退，饮欲增加。体温升高，发中热。呼吸、心跳加快。腹围明显增大，腹部皮肤紧绷，触诊敏感，严重时呼吸困难。

【检查所见】

临床检查：体温升高，呈中热；呼吸急促，心跳加快；腹围增大明显，腹部触诊：腹壁紧张，敏感，可触到充盈的子宫角，开放型子宫蓄脓病例可在触压时从阴门排出恶臭的暗红、黏稠的脓性分泌物。病畜体质虚弱，可视黏膜苍白。

血常规检查：白细胞数目明显高于正常参考值 2 倍；红细胞数目较正常水平偏低。

X 线检查：进行腹侧位 X 线检查，可以见到腹部边缘轮廓呈明显香肠样的均质影像，子宫体和子宫角明显粗大。

B 超检查：将病畜仰卧保定，然后在将腹部的毛用推刀推光，显露出皮肤，在脐孔下 1～5 cm 的位置均匀涂抹耦合剂，与腹部做纵向和横向断层扫描。可见子宫角增粗，内为无回声的液性暗区。

【病因分析】

细菌感染：不洁的交配；年老体弱，抗病力低下；分娩后感染。

继发性因素：胎儿死在子宫内，腐败分解，导致蓄脓积液；炎症蔓延：阴道炎、宫颈炎蔓延到子宫。

【建立诊断】

依据临床表现、临床检查、血常规检查及 B 超检查或 X 线检查可建立诊断。

【防治措施】

手术治疗为有效的疗法，临床多采取子宫卵巢摘除术，以免复发。

1. 术前准备　动物停食停水 8～12 h。为恢复体力和纠正电解质、酸碱失衡，先进行补液、消炎及营养支持，适当调整后实施手术。

2. 手术摘除子宫和卵巢

(1)麻醉。丙泊酚诱导麻醉，然后用气管插管进行呼吸麻醉，完全麻醉后，将其仰卧保定在手术台上。术部准备：采用腹中线切口，术部周围 15 cm 范围内常规剃毛，碘酒消毒，酒精脱碘，创巾隔离。

(2)打开腹腔。常规切开皮肤，钝性分离皮下组织及肌肉，最后切开腹膜。

(3)摘除卵巢、子宫。打开腹腔后，先用穿刺针抽出子宫里的脓汁，使腹腔的压力减小一些，方便后续的操作。再用食指和中指伸入腹腔内，找出一侧的子宫角，将其慢慢拉出创口外；以同样的方法引出另一侧子宫角，并沿子宫角分别导出两侧卵巢。钝性离断卵巢韧带，将卵巢拉牵出切口外，再用三钳法切断卵巢动、静脉，确认不出血后，再将卵巢系膜送回原位；按同样的方法切除另一侧卵巢。将子宫体牵出，用“三钳法”切断，确认断端血管不出血、渗血后放回腹腔。

(4)关腹。用连续缝合的方法缝合腹膜和肌肉，然后再缝合皮下组织，最后结节缝合皮肤。在纱布上喷上消毒药放于伤口处，防止感染，准备手术衣用以固定伤口纱布位置。

3. 术后护理

(1)术后 6 h 之后才可以喝水，8 h 之后才可以进食，初次进食可食用流质食物，多食营养膏利于患病动物的恢复，也可以配用一定的处方粮。

(2)术后 7 d，每天进行常规的抗菌消炎。

(3)要给犬戴上伊丽莎白头圈，防止犬舔伤口。

(4)放置在安静卫生的环境中，避免剧烈的运动。

(5)每天涂擦碘伏消毒伤口，视伤口愈合情况，8～10 d 后恢复良好可拆线。

子项目五　动物常见传染病的诊断及防治

任务一　猪瘟

猪瘟是由猪瘟病毒引起的猪的一种高度接触传染性、致死性传染病，其特征为高热稽留，小血管变性引起广泛出血、梗死，发病率和死亡率都很高。流行特点：①波浪式、周期性、小规模、散在发生，大流行较少。②非典型、温和型或慢性、隐性感染多，症状轻，具有多样性，病程长、病死率较低，须经实验室确诊。

【临床表现】

本病潜伏期为 2～21 d，平均为 5 d。

1. 最急性型　突然发病，高热稽留，皮肤、黏膜发绀、有出血点，与其他急性败血病类似，病程 1～8 d。

2. 急性型　最常见。

(1)体温 41 ℃或更高，稽留热，畏寒，白细胞数减少。

(2)眼有多量黏性、脓性分泌物，清晨可见两眼黏合。

(3)先便秘，后腹泻，时有呕吐。

(4)病初皮肤充血、发绀、出血，鼻端、耳、四肢、腹下、会阴等处明显。

(5)公猪包皮积尿，有些仔猪可见神经症状，磨牙、运动障碍，痉挛(病程 10～20 d)。

3. 亚急性型　较缓和，病程可达 30 d。

4. 慢性型　消瘦，贫血，衰弱，常伏卧，行走无力，时有轻热，咳嗽，食欲时好时差，便秘与腹泻交替。有时皮肤出现紫斑或结痂，病程 100 d 以上。

5. 温和型　由低毒株引起，是非典型猪瘟，也有划归为慢性型。皮肤无出血，死亡多是幼猪,通过易感猪传代后,毒力增强,则引起典型猪瘟症状与病变。

体温一般 40～41 ℃,少数 41 ℃以上,鼻干、口渴、减食,尿黄。

便秘呈长期性,粪便混有血液、黏液或伪膜。

部分病猪四肢下及腹下呈淤血斑,称为“紫斑蹄”或“紫斑症”。

耳朵、尾巴干枯,甚至坏死脱落,称为“干耳病”或“干尾巴”。

口腔咽喉、软腭、扁桃体出现坏死点或溃疡,称为“烂喉病”。

发育停滞,后肢瘫痪,站立行走不稳,部分猪跗关节肿大。

6.繁殖障碍型(迟发性)　母猪妊娠时感染低毒株,可致流产、死胎、木乃伊胎,产畸形胎或弱仔,新生仔猪多有先天性震颤症状。

先天感染的外观正常仔猪,呈终身性病毒血症,长期带毒。有些存活半年后死亡。

【检查所见】

1.急性、亚急性型　呈现多发性出血为特征的败血病变化。如全身皮肤、黏膜、皮下出血。

淋巴结:水肿,周边出血,呈大理石样或血瘤。

脾:不肿大,边缘梗死,稍突出,紫黑色(猪瘟所特有)。

肾:针尖大小出血斑,皮质严重,有时在髓质或肾盂、肾乳头,称“麻雀蛋”,色淡。

其他:喉头、胆囊、膀胱黏膜等处针尖状出血。

2.慢性型　上述出血、梗死变化不明显。

坏死性肠炎一般见于回肠末端,盲肠、结肠。炎症从淋巴滤泡开始,向外发展,形成纽扣状肿(坏死),色褐色或黑色,中央低陷,突出于黏膜面,同心轮层状,有的脱落,是原发猪瘟又继发细菌感染而致,是慢性猪瘟的特征。

肋骨末端与软骨交界处骨化障碍,可见黄色骨化线。

有的病例出现纤维素性肺炎。

3.温和型　肾、膀胱、淋巴结出血等少见。

扁桃体充血、水肿、化脓性坏死、溃疡。

淋巴滤泡纽扣状肿,脾梗死,胆囊肿胀、出血、溃疡,胃底有片状充血、出血。

4.繁殖障碍型　经先天感染,死胎全身水肿,头、肩、前肢状似水牛,胸水、腹水增多,头、四肢畸形;小脑、肺发育不全,肝脏有坏死灶,表皮出血;弱仔死亡后剖检可见内脏器官和皮肤出血。

5.亚临诊型　胸腺萎缩;淋巴结肿大。

组织学病变:非化脓型脑炎,表现为血管周边袖套现象,小胶质细胞增生和局灶坏死。

【病因分析】

(1)生猪和猪制品流通频繁。

(2)种猪群存在带毒猪,造成仔猪胎盘垂直感染。

(3)部分养殖户防疫意识不强。

(4)疫苗质量问题较多。

(5)免疫程序不合理,注射不及时;疫苗间干扰,如猪瘟苗接种与蓝耳苗接种间隔时间,未满 20 d;注射疫苗时机选择不当,特别是阉割时注射疫苗,因应激而使效果较差,达不到保护水平。

(6)其他免疫抑制性疫病或饲养管理不当对疫苗效果的影响。

【建立诊断】

1. 临床诊断 用 ELISA 诊断试剂盒、猪瘟正向间接血凝试剂、免疫酶染试剂、免疫金标快速诊断试纸条等均可进行诊断。检测血清抗体可为猪瘟免疫提供依据。

2. 动物接种试验 此法简便易行，不需特殊设备，仍在基层广泛采用，但需一定的条件和较长时间。

无 BVDV 感染的仔猪→接种后 6～7 d 观察体温升高、停食症状→采血（若动物已死亡则取脏器）→分离病毒→判断。

无 BVDV 感染的仔猪→接种（有高免血清）后 21 d 不发病或病后恢复→采血→测中和效价→判断。

高免血清保护实验→接毒→观察是否发病，如不发病，21 d 后用强毒攻击→观察是否发病。

3. 抗原检测 对冰冻切片做直接荧光抗体（FA）试验是最常用的检查 HCV 抗原的方法。扁桃体是首选病料，因为它是猪瘟病毒最早繁殖的部位。FA 试验简单、快速、可靠，很多国家将它作为猪瘟的法定诊断试验。

【防治措施】

1. 发生疫情时应采取的措施 尽快确诊，及时上报疫情，并立即采取隔离淘汰措施，对场地、用具等消毒。

流行地区严禁向疫区外运出活猪、畜产品及饲料等。并停止生猪市场交易。

扑杀病猪和死猪深埋处理。

对疫区及受威胁区的猪只和发病猪群中的无病状猪只，可用猪瘟疫苗（脾淋苗）进行紧急接种，剂量可加至 4～8 倍，除潜伏期病猪外，均可产生保护。

2. 预防措施 仔猪的免疫多进行两次，一般在 21～25 日龄时进行首免；65～70 日龄时二免。使用猪瘟弱毒株（冻干苗），第一次 2～3 头份，第二次 4～5 头份。还可以使用兔化弱毒苗 1～2 头份。

接种后，中和价达到 1∶32 以上方为达标。

超前免疫：针对带毒母猪：仔猪刚产出后、未吃初乳前进行免疫接种，接种后 1～2 h 给予初乳，也称零时免疫或乳前免疫。一般接种 1～1.5 头份。

母猪于配种前 1 个月、半个月及产前半个月进行免疫。

种公猪于每年春、秋季各免疫一次。

任务二 猪繁殖与呼吸综合征

本病是由猪繁殖与呼吸综合征病毒（PRRS）引起猪的一种繁殖障碍和呼吸道症状的传染病。因为部分病猪耳朵发蓝，故人们常称之为“猪蓝耳病”。

特征：厌食，发热，怀孕后期发生流产或产死胎、木乃伊胎和弱胎；幼龄仔猪出现呼吸道症状，死亡率高。

【临床表现】

本病因毒株、免疫状态、猪年龄、饲养管理因素等有很大差异。

1. 成年母猪　精神倦怠，食欲不振，发热，体温升高至 40～40.5 ℃，严重时食欲废绝，精神沉郁。

少部分猪双耳、阴门、尾巴、腹部、鼻孔、乳房等部位皮肤发绀。

妊娠后期发生早产、流产，产死胎、木乃伊胎及弱仔等繁殖障碍。

母猪流产后 2～3 周开始康复，但间情期延长或不孕，产后无乳，胎衣不下等。

2. 仔猪　1 月龄内仔猪症状严重。呼吸困难，呈腹式呼吸，食欲不振，体温升高至 40～41 ℃。肌肉震颤，后肢麻痹，共济失调，嗜睡。多数患猪耳部、吻、鼻盘、生殖道等处皮肤发绀；也可见顽固性腹泻，眼睑水肿。死亡率高达 80%。常继发猪瘟，附红细胞体等病。

3. 成年公猪　食欲不振，精神沉郁，厌食，呼吸困难和运动障碍。性欲减弱，精液质量下降。

4. 育肥猪　临床症状不明显，有时厌食和轻度呼吸困难，部分猪耳尖皮肤出现发绀，易继发感染，生长缓慢。

【检查所见】

(1)鼻孔有泡沫，气管、支气管充满泡沫，呈间质性肺炎病变。

(2)淋巴结显著肿大，色深，脾轻度肿大，边缘淤血。

(3)胸腹腔和心包积液。

(4)死胎及生后不久死亡的弱仔猪，可见颌下、颈下和腋下水肿，胸腹腔内有暗红色积液。

【病因分析】

主要是疫苗接种不及时，以及各种原因导致的免疫失败。

【建立诊断】

(1)根据母猪妊娠后期发生流产，新生仔猪死亡率高，以及临床症状和间质性肺炎病变可初步做出诊断。

(2)病毒分离和鉴定。取可疑病猪血清或死亡胎儿的体液和肺，接种于猪肺泡巨噬细胞或猴肾传代细胞，再以 IFA 检测病毒抗原。

(3)血清学试验，如免疫过氧化物酶单层细胞试验、IFA、ELISA 和阻断 ELISA 试验结果可作为诊断依据。

(4)用 RT-PCR 直接检测病料中的 PRRSV。

(5)根据统计学方法诊断。急性暴发时，流产或早产超过 8%，死胎率大于 20%，仔猪新生后第 1 周死亡率大于 25%，这 3 项若有 2 项出现于 14 d 内，则成立。

【防制措施】

1. 平时预防措施

(1)加强饲养管理。采用“自繁自养”和“全进全出”的养殖模式，规模化养猪场实行封闭管理，控制人员进出。做好猪舍的通风和防暑、防寒工作。

(2)科学免疫。按照要求适时做好高致病性猪蓝耳病、猪瘟等生猪重大疫病的免疫工作。

(3)药物预防。选择适当的预防用抗菌药物，制订合理的用药方案，预防猪群的细菌性交叉感染，提高健康水平。

(4)严格消毒。搞好环境卫生，及时清除猪舍粪便及排泄物，对各种污染物品进行无害化处理。

(5)规范补栏。要从非疫情地区购进仔猪，同时购买前要查看检疫证明，购买后一定要隔离饲养至少两周，体温、饮食正常后再混群饲养。

(6)及时报告疫情。发现病猪后，要立即对病猪进行隔离，并报告当地动物疫病预防控制机构，按有关规定处理。

(7)不宰、不食病死猪。按照《中华人民共和国动物防疫法》和国家有关规定，严禁贩卖病、死猪，也不能屠宰病死猪自食，坚决做到对病死猪不流通、不宰杀、不食用。

(8)严禁从发生本病的地区或猪场引进种猪。引进种猪应隔离饲养 30 d，进行两次血清学检查，阴性者方可混群。

(9)定期对种母猪、种公猪进行本病的血清学检测，及时淘汰可疑病猪。

(10)做好猪的其他疫病的防控工作，提高猪群的免疫力。

2. 免疫接种　一般认为弱毒疫苗的免疫效果优于灭活疫苗。但自家疫苗一般均采用灭活疫苗。

(1)留种小母猪的免疫程序。进行 2 次免疫，间隔 1～2 个月，第 2 次免疫在配种前至少 1 个月。

(2)断奶母猪的免疫程序。肌内注射灭活苗 2 头份；母猪分娩前 4 周再接种一次。

(3)仔猪的免疫程序。2～5 日龄弱毒苗滴鼻，14～18 d 肌内注射 1 头份。

(4)受威胁猪场的紧急免疫。

母猪：配种前 1 个月注射 PRRS 疫苗，产前 3 周再加强 1 次。

公猪：在开配前 1 个月注射 PRRS 疫苗，以后每 4 个月 1 次。

哺乳猪：提前断奶，母子隔离饲养，育成猪全进全出。

3. 发生疫情时应采取的措施

(1)发现猪出现急性发病死亡情况，应及时向当地动物疫病预防控制机构报告，及早采取防控措施。

(2)发病后要加强消毒工作，带毒猪消毒可用 0.2%过氧乙酸溶液喷洒。对空猪舍，先清扫粪便，用水冲洗干净后，2%～3%氢氧化钠溶液进行喷洒，彻底消毒。

(3)对死亡的仔猪及带病母猪产的死胎、木乃伊胎，应挖坑深埋，以防病原扩散。

任务三　猪伪狂犬病

猪伪狂犬病是由猪伪狂犬病病毒(*Pseudorabies virus*，PRV)引起的猪的急性传染病。该病在猪呈暴发性流行，可引起妊娠母猪流产、死胎，公猪不育，新生仔猪大量死亡，育肥猪呼吸困难、生长停滞等，是危害全球养猪业的重大传染病之一。

【临床表现】

因年龄不同而不同，一般不出现奇痒。

4 周龄内：4～5 日龄仔猪几天内全窝发病，死亡率 90%以上；3～4 周龄的死亡率有所降低。病初高热(41～42 ℃)，不食，呕吐、下痢，呼吸困难，大量流涎，精神高度沉郁，昏睡，病程不过 3 d。部分猪有神经症状，阵发性痉挛，运动神经障碍，共济失调，四肢麻痹，侧卧呈划水状，倒地抽搐。最后衰竭死亡。

2 月龄以上猪，症状较轻或呈隐性。

断奶至4月龄仔猪:似感冒,神经症状较少出现,极少数猪发热、咳嗽、便秘、呕吐、肌震颤、运动失调等。

妊娠母猪:可引起流产(头月)和产死胎、木乃伊胎(中后期),流产率高达50%;生下的弱仔表现吐泻,痉挛,角弓反张,很快死亡(24～36 h)。

【检查所见】

尸体剖检:鼻腔卡他或化脓性炎症;皮下可见广泛的出血性水肿;支气管大量气泡状液体,肺水肿、出血或散在小坏死灶;肝脏和脾脏、肾脏有小点出血、白色坏死灶;胃肠卡他性炎症,脑膜充出血,脑脊髓液增多。

组织切片:弥漫性非化脓性脑炎,有"血管套",在大脑的神经细胞和星状细胞内能看到为数不多的核内包涵体。

【病因分析】

1.传染源　病猪、带毒的猪和鼠是重要传染源。猪是主要的病毒宿主。病原体从鼻分泌物、唾液、乳汁排出,带毒猪可持续排毒一年。除成猪外,本病对其他宿主动物都是高度致死性疾病。

耐过猪和成年猪能呈潜伏性感染。完全与病猪隔离的牛羊及猪群也会感染本病,是因为鼠类在传播途径中起着重要作用。

2.传播途径

(1)猪。有水平(消化道、呼吸道、损伤的皮肤黏膜、交配等)、垂直(子宫、泌乳)两种方式传播。

母猪感染后6～7 d,乳中带毒,仔猪因哺乳而感染,妊娠母猪可经胎盘感染胎儿,牛因接触病猪也可感染。

(2)其他动物。主要通过消化道。

在猪场,伪狂犬病病毒主要通过已感染猪排毒而传给健康猪,另外,被伪狂犬病病毒污染的工作人员和器具在传播中起着重要的作用。空气传播是伪狂犬病病毒扩散的途径之一,但到底能传播多远还不清楚。人们还发现在邻近有伪狂犬病发生的猪场周围放牧的牛群也能发病,在这种情况下,空气传播是可能性较大的途径。在猪群中,病毒主要通过鼻分泌物传播,另外,乳汁和精液也是可能的传播方式。

3.易感动物　自然条件下,猪、牛、羊、猫、犬、兔、禽类、野生动物(水貂、雪貂、狐狸)均可感染,人有良性感染的报告,马属动物抵抗力较强。实验动物中兔最敏感,小、大豚鼠也能感染。

4.流行特点　冬春多发,一般为散发,猪群发生为地方性流行。

【建立诊断】

1.临床综合诊断　仔猪有神经症状、2周龄内高死亡率,母猪繁殖障碍,结合病变可初步诊断。

除猪外,其他患病动物可有奇痒,病死率高,也可发现核内包涵体、非化脓性脑炎。

2.实验动物接种试验　将病死动物的水肿液、脊髓或脑组织制成乳剂,1～2 mL皮下接种家兔或猫,2～5 d后接种部位出现剧痒,最后家兔麻痹而死。

还可接种8～12 g刚断乳的小鼠,可引起有规律性死亡并可连续传代;接种9～11日龄鸡胚绒毛尿囊膜,3～4 d后,出现白色痘斑,鸡胚头部有小点出血。

3.病毒分离　常用家兔、猪肾,鸡胚成纤维细胞,可致细胞病变。

4. 荧光抗体检查　可用于组织切片或冰冻切片或细胞培养物的检查。此法简单、快速、准确，多用扁桃体、间脑、嗅球、小脑制作，在神经节细胞的胞浆核内均可见荧光。

5. 血清学试验　血清中和、乳胶凝集和 ELISA 最为常用，等分子诊断方法也有很好的效果。

【防制措施】

(1)灭鼠。

(2)猪与牛等其他动物不混养。

(3)引入的猪应隔离观察，严禁带入病原。

(4)疫苗接种。我国生产有伪狂犬病灭活苗、弱毒苗及基因缺失苗等。接种后 7 d 即可产生免疫力，免疫有效期达 1 年。清洁场不需注射疫苗，灭活苗适用于种猪，弱毒苗可用于各种年龄的动物(1～3 mL)。

(5)根除本病，应采取综合防控措施。

①屠宰、扑杀带毒猪群：适用于经济力量雄厚、疫点少的情况或根除后期。

②净化：通过血清学检查，淘汰阳性个体，隔 4 周一次，净化猪群。

③培育健康猪群：产仔断乳后，不混窝，从 16 周龄开始，隔 4 周进行一次血清学检查，淘汰阳性，阴性合群。

④严格实施消毒措施：按规程执行常消毒、发生疫病时的紧急消毒措施。

任务四　猪传染性胃肠炎

猪传染性胃肠炎(TGE)是由猪传染性胃肠炎病毒引起猪的一种高度接触性消化道传染病。以呕吐、水样腹泻、严重脱水、致 2 周龄内仔猪高死亡率为特征。世界动物卫生组织将其列为 B 类动物疫病。

【临床表现】

2 周龄以内的仔猪感染后 12～24 h 会出现呕吐，继而出现严重的水样或糊状腹泻，粪便呈黄色，常夹有未消化的凝乳块，恶臭。体重迅速下降。仔猪明显脱水。发病后 2～5 d 死亡，死亡率达 100%。

2～3 周龄的仔猪，死亡率在 0～10%。

【检查所见】

1. 尸体剖检

胃：充满凝乳块，胃黏膜充血。

小肠：充满气体；肠壁弹性下降，管壁变薄，呈透明或半透明状；肠内容物呈泡沫状、黄色、透明。

肠系膜淋巴结肿胀，淋巴管没有乳糜。

心、肺、肾未见明显的肉眼病变。

组织病变：小肠绒毛萎缩变短、脱落，绒毛高度和腺窝的深度比由正常的 7:1降至 1:1。

肠上皮细胞变性，黏膜固有层内可见浆液性渗出和细胞浸润。

电子显微镜观察，可看到小肠上皮细胞的微绒毛、线粒体、内质网及其他细胞质内的成分变性，在细胞质空泡内有病毒粒子存在。

肾由于曲细尿管上皮变性，尿管闭塞而发生浊肿、脂肪变性。

2.电子显微镜检查　将 TGE 感染猪小肠黏膜及内容物制成的乳剂，或制备粪便稀释液，经 30 000 r/min 离心 30 min，取上清，用磷钨酸负染技术，在电镜下观察，可见到冠状病毒粒子。

3.直接免疫荧光检查　小肠黏膜触片荧光抗体检查，小肠黏膜上皮细胞浆中有大量的病毒颗粒。

【病因分析】

1.病原　TGE 病毒只有一个血清型，各毒株之间有密切的抗原关系，但也存在广泛的抗原异质性。

TGE 病毒与猪血凝性脑脊髓炎病毒和猪流行性腹泻病毒无抗原相关性，但与猪呼吸道冠状病毒有交叉保护。TGE 病毒与犬冠状病毒(CCV)和猫冠状病毒(FIPV)之间都有抗原相关性。因此，这三种病毒在流行病学、诊断和免疫方面有一定的关系。

2.传染源　感染了 TGE 病毒的动物尸体是主要传染源。业已证明，血液和屠宰后的废弃物可将 TGE 病毒传入猪群。在病毒毒血症期一些组织如肾脏中 TGE 病毒滴度高达 10^6 $TCID_{50}$/mL。这些屠宰猪的肉也能传播病毒。易感动物猪对 TGE 病毒最为易感。各种年龄猪都可感染。

猪以外的动物如犬、猫、狐狸等不致病，但它们能带毒、排毒。

血清学调查表明，在不同的国家和地区猪群中，TGE 的阳性率不同：加拿大 8%的猪和 19%猪群、美国 50%～54%猪群和 31%～54%的猪为阳性。在夏威夷，1.5%的屠宰猪中分离到 TGE 病毒。

呈亚临床症状的猪场，如育肥猪场或不断有新生仔猪的猪场，TGE 病毒可持续存在于这些猪场，一旦到了发病的适应季节，即可引起本病的暴发。

3.传播途径　带毒猪或发病猪通过鼻分泌物、粪便、乳汁排毒。

其他带毒动物如犬、猫、狐狸、燕八哥、苍蝇等可带毒、排毒，机械地传播本病。

4.流行特点　对于易感猪群，当 TGE 病毒入侵之后，常常会迅速导致各种年龄的猪发病，尤其在冬季，大多数猪表现不同程度的临诊症状。

(1)地方流行。局限于经常有仔猪出生的猪场或不断增加易感猪如肥育猪的猪场中。当病毒感染力超过猪的免疫力时，猪将会受到感染。TGE 病毒能长期存在于这些猪群中。

(2)周期性流行。常发生于 TGE 病毒重新侵入有免疫母猪的猪场，由于前一冬季感染猪在夏秋季节已被屠宰，新进的架子猪和出栏猪便成为易感猪。

【建立诊断】

在冬春季节，根据猪发生水样腹泻、呕吐，尤其是 2 周龄仔猪发病率和死亡率高等特点可以做出初步诊断。但要鉴别猪流行性腹泻病毒(PEDV)、轮状病毒(PRTV)等肠道病毒引起的腹泻病例。

通过病原学和血清学方法的诊断，可确诊。

【防治措施】

(1)加强饲养管理，做好冬春季防寒保温以及卫生消毒。

(2)对冬春季产仔的母猪，在分娩前 30 d，用猪流行性腹泻＋传染性胃肠炎二联灭活苗注射 3 mL。

(3)用高免血清和康复猪的抗凝血给新生仔猪皮下注射 5～10 mL，有一定的防治作用。

(4)治疗。大量补充等渗葡萄糖氯化钠溶液，供给大量清水配合电解质、多维饮水。对不能饮水的病仔猪应静脉注射或腹腔注射下列药物。

①5%葡萄糖生理盐水，庆大霉素，转移因子，碳酸氢钠。

②或葡萄糖甘氨酸溶液(葡萄糖 43.2 g、氯化钠 9.2 g、甘氨酸 6.6 g、柠檬酸 0.52 g、柠檬酸钾 0.1 g、无水磷酸钾 4.35 g，溶于 2L 水中)。

③也可采用口服补液盐溶液灌服。

任务五　猪副嗜血杆菌病

猪副嗜血杆菌病又称多发性纤维素性浆膜炎和关节炎，也称格拉泽氏病。是由猪副嗜血杆菌引起。这种细菌在环境中普遍存在，世界各地都有，甚至是健康的猪群当中也能发现。对于采用无特定病原或早期断奶而没有猪副嗜血杆菌污染的猪群，初次感染到这种细菌时后果会相当严重。

【临床表现】

通常见于 5～8 周龄的猪，发病率一般在 10%～15%，严重时死亡率可达 50%。

急性病例，往往首先发生于膘情良好的猪，病猪发热(40.5～42.0 ℃)、精神沉郁、食欲下降，呼吸困难，腹式呼吸，皮肤发红或苍白，耳梢发紫，眼睑皮下水肿，行走缓慢或不愿站立，腕关节、跗关节肿大，共济失调，临死前侧卧或四肢呈划水样，有时会无明显症状突然死亡。

慢性病例多见于保育猪，主要是食欲下降，咳嗽，呼吸困难，被毛粗乱，四肢无力或跛行，生长不良，直至衰竭而死亡。

【检查所见】

临床症状取决于炎症部位，包括发热、呼吸困难、关节肿胀、跛行、皮肤及黏膜发绀、站立困难甚至瘫痪、僵猪或死亡。母猪发病可流产，公猪有跛行。

哺乳母猪的跛行可能导致母性的极端弱化。

死亡时体表发紫，腹部膨大，有大量黄色腹水，肠系膜上有大量纤维素样渗出物，尤其肝脏整个被包住，肺的间质水肿。

胸膜炎明显(包括心包炎和肺炎)，关节炎次之，腹膜炎和脑膜炎相对少一些。以浆液性、纤维素性渗出为炎症(严重的呈豆腐渣样)特征。肺可有间质水肿、粘连，心包积液、粗糙、增厚，腹腔积液，肝脾肿大、与腹腔粘连，关节病变也相似。

腹股沟淋巴结呈大理石状，颌下淋巴结出血严重，肠系膜淋巴变化不明显，肝脏边缘出血严重，脾脏有出血，边缘隆起米粒大的血泡，肾乳头出血严重，猪脾边缘有梗死，肾可能有出血点，肺间质水肿，最明显是心包积液，心包膜增厚，心肌表面有大量纤维素性渗出，喉管内有大量黏液，后肢关节切开有胶冻样物。

【病因分析】

1.病原　副猪嗜血杆菌属革兰氏阴性短小杆菌，形态多变，有15个以上血清型，其中血清型5、4、13最为常见（占70%以上）。

该菌生长时严格需要烟酰胺腺嘌呤二核苷酸（NAD或V因子），不需要X因子（血红素或其他卟啉类物质），在血液培养基和巧克力培养基上生长，菌落小而透明，在血液培养基上无溶血现象；在葡萄球菌菌苔周围生长良好，形成卫星现象。一般条件下难以分离和培养，尤其是应用抗生素治疗过病猪的病料。

2.传播途径　该病通过呼吸系统传播。当猪群中存在繁殖呼吸综合征、流感或地方性肺炎的情况下，该病更容易发生。环境差、断水等情况下该病更容易发生。断奶、转群、混群或运输造成的应激反应也是常见的诱因。副猪嗜血杆菌病曾一度被认为是由应激所引起的。

3.继发感染　这种细菌也会作为继发的病原伴随其他主要病原混合感染，尤其是地方性猪肺炎。

4.易感日龄　猪副嗜血杆菌只感染猪，可以影响从2周龄到4月龄的青年猪，主要在断奶前后和保育阶段发病，通常见于5～8周龄的猪，发病率一般在10%～15%。

【建立诊断】

依据临床症状及剖检病变可初步诊断。结合细菌分离培养可确诊。

【防治措施】

1.严格消毒　彻底清理猪舍卫生，用2%氢氧化钠水溶液喷洒猪圈地面和墙壁，2 h后用清水冲净，再用科星复合碘喷雾消毒，连续喷雾消毒4～5 d。

2.加强饲养管理　对全群猪用电解质加维生素C粉饮水5～7 d，以增强机体抵抗力，减少应激反应。

3.治疗　为控制本病的发生发展和耐药菌株出现，应进行药敏试验。大多数血清型的猪副嗜血杆菌对头孢菌素、阿莫西林、氨苄青霉素、氟甲砜霉素、庆大霉素、壮观霉素、磺胺及喹诺酮类等药物敏感；对四环素、氨基糖苷类和林可霉素有一定抵抗力。

（1）硫酸卡那霉素注射液，每次20 mg/kg，每晚肌内注射1次，连用5～7 d。

（2）口服土霉素，30 mg/kg，1次/d，连用5～7 d。

（3）在应用抗生素治疗的同时，口服纤维素溶解酶，可快速清除纤维素性渗出物，缓解症状，控制猪群死亡率。

4.预防

（1）疫苗预防。用自家苗、猪副嗜血杆菌多价灭活苗能取得较好效果。种猪用猪副嗜血杆菌多价灭活苗免疫能有效保护小猪早期发病，降低复发的可能性。

母猪：初免猪产前40 d一免，产前20 d二免。经免猪产前30 d免疫一次即可。受本病严重威胁的猪场，小猪也要进行免疫，根据猪场发病日龄推断免疫时间，仔猪免疫一般安排在7～30日龄进行，每次1 mL，最好一免后过15 d再重复免疫一次，二免距发病时间要有10 d以上的间隔。

（2）药物预防。仔猪断奶后，每千克饲料添加支原净100 mg、金霉素300 mg、阿莫西林250 mg，或添加支原净100 mg、氟甲砜霉素80 mg。

任务六　猪链球菌病

猪链球菌病是由多种链球菌引起的一些疾病的总称，其中以颌下、咽部、颈部淋巴结的化脓性炎症最为常见。以链球菌性败血病和链球菌性脑膜炎病死率最高。也可引起多发关节炎，心内膜炎、乳腺炎、皮下脓肿等疾病。

【临床表现】

1. 急性败血型　急性型猪链球菌病发病急、传播快，多表现为急性败血型。病猪突然发病，体温升高至41～43℃，精神沉郁、嗜睡、食欲废绝，流鼻水，咳嗽，眼结膜潮红、流泪，呼吸加快。多数病猪往往头天晚上未见任何症状，次日清晨已死亡。少数病猪在病的后期，于耳尖、四肢下端、背部和腹下皮肤出现广泛性充血、潮红。

2. 脑膜炎型　多见于70～90日龄的小猪，病初体温40～42.5℃，不食，便秘，继而出现神经症状，如磨牙、转圈、前肢爬行、四肢游泳状或昏睡等，有的后期出现呼吸困难，如治疗不及时往往死亡率很高。

3. 关节炎型　由前两型转来，或者从发病起即呈现关节炎症状。表现一肢或几肢关节肿胀，疼痛，有跛行，甚至不能起立。病程2～3周。死后剖检，见关节周围肿胀、充血，滑液浑浊，重者关节软骨坏死，关节周围组织有多发性化脓灶。

4. 化脓性淋巴结炎（淋巴结脓肿）型　多见于颌下淋巴结，其次是咽部和颈部淋巴结。受害淋巴结肿胀，坚硬，有热有痛，可影响采食、咀嚼、吞咽和呼吸，伴有咳嗽，流鼻液。至化脓成熟，肿胀中央变软，皮肤坏死，自行破溃流脓，以后全身症状好转，局部逐渐痊愈。病程一般为3～5周。

【检查所见】

1. 病理变化　最常见的是脑膜、淋巴结和肺脏充血。

（1）急性败血型常表现鼻、气管、肺充血，呈肺炎变化；全身淋巴结肿大、出血；心包积液，心内膜出血；肾肿大、出血；胃肠黏膜充血、出血；关节囊内有胶样液体或纤维素脓性物。

（2）脑膜炎型表现脑膜充血、出血，脑脊髓白质和灰质有小出血点，脑脊液增加；心包、胸腔、腹腔有纤维性炎。

（3）关节炎型表现滑膜血管扩张和充血，出现纤维素性多浆膜炎，关节肿胀、滑膜液增多而浑浊，严重者关节软骨坏死，关节周围组织有多发性化脓灶。

（4）化脓性淋巴结炎型表现淋巴结肿大、出血，并伴有其他型病理变化。

2. 实验室检查

（1）显微镜观察。根据不同的病型采取相应的病料，如脓肿、化脓灶、肝、脾、肾、血液、关节囊液、脑脊髓液及脑组织等，制成涂片，用碱性美蓝染色液和革兰氏染色液染色。显微镜下检查，见到单个、成对、短链或呈长链排列的球菌，并且革兰氏染色呈紫色（阳性）。

（2）细菌分离培养鉴定。病料接种于血液琼脂培养基，24～48 h可见不同溶血的灰白色细小菌落，然后进行生化试验和生长特性鉴定。

（3）分型。一般可用专门实验室提供的分型诊断血清进行乳胶或玻片凝集试验。

【病因分析】

猪链球菌是一种具有荚膜的革兰氏阳性球菌。可根据其细胞壁抗原成分将其大致归类为兰氏分群(Lance fieldgroup D)D 群链球菌。根据其荚膜抗原(CPS)的不同,猪链球菌被分为35(1～34 型,1/2 型)种血清型,其中 1、2、7、9 型是猪的致病菌。

链球菌属在自然界中分布广泛,可引起人、猪、牛、马、羊和禽等多种动物感染。猪链球菌病主要表现为猪的败血性和局灶性淋巴结化脓性病症。

猪链球菌的自然感染部位是猪的上呼吸道(特别是扁桃体和鼻腔)、生殖道和消化道。猪在各种动物中易感性较高。各种年龄的猪均可发病,但败血病型和脑膜脑炎型多见于仔猪,化脓性淋巴结炎型多见于中猪。

病猪、临床康复猪和健康猪均可带菌,当健康猪群引入带菌猪后,由于互相接触,病菌可通过口、鼻、皮肤伤口而传染。

该病一年四季均可发生,但以 5—11 月份发病较多,多发于养猪密集地区,呈地方性流行。有皮肤损伤、蹄底磨损、去势、脐带感染等外伤病史的猪易发生该病,潜伏期 1～3 d 或稍长,哺乳仔猪发病率和病死率较高,中猪次之,大猪较少。

【建立诊断】

猪链球菌病感染一般可根据临床症状和病理剖检变化进行初步诊断。确诊需要通过血清学检查、分离病原菌和病理组织学检查等实验室方法进行。

【防治措施】

1. 治疗　首先选择对猪链球菌敏感的抗菌药物。可通过药敏试验,筛选敏感抗菌药。青霉素、阿莫西林、氨苄西林对猪链球菌敏感。

采取对症治疗的办法。淋巴结脓肿型,待脓肿成熟后,及时切开,排除脓汁,用 3%双氧水或 0.1%高锰酸钾液冲洗后,涂以碘酊。对败血病型及脑膜脑炎型,应早期大剂量使用抗生素或磺胺类药物、青霉素和地塞米松、庆大霉素和青霉素等联合应用都有良好效果。

2. 预防　做好消毒、清除传染源,病猪隔离治疗,带菌母猪尽可能淘汰。污染的用具和环境用 3%来苏儿等消毒液彻底消毒。急宰猪或宰后发现可疑病变的猪胴体,经高温处理后方可食用。

保持环境卫生、消除感染因素经常打扫猪圈内外卫生,防止猪圈和饲槽上有尖锐物体刺伤猪体。新生的仔猪,应立即无菌结扎脐带,并用碘酊消毒。

做好菌苗预防接种。由于猪链球菌血清型较多,不同菌苗对不同血清型猪链球菌感染无交叉保护力或交叉保护力较小。预防用疫苗最好选择相同血清型菌苗。菌苗最好用弱毒活菌苗,因为细胞免疫在抵抗猪链球菌感染中发挥着很大作用。

药物预防猪场或周围发生本病后,如果暂时买不到菌苗,可将药物添加于料、水中防止感染。

任务七　猪丹毒

猪丹毒是由猪丹毒杆菌引起的猪的一种急性或慢性传染病。其特征为急性型呈败血病症状,亚急性型在皮肤上出现紫红色疹块,慢性型常发生心内膜炎和关节炎及皮肤坏死。猪最易感,各种年龄均可感染,但以架子猪(3～12 月龄)发病率最高。

【临床表现】

潜伏期 1～7 d(平均 3～5 d),临床上可分为三种类型。

1. 急性型 较多见。初期个别猪无症状突然死亡,大多高热(42～43 ℃)稽留,寒战,食欲下降,结膜充血,两眼清亮有神,很少有分泌物,粪便干硬、呈粟状(后期可能下痢),呼吸迫促,黏膜发绀。耳尖、鼻端、腹、腿内侧皮肤出现大小、形状不一的红斑,指压褪色,病程 2～4 d,病死率达 80%～90%。

2. 亚急性型(荨麻疹型) 除轻微表现急性败血病症状外,其特征是在皮肤上出现疹块,俗称"打火印",疹块大小、形状不一,数量不等,多为菱形,可出现于胸、腹、肩、背、四肢等处,色紫红,稍突起,可于数日内消退,自行恢复。

3. 慢性型 常见慢性关节炎、慢性心内膜炎、皮肤坏死。

(1)关节炎型。损害最常见于肘、髋、跗、膝、腕关节,受害关节肿胀,跛行;病猪生长缓慢,消瘦。

(2)慢性心内膜炎型。常不表现临床症状,常无先兆,突然倒地死亡或在宰后检查时发现;也有呈进行性消瘦,喜卧厌走,强行运动时见心率加快,呼吸迫促,听诊有心杂音。

(3)皮肤坏死型。常发生于背、肩、耳、蹄、尾部,局部皮肤变黑,干硬如革,最后脱落遗留斑痕。

【检查所见】

1. 流行特点 多发生于夏季,5—8 月份是流行的高峰期。多发生于架子猪(4～6 月龄猪占 55.89%)。

2. 病变特征

(1)急性型。主要为败血病的变化,全身淋巴结肿胀充血,切面多汁,常见小点出血。

脾脏充血性肿大,被膜紧张,边缘钝圆,质地柔软,呈暗红色,脾髓易于刮下。

肾常发生出血性肾小球肾炎变化,肿大,色暗红、皮质部有小红点,称为"大红肾"。

胃肠道有卡他性或出血性炎症,以胃或十二指肠较明显。肺淤血、水肿。

(2)亚急性型。皮肤上出现疹块为特征,内脏变化与急性型略同。

(3)慢性型。

①关节炎型。可见关节肿大,关节囊内充满多量浆液、纤维素性渗出物,滑膜充血,水肿,病程较长者,肉芽组织增生,关节囊肥厚。

②心内膜炎型。在房室瓣形成各种灰白色的菜花形疣状物,使瓣口狭窄,变形,闭锁不全。

【病因分析】

自然界除猪以外,牛、羊、马、犬、鼠、家禽及鸟类也能感染猪丹毒杆菌发病,相互间存在病原传播的可能。

病猪、带菌猪、病猪内脏(肾、脾、肝)分泌物、排泄物都含菌,这是猪群感染的主要途径。另外,在健猪的扁桃体和回盲口处也可发现本菌,其他禽畜、两栖类、爬行类、野生动物也可成为带菌者。另外,也常从鱼、吸血昆虫体内分离到本菌。因此,环境被病原污染是主要致感染源头。

本病以消化道感染为主,也可通过皮肤创伤(特别是屠宰工人),带菌猪在不良条件下抵抗力降低,也可引起内源性感染、发病。

【建立诊断】

亚急性型根据皮肤上出现特征性疹块做出诊断。慢性心内膜炎型病例不易与链球菌性心内膜炎区别，往往需要死后剖检，做微生物检查确诊。败血型要与猪瘟、猪肺疫、猪副伤寒急性型相鉴别。

除流行病学和临床症状、病理解剖学诊断方法外，常需做微生物学检查。可采集病死猪的肾、脾、肝、淋巴组织，疹块部的渗出液，心内膜组织，关节液，做镜检、培养和实验动物接种试验。

免疫学诊断方法有免疫荧光试验、凝集反应试验、间接血凝试验，其中以直接荧光抗体试验敏感，主要用于慢性病例的诊断。

【防治措施】

一般性综合检疫措施同猪瘟。平时要防止带菌猪的引入，定期预防注射，以提高猪群抗病力。

发生后及时治疗，猪圈及用具要认真消毒、粪便、垫草最好烧毁，病尸要深埋或化制，受威胁猪立即预防注射。我国生产使用的疫苗有：灭活苗、弱毒苗、三联苗。

早期治疗效果好，首选青霉素，按每千克体重 3 万 IU，1 次/d，连用 10～14 d。配合高免血清效果更好。

任务八 猪附红细胞体病

【临床表现】

猪附红细胞体病因畜种和个体体况的不同，临床症状差别很大。主要引起：仔猪体质变差，贫血，肠道及呼吸道感染增加；育肥猪日增重下降，急性溶血性贫血；母猪生产性能下降等。

1. 哺乳仔猪　5 d 内发病症状明显，新生仔猪出现身体皮肤潮红，精神沉郁，哺乳减少或废绝，急性死亡。一般 7～10 日龄多发，体温升高，眼结膜皮肤苍白或黄染，贫血症状，四肢抽搐、发抖、腹泻、粪便深黄色或黄色黏稠，有腥臭味，死亡率在 20%～90%，部分很快死亡。大部仔猪临死前四肢抽搐或划地，有的角弓反张。部分治愈的仔猪会变成僵猪。

2. 育肥猪　根据病程长短不同可分为三种类型：急性型病例较少见，病程 1～3 d。亚急性型病猪体温升高，达 39.5～42 ℃。病初精神委顿，食欲减退，颤抖转圈或不愿站立，离群卧地。出现便秘或拉稀，有时便秘和拉稀交替出现。病猪耳朵、颈下、胸前、腹下、四肢内侧等部位皮肤红紫，指压不褪色，成为“红皮猪”。有的病猪两后肢发生麻痹，不能站立，卧地不起。部分病畜可见耳郭、尾、四肢末端坏死。有的病猪流涎，心悸，呼吸加快，咳嗽，眼结膜发炎，病程 3～7 d，或死亡或转为慢性经过。慢性型患猪体温在 39.5 ℃左右，主要表现贫血和黄疸。患猪尿呈黄色，大便干如栗状，表面带有黑褐色或鲜红色的血液。生长缓慢，出栏延迟。

3. 母猪　症状分为急性和慢性两种。

急性感染的症状为持续高热（体温可高达 42 ℃），厌食，偶有乳房和阴唇水肿，产仔后奶量少，缺乏母性。

慢性感染猪呈现衰弱，黏膜苍白及黄疸，不发情或屡配不孕，如有其他疾病或营养不良，可使症状加重，甚至死亡。

【检查所见】

1 剖检病变　主要病理变化为贫血及黄疸。皮肤及黏膜苍白，血液稀薄、色淡、不易凝固，全身性黄疸，皮下组织水肿，多数有胸水和腹水。心包积液，心外膜有出血点，心肌松弛，色熟肉样，质地脆弱。肝脏肿大变性呈黄棕色，表面有黄色条纹状或灰白色坏死灶。胆囊膨胀，内部充满浓稠明胶样胆汁。脾脏肿大变软，呈暗黑色，有的脾脏有针头大至米粒大灰白(黄)色坏死结节。肾脏肿大，有微细出血点或黄色斑点，有时淋巴结水肿。

2 血涂片镜检　红细胞变形，表面内陷溶血。

【病因分析】

猪附红细胞体病可发生于各龄猪，但以仔猪和长势好的架子猪死亡率较高，母猪的感染也比较严重。患病猪及隐性感染猪是重要的传染源。传播途径目前还不十分清楚。猪通过摄食血液或带血的物质，如舔食断尾的伤口、互相斗殴等可以直接传播。间接传播可通过活的媒介如疥螨、虱子、吸血昆虫(如刺蝇、蚊子、蜱等)传播。注射针头的传播也是不可忽视的因素，因为在注射治疗或免疫接种时，同窝的猪往往用一只针头注射，有可能造成附红细胞体人为传播。附红细胞体可经交配传播，也可经胎盘垂直传播。在所有的感染途径中，吸血昆虫的传播是最重要的。

附红细胞体病是由多种因素引发的疾病，仅仅通过感染一般不会使在正常管理条件下饲养的健康猪发生急性症状，应激是导致本病暴发的主要因素。通常情况下只发生于那些抵抗力下降的猪，分娩、过度拥挤、长途运输、恶劣的天气、饲养管理不良、更换圈舍或饲料及其他疾病感染时，猪群也可能暴发此病。

一般认为附红细胞体病多发生于温暖的夏季，尤其是高温高湿天气。冬季相对较少。最早见于广东、广西、上海、浙江、江苏、福建等地，后来逐渐蔓延至河南、山东、河北甚至新疆和东北地区。

因红细胞被破坏，其携氧功能丧失而引起猪抵抗力下降，易并发感染其他疾病。也有人认为变形的红细胞经过脾脏时溶血，也可能导致全身免疫性溶血，使血凝系统发生改变。

【建立诊断】

1. 血液镜检　附红细胞体感染后 7～8 d，猪主要表现为高热和溶血性贫血，这时血液内有大量附红细胞体，血液检查很容易发现。取高热期的病猪血一滴涂片，生理盐水 10 倍稀释，混匀，加盖玻片，放在 400～600 倍显微镜下观察，发现红细胞表面及血浆中有游动的各种形态的虫体，附着在红细胞表面的虫体大部分围成一个圆，呈链状排列。红细胞呈星形或不规则的多边形(图 3-5-1)。

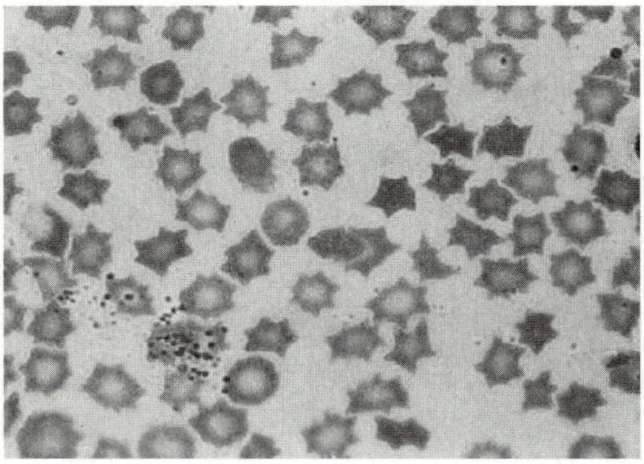

图 3-5-1　猪附红细胞体

2. 血片染色　血涂片用吉姆萨染色，放在油镜暗视野下检查发现多数红细胞边缘整齐，变形，表面及血浆中有多种形态的染成粉红色或紫红色的折光度强的虫体。但要注意染料沉着而产生的假阳性。镜检应当与临床症状和病理变化相联系才能对该病进行正确诊断。

3. 血清学检查　诊断方法包括间接血凝(IHA)试验、补体结合试验(CFT)或 ELISA 方法，但抗体的产生与病原数量的增多（而不是与感染发生的时间）有暂时的相关性。这意味着抗体的产生呈波浪形，即使数次急性发作后，抗体滴度也只能在一定时间内维持较高水平，之后便会下降到阈值以下，这表明假阴性是常见的。血清学诊断方法只适用于群体检查。

4. 生物学诊断　利用 PCR 技术进行诊断鉴定。目前浙江大学杜爱芳教授实验室已研发成功该病原 PCR 诊断试剂盒。

5. 与猪瘟的鉴别诊断

（1）猪瘟流行无明显季节性，预防注射猪瘟弱毒苗可完全控制流行。

（2）猪瘟无贫血和黄疸病症。

（3）猪瘟呈现以多发性出血为特征的败血病变化，在皮肤、浆膜、黏膜、淋巴结、肾、膀胱、喉炎、扁桃体、胆囊等组织器官都有出血，淋巴结周边出血是猪瘟的特征病变。

（4）在发生猪瘟时，有 25%～85% 的病猪脾脏边缘具有特征性的出血梗死病灶。慢性猪瘟在回肠末端，盲肠，特别是回盲口有许多轮层状溃疡（扣状溃疡）。

6. 与呼吸与繁殖障碍综合征的鉴别诊断

（1）猪呼吸与繁殖障碍综合征无贫血和黄疸症状。

（2）猪呼吸与繁殖障碍综合征呼吸困难明显，剖检肺部有明显的病变。

（3）猪附红细胞体病用四环素类抗生素治疗效果好。

【防治措施】

1. 预防　加强饲养管理，保持猪舍、饲养用具卫生，减少不良应激等是防止本病发生的关键。夏秋季节要经常喷洒杀虫药物，防止昆虫叮咬猪群，切断传染源。在实施诸如预防注射、断尾、打耳号、阉割等饲养管理程序时，均应更换器械、严格消毒。购入猪只应进行血液检查，防止引入病猪或隐性感染猪。本病流行季节给予预防用药，可在饲料中添加土霉素或金霉素添加剂，或每千克饲料添加 90 mg 阿散酸，连续使用 30 d。

2. 治疗　由于猪附红细胞体病常伴有其他继发感染，因此对其治疗时必须同时对症治疗才有较好的疗效。

（1）消炎抗感染。下列几种治疗药物，可根据情况选用一种：

①10%磺胺间甲氧嘧啶注射液，每千克体重 0.1～0.2 mL，肌内注射，1 次/d，连用 2 d。

②血虫净（或三氮脒、贝尼尔），每千克体重用 5～10 mg，用生理盐水稀释成 5%溶液，分点肌内注射，1 次/d，连用 3 d。

③咪唑苯脲，每千克体重用 1～3 mg，1 次/d，连用 2～3 d。

④10%多西环素注射液，每千克体重 0.1～0.2 mL，肌内注射，1 次/d，连用 3～5 d。

（2）对症治疗。采用主要治疗药物的同时，可配合使用下列措施，以提高疗效：

①发热严重，出现皮肤潮红、便干、体温超过正常上限 1 ℃以上者，退烧措施。复方氨基比林注射液，2～4 mL/次，肌内注射。

②贫血明显，出现皮肤苍白、体力虚弱者，可辅以促进造血机能、补充营养措施。右旋糖酐铁注射液，深部肌内注射，仔猪 1～2 mL/次，成年猪 3～5 mL/次，7～10 d 后再补注 1 次。

日常饲喂含有丰富蛋白质、维生素、无机盐以及矿物质的饲料。

任务九　禽流感

禽流感(AI)是由 A 型流感病毒(avian influenza virus type A)中的任何一型引起的一种感染综合征,又称真性鸡瘟、欧洲鸡瘟。主要引起禽类的全身性或呼吸系统性疾病。感染后可表现急性败血性死亡或无症状带毒等形式。

【临床表现】

该病的潜伏期较短,一般为 4～5 d。因感染禽的品种、日龄、性别、环境因素、病毒的毒力不同,病禽的症状各异,轻重不一。

最急性型:由高致病力流感病毒引起,病禽不出现前驱症状,发病后急剧死亡,死亡率可达 90%～100%。

急性型:为目前世界上常见的一种病型。病禽表现为突然发病,体温升高,可达 42 ℃以上。精神沉郁,肿头,眼睑周围浮肿,肉冠和肉垂肿胀、出血甚至坏死,鸡冠发紫。采食量急剧下降。病禽呼吸困难、咳嗽、打喷嚏,张口呼吸,突然尖叫。眼肿胀流泪,初期流浆液性带泡沫的眼泪,后期流黄白色脓性分泌物,眼睑肿胀,两眼突出,肉髯增厚变硬,向两侧开张,呈"金鱼头"状。也有的出现抽搐、头颈后扭、运动失调、瘫痪等神经症状。

【检查所见】

除临床症状外,还可见特征性病变。

最急性死亡的病鸡常无眼观变化。

急性者可见头部和颜面浮肿,鸡冠、肉髯肿大达 3 倍以上;皮下有黄色胶样浸润、出血,胸、腹部脂肪有紫红色出血斑;心包积液,心外膜有点状或条纹状坏死,心肌软化;病鸡腿部肌肉出血,有出血点或出血斑。消化道变化表现为腺胃乳头水肿、出血,肌胃角质层下出血,肌胃与腺胃交界处呈带状或环状出血。

十二指肠、盲肠扁桃体、泄殖腔充血、出血;肝、脾、肾脏淤血肿大,有白色小块坏死;呼吸道有大量炎性分泌物或黄白色干酪样坏死;胸腺萎缩,有程度不同的点、斑状出血;法氏囊萎缩或呈黄色水肿,有充血、出血;母鸡卵泡充血、出血,卵黄液变稀薄;严重者卵泡破裂,卵黄散落到腹腔中,形成卵黄性腹膜炎,腹腔中充满稀薄的卵黄。输卵管水肿、充血,内有浆液性、黏液性或干酪样物质。公鸡睾丸变性坏死。

【病因分析】

1. 易感动物　在家禽中以鸡和火鸡的易感性最高,其次是珍珠鸡、野鸡和孔雀。鸭、鹅、鸽、鹧鸪也能感染。

2. 传染源　病禽和感染禽是主要的传染源。

3. 传播途径　常经分泌物和排泄物排出病原,经呼吸道、消化道及黏膜感染健康禽类。种蛋也可带毒。因为感染禽能从粪便中排出大量病毒,所以,被病毒污染的任何物品,如鸟粪和哺乳动物、饲料、水、设备、物资、笼具、衣物、运输车辆和昆虫等,都易传播疾病。

4. 免疫失败　疫苗接种程序不合理,疫苗保存不当,操作不规范,都可造成抗体滴度达不到保护水平。

【建立诊断】

1. 根据流行特点、临床症状、剖检变化,可以做出初步诊断。

2.病原分离　用棉花或其他材料制成拭子，活禽多从喉头、气管或泄殖腔中采集病料，死禽采集气管、肺、肝、脾、肾等组织。将病料经生理盐水及双抗处理后制成10%悬液，经离心后取上清液0.1 mL尿囊接种9～11日龄的鸡胚，经传1～2代后，用血凝试验检查病毒量。

3.血清学诊断

(1)琼扩试验(AGP)。最常用的是免疫双扩试验。

(2)血凝试验和血凝抑制试验。本试验可证实流感病毒的血凝活性及排除鸡新城疫病毒。

(3)间接酶联免疫吸附抑制试验。

4.分子诊断技术　可用RT-PCR技术。

5.鉴别诊断　本病在临床上与新城疫等的症状及剖检变化相似，应注意鉴别。

【防治措施】

1.处理　该病属法定的畜禽一类传染病，危害极大，故一旦暴发，确诊后应坚决彻底销毁疫点的禽只及有关物品，执行严格的封锁、隔离和无害化处理措施。严禁外来人员及车辆进入疫区，禽群处理后，禽场要全面清扫、清洗、消毒、空舍至少3个月。

2.建立严格的检疫制度　种蛋、雏禽等产品的调入，要经过兽医检疫；新进的雏禽应隔离饲养一定时期，确定无病者方可入群饲养；严禁从疫区或可疑地区引进家禽或禽制品。

3.免疫预防　禽流感病毒的血清型多且易发生变异，给疫苗的研制带来很大困难。目前预防禽流感还没有理想的疫苗，现有的疫苗有弱毒疫苗、灭活油乳剂疫苗和病毒载体疫苗，接种疫苗后能产生一定的保护作用，但使用弱毒疫苗具有突变为高致病性禽流感病毒的危险，而灭活疫苗的免疫保护效果差、成果高，而且这些疫苗的应用还会影响禽流感疫情监测，因此不推荐使用疫苗。

目前尚在研制中的疫苗还有DNA疫苗，它是将血凝素抗原基因克隆于DNA表达载体上，给动物注射后，DNA在体细胞内表达出抗原蛋白，从而产生免疫效果，这是一种安全且易长期保存的疫苗。

任务十　新城疫

本病是由鸡新城疫(ND)病毒引起的主要侵害鸡、火鸡的急性高度接触性、高度毁灭性的传染病，其他禽类、鸟类也可感染本病毒。自1926年英国新城首次发现以来，已发现有五种病型，亚洲型常呈急性败血经过，死亡率达90%以上，表现呼吸困难、下痢、神经机能紊乱，消化道出血性病变是突出的病理学特征。但也有不显外表症状，只能由血清学检查的病例。本病广泛分布于世界各地，是严重危害养禽业的主要疾病之一。

【临床表现】

潜伏期2～18 d，自然感染多为4～5 d。

1.最急性型　头天晚上无异常，第二天凌晨已死亡，不见特征症状。

2.急性型　体温升高达44 ℃，嗜睡，鸡冠、肉髯发绀，呼吸紊乱，咳嗽、有啰音、气喘、呼吸困难，嗉囊、口积液，常见严重下痢、淡绿色甚至血染稀便，甩头发出咯咯声，常从口腔内流出灰黄色恶臭黏液。少数幸存者后期见神经症状，阵发性痉挛，角弓反张，肌肉震颤，翅腿麻痹，死亡率达90%～100%。

3. 亚急性或慢性　以神经症状为明显，反复发作，尤为受惊时更为明显。含母源抗体的(或抗体在高峰时接种疫苗)雏鸡群仍可发生 ND，但发病率和死亡率均要低，以呼吸系统和神经系统症状为主，特别常见斜颈。有免疫力的产蛋鸡，可出现产蛋下降，无色壳蛋、畸形蛋。

【检查所见】

1. 亚洲型　全身黏膜、浆膜出血(心冠、卵泡脂肪)腺胃乳头，肌胃角质层下出血，肠黏膜(十二指肠、小肠、空肠)出血，肠黏膜水肿，纤维素性坏死，溃疡，盲肠扁桃体肿胀出血坏死，肺淤血、水肿。

2. 其他型　主要病变见于呼吸道：黏膜出血、水肿，有卡他性或浆液性渗出物，幼禽常见气囊炎，气囊膜增厚，内有卡他性或干酪样渗出物。

【病因分析】

鸡以幼雏和中雏感受性最高，两年以上老鸡感受性较低。火鸡易感性稍低。鸭等野禽患病后不易被察觉，如外观健康的家鸭泄殖腔 NDV 分离率达 6.5%～9.3%，其中包括强毒株，流行病学上值得注意。现在关于鸽 ND 报道也增多。人偶被感染，表现结膜炎或类似流感症状。

病鸡以及带菌鸡是主要的传染源，鸟类的带毒作用也不能忽视。

本病通过直接接触或间接通过飞沫、空气经呼吸道、眼结膜及消化道传播。注意：鸡蛋带毒，飞禽(鸽子、麻雀、乌鸦)带毒，饲养员可能是机械传播者。

本病一年四季都可发生，但秋季到春季的寒冷季节容易流行。

【建立诊断】

根据症状、病变和流行特点，可做出初步诊断，但温和型较难做出确切诊断，没有神经症状时，可能与其他呼吸道疾病混淆。实验室诊断有助于确诊。

1. 病毒分离和鉴定　应在潜伏期或临诊病例的早期采样(从感染后 3～5 d 禽的呼吸道分泌物或肺组织)；全身症状严重的病例，从脾、血液、扁桃体采样，还可从泄殖腔或脑组织采样。种蛋须来自健康母鸡，无 NDV 抗体(否则，缓发型毒株不能致死鸡胚，速发型毒株虽能致死鸡胚，但胚液 HA 凝集价很低或阴性)强、中毒株常使鸡胚 36～96 h 死亡，胚液凝集价较高，弱毒株不能使鸡胚死亡，但胚液能凝集红细胞。可疑病料如不使鸡胚死亡，应用尿囊液和鸡胚组织制作悬液，盲传鸡胚 3 代，另还可用细胞培养物来进行。

2. 血凝抑制(HI)试验　通常是将待检血清做倍比稀释，再加入定量 NDV 病毒混合，最后加入定量红细胞。操作简便，重复性好。

3. 中和试验　使恢复期血清和已知 NDV 混合，使病毒感染能力被中和，可用鸡、鸡胚、细胞(蚀斑法)等具有感受性的宿主来进行。

本病须与传染性支气管炎、禽霍乱、禽流感等呼吸系统病症区别。

【防制措施】

主要措施是防止病毒与易感禽接触，搞好预防接种。

1. 疫苗

(1)灭活苗。反应轻微，适用于雏鸡、初产母鸡和健康状态较差的鸡，免疫期不超过 6 个月。为增强免疫效果，常在灭活疫苗中加氢氧化铝和油类佐剂，多用于第二次加强免疫用(产蛋鸡)，两次免疫间隔以 9 周最好。

(2)弱毒苗。如 B_1 株(Ⅱ系)、F 株(Ⅲ系)、Lasota(Ⅳ系)，这类毒株一般没有致病力，仅偶尔引发轻微呼吸道症状和其他反应。其中Ⅳ系毒力稍高，最好不用于10日龄以下雏鸡。Ⅱ系苗毒力太低，老疫区应用效果不理想。临床有将Ⅳ系苗与灭活苗同时应用于10龄雏鸡的免疫。

(3)中等毒苗。即Ⅰ系，毒力较强，免疫力强而迅速，在ND流行区和受感染的威胁区应尽早使用Ⅰ系苗。但不能用于2月龄以下鸡，一般作为加强免疫用，因此这种疫苗不适用于有不同日龄的鸡场。

2. 接种途径优缺点和注意事项

(1)点眼或滴鼻。稀释疫苗采用20℃蒸馏水或冷开水，方法确实，效力可靠，但费时，费力。

(2)肌肉接种。适用于Ⅰ系苗和灭能苗，缺点同上，易使鸡发生应激。

(3)饮水法。之前应禁饮2～3 h，饮水槽洗净(禁用消毒药)，按1 g冻干苗加水800～1 000 mL(另按1∶400加入脱脂乳粉作为稳定剂，不能用加有漂白粉的水配苗)按鸡日龄、数量，控制饮水量，并能在1～2 h内喝完。但天气炎热时最好不用此法。本法方便省事，不发生应激。

(4)气雾法。应在无直接阳光、密闭房间内进行，据大连用DPS-1型手动气雾枪试验，在舍内使鸡安静聚在一处，以80倍稀释苗在鸡头上方约40 cm处喷射，约在1 min内喷完，密封10 min后放出可获较好效果(气雾10～20μm)。缺点对患有慢性呼吸道传染病的鸡有激发加重的危险，为了克服这个问题，现在采用大雾滴免疫法。

3. 影响疫苗效果的主要因素

(1)保存温度。冻干苗：-15℃以下保存，有效期为1年；0～4℃保存，有效期为8个月；25～30℃保存，有效期为10 d。湿苗：0～4℃保存，有效期为3个月；25～30℃保存，有效期为7 d。

(2)母源抗体。1日龄雏鸡血清中HI滴度和清洁种卵黄与母鸡血液中HI滴度大致相同，雏鸡血清的HI滴度在23以下，易受感染，而对免疫接种有应答反应，效价在24以上时(此时保护率可达60%左右)则接种疫苗的病毒被母源抗体中和，仅有部分鸡产生免疫应答；大于25时，几乎完全无效，雏鸡母源抗体半衰期经为4.5 d，一般认为在ND严重流行区，采取1～4日龄，2周龄，4周龄的早期多次免疫，可确保鸡群安全。

(3)某些疾病对免疫力的影响。某些传染病，尤其是损伤免疫系统的疾病，雏鸡免疫力产生会受到不同程度的障碍，如传染性法氏囊病(IBD)、马立克氏病、禽白血病、禽网状内皮组织增殖病等。

(4)防疫技术和免疫程序不合理。

4. 制定合理的免疫程序

(1)确定雏鸡初次ND免疫时间。对免疫效果影响极大，雏鸡免疫器官成熟日龄为15 d，而母源抗体下降到23时多为14～15日龄。

(2)非疫区雏鸡首免时间。应用HI测定母源抗体，当其滴度降到23时作为首免日期；ND、IBD流行区或受威胁区，母源抗体检查悬殊的雏鸡群，首免日期可提前在1日龄或稍后(1～4日龄)，以后再在2～4周做多次加强免疫，时间上要用HI确定，降至24以下或23时应进行加强免疫，使鸡群HI效价保持在25以上，为维持较高HI抗体水平，一般每隔2～3月免疫一次。

(3)推算最适免疫日龄。出壳后第一天采血查HI滴度(抽检率≥0.1%)，求出HI平均值，再换算对数值。最适初免日龄＝4.5×（1 日龄时 HI 的对数值－4）＋5，如：平均效价是 1∶64，则公式是 4.5×（6－4）＋5＝14；如果效价低于 1∶16，则应在 1 日龄初免。

任务十一　传染性支气管炎

鸡传染性支气管炎（IB）是由鸡传染性支气管炎病毒引起鸡的一种急性、高度接触传染性的呼吸道疾病。以咳嗽、喷嚏、气管啰音为特征。在产蛋鸡群可导致产蛋下降和质量不佳，有些病例会发生肾肿大，有尿酸盐沉积，幼鸡可发生死亡，降低体重和饲料效果，是养鸡业的重要疾病。

本病 1931 年首先报道于美国，以后在亚洲、欧洲、美洲、大洋洲不少国家里都有发生，我国也有疫情报告（北京、新疆、河南），并于 20 世纪 70 年代左右开始进行 IB 有关研究工作。

【临床表现】

1. 雏鸡　咳嗽、喷嚏、气管啰音、喘息、流鼻涕、个别鸡窦肿胀，流泪，病雏怕冷，互相拥挤在一起，死亡率达 30%～50%。

2. 中雏（生长鸡）　突出症状是啰音，伴有一定程度的咳嗽和喘息，一般只有抓鸡贴耳听或夜深人静时才听得到“丝伊丝伊”声，这种年龄死亡率明显下降，可能会出现增重减慢或减重现象，这对饲养肉用鸡者威胁很大。

3. 成年产蛋鸡　产蛋量低，有时达 50%以上，不可孵化数增加，孵化率下降 7%，较少死亡。产软壳蛋，畸形和粗壳蛋，蛋的质量下降，蛋白稀薄如水样，蛋黄和蛋白分离，蛋白粘在壳膜表面。

4. 肾型毒株感染鸡　呼吸道病状轻微或不出现，或呼吸病状消失后，病鸡沉郁、持续排白色或水样下痢，迅速消瘦，饮水量增加。

【检查所见】

主要病变见于呼吸器官，气管、支气管、鼻腔、窦内有浆液性、卡他性或干酪样渗出物，部分病例气囊肥厚含有干酪样物质。多数死亡鸡后段气管或支气管中有干酪样栓塞物。在有些鸡的大支气管周围有小灶性肺炎。产蛋母鸡的腹腔内可以发现液状卵黄物质、卵泡充血、异常卵泡、卵泡破裂等。当鸡的肾脏被感染时，肾肿大出血，多数呈斑驳状的“花肾”。肾小管，输尿管常充满尿酸盐结晶。

【病因分析】

1. 易感性　仅鸡易感，各种年龄鸡均可感染，以 1 月龄内雏鸡最为严重，小雉也感染发病，其他禽类均不感染。

2. 传播方式　本病以呼吸道传染为主，也可以经消化道传播，鸡蛋垂直传播也有可能。康复鸡带毒时间可达 49 d，在 35 d 内有传染性，呼吸道排毒达 2 周，粪便排毒则可达数月。病毒还存在于感染鸡的精液、急性期病鸡所产的蛋。

3. 本病一旦感染鸡群，即迅速传播，波及全群，48 h 内即出现症状。无季节性。

【建立诊断】

根据雏鸡或幼鸡的急性、高度接触性呼吸道感染和高病死率及母鸡产蛋量显著降低和产畸形蛋史，可做出初步诊断，确诊常需进行以下试验：

1. 病毒分离　肺、支气管、气管是分离IBV的适宜材料，多采取数只，制成悬浮液，加双抗过夜，接种鸡胚，37 ℃培养32～36 h，取出活胚冷冻致死，无菌吸取鸡胚液（尿液和羊水）10倍稀释后再接种鸡胚，剩下的鸡胚孵育7 d，检查IB的典型病变，特别注意肾中尿酸盐的存在。连续3～5代，收集鸡胚液接种7日龄内雏鸡，18～36 h可出现气管啰音，同型抗血清可抑制致病作用，鸡胚也可做中和试验。用尿囊液沉淀物做荧光染色，电镜检查。利用干扰试验：鸡胚先接种IBV，再接种NDV-B_1株，可干扰B_1株产生血凝素，这种干扰作用可被抗血清所抑制，故可用于诊断。

2. 血清学试验

（1）琼脂扩散法。特异性不很敏感，只能作为群体诊断。

（2）病毒中和试验。应用已知病毒检查待检血清中的特异性抗体，分别采病初和2～3周的双份血清，如第二次血样的中和抗体滴度高于血样4倍以上，可做出诊断。

（3）其他。对流免疫电泳试验、间接血凝试验、荧光抗体试验、酶标试验等都可应用于本病的诊断。

【防治措施】

1. 治疗　尚无有效治疗方法，为了减少并发感染，可使用抗生素，执行一般的卫生、防疫措施。

（1）抗病毒。禽用干扰素，或转移因子，饮水，1次/d，连用3 d。

（2）提高机体免疫力。黄芪多糖，100 g，加水100 kg，自由饮用，连用3～5 d；电解多维，饮水，全天饮用，连用5～7 d。

（3）止咳平喘。清肺止咳散，每1000 g拌料500 kg，全天饲喂，连用5～7 d。

（4）防治继发感染。10%盐酸多西环素，拌料，每100～200 kg饲料拌100 g药；或饮水，每200～400 kg水混100 g药，1次/d，连用3～5 d。

2. 预防　为了控制该病，须采用疫苗免疫接种。康复鸡免疫期约1年，雏鸡母源抗体可保持2周，以后降低至消失（只能减轻症状，不能预防IVB呼吸道感染）。

（1）疫苗选择。

①最初（1941）用比较良性的野外毒株接种7～15周龄幼鸡，使自然传播而获得免疫，但反应较重，并有长期散毒危险。

②以后改用灭活疫苗多次接种，但效果不理想。

③现多用鸡胚化弱毒苗接种，弱毒疫苗株是将抗原性良好的血清型连续通过鸡胚25代以上培育而成。现有商品疫苗6株，同源血清型接种，保护力达90%～100%，异源血清型，只有38%（部分交叉保护），所以最好采用多价苗（注意排除相互干扰），或选用与当地流行毒株相同的疫苗株作为接种用。

④目前，国内外在预防IB的M型时，多采用H120和H52毒株型疫苗。

H120：毒力较低，免疫原性较差，适用于雏鸡初次免疫。

H52：毒力较高，免疫原性较强，适用于3周龄以上的鸡初次免疫和加强免疫。

（2）疫苗接种方法。有喷雾法、喷粉法、饮水法，最常用的是饮水法，缺点是疫苗受不同条件的影响较大。当前存在的主要问题是疫苗株还有一定致病力和传播力，接种后引起轻呼吸道反应。

（3）免疫程序。

1～3 日龄，H120 疫苗，滴鼻、喷雾或饮水。

25～30 日龄，H52 疫苗进行第二次免疫接种，滴鼻、喷雾或饮水。免疫期可达 4～6 个月。

任务十二　传染性喉支气管炎

传染性喉气管炎(ILT)是由传染性喉气管炎病毒(*Infectious laryngotracheitis virus*)引起鸡的一种急性呼吸道传染病。本病的特征是呼吸困难、咳嗽和咳出含有血液的渗出物。剖检时可见喉头、气管黏膜肿胀、出血和糜烂，在病的早期患部细胞可形成核内包涵体。本病传播快，死亡率较高。

【临床表现】

由于病毒的毒力不同、侵害部位不同，传染性喉气管炎在临床上可分为喉气管型和结膜型，由于病型不同，所呈现的症状也不完全一样。

1. 喉气管型　喉气管型传染性喉气管炎是高度致病性病毒株引起的，其特征是呼吸困难，抬头伸颈，并发出响亮的喘鸣声，表情极为痛苦，有时蹲下，身体就随着一呼一吸而呈波浪式的起伏；咳嗽或摇头时，咳出血痰，血痰常附着于墙壁、水槽、食槽或鸡笼上，个别鸡的嘴有血染。将鸡的喉头用手向上顶，使鸡张开口，可见喉头周围有泡沫状液体，喉头出血。若喉头被血液或纤维蛋白凝块堵塞，病鸡会窒息死亡，死亡鸡的鸡冠及肉髯呈暗紫色，死亡鸡体况较好，死亡时多呈仰卧姿势，重者死亡率高达 90%以上。

2. 结膜型　结膜型传染性喉气管炎是低致病性病毒株引起的，其特征为眼结膜炎，眼结膜红肿，1～2 d 后流眼泪，眼分泌物从浆液性到脓性，最后导致眼盲，眶下窦肿胀。产蛋鸡产蛋率下降，畸形蛋增多。

【检查所见】

1. 喉气管型　最具特征性病变在喉头和气管。在喉和气管内有卡他性或卡他出血性渗出物，渗出物呈血凝块状堵塞喉和气管。或在喉和气管内存有纤维素性的干酪样物质。呈灰黄色附着于喉头周围，很容易从黏膜剥脱，堵塞喉腔，特别是堵塞喉裂部。干酪样物从黏膜脱落后，黏膜急剧充血，轻度增厚，散在点状或斑状出血，气管的上部出血。鼻腔和眶下窦黏膜也发生卡他性或纤维素性炎症。黏膜充血、肿胀，散布小点状出血。有些病鸡的鼻腔渗出物中带有血凝块或呈纤维素性干酪样物。产蛋鸡卵巢异常，出现卵泡变软、变形、出血等。

2. 结膜型　有的病例单独侵害眼结膜，有的则与喉、气管病变合并发生。结膜病变主要呈浆液性结膜炎，表现为结膜充血、水肿，有时有点状出血。有些病鸡的眼睑，特别是下眼睑发生水肿，而有的则发生纤维素性结膜炎，角膜溃疡。

【病因分析】

本病仅鸡易感，各种年龄鸡均可感染，以 1 月龄内雏鸡最为严重，小雉也感染发病。其他禽类均不感染。

本病的传播方式呼吸道为主，也可以经消化道传播，鸡蛋传播也有可能，康复后可带毒 49 d，在 35 d 内有传染性，呼吸道排毒达 2 周，粪便可达数月，病毒还存在于感染鸡的精液、急性期病鸡所产的蛋。

本病一旦感染鸡群，即迅速传播，波及全群，48 h 内即出现症状。无季节性。

【建立诊断】

1. 初步诊断　本病突然发生，传播快，成年鸡多发，发病率高，死亡率低。临床症状较为典型：张口呼吸，气喘，有干啰音，咳嗽时咳出带血的黏液。喉头及气管上部出血明显。根据上述症状及剖检变化可初步诊断为传染性喉气管炎。

2. 确诊需进行实验室检查

(1)鸡胚接种。以病鸡的喉头、气管黏膜及分泌物，无菌处理后接种于鸡胚绒毛尿囊膜上，病毒可生长繁殖，使鸡胚在接种后 4～5 d 死亡，胚体变小，绒毛尿囊膜增生和坏死，形成灰白色的斑块病灶。

(2)包涵体检查。取发病后 2～3 d 的喉头黏膜上皮或有灰白色坏死斑的绒毛尿囊膜做包涵体检查，可见核内包涵体。

3. 鉴别诊断　本病在鉴别诊断上，应注意同传染性支气管炎、新城疫及慢性呼吸道病的区别。传染性支气管炎多发生于雏鸡，呼吸音低，病变多在气管下部。新城疫死亡率高，剖检后病变较典型。慢性呼吸道病传播较慢，呼吸啰音，消瘦，气囊变化明显。

【防治措施】

1. 预防

(1)坚持严格的隔离、消毒等防疫措施是防止本病流行的有效方法。由于带毒鸡是本病的主要传染源之一，故有易感性的鸡切不可和病愈鸡或来历不明的鸡接触。新购进的鸡必须用少量的易感鸡与其做接触感染试验，隔离观察 2 周，易感鸡不发病，证明不带毒，此时方可合群。

(2)免疫预防。在本病流行的地区可接种疫苗，目前使用的疫苗有两种，一种是弱毒苗，系在细胞培养上继代致弱的，或在鸡的毛囊中继代致弱的，或在自然感染的鸡只中分离的弱毒株。弱毒疫苗的最佳接种途径是点眼，但可引起轻度的结膜炎且可导致暂时的盲眼，如有继发感染，甚至可引起 1%～2%的死亡。故有人用滴鼻和肌内注射法，但效果不如点眼好。另一种为强毒疫苗，只能擦肛用，绝不能将疫苗接种到眼、鼻、口等部位，否则会引起疾病的暴发。擦肛后 3～4 d，泄殖腔会出现红肿反应，此时就能抵抗病毒的攻击。强毒疫苗免疫效果确实，但未确诊有此病的鸡场、地区不能用。一般首免可在 4～5 周龄时进行，12～14 周龄时再接种一次。肉鸡首免可在 5～8 日龄进行，4 周龄时再接种一次。由于弱毒疫苗可能会造成病毒的终生潜伏，偶尔活化和散毒，因此，应用生物工程技术生产的亚单位疫苗、基因缺失疫苗、活载体疫苗、病毒重组体疫苗将具有广阔的应用前景。

2. 治疗　发病鸡群可采取对症治疗的方法。

(1)此病如继发细菌感染，死亡率会大大增加，结膜炎的鸡可用氯霉素眼药水点眼，大群鸡用环丙沙星或强力霉素以 0.005%饮水或拌料。

(2)应用平喘药物可缓解症状，盐酸麻黄素每只 10 mg/d，氨茶碱每只鸡 50 mg/d，饮水或拌料投服。

(3)0.2%氯化铵饮水，连用 2～3 d。

(4)肌内注射喉气管炎高免卵黄抗体 2 mL，隔天再肌内注射 1 次。

(5)中药治疗：中药喉症丸或六神丸对治疗喉气管炎效果也较好。2～3 粒/(d·只)，1 次/d，连用 3 d。

任务十三　羊传染性胸膜肺炎

羊传染性胸膜肺炎又称羊支原体性肺炎，是由支原体所引起的一种高度接触性传染病，其临床特征为高热，咳嗽，胸和胸膜发生浆液性和纤维素性炎症，呈急性或慢性经过，病死率很高。

【临床表现】

潜伏期短者 5～6 d，长者 3～4 周，平均 18～20 d。根据病程和临床症状，可分为最急性、急性和慢性三种类型。

1. 最急性　病初体温增高，可达 41～42 ℃，极度委顿，食欲废绝，呼吸急促而有痛苦的鸣叫。数小时后出现肺炎症状，呼吸困难，咳嗽，并流浆液带血鼻液，肺部叩诊呈浊音或实音，听诊肺泡呼吸音减弱、消失或呈捻发音。12～36 h 内，渗出液充满病肺并进入胸腔，病羊卧地不起，四肢直伸，呼吸极度困难，每次呼吸则全身颤动；黏膜高度充血，发绀；目光呆滞，呻吟哀鸣，不久窒息而亡。病程一般不超过 4～5 d，有的仅 12～24 h。病死率高达 50%～90%。

2. 急性　最常见。病初体温升高，继之出现短而湿的咳嗽，伴有浆性鼻漏。4～5 d 后，咳嗽变干而痛苦，鼻液转为黏液-脓性并呈铁锈色，高热稽留不退，食欲锐减，呼吸困难和痛苦呻吟，眼睑肿胀，流泪，眼有黏液-脓性分泌物。口半开张，流泡沫状唾液。头颈伸直，腰背拱起，腹肋紧缩，最后病羊倒卧，极度衰弱委顿，有的发生臌胀和腹泻，甚至口腔中发生溃疡，唇、乳房等部皮肤发疹，死前体温降至常温以下，病期多为 7～15 d，有的可达 1 个月。病死率高达 30%～50%。幸而不死的转为慢性。孕羊大批(70%～80%)发生流产。

3. 慢性　多见于夏季。全身症状轻微，体温降至 40 ℃左右。病羊间有咳嗽和腹泻，鼻涕时有时无，身体衰弱，被毛粗乱无光。在此期间，如饲养管理不良，与急性病例接触或机体抵抗力由于种种原因而降低时，很容易复发或出现并发症而迅速死亡。病死率高达 10%～30%。

【检查所见】

胸腔常有淡黄色液体，间或两侧有纤维素性肺炎；肝变区凸出于肺表，颜色由红至灰色不等，切面呈大理石样；胸膜变厚而粗糙，上有黄白色纤维素层附着，直至胸膜与肋膜。心包发生粘连，心包积液，心肌松弛、变软。

其他病变：急性病例还可见肝、脾肿大，胆囊肿胀，肾肿大和膜下小点溢血。

【病因分析】

本病见于许多国家，我国也有发生，特别是饲养山羊的地区较为多见。

1. 病原特点　引起山羊传染性胸膜肺炎的病原体为丝状支原体山羊亚种，为细小、多变的微生物，革兰氏染色阴性，用吉姆萨法、卡斯坦奈达氏法或美蓝染色法着色良好。培养基的要求苛刻，培养时低浓度(0.7%)琼脂培养基上菌落呈煎蛋状。

2. 流行特点　病羊和带菌羊是本病的主要传染源。本病常呈地方流行性，接触传染性很强，主要通过空气和飞沫经呼吸道传染。在自然条件下，丝状支原体山羊亚种只感染山羊，3 岁以下的山羊最易感染，而绵羊肺炎支原体则可感染山羊和绵羊。冬季流行期平均为 15 d，夏季可维持 2 个月以上。

3. 诱发因素　阴雨连绵，寒冷潮湿，羊群密集、拥挤等因素，有利于空气和飞沫传染的发生；多发生在山区和草原，主要见于冬季和早春枯草季节，羊只营养缺乏，容易受寒感冒，因而机体抵抗力降低，较易发病，发病后病死率也较高。

【建立诊断】

由于本病的流行规律、临床表现和病理变化都具有明显的特征，根据这三个方面做出综合诊断并不困难。确诊需进行病原分离鉴定和血清学试验。血清学试验可用补体结合反应，多用于慢性病例。

本病在临床上和病理上均与羊巴氏杆菌病相似，可取病料进行细菌学检查以资区别。

【防治措施】

1. 预防

(1)平时预防。除加强一般措施外，关键问题是防止引入或迁入病羊和带菌者。新引进羊只必须隔离检疫 1 个月以上，确认健康时方可混入大群。

(2)减少应激。补充电解多维，或预防性使用免疫增强药物，如黄芪多糖、转移因子、维生素 C 等，混入水中，饮用 7 d 左右。

(3)免疫接种是预防本病的有效措施。我国除原有的用丝状支原体山羊亚种制造的山羊传染性胸膜肺炎氢氧化铝苗和鸡胚化弱毒苗以外，研制成绵羊肺炎支原体灭活苗。根据当地病原体的分离结果，选择使用。目前市场上已有商品化的灭活苗可定期实施免疫接种。6 月龄以下羔羊皮下或肌肉注射，2 mL/只；6 月龄以上羊接种 3 mL/只。免疫有效期 6～10 个月。

(4)发病羊群应进行封锁。及时对全群进行逐头检查，对病羊、可疑病羊和假定健康羊分群隔离和治疗；对被污染的羊舍、场地、饲管用具和病羊的尸体、粪便等，应进行彻底消毒或无害处理。

2. 治疗

(1)消炎。可根据实际情况选择下列一种用药方案。

①多西环素注射液、氟苯尼考注射液，各 0.1～0.2 mL/kg，一次肌内注射，1 次/d，连用 3～5 d。

②支原净(延胡索酸泰妙菌素预混剂)：拌料，按每 1000 kg 饲料中加入本品 50～100 g，1 次/d，连用 3～5 d。

③酒石酸泰乐菌素：

混饮：每 100 g 兑水 200～400 kg，连用 1 次/d，连用 3～5 d。

或拌料：每 100 g 混料 100～200 kg，自由采食，连用 3～5 d。

④20%替米考星：

混饮：每 100 g 兑水 200～400 kg，1 次/d，连用 5～7 d。

拌料：每 100 g 混料 1000 kg，自由采食，连用 5～7 d。。

(2)止咳、祛痰。清肺止咳散，1 kg，拌料 500 kg，1 次/d，连用 5 d。

(3)恢复消化机能。健胃散，30～60 g/只，拌料，1 次/d，连用 5 d。

(4)增强体质。黄芪多糖 100 g，电解多维 100 g，加水 200 kg，自由饮用，连用 5 d。

任务十四 小反刍兽疫

小反刍兽疫(peste des petits ruminants，PPR)俗称羊瘟，又名小反刍兽假性牛瘟、肺肠炎、口炎肺肠炎复合症，是由小反刍兽疫病毒引起的一种急性病毒性传染病，主要感染小反刍动物，以发热、口炎、腹泻、肺炎为特征。幼年动物发病严重发病率和死亡都很高，为我国划定的一类疾病。

【临床表现】

小反刍兽疫自然发病仅见于山羊和绵羊，潜伏期为 4～5 d，最长 21 d。山羊发病严重，绵羊也偶有严重病例发生。一些康复山羊的唇部形成口疮样病变。感染动物临诊症状与牛瘟病牛相似。

发热：体温可上升至 41 ℃，并持续 3～5 d。

感染动物烦躁不安，背毛无光，口鼻干燥，食欲减退。流黏液脓性鼻漏，呼出恶臭气体。在发热的前 4 d，口腔黏膜充血，颊黏膜进行性广泛性损害、导致多涎，随后出现坏死性病灶，开始口腔黏膜出现小的粗糙的红色浅表坏死病灶，以后变成粉红色，感染部位包括下唇、下齿龈等处。严重病例可见坏死病灶波及齿垫、腭、颊部及其乳头、舌头等处。

后期出现带血水样腹泻，严重脱水，消瘦，随之体温下降。流脓性鼻液，咳嗽，呼吸困难。

结局：发病率高达 100%，在严重暴发时，死亡率为 100%，在轻度发生时，死亡率不超过 50%。

【检查所见】

1. 剖检病变　结膜炎、坏死性口炎等肉眼病变，严重病例可蔓延到硬腭及咽喉部。

皱胃常出现病变，病变部常出现有规则、有轮廓的糜烂，创面红色、出血。而瘤胃、网胃、瓣胃很少出现病变。

肠内可见糜烂或出血，特征性出血或斑马条纹常见于大肠，特别在结肠、直肠结合处。

淋巴结肿大，脾有坏死性病变。在鼻甲、喉、气管等处有出血斑。还可见支气管肺炎的典型病变。

2. 病理切片　脾脏、扁桃体、淋巴结细胞被破坏。含嗜酸性胞浆包涵体的多核巨细胞出现，极少有核内包涵体。在消化系统，病毒引起马尔基氏层深部的上皮细胞发生坏死，感染细胞产生核固缩和核破裂，在表皮生发层形成含有嗜酸性胞浆包涵体的多核巨细胞。

【病因分析】

本病主要感染山羊、绵羊、美国白尾鹿等小反刍动物，流行于非洲西部、中部和亚洲的部分地区。在疫区，本病为零星发生，当易感动物增加时，即可发生流行。本病主要通过直接接触传染，病畜的分泌物和排泄物是传染源，处于亚临诊型的病羊尤为危险。人工感染猪，不出现临诊症状，也不能引起疾病的传播，故猪在本病的流行病学中无意义。

【建立诊断】

根据山羊或绵羊发病而接触的牛不发病，传染和死亡主要发生在青年羊的流行病学特征，结合临床有高热、分泌物、口炎、呼吸困难、腹泻、死亡等症状以及口腔糜烂、肺炎、肠系膜条状出血等病理变化，可做初步诊断。

确诊：OIE 规定的标准检测方法是竞争 ELISA 和 PCR 方法。国内现建立的方法有 ELISA、PCR、荧光 RT-PCR 方法。

病料采集：用棉拭子无菌采集眼睑下结膜分泌物和鼻腔、颊部及直肠黏膜，全血（加肝素抗凝),血清(制取血清的血液样品不冷冻,但要保存在阴凉处)。

用于组织病理学检查的样品,可采集淋巴结(尤其是肠系膜和支气管淋巴结)、脾、大肠和肺脏,置于10%福尔马林中保存待检。

【防治措施】

1. 疫情发生处置　对本病尚无有效的治疗方法,在本病的洁净国家和地区发现病例,应严密封锁,扑杀患羊,隔离消毒。

2. 对本病的防控主要靠疫苗免疫

(1)牛瘟弱毒疫苗。因为本病毒与牛瘟病毒的抗原具有相关性,可用牛瘟病毒弱毒疫苗来免疫绵羊和山羊,进行小反刍兽疫病的预防。牛瘟弱毒疫苗免疫后产生的抗牛瘟病毒抗体能够抵抗小反刍兽疫病毒的攻击,具有良好的免疫保护效果。

(2)小反刍兽疫病毒弱毒疫苗。目前小反刍兽疫病毒常见的弱毒疫苗为 Nigeria7511 弱毒疫苗和 Sungri/96 弱毒疫苗。该疫苗无任何副作用,能交叉保护其各个群毒株的攻击感染,但其热稳定性差。

(3)小反刍兽疫病毒灭活疫苗。本疫苗系采用感染山羊的病理组织制备,一般采用甲醛或氯仿灭活。实践证明甲醛灭活的疫苗效果不理想,而用氯仿灭活制备的疫苗效果较好。

(4)重组亚单位疫苗。麻疹病毒属的表面糖蛋白具有良好的免疫原性。无论是使用 H 蛋白或 N 蛋白都作为亚单位疫苗,均能刺激机体产生体液和细胞介导的免疫应答,产生的抗体能中和小反刍兽疫病毒和牛瘟病毒。

(5)嵌合体疫苗。嵌合体疫苗是用小反刍兽疫病毒的糖蛋白基因替代牛瘟病毒表面相应的糖蛋白基因。这种疫苗对小反刍兽疫病毒具有良好的免疫原性,但在免疫动物血清中不产生牛瘟病毒糖蛋白抗体。

(6)活载体疫苗。将小反刍兽疫病毒的 *F* 基因插入羊痘病毒的 *TK* 基因编码区,构建了重组羊痘病毒疫苗。重组疫苗既可抵抗小反刍兽疫病毒强毒的攻击,又能预防羊痘病毒的感染。

任务十五　犬细小病毒病

犬细小病毒病,又称为犬病毒性肠炎,是由犬细小病毒引起的犬的一种急性传染病。以出血性肠炎或非化脓性心肌炎为主要临床特征。多发于幼犬,死亡率10%~90%。

本病自1978年在美国被证实以来,经2年左右传播至全球,我国于1982年证实此病以后,在东北、华北和西南等地区的犬中陆续发生和蔓延。

【临床表现】

被细小病毒感染后的犬,在临床上可分为肠炎型和心肌炎型,两种病型在同一个犬身上可单独出现,也可混合出现。

1. 肠炎型　潜伏期1~2周。各种年龄的犬均可发生,3~4月龄离乳幼犬和青年犬多发。主要表现急性出血性腹泻、呕吐、沉郁、发热、白细胞减少等症状。

精神:病犬突然发病,精神沉郁,体温升高、呕吐,体质迅速衰弱。

消化道：发生腹泻，呈喷射状向外排出。粪便黄色或灰色，覆以多量黏液和肠黏膜，接着排出带血呈番茄汁样稀粪，具有难闻的恶臭味。

血液学检查：白细胞总数明显减少。

转归：病犬迅速脱水，眼窝凹陷，皮肤弹性减退，衰竭直至死亡。

病程：短的 4～5 d，长的 1 周以上。

成年犬一般不出现体温升高，有的犬仅表现间歇性腹泻或仅排软便。

2. 心肌炎型　该型多见于 4～6 周龄的幼犬，常突然发病，并在数小时内死亡。

感染犬偶见呕吐，有轻度腹泻和体温升高，严重的呼吸困难，持续 20～30 min，脉快而弱，可视黏膜苍白，听诊心律不齐。病死率 60%～100%。

【检查所见】

1. 肠炎型　病变主要见于小肠下段，特别是空肠和回肠更为显著。

胃、小肠出血，小肠浆膜暗红色。肠黏膜广泛性充血、出血，黏膜坏死，脱落，肠内容物呈水样并混有血液和黏液，肠系膜淋巴结充血、出血、肿胀。

病理组织学检查，可见小肠黏膜上皮坏死，脱落，绒毛萎缩，隐窝萎缩或上皮变性。

2. 心肌炎型　肺脏严重水肿，局灶性充血、出血。

多数病犬心肌或心内膜有非化脓性坏死灶，心肌纤维严重损伤或见心肌纤维上有出血斑纹，心腔扩张，心室内积有凝血块。

心肌损伤部位的细胞内常见核内包涵体。

【病因分析】

1. 易感动物　主要是犬，其他犬科动物如狼、狐也可感染。各种年龄和不同性别的犬都有易感性，但幼犬易感性更高，尤其是断乳前后的幼犬最易感，且以同窝暴发为特征。3～4 周龄犬感染后呈急性致死性心肌炎的为多；8～10 周龄的犬以肠炎为主；小于 4 周龄的仔犬和大于 5 岁龄的老犬发病率低。纯种犬及外来犬比土种犬发病率高。

2. 传染源　感染犬，主要传染源；带毒犬，危险的传染源；康复犬的粪便可能长期带毒。

3. 传播途径　主要是直接接触传播。病毒随粪便、尿液、呕吐物及唾液排出体外，污染食物、垫料、食具和周围环境。被污染的饲料通过消化道感染。

4. 流行特点

(1)流行形式。犬细小病毒病多为散发，在养犬比较集中的区域常呈地方流行性。

(2)季节性。该病的发生无明显的季节性，一般夏秋季节多发。

(3)促发因素。天气寒冷，气温骤变，拥挤，卫生水平差和并发感染，可加重病情和提高死亡率。

【建立诊断】

1. 初步诊断　在本病流行区，根据病犬的临诊症状(出现先呕吐后发生急性出血性肠炎，白细胞显著减少及幼犬急性心肌炎等)、流行病学特点、病理变化特点可初步诊断。

2. 确诊　需进行实验室检查。

(1)血液学检查。对病犬血液检查可见明显的白细胞减少为特征。肠炎型病例在病初 4～5 d，白细胞可减少到 500～2 000 个/mm^3。

(2)粪便电镜直接检查。采病犬粪便，处理后负染，电镜下观察，如犬粪便中有典型病毒粒子即可确诊。

(3)小肠后段和心肌包涵体检查。采取小肠后段和心肌病料做组织切片，可检查到肠上皮细胞和心肌细胞出现核内包涵体可确诊。

(4)病毒分离培养。小肠、心肌、粪便常用原代或次代犬胎肾或猫胎肾细胞培养物或它们的细胞系进行培养。

(5)血清学检查。

HA 和 HI 试验：测粪便或细胞培养物，用 0.5%～1%猪红细胞作为指示系统，HA 效价≥80 倍，同时用已知抗 CPV 血清做 HI 试验能抑制血凝即可确诊。

ELISA：该法可定性测定病犬病料中的细小病毒。

荧光抗体试验：被检材料是犬肠切片、心肌切片以及细胞培养飞片。

还有免疫扩散试验，血清中和试验等。

【防治措施】

1. 预防

(1)预防本病应做好平时的接种。目前国内外均有犬细小病毒死苗和活苗的单苗或联苗产品。如猫源灭活疫苗、猫源弱毒疫苗、犬源灭活疫苗、犬源弱毒驯化疫苗、犬二联苗(细小病毒病-犬传染性肝炎)、犬三联苗(细小病毒病、犬瘟热、犬传染性肝炎)和犬五联苗(细小病毒病、犬瘟热、狂犬病、犬传染性肝炎、犬副流感)。幼犬 7 周龄左右接种，初免需 3 针，每针间隔 3 周，成年后每年 1 针。成年犬初免需 2 针，每针间隔 3 周，以后每年 1 针。

(2)发现本病应立即进行隔离饲养。防止病犬和病犬饲养人员与健康犬接触，对犬舍及场地用 2%火碱水或 10%～20%漂白粉等反复消毒。

(3)对可疑犬可用灭活苗进行紧急注射。

(4)对无治愈可能的病犬应尽早捕杀，病死犬深埋或焚烧处理，污染的犬舍、场地用 3%的烧碱液、1%的福尔马林或 0.5%的过氧乙酸彻底消毒，并空舍 1 个月后，方可启用。

2. 治疗

(1)犬细小病毒病早期应用犬细小病毒高免血清治疗。每千克体重 0.5～1 mL，皮下或肌内注射，1 次/d，连用 3～5 d。

(2)对症治疗。补液疗法：乳酸林格氏液，加 ATP、辅酶 A、维生素 C、B 族维生素等，补充营养；5%碳酸氢钠溶液，缓冲酸中毒；5%葡萄糖溶液，补充血糖。可根据脱水的程度决定补液量的多少。

(3)消炎、止血、止吐。庆大霉素每千克体重 1 万 IU，地塞米松每千克体重 0.5 mg 混合肌内注射；或卡那霉素每千克体重 5 万 IU 加地塞米松混合肌内注射。维生素 K 每千克体重 11 mg，胃复安每千克体重 2 mg，混合肌内注射。

(4)特异性疗法。CPV 单克隆抗体：体重 10 kg 以下犬，3～5 mL；体重 10～20 kg 犬，4～6 mL，肌内注射，1 次/d，连用 1～3 次。

任务十六 犬瘟热

犬瘟热，又名犬麻疹、犬瘟等，是由犬瘟热病毒引起的犬科、鼬科、浣熊科的一种急性、高度接触性、致死性传染病，主要发生于3～12月龄犬。以双相热型、鼻炎、支气管炎、小叶性肺炎、重度胃肠炎和神经症状为特征。

早期双相体温热型，症状类似感冒，随后以支气管炎、卡他性肺炎、胃肠炎为特征。病后期可见有神经症状出现如痉挛、抽搐。部分病例可出现鼻部和角垫高度角化(硬脚垫病)。自然病例中常继发细菌性感染。

【临床表现】

犬瘟热潜伏期为3～6 d。症状多种多样，与毒力的强弱、环境条件、年龄及免疫状态有关。

1. 肺炎型　犬瘟热开始的症状是体温升高，持续1～3 d。然后消退，很似感冒痊愈的特征。但几天后体温再次升高，持续时间不定，呈典型的“双相热”。可见流泪、眼结膜发红、眼分泌物由液状变成黏脓性。鼻镜发干，有鼻液流出，开始是浆液性鼻液，后变成脓性鼻液。病初有干咳，后转为湿咳，呼吸困难。呕吐、腹泻、肠套叠，最终以严重脱水和衰弱死亡。

2. 脑炎型　大多在上述症状10 d左右出现。临床上多见脚垫角化、鼻部角化继发神经性症状。由于犬瘟热病毒侵害中枢神经系统的部位不同，症状有所差异。病毒损伤脑部，表现为癫痫、转圈、站立肢势异常、步态不稳、共济失调、咀嚼肌及四肢出现阵发性抽搐等其他神经症状。此种神经性犬瘟热预后多为不良。

3. 眼损伤型　犬瘟热病毒可导致部分犬眼睛损伤，临床上以结膜炎、角膜炎为特征，角膜炎大多是在发病后15 d左右多见，角膜变白，重者可出现角膜溃疡、穿孔、失明。

该病在幼犬死亡率很高，死亡率可达80%～90%。尽管临床上进行对症治疗，但对病情的发展很难控制，大多以神经症状及衰竭死亡。部分恢复的犬一般都可留下不同程度的癫痫后遗症。

【检查所见】

本病为泛嗜性感染，病毒分布广泛。上呼吸道黏膜、肺、眼结膜呈卡他性或化脓性炎及黏液性或出血性肠炎，有些病例皮肤出现水疱性、脓性或增生性皮炎(硬肉趾病)。具有特征的病变为胸腺萎缩呈胶冻样，肾上腺皮质部变性。

病理组织学检查：在呼吸道、消化道、泌尿道上皮细胞中可见到胞质内或核内包涵体。

【病因分析】

1. 传染源　病畜或带毒动物是本病的主要传染源。尤其是犬。

2. 传播途径　本病通过病畜或带毒动物分泌物和排泄物向外界排毒，主要通过直接接触感染，也可经呼吸道和消化道感染以及交配感染。同室犬一旦有犬瘟发现，无论采取怎样严密防护措施，都不能避免同居一室的犬感染。

3. 易感动物　不同年龄、性别和品种的犬均可感染，但以未成年的幼犬(3个月至1年的幼犬)最为易感。纯种犬、警犬比土种犬易感性高，而且病情反应重，死亡率也高。自然条件下，该病除感染犬外，狼、豺、狐、獾等野生和家养的皮毛兽均可感染发病。

4. 流行特点　本病一年四季均可发生，但以冬春多发。本病有一定的周期性，每三年一次大流行。

【建立诊断】

根据流行病学、症状和剖检初步诊断，确诊要靠实验室诊断：可采取早期病犬的眼结膜、膀胱、肾盂等涂片检查包涵体或取肝、脾、淋巴结、肺、气管、大脑等送实验室进行病毒分离。也可取血清做中和试验。有条件的可将上述病料的涂片用犬瘟热荧光抗体染色检查。临床上取患犬眼、鼻、口腔分泌物，使用 CDV 试纸检测较为方便快捷，但可能存在一定假阳性和假阴性。

【防治措施】

1. 控制传染源　发生疫情时要严格隔离病犬，避免患犬和健康犬的接触。病死尸要深埋。

2. 消毒　对环境及用具进行消毒，犬舍、环境消毒宜选用碱性药物，如 3%烧碱、石灰水等。

3. 免疫接种　我国生产的犬瘟热疫苗是细胞培养弱毒苗。一般为五联苗（狂犬病、犬瘟热、副流感、传染性肝炎、细小病毒性肠炎），进口的六联苗中还含有疱疹病毒苗。接种疫苗先用注射用水按瓶签规定稀释。30～40 日龄的犬接种 3 次。90 日龄以上的注射 2 次。每次间隔 2～4 周。母犬配种前接种，孕犬不宜接种。对患犬可进行紧急疫苗接种。

4. 治疗　病犬可注射抗生素以控制继发感染，有条件可用抗血清进行治疗。并注意强心和补液。

任务十七　猫泛白细胞减少症

本病又称猫瘟，由细小病毒科细小病毒属的猫细小病毒（*Feline panleukopenia virus*，FPV）所引发，是一种急性、高度接触性、高度致死性传染病。该病被认为是肉食兽病毒感染中感染范围最广、致病性最强的一种疾病，所有猫科动物均对 FPV 易感，浣熊科、鼬科动物也对 FPV 易感。猫瘟通常发生在 2～6 月龄未接种的幼猫，临床以体温升高、呕吐、腹泻、白细胞下降为特征。

【临床表现】

突然出现食欲不振，精神萎靡，嗜睡，不喜运动。反复呕吐，开始出现吐食和吐口水，后期则吐黄色的液体。粪便稀、软，严重会出现便血。

【检查所见】

腹部触诊，后腹部紧张感增加，体温稍高。

血常规检查：白细胞总数、淋巴细胞数、红细胞数、粒细胞数均低于正常水平。

血清学检验：采样棉签蘸取样本稀释液，在该猫直肠内采取粪便，将采样棉签伸入样本稀释液之内充分混合。使用采样滴管吸取样本上清液 4 滴，滴入检测板加样孔内，等待 5～10 min 判定结果，C 线、T 线均有红色条带出现，说明该猫 FPV 抗原为阳性。

【病因分析】

猫瘟病毒传染性极强，在猫没有经过疫苗注射或者疫苗注射不正确的情况下，接触到病猫的粪便、尿液、呕吐物或者其他附着有病毒的任何物体（如衣物等），都有可能感染。

病原为细小病毒科、细小病毒属的一种病毒。病毒进入机体后，在肾脏可存活 1 年以上。细小病毒可以在环境中存活较长时间，但可以被福尔马林、次氯酸钠（家用消毒液）或戊二醛灭活。

【建立诊断】

依据临床症状，结合血常规白细胞、淋巴细胞、粪便化验结果可确立诊断。

【防治措施】

1. 抗病毒 猫瘟高免血清，2 mL/kg，肌内注射，隔 1 天注射 1 次。注射用重组猫 ω 干扰素，200 万 IU/支，1 支/次，肌内注射，1 次/d，连用 5 d。

2. 抗菌消炎 阿莫西林克拉维酸，恩诺沙星 5 mg/kg，静脉或者皮下注射，1 次/d，连用 5 d。

3. 对症治疗

(1)止吐。当出现呕吐时应当禁食禁水，同时用胃复安注射液 0.15～0.25 mL/kg，2 次/d，肌内注射或皮下注射。

(2)止血。止血敏，1～2 mL/次；或维生素 K_3 注射液，0.3 mL/kg，肌内注射。

(3)补液。当出现脱水或呕吐时，可用 5%葡萄糖 15～30 mL，5%碳酸氢钠 5 mL，复方生理盐水 30～50 mL，混合一次性静脉注射。

4. 护理 可喂少量易消化的食物，3～6 次/d，也可使用关于胃肠道相关疾病的处方粮或处方罐头。

5. 预防 定期预防接种疫苗是预防猫瘟的有效措施。常用疫苗为“妙三多”疫苗(防猫泛白细胞减少症、猫鼻支气管炎病毒、猫嵌杯状病毒)。选择在 8 周龄左右进行幼猫的免疫接种，一般是初免 3 次接种，每 3 周接种 1 次(每次 1 mL)，次年及以后 1 次/年接种。

任务十八 猫传染性腹膜炎

猫传染性腹膜炎(FIP)是由冠状病毒科、冠状病毒属的猫传染性腹膜炎病毒引起的一种渐进性、致死性疾病。临床以腹膜炎、大量腹腔积液或胸腔积液渗出、脏器出现肉芽肿及高死亡率为特征。临床分为渗出性和非渗出性两类。

【临床表现】

发病初期不具有特征性症状，病猫精神沉郁，食欲减退，体重减轻，波动性发热，有轻微的呼吸道症状。临床症状分为渗出型和非渗出型两种，前者较多见。

1. 渗出型 病猫初期食欲减退，体重减轻，体温升高，白细胞总数增加。发病 7～40 d 后，腹部逐渐膨大，腹腔内积有大量腹水，触诊无痛感，有波动感。如抽取腹腔积液会发现积液呈黄色，澄清或轻度混浊，并且黏稠。母猫发病时容易误认为是妊娠。随着腹围逐渐增大，有时可见胸腔积液及心包腔积液。由于渗出液压迫胸腔，病猫表现呼吸急促、呼吸困难等症状，听诊心音沉闷。随着病情的发展，病猫还表现贫血、消瘦，病程可延续 2 周至 2～3 个月，最后衰竭死亡。也有少数猫出现滑膜炎，这是由于免疫复合物或受感染的巨噬细胞、单核细胞迁移到滑膜所致。

2. 非渗出型 病猫不发生腹腔积液或胸腔积液症状，病毒主要侵害中枢神经、眼、肝、肾、脾、肠道等组织器官。中枢神经受侵害时常因发病部位和严重程度不同而各异，常见症状有精神状态改变、共济失调、后躯运动障碍、眼球震颤、癫痫、痉挛、跛行和瘫痪等症状。当病猫出现角弓反张、前肢僵直和后肢屈曲时，则提示濒临死亡。眼睛受侵害时出现火焰状网膜出血、眼房液变红、眼角膜水肿、眼角膜上有沉淀物、虹膜睫状体发炎、眼前房内有纤维蛋白凝块和角膜穿孔而失明等症状。肝脏受侵害时出现消化不良、黄疸、呕吐等症状。肾脏受侵害时出现肾脏肿大、蛋白尿、进行性肾功能衰竭等症状。肠道受侵害时会出现慢性腹泻、便秘或呕吐等症状。

【检查所见】

1. 临床检查　体温升高 0.5～1 ℃，心率略高，呼吸增数，达 80 次/min。腹围显著对称性增大，触诊有波动感。听诊腹部，胃肠蠕动音增加。口腔黏膜、鼻黏膜及耳部皮肤发绀，腹部皮肤、眼角膜明显黄染，后期则转为苍白。有的眼角膜出现炎症、穿孔等病变。

2. 病理剖检

(1)渗出型。病理解剖可见腹腔有大量积液，积液有纤维蛋白渗出，呈淡黄色或无色透明状，黏稠，摇晃时容易出现泡沫，静置容易凝固，并含有大量巨噬细胞及嗜中性粒细胞。腹膜表面和腹腔脏器表面也有纤维蛋白渗出。肝表面有小坏死灶。

(2)非渗出型。病理剖检可见脑水肿，肾脏表面凸凹不平或有肉芽肿，肝脏有大小不等的坏死灶。具有眼部病变的患猫眼房液中蛋白含量增加。具有中枢神经系统病变的患猫脑脊液中蛋白含量增加。

3. 血液生化检查　采集患猫前肢静脉血液，进行生化检查，球蛋白偏高，白蛋白/球蛋白偏低。

4. X 线检查　患猫胸腹部 X 线检查，可见腹腔充满大量高浓度液体，肠管浮于腹腔积液中，有的病例则可见胸腔充满胸腔积液。

5. 李凡他试验　穿刺取腹腔积液或胸腔积液做李凡他试验结果呈阳性，说明其为渗出液，由炎症引起的。

6. 分子生物学检测　将抽取的腹腔积液、胸腔积液做反转录-聚合酶链反应实验(RT-PCR)，可于样品中检测到猫冠状病毒某位点发生突变。

【建立诊断】根据发病史、流行病学、临床症状、实验室诊断、影像学检查和组织病理学检查等方法，可建立初步诊断。确诊需采取病猫腹腔渗出液或血液接种于猫胎肺细胞培养物，进行病毒分离、培养、鉴定。或通过免疫荧光试验、中和试验、酶联免疫吸附试验(ELISA)、聚合酶链反应(PCR)、RT-PCR 等方法检测病毒。

【防治措施】

1. 治疗　目前猫传染性腹膜炎无有效治疗方法，也没有有效药物。临床上只能采用支持疗法、对症疗法进行治疗，但只能缓解病情，延长寿命，但不能治愈。

(1)免疫调节。猫 α-干扰素 90IU，皮下注射，1 次/d，连用 7 d。

(2)消炎。阿莫西林克拉维酸钾 25 mg，口服，2 次/d，连用 7 d。

(3)辅助治疗。补充营养，补血膏 2 mL，口服，1 次/d，连用 14 d。

(4)特异性治疗。可试用病毒抑制剂：GC-376(3C 样蛋白酶靶向抑制剂，抑制 FCoV 的蛋白合成过程)，GS-441524(一种核苷酸类似物，能够竞争性抑制 RNA 聚合酶，进而抑制病毒 RNA 的复制)。国外文献中 GC-376 的推荐剂量为每千克体重 10.0～15.0 mg，皮下注射，2 次/d，持续至少 12 周；GS-441524 的推荐剂量为每千克体重 4.0 mg，皮下注射，1 次/d，持续至少 12 周。国内 GC-376 和 GS-441524 的临床试验正在进行中，有报道称：治疗 4 周已经有较好的疗效，复发率较低。

2. 预防　由于目前国内尚无有效疫苗，做好猫舍环境卫生、控制猫舍内吸血昆虫(如虱、蚊、蝇等）和啮齿动物（老鼠）是防治该病的重要措施。平时应及时清扫粪便，定期消毒，降低环境中粪便及其他污染源感染的机会。健康猫应避免与病猫和带毒猫接触，减少被传染的机会。同时加强猫泛白细胞减少症病毒监测，及时清除病猫，也有利于控制该病。

子项目六　动物常见寄生虫病的诊断及防治

任务一　球虫病

多种动物都有球虫寄生，其中以鸡球虫病危害最为严重，兔、鸭、牛、犬等其他动物球虫病也有一定危害。鸡球虫病由鸡的 7 种球虫分别寄生于不同肠段引起的以消化道症状为特征的疾病，给养鸡业造成严重经济损失。

【临床表现】

本病多发生在温暖季节，以 3 周龄至 1.5 个月龄的雏禽易感染，发病率和死亡率都高。以柔嫩艾美耳球虫的致病力最强，寄生于盲肠，俗称盲肠球虫病。

1. 急性型　多见于 3～6 周龄以内的雏鸡。患鸡精神不振，羽毛蓬乱，缩头闭眼，食欲减退，渴欲增加，嗉囊积液。粪便异常，开始粪便稀，为咖啡色，并含有大量脱落的肠黏膜；后为血便。迅速消瘦，贫血，鸡冠苍白。体力虚弱，运动失调，翅膀轻瘫。病末期，由于肠道炎症、肠细胞崩解等原因造成的有毒物质被机体吸收，导致自体中毒，病鸡昏迷或强直痉挛，多数死亡，死亡率达 50％～80％。

2. 慢性型　多见于 2 月龄以上的鸡。症状较轻，患鸡精神不振，消瘦，翅下垂，腿无力，间歇性下痢，产蛋减少，肉鸡生长减慢，较少死亡。

【检查所见】

死鸡消瘦，黏膜和鸡冠苍白。泄殖腔周围羽毛被粪便污染，往往带有血液。

内脏的主要变化在肠管，而肠管病变的部位和程度与病原种类有关。

柔嫩艾美耳球虫主要侵害盲肠，急性型时现两根盲肠显著肿大，是正常的 3～5 倍，肠内充满凝固的或新鲜的暗红色血液，肠上皮变厚并有糜烂。直肠黏膜可见有出血斑。

毒害艾美耳球虫损害小肠中段，肠管扩张、肥厚、变粗，有严重的坏死。肠壁有明显的淡白色斑点，黏膜上有许多小出血点。肠管中有凝固血块或胶冻样物质，使小肠在外观上呈淡红色或黄色。

巨型艾美耳球虫主要侵害小肠中段，肠管扩张、肠壁肥厚、内容物黏稠，呈淡灰色、淡褐色或淡红色，有时混有很少的血块。

堆型艾美耳球虫多在上皮表层发育，而且同期发育阶段的虫体常聚集在一起。因此，被损害的十二指肠和小肠前段出现大量淡灰色斑点，排列成横行，外观呈阶梯样。

哈氏艾美耳球虫主要损害十二指肠和小肠前段，特征变化是肠壁上出现针尖大的红色圆形出血点。

【病因分析】

一年四季可发生，但温暖潮湿多发，北方以 4—9 月份多发，7—8 月份为高峰期。饲养管理不良，维生素 A 和维生素 K 缺乏促进发生。在适宜条件下，球虫的增殖及传播速度迅速。

球虫没有中间宿主，可以直接发育，随粪便排出的卵囊，在条件适宜的情况下，经 2～3 d 发育，就成为感染性卵囊，被动物吞食后，重新在体内生殖，所以流行甚广，很难将球虫彻底清除。

感染源为耐过鸡和带虫鸡，耐过鸡持续排出卵囊达 7 个月之久。通过饮水、饲料、饲养工具机械传播。

本病多发于 15～50 日龄雏鸡，其次是 2～3 月龄幼鸡，成年鸡多为带虫者。当动物机体的抵抗力降低，球虫可大量增殖引起球虫病。

球虫对药物产生耐药性较快，因此同一种有效药物，随使用时间的延长，就会作用变小，药量增大，直至最后无效。

【建立诊断】

(1)根据发病年龄、季节、病状、病理变化(盲肠和小肠)，可建立初步诊断。

(2)粪便检查，发现卵囊(饱和食盐水漂浮法)可确诊。

(3)虫种综合鉴定：卵囊形态、肠道病变、雏鸡传代、测定潜隐期、分子生物学鉴定。

【防治措施】

1. 预防措施

(1)鸡舍要保持清洁干燥，通风良好，及时清除粪便及潮湿的垫料。

(2)饲槽、饮水器、用具和栖架，要经常洗刷和消毒，减少感染机会。

(3)饲料中应保持有足够的维生素 A 和维生素 K，以增强抵抗力，降低发病率。

(4)药物预防。对鸡球虫病常用作饲料添加剂的预防药物有氨丙啉、球痢灵和可爱丹等，抗生素类有莫能霉素、拉萨霉素和盐霉素等。对兔球虫病可用磺胺类，如磺胺喹噁啉、复方磺胺二甲氧嘧啶和磺胺噻唑等进行预防。

(5)免疫预防。当前合用球虫苗进行预防较为经济有效。

2. 治疗措施

(1)20%磺胺氯吡嗪钠。以本品计，混饮：每 1 L 水肉鸡、火鸡 1.5 g，连用 3 d。混饲：每千克饲料，肉鸡，火鸡 3 000 g，连用 3 d；兔 3 000 g，连用 5～10 d。内服：羊每千克体重 1.2 mL(配成 10%水溶液)，连用 3～5 d。

(2)氯丙啉。预防量为每千克饲料添加 40～250 mg，连喂 7 d，以后将浓度减半，再用 14 d，治疗量为 500 mg，连用 7 d，以后减为 250 mg，连喂 10 d。

(3)磺胺二甲氧嘧啶。预防量为饲料或饮水中加入 0.05%，连用 6 d；治疗量为预防量加倍混饲料或饮水，连续 3～7 d。

(4)磺胺喹噁啉。以间断投药预防为佳，0.1%混饲，连喂 2～3 d，停 3 d 再用 0.05%混饲 2 d。

(5)盐霉素。按 0.007%混入饲料，预防从 15 日龄开始，连续投药 30～45 d。

【知识链接 1】

鸡球虫免疫方法

预防时机为 3～4 日龄雏鸡。方法为喷料免疫，操作流程如下：

1. 免疫前的准备工作

(1)鸡群空料。免疫前将鸡群空料 2 h，并清理干净料盘，正常供水。

(2)材料准备。蒸馏水或凉开水；疫苗稀释容器(常用 20～30 L 水桶或其他容器)两只；加压式喷雾器一个；帆布或硬塑料布(用途：平铺饲料)；耙子或木锨一个(用途：搅拌饲料)。

(3)计算料量和水量。料量根据鸡只当天采食量的 1/3 计，可供鸡自由采食 6～8 h。如 3 日龄免疫，每 1 000 只鸡雏需料 8 kg，需水(疫苗溶液)800～1 200 mL。具体料量根据鸡的日龄和品种调整，应足够鸡采食 6 h 以上。

2. 免疫操作步骤

(1)平铺饲料。将称好的饲料平铺在准备好的帆布或塑料布或干净的硬化水泥地面上。

(2)稀释疫苗。量好所需的水量，将部分先导入干净盆内，在水中打开疫苗并涮洗疫苗瓶和盖子 5 次，将稀释后的疫苗溶液导入喷雾器，并用剩余水涮洗盆子后一并加入喷雾器中。也可直接将足量水加入喷雾器中，在喷雾器中打开并涮洗疫苗瓶。用手或其他干净物搅拌均匀。背起喷雾器并将疫苗溶液摇晃几下，即可喷料。

(3)喷料操作。喷料前需不停地全方位摇晃喷雾器，然后把球虫疫苗悬液均匀地喷洒在饲料上，来回多喷几次，边喷边将饲料充分搅拌均匀。一般应来回喷拌至少 5 次以上。

(4)称料饲喂。喷料结束后，根据开食盘的数量，计算好每个采食盘应分配的饲料量，尽可能均匀分配到采食盘中，以便鸡雏采食均匀。鸡将喷洒好的疫苗采食完，需 6～8 h，记录采食所需的时间。

注意：喷洒期间要不时摇动喷雾器，两次摇晃时间不得超过 20 s；喷料操作时需要 2～3 个人员协助，以便将饲料搅拌均匀；以免球虫卵囊发生沉淀，造成免疫不均。料盘内剩余的料吃完后再加新料。

3. 注意事项

(1)饲喂不添加任何抗球虫药的饲料。

(2)28 日龄之前不要彻底更换垫料。

(3)消毒不会影响球虫苗的免疫效果。

(4)注意对疫苗的保护，尤其疫苗必须保存在溶液中。由于活卵囊需要氧气，养殖户避免长期密封处理，同时控制好保存温度，即温度过低会致使卵囊破裂，温度过高会致使卵囊代谢旺盛，均会对疫苗效用产生巨大的影响，保存温度条件一般为 2～8 ℃。

【知识链接 2】

球虫苗的免疫机理

艾美耳球虫在肠道的发育能使宿主迅速产生免疫应答，可保护宿主免受同种球虫的再次侵袭。接种一定数量(大约数千个)的球虫疫苗(强毒虫株、弱毒虫株或早熟减毒虫株的孢子化卵囊)使机体处于多次亚临床感染状态，对机体本身不引起明显损伤却能因受刺激而获得免疫力。

研究表明，鸡群只有通过感染球虫并完成至少 1 个生活周期后才能获得对球虫的免疫力。堆型球虫只需一个生活周期(5～7 d)就可建立 90%的免疫力，柔嫩球虫要经过 3 个生活周期才能获得有效的免疫力，混合感染的球虫必须经过 2～3 个生活周期才能获得坚强的免疫力。球虫苗免疫力的好坏依赖于卵囊的孢子化程度、含量和鸡实际摄入的卵囊数量。不同的球虫虫种的免疫原性不同。巨型、堆型艾美耳球虫的免疫原性最好。鸡球虫的各虫种之间不存在交叉保护，肉鸡必须接种含堆型、巨型、变位、柔嫩 4 种卵囊的球虫苗。种鸡、蛋鸡必须接种含堆型、巨型、变位、柔嫩、毒害、早熟、哈氏、布氏等 8 种卵囊的球虫苗。同一虫种的不同发育阶段的免疫原性也不同。第二代裂殖体、裂殖子的免疫原性最强。

任务二 犬螨虫病

犬螨病又叫犬疥癣、癞皮狗病，是由犬疥螨或犬耳痒螨寄生所致，其中以犬疥螨危害最大。螨虫主要寄生于表皮下，患部主要表现为奇痒、掉毛、红色点状丘疹等。

【临床表现】

疥螨病：幼犬症状严重，多发生于头、颈、尾部。先发生于鼻梁、颊部、耳根及腋间等处，然后扩散至全身。起初皮肤发红，出现红色小结节，以后变成水疱，水疱破溃后，流出黏稠黄色油状渗出物，渗出物干燥后形成鱼鳞状痂皮，患部剧痒，病犬常以爪抓挠患部或其他物体上摩擦，因而出现严重脱毛。若继发感染后可出现小脓疱。随着病情的继续发展，病变部位不断扩大，可能蔓延到全身。由于螨分泌毒素的刺激，使患部的皮肤发生剧烈的痒觉和炎症。由于皮肤发炎和奇痒，病犬烦躁不安，影响进食和休息，逐渐消瘦，特别严重者可因全身衰竭而死。

耳痒螨：虫寄生于犬外耳部，引起大量的耳脂分泌和淋巴液外溢，且往往继发化脓。病犬痒感明显，不停地摇头、抓耳，在器物上摩擦耳部，常导致外耳道出血。有时向病变较重的一侧作转圈运动。后期，病变可蔓延到额部及耳壳背面。

【检查所见】

1. 临床检查

耳螨病：耳部搔痒、摇耳、肉眼可见耳道内有褐色分泌物。

疥螨病：患犬皮肤剧痒，持续搔抓、啃咬、摩擦患部皮肤。主要发生于头部，有时也发生于身体其他部位。患部皮肤发红，有红疹，有的形成脓疱，多有体臭。

2. 镜检　将疑似疥螨的病犬进行保定，用酒精棉球浸湿患部周围的皮毛，在健康皮肤和患处皮肤交界处采集病料，用消好毒的手术刀片（略钝）用力刮取病料，保持刀刃和皮肤垂直，直到微微出血，将刮取的病料置于消毒器皿中。

（1）直接制片法。将采集的病犬鳞状皮屑分放在载玻片上，做好标记，为使鳞片皮屑变软和透明，易于观察，分别在各载玻片上滴加几滴甘油溶液，再盖上载玻片。轻轻按压并搓动盖玻片和载玻片，使鳞片皮屑变薄，在 400×低倍镜下观察，可发现疥螨及其幼虫。

（2）经碱软化后镜检。将病料置于 5%～10% NaOH 溶液中煮沸 12 h，使痂皮软化溶解后，静置 20 min。取沉淀物涂片，400×显微镜下镜检，可看到虫体。

【知识链接】

犬螨虫虫体特征

1. 犬疥螨（图 3-6-1）。虫体浅黄色，呈圆形，背面隆起，腹面扁平。雄螨大小为（0.2～0.23）mm×（0.14～0.19）mm；雌螨大小为（0.33～0.45）mm×（0.25～0.35）mm。腹面有 4 对粗短的足，雄螨第 1、2、4 对足和雌螨第 1、2 对足尖端有带柄的吸盘，吸盘喇叭形，柄长，不分节。

2. 犬耳痒螨（图 3-6-2）。虫体呈椭圆形，雄螨大小为 0.32～0.38 mm；雌螨大小为 0.43～0.53 mm。口器短圆锥形。足 4 对，较长，雄螨每对足末端和雌螨第 1、2 对足末端均有带柄的吸盘，柄短，不分节。

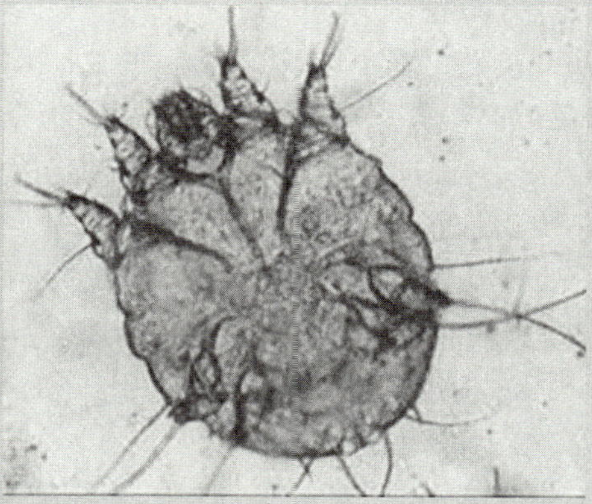

图 3-6-1　犬疥螨

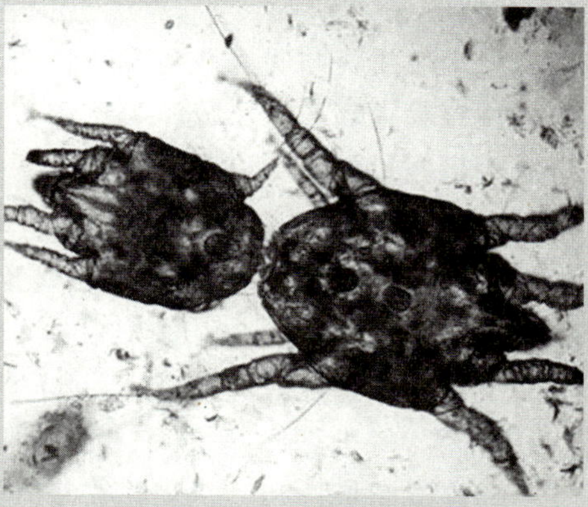

图 3-6-2　犬耳痒螨

【病因分析】

1. 病原　最常见的螨虫病有耳螨、疥螨和蠕形螨病。螨的发育属不完全变态发育，经过卵、幼虫、若虫、成虫四个阶段。螨寄生于皮肤深层，在皮肤内挖凿隧道，虫体在隧道内发育和繁殖，以皮肤的细胞和组织液为营养。雌雄成虫交配后，雄虫即死亡，雌虫在皮肤隧道内产卵，经过 3～8 d 孵出幼虫（幼虫只有 3 对足），幼虫爬到皮肤表面再开凿小穴，在小穴内蜕皮 1 次发育成若虫，若虫再钻入皮肤发育成成虫。

雌虫的寿命 4～5 周，其一生产卵 4 050 个，23 周就可完成一个世代。螨对外界不利因素的抵抗力强，能在适宜的温、湿度下存活一段时间。耳螨离开宿主后，在 37 ℃环境中可存活 5～7 d，在 22～24 ℃可存活 12～15 d，在 4 ℃环境可存活 4～5 d。

2. 流行病学

(1)感染来源:病犬和带虫犬。

(2)感染途径:接触感染。可以通过直接接触感染,也可通过饲具、衣物等间接接触而感染。

(3)季节性:4—10月份多发。特别是阴雨潮湿天气,皮肤光照不足,皮毛增厚,有利于螨虫的滋生。

3. 诱因　阴暗、潮湿、拥挤等因素容易诱发此病,瘦弱、幼犬易遭侵袭,干燥、阳光、温暖环境对螨虫不利。

【建立诊断】

根据流行病学特点、临床特征可做出初步诊断。确诊,可采取皮肤刮取物进行镜检,如发现虫体,即可确诊。

鉴别诊断:

(1)在诊断螨病时,应与秃毛癣、湿疹、虱病等区别。

秃毛癣:在体表呈圆形或椭圆形脱毛,界限明显,脱毛处皮肤光滑,痒觉较轻,皮肤刮取物可发现真菌。

湿疹:刮取的病料中无螨虫,痒的症状不明显且在温暖的地方症状不加重。

虱病:痒的症状没有螨病严重,在痒处可找到虱子。

(2)脓皮病是在皮肤发炎的基础上,继发感染化脓杆菌引起,在臂部、四肢和外阴等部分出现化脓和溃烂。

(3)过敏性皮炎与吸入花粉及药物情况有关,病变皮肤出现小结或有红斑、肿块。

(4)注意螨虫病与激素分泌失调和微量元素缺乏(如锌)等疾病的区别。

【防治措施】

1. 治疗　螨虫的治疗原则是:杀虫止痒、抗菌消炎,提高皮肤抵抗力。

(1)杀虫止痒。伊维菌素注射液:每千克体重0.05 mL,一次颈部皮下注射;12.5%双甲脒乳制剂,温水稀释250~500倍,喷雾。间隔7 d和14 d再重复给药1次。

(2)抗菌消炎。硫酸庆大霉素,每千克体重3~5 mg,肌内注射,2次/d,连用2~3 d;也可用氨苄青霉素,每千克体重10~20 mg,肌内注射,2次/d,连用3 d。

(3)提高皮肤抵抗力。适当补充复合维生素B、维生素A,微量元素锌(如:葡萄糖酸锌口服液,内服),以促进皮肤的代谢和愈合。另外,加强饲养管理,提高机体抵抗力,也有利于促进皮肤的愈合。

2. 预防　控制犬的活动范围,阻断与病犬接触,定期驱虫,喂饲的用具经常清洗,定期用杀螨药处理。

购入犬时,必须检查或隔离一段时间(20~30 d),以确认有无螨虫病。保持犬只皮肤卫生,加强饲养管理。

犬舍及周围活动场地要经常打扫,粪便集中堆积发酵,通过此法可以杀灭各种虫卵和病菌。室内保持清洁、干燥、通风、透光,特别是夏季,应注意防潮,防止湿度过大。

注意日常消毒,如笼具和垫板的清洗消毒、更换,室内的喷雾消毒等。

防止外界动物(特别是鼠)的侵入犬舍,以防病原可能被带入和传播。

任务三　蛔虫病

【临床表现】

幼虫移行至肝脏时，引起肝组织损伤，表现为肝功能障碍，食欲不振，腹泻，黄染，营养不良。移行至肺时，引起蛔虫性肺炎，临床表现为咳嗽、呼吸增快、体温升高、食欲减退和精神沉郁。病猪伏卧在地，不愿走动。幼虫移行时还引起嗜酸性粒细胞增多，出现荨麻疹和某些神经症状类的反应。

成虫寄生在小肠时机械性地刺激肠黏膜，引起腹痛。蛔虫数量多时常凝集成团，堵塞肠道，导致肠破裂。有时蛔虫可进入胆管，造成胆管堵塞，引起黄疸等症状。

成虫能分泌毒素，作用于中枢神经和血管，引起一系列神经症状。成虫夺取宿主大量的营养，使仔猪发育不良，生长受阻，被毛粗乱，造成"僵猪"，严重者可导致死亡。

【检查所见】

1. 剖检病变

肝脏：表面出现片状的白色蛔虫斑，有时胆囊增大，胆道被虫体堵塞，肝脏发生硬化。肝脏发生充血、出血，局部肝脏组织发生坏死，横切病变肝脏组织会有浑浊的红色液体从里面流出，伴有严重的脂肪变性，同时还可见大量暗红色的虫道。

肺脏：肺组织发生水肿，表面存在出血点。切开后可见气管、支气管以及肺泡中含有虫体。虫体外观呈现粉红色，中间略粗，两端呈圆柱形。

肠道内：有大量活动的白色虫体，特别是空肠和十二指肠部位较多，肠道增粗，肠壁发炎、变厚。个别病死猪的肠道还发生卡他性炎症病变，且肠黏膜上分布很多出血点。

2. 粪便检查　对 2 个月以上的仔猪，可用饱和盐水漂浮法检查粪便虫卵。正常的蛔虫受精卵为短椭圆形、黄褐色，卵壳内有一个受精的卵细胞，两端有半月形空隙，卵壳表面有起伏不平的蛋白质膜，通常比较整齐。有时粪便中可见未受精卵，其偏长，蛋白质膜常不整齐，卵壳内充满颗粒，两端无空隙。

【病因分析】

猪蛔虫病的流行很广，一般在饲料管理较差的猪场，均有本病的发生；尤以 3～5 月龄的仔猪最易大量感染猪蛔虫，常严重影响仔猪的生长发育，甚至发生死亡。其主要原因是：第一，蛔虫生活史简单；第二，蛔虫繁殖力强，产卵数量多，每一条雌虫每天平均可产卵 10 万～20 万个；第三，虫卵对各种外界环境的抵抗力强，虫卵具有 4 层卵膜，可保护胚胎不受外界各种化学物质的侵蚀，保持内部湿度和阻止紫外线的照射，加之虫卵的发育在卵壳内进行，使幼虫受到卵壳的保护。因此，虫卵在外界环境中长期存活，大大增加了感染性幼虫在自然界的积累。据报道，猪蛔虫能在疏松湿润的耕地或园土中生存长达 3～5 年。虫卵还具有黏性，容易借助粪甲虫、鞋靴等传播。

【建立诊断】

检查猪的粪便是否有虫卵、猪血清中是否有蛔虫感染后的特殊的血红蛋白抗体以及解剖猪后观察猪小肠中是否有蛔虫等，都可以得出诊断。

常取病猪粪便进行饱和盐水漂浮法检查，可见棕色或者黄褐色的椭圆形虫卵，长度为 0.5～0.87 mm，宽度为 0.04～0.05 mm，具有四层膜构成的卵壳，其中外壳较厚，表面凹凸不平。另外,也可取肝脏和肺脏的组织通过贝尔曼氏幼虫检查法进行分离幼虫,常用于早期检查哺乳仔猪是否感染蛔虫病。

【防治措施】

1. 治疗

阿苯达唑,每千克体重 10 mg,口服,1 次/d,连用 3 d。

或伊维菌素,每千克体重 0.3 mg,1 次/d,连用 3 d。

2. 预防

(1)定期驱虫。在规模化猪场,首先要对全群猪驱虫对全群猪要采取预防用药,可用盐酸左旋咪唑,按 10 mg/kg 料,混饲,1 次/d,连用 3 d;以后公猪每年驱虫 2 次;母猪产前 1～2 周驱虫 1 次;仔猪转入新圈时驱虫 1 次;新引进的猪需驱虫后再和其他猪并群。

在散养的育肥猪场,对断奶仔猪进行第一次驱虫,4～6 周后再驱 1 次虫。散养的猪群,可在 3 月龄和 5 月龄各驱虫 1 次。

(2)保持猪舍、饲料和饮水的清洁卫生。圈舍粪便要及时清出,并采取干湿分离方式处理,粪便要放入发酵池采取无害化处理。运动场、圈舍地面、饲槽等要经常冲洗,确保不留死角。同时,定期进行消毒,常用 20%～30%新鲜石灰、热草木灰等,能够有效杀死虫卵。产房和猪舍在进猪前应彻底清洗和消毒。母猪转入产房前要用肥皂清洗全身。

(3)猪粪和垫草应在固定地点堆集发酵,利用发酵的温度杀灭虫卵。

任务四 羊绦虫病

羊绦虫病是羊的主要寄生虫病,是寄生于羊小肠内的莫尼茨绦虫、曲子宫绦虫和无卵黄腺绦虫等数种绦虫引起的,尤其对羔羊危害严重,甚至造成成批死亡。

【临床表现】

羊感染后的症状,因感染强度、年龄而异。

轻度感染或成年羊感染时,一般症状不明显。

严重感染时症状明显,表现为消化紊乱,经常腹痛、肠臌气和下痢,粪便中常混有脱落的节片。有时体温会急剧升高,黏膜苍白,机体虚弱,重则躺卧在地,难以站立。体重急剧降低,羊毛干枯且失去光泽。末期,病羊严重消瘦、贫血,有的出现痉挛、转圈,空口咀嚼,口吐白沫,反应迟钝或消失。最后因恶病质衰竭而死亡。

【检查所见】

病畜精神不振。食欲减退,喜欢饮水。常伴发腹泻,有时便秘与腹泻交替发生。粪便中混有乳白色的孕卵节片。

羔羊,迅速消瘦,被毛粗乱,失去光泽。检查病羊新鲜粪便,可在粪表面发现黄白色长约 1 cm、圆柱状的孕卵节片。

虫卵检查:取病羊排出的新鲜粪便采取饱和盐水漂浮法进行检查,可发现虫卵。

【病因分析】

1 岁以内羊多发;各种日龄羊均可发生;放牧羊多发。

莫尼茨绦虫和盖氏曲子宫绦虫分布于全国各地,中点无卵黄腺绦虫主要分布在高寒、干燥地区。这三种绦虫在辽宁省普遍存在，而且多为混合感染。

莫尼茨绦虫多感染羔羊和犊牛，盖氏曲子宫绦虫对各种年龄的牛羊均可感染，而中点无卵黄腺绦虫则主要感染成年牛羊。

以莫尼茨绦虫为例，孕卵节片或虫卵随粪便排出体外，被中间宿主——地螨吞食，在其体内经一段时间后发育为似囊尾蚴，牛羊吞食含有似囊尾蚴的地螨后而感染，似囊尾蚴在牛羊小肠内经 40～50 d 发育为成虫。

【建立诊断】

根据流行病学、临床症状和粪便检查结果确诊。

粪便检查：一方面观察粪便有无绦虫节片，最好是清晨检查畜舍内的新鲜粪便。另一方面是做粪便中虫卵检查，可用饱和盐水漂浮法或沉淀法。

另外，也可以通过诊断性驱虫或死后剖检小肠内发现有黄白色带状虫体而确诊。

【防治措施】

1. 治疗　可选择下列药物进行治疗。

硫双二氯酚：每千克体重 75 mg，一次灌服。

氯硝柳胺：每千克体重 70～80 mg，一次灌服。

吡喹酮：每千克体重 15 mg，一次灌服。

丙硫咪唑：每千克体重 5～10 mg，一次灌服。

2. 预防　在年内放牧前与舍饲后 40 d 进行驱虫。在本病流行地区可采用成虫期前驱虫，在春季放牧后 30～35 d 进行 1 次驱虫，以后每隔 30～35 d 进行 1 次，一直到转为舍饲为止。

保护羔羊，将继奶后的羔羊赶到长时间没有放牧的草场去放牧。粪便要发酵处理，及时清除圈舍粪便，堆集发酵，以杀灭虫卵，减少污染。可以每千克体重添加 8 mg 左旋咪唑和 30 mg 吡喹酮粉，将它们与食盐水充分混合后，再添加在饲料中搅拌均匀，最后握成团状饲喂给羔羊可有效预防绦虫病。

任务五　弓形虫病

弓形虫病(toxoplasmosis)是由刚地弓形虫引起的一种原虫病，又称弓形体病。弓形虫病是一种人兽共患病，宿主的种类十分广泛，人和动物的感染率都很高。据国外报道，人群的平均感染率为 25%～50%，有人推算全世界约有至少 5 亿人感染弓形虫。猪暴发弓形虫病时可使整个猪场的猪只发病，死亡率高达 60%以上。我国弓形虫感染和弓形虫病的分布十分广泛。经全国各地的调查，证实我国各地均有人和家畜弓形虫病。

【临床表现】

我国猪弓形虫病分布十分广泛，全国各地均有报道。且各地猪的发病率和病死率均很高，发病率可高达 60%以上，病死率可高达 64%。10～50 kg 的仔猪发病尤为严重。

1. 急性型　病猪突然废食，体温升高至 41 ℃以上，稽留 7～10 d。呼吸急促，呈腹式或犬坐式呼吸；流清鼻涕；眼内出现浆液性或脓性分泌物。常出现便秘，呈粒状粪便，外附黏液，有的患猪在发病后期拉稀，尿呈橘黄色。少数发生呕吐。患猪精神沉郁，显著衰弱。发病后数天出现神经症状，后肢麻痹。随着病情的发展，在耳翼、鼻端、下肢、股内侧、下腹等处出现紫红斑或间有小点出血。有的病猪在耳壳上形成痂皮，耳尖发生干性坏死。最后因呼吸极度困难和体温急剧下降而死亡。孕猪常发生流产或死胎。有的发生视网膜脉络膜炎，甚至失明。

2. 亚急性型　体温升高，食欲下降，精神状态不佳，并有呼吸困难症状。一般在感染该病之后，2 周之内有抗体产生，抑制虫体发育，病情逐渐趋于恢复，而且咳嗽和呼吸困难经一段时间之后也会逐步恢复。倘若病害部位在脑部，容易出现癫痫症状、运动障碍，还有的病猪出现失明。

3. 慢性型　症状不明显，但生长受限成为僵猪，有的病猪精神状态不佳，食欲下降，下痢呈间歇性下痢，后躯麻痹。

【检查所见】

全身淋巴结肿大，有小点坏死灶。肺高度水肿，小叶间质增宽，其内充满半透明胶冻样渗出物；气管和支气管内有大量黏液和泡沫，有的并发肺炎；脾脏肿大，棕红色；肝脏呈灰红色，散在有小点坏死；肠系膜淋巴结肿大。

剖检病变：急性病例出现全身性病变，淋巴结、肝、肺和心脏等器官肿大，并有许多出血点和坏死灶。肠道重度充血，肠黏膜上常可见到扁豆大小的坏死灶。肠腔和腹腔内有多量渗出液。病理组织学变化为网状内皮细胞和血管结缔组织细胞坏死，有时有肿胀细胞的浸润；弓形虫的速殖子位于细胞内或细胞外。急性病变主要见于仔猪。慢性病例可见有各脏器的水肿，并有散在的坏死灶；病理组织学变化为明显的网状内皮细胞的增生，淋巴结、肾、肝和中枢神经系统等处更为显著，但不易见到虫体。慢性病变常见于年龄大的猪只。隐性感染的病理变化主要是在中枢神经系统（特别是脑组织）内见有包囊，有时可见有神经胶质增生性和肉芽肿性脑炎。

【病因分析】

1. 感染源　主要是病人、病畜和带虫动物，其血液、肉、内脏等都可能有弓形虫。已从乳汁、唾液、痰、尿和鼻等分泌物中分离出弓形虫；在流产胎儿体内、胎盘和羊水中均有大量弓形虫的存在。如果外界条件有利于其存在，就可能成为感染源。据调查，含弓形虫速殖子或包囊（慢殖子）的食用肉类（如猪、牛、羊等）加工不当，是人群感染的主要来源。有生食或半生食习惯的人群，其血清阳性率明显高于一般人群，即可间接证明这一点；并有因食用生拌牛肝而发生急性弓形虫病的报告。

被终宿主猫排出的卵囊污染的饲料、饮水或食具均可成为人、畜感染的重要来源。据调查，养猫居民血清阳性率为 20%，而不养猫的居民仅为 9.3%。感染弓形虫的家猫在相当长的一段时间内从粪便中排出卵囊，卵囊污染环境并很快发育成熟，对人和中间宿主都具有感染率。卵囊在外界环境中的生活力很强。非孢子化卵囊在 4 ℃条件下可存活 90 d，－5 ℃下为 14 d，－20 ℃下为 1 d。孢子化卵囊的抵抗力更强，－5 ℃下可存活 120 d，－20 ℃下为 60 d，－80 ℃下为 20 d。干燥和低温条件则不利于卵囊的生存和发育。

2. 易感动物　人、畜、禽和多种野生动物对弓形虫均具有易感性，其中包括 200 余种哺乳动物，70 种鸟类，5 种变温动物和一些节肢动物。在家畜中，对猪和羊的危害最大，尤其对猪，可引起暴发性流行和大批死亡。在实验动物中，以小鼠和地鼠最为敏感，豚鼠和家兔也较易感。

3. 感染途径　以经口感染为主，动物之间相互捕食和吃未经煮熟的肉类为感染的主要途径。此外，也可经损伤的皮肤和黏膜感染。在妊娠期感染本病后，可能通过胎盘感染胎儿。

4. 流行特征

(1)感染情况。我国已从猪、牛、羊、马、鹿、猫、兔、豚鼠、鸡、黄毛鼠和褐家鼠等动物分离出弓形虫。经血清学或病原学证实为自然感染的动物有猪、黄牛、水牛、马、驴、骡、山羊、绵羊、鹿、猫、兔、鸡、褐家鼠、黄毛鼠、黄鼠、家小鼠、旱獭和熊，其中以猪和猫在弓形虫的传播上具有最重要的意义。血清学调查证实猪血清阳性率最高，一般都在 20% 以上，个别猪场达 60% 以上。

(2)感染季节。人群弓形虫的感染率一般是在温暖潮湿地区较寒冷干燥地区为高。对于人群发病季节性尚无资料记载。家畜弓形虫病一年四季均可发病，但一般以夏秋季居多。云南牛弓形虫病的发病季节十分明显，多发生于每年气温在 25～27 ℃的 6 月份。我国大部分地区猪的发病季节在每年的 5—10 月份。

【建立诊断】

根据流行特点、病理变化可初步诊断，确诊需进行实验室检查。

1. 直接镜检　取肺、肝、淋巴结做涂片，用姬氏液染色后检查；或取患畜体液、脑脊髓液做涂片染色检查；也可取淋巴结研碎后加生理盐水过滤，经离心沉淀后，取沉渣做涂片染色镜检。组织涂片瑞士染色后，镜检，可观察到弓形虫滋养体，有的为香蕉形状，有的为新月形，还有的为弓形，分为两端：一端呈现钝圆状；一端稍尖。染色之后胞浆呈现淡蓝色，钝圆端的胞核在染色之后表现为深蓝色。

2. 动物接种　取肝、淋巴结研碎后加 10 倍生理盐水，加双抗后置室温下 1 h。接种前摇匀，待较大组织沉淀后，取上清液接种小鼠腹腔，每只接种 0.5～1 mL。经 1～3 周小鼠发病时，可在腹腔中查到虫体。或取小鼠肝、脾、脑做组织切片检查，如为阴性，可按上述方法盲传 2～3 代，从病鼠腹腔液中发现弓形虫便可确诊。

3. 血清学诊断　国内常用有 IHA 法和 ELLSA 法。间隔 2～3 周采血，IgA 抗体滴度升高 4 倍以上表明感染活动期；IgG 抗体滴度高表明有包囊型虫体存在或过去有感染。也可采用色素试验(DT)进行诊断。近年来有人试用 PCR 法进行诊断。

【防治措施】

1. 治疗　可选用下列一种药物进行治疗。

(1)磺胺嘧啶(SD)70 mg/kg 和乙胺嘧啶 6 mg/kg 联合应用，内服，2 次/d(首次加倍)，连用 3～5 d。

(2)磺胺-6-甲氧嘧啶(SMM)，60 mg，肌内注射，1 次/d，连用 3～5 d。

(3)增效磺胺-5-甲氧嘧啶(含 2%的三甲氧苄氨嘧啶)，0.2 mL，肌内注射，1 次/d，连用 3～5 d。

(4)磺胺甲基异噁唑(SMZ)100 mg，内服，1 次/d，连用 2～3 d。

2. 预防

(1)禁止猫接近猪舍，饲养人员也应避免与猫接触。不给猪喂食生的碎肉。

(2)控制或消灭鼠类。

(3)大部分消毒药对卵囊无效，但可用蒸汽或加热等方法杀灭卵囊。

(4)将血清学检查为阴性的家畜作为种畜。

项目四
化验岗位工作

子项目一　化验岗位相关规章制度

一、化验室岗位职责

(1)严格遵守各项规章制度。一丝不苟地搞好化验工作,切实把住质量关。

(2)在检验过程中必须严格执行相关操作标准,正确处理实验数据,正确填写原始记录,保证检测结果准确可靠。

(3)必须严格按操作规程正确使用和维护仪器设备,确保各种分析实验仪器正常运行。

(4)负责做好各种规定的化验项目和临时安排的化验项目。

(5)对抽样项目和临时化验项目分析要做对比化验结果,并做好化验记录。

(6)对所有检验样品进行留样管理。在留样期限内的样品必须妥善保管,不得丢失。过期样品及时清出样品室。

(7)严格遵守保密制度。对掌握的实验数据不能外泄。

(8)检验工作完成后,应及时清洗所有仪器,并将用过的药品、试剂及清洗好的玻璃仪器放回指定位置。

(9)化验室内应保持良好的卫生状况,每天工作完成后,操作台面及地面应及时整理、清扫。

(10)加强安全文明生产,严格执行操作规程,谢绝无关人员进入化验室。

二、化验室仪器设备维护制度

(1)列好化验室设备的清单并明晰其所在位置。

(2)保持化验室设备的清洁并定期消毒。

(3)化验室的设备进行定期的使用以检测其是否能正常使用以便维护。

(4)定期检查化验材料和仪器设备的质量和数量。

(5)配好的试剂应存储于试剂瓶中并贴上标签,按相关规定进行保存。

(6)熟练掌握仪器设备的操作程序和使用方法并整齐摆放。

(7)所有仪器应配备相应的设施与操作环境,保证其正常使用。

(8)当有仪器发生异常现象时，应立即停止使用，并向上级汇报。对异常仪器加以标识，避免其他人员误用。

(9)及时对废弃物品进行处理。

三、化验室环境卫生清洁制度

(1)室内物品摆放整齐、有序，桌面及文件柜上无杂物。

(2)门窗及玻璃干净，明亮，室内外无污渍。

(3)桌椅板凳、化验台柜等易落灰尘的物品应随时擦拭，房门拉手处和灯开关无污渍。

(4)检验设备坚持每天清扫擦拭，做到无污迹、无浮沉。

(5)保持地面清洁干净，严禁随地吐痰、乱扔垃圾等杂物。

四、化验室人员的安全防护制度

(1)工作人员在工作时间内必须穿戴洁净的工作服。

(2)控制与消除火源。进入化验区域严禁吸烟，禁止携带火种进入。

(3)一切试剂瓶都要有标签。有毒药品要在标签上注明。

(4)严禁试剂入口。如需要以鼻鉴别试剂时，须将试剂瓶远离，用手轻轻扇动，稍闻其气味，严禁鼻子接近瓶口。

(5)一切发生有毒气体的操作，须于通风柜内进行。

(6)身上或手上沾有易燃物时，应立即洗干净，不得靠近明火。

(7)取下正在沸腾的水或溶液时，须先用烧杯夹子轻轻摇动后才能取下使用，以免使用时突然沸腾而溅出伤人。

(8)使用酒精灯时，注意无色火焰烫伤。

(9)开启易挥发液体试剂之前，先将试剂瓶放在自来水流中冷却几分钟，开启时瓶口不要对人，最好在通风处进行。

(10)化验室内应保持空气流通、环境整洁安静。

五、化验室水电的安全防护制度

(1)在使用电气设备时，必须事先检查开关、电机以及机械设备，确认各部分是否安置妥当。

(2)开始工作或停止工作时，必须将开关扣严和拉下。

(3)更换保险丝时，应由电工按负荷选用保险丝，不准随意加大或以铜丝代替使用。

(4)电气开关箱内及下面，不准放任何物品。

(5)严禁用导电器具洗扫电器和用湿毛巾擦洗电器。

(6)凡电器动力设备超过允许温度时，应立即停止运转。

(7)禁止洒水在电气设备和线路上，以免漏电。

(8)严禁用湿手触碰开关或接触电气设备。

(9)下班前，务必检查好水电是否都已经关闭。

六、化验室生物菌、毒种的生物安全防范制度

(1)当微生物实验室检出菌、毒株应及时报送市疾病预防控制中心。

(2)新发现的菌、毒种,要做好原始记录,逐级报送进行复核确认。

(3)个人不得擅自保留菌、毒种,必须由科室进行统一编号、登记入库。

(4)菌、毒种入库时,菌、毒种保管人员须认真做好菌、毒种的编号、登记工作。

(5)严禁随意将菌、毒种置于非菌、毒种专用保存场所,应做到三专(专室、专柜、专锁)。

(6)菌、毒种库由2名保管人员双锁管理,未经各科室负责人同意,不得擅自将钥匙委托他人代管。

(7)菌、毒种保管人员应定期对库内温度、湿度、通风及冰箱、冰柜等菌、毒种保藏设备运转情况进行检查,并做好记录。

(8)菌、毒种保管人员根据菌、毒种的保存期限,及时通知分管病种的检验人员进行传代,定期鉴定,并详细记录在《菌、毒种登记表》。

(9)菌、毒种使用过程中须接受保管人员的监督,工作结束后,立即做好善后处理,并做好销毁记录。因工作需要暂时保留的菌、毒株也应该按规定的时间销毁。

子项目二　血液化验

任务一　血常规检查

患病动物在疾病的发展过程中通常会出现血液成分及血细胞形态的变化,因此,通过观察血细胞的数量变化及形态分布从而判断血液状况及诊断疾病。目前,血液常规检查已广泛应用于动物诊疗行业,完整的血常规检查可反映动物的健康和疾病状况。

一、操作方法

1. 开机　打开血常规分析仪后面的开关键,仪器自检,进入主界面。

2. 测试

(1)测试前准备。无菌采集抗凝血2 mL,置于离心管中。

(2)点击仪器界面的新样本,进行编辑信息,首先ID输入,然后点击上一档或下一档,选择动物的种类,最后点击操作者,进行编辑。

(3)将准备好的抗凝离心管放在指点的位置,同时按一下吸管后方的开关键,听到滴的一声,移走离心管。

3. 打印　打击界面的打印键进行打印即可。

4. 关机　点击菜单里的关机键进行关机,并关掉仪器背后的开关键。

二、白细胞检测

(一)白细胞总数

健康动物的白细胞总数(WBC)在一个动态范围内,如表4-2-1所示。

表 4-2-1　常见动物白细胞总数参考值　×10^9个/L

动物品种	白细胞计数正常值
豚鼠	7.0～19.0
家兔	6.0～13.0
犬	6.0～17.0
猫	9.0～24.0
绵羊	6.0～12.0
山羊	6.0～15.0
猪	17.0～19.0

结果偏高：可能为机体感染发炎、白血病、组织坏死等。但怀孕及激烈运动过后亦会偏高。

结果偏低：低值时可能为病毒感染、严重细菌感染、再生障碍性贫血及自体免疫性疾病。

(二)白细胞分类计数

白细胞分为中性粒细胞、嗜酸性粒细胞、嗜碱性粒细胞、淋巴细胞及单核细胞 5 种。健康动物的各类白细胞所占总数的比重(%)在一个动态范围内，如表 4-2-2 所示。

表 4-2-2　常见动物白细胞分类计数(DC)正常指标参考值

(辽宁省细胞生物学学会)

动物	嗜碱性粒细胞	嗜酸性粒细胞	中性粒细胞	淋巴细胞	单核细胞
豚鼠	0～2	2～12	22～50	37～64	3～13
家兔	2～7	0.5～3.5	36～52	30～52	4～12
犬	0～2	2～14	62～80	10～28	3～9
猫	0～0.5	2～11	44～82	15～44	0.5～7
绵羊	0	3.0	34.7	60.3	2.0
山羊	0.2	4.2	38.4	55.1	2.1

异常结果临床意义如下：

1. 中性粒细胞　偏高：可能发生一般的细菌性感染、炎症或骨髓增殖症。偏低：可能发生病毒性感染、严重的细菌感染、再生障碍性贫血、某些损害骨髓的药物的副作用。

2. 嗜酸性粒细胞　偏多：可能发生过敏、寄生虫感染、各种过敏性皮炎、恶性肿瘤或白血病。

3. 嗜碱性粒细胞　偏多：可能发生慢性粒细胞性白血病、骨髓增殖性疾病。

4. 单核细胞　增多：可能机体处于急性细菌感染的恢复期、单核细胞性白血病。

5. 淋巴细胞　增多：可能感染滤过性病毒或结核菌。减少：可能发生免疫缺陷病、再生障碍性贫血。注意：在急性感染症的初期，中性粒细胞显著增加时，淋巴细胞百分比会相对减少。

(三)白细胞计数结果临床分析

1. 炎症的诊断　单独或者同时出现持续中性粒细胞增多症、单核细胞增多症以及中性粒细胞核左移(未成熟中性粒细胞数量增多)，表明存在炎症。

白细胞总数只反映了骨髓生成与组织利用之间的平衡；在炎症反应中，白细胞总数可能降低、正常或者升高。中性粒细胞增多，也表明存在炎症。

2. 炎症性质的判断

(1)典型急性炎性白细胞像的特征。出现伴有杆状中性粒细胞增多的中性粒细胞增多症、淋巴细胞减少症以及不同程度的单核细胞增多症。中性粒细胞增多症，反映了犬猫骨髓内存在巨大的储存池，且从骨髓进入血液的中性粒细胞数量要多于血液内进入组织的量。

核左移量表明骨髓中性粒细胞储存池耗竭，且随之释放一些幼稚细胞进入循环。

淋巴细胞减少症，反映存在应激，应激是急性炎症过程中一个常见的并发症。

存在单核细胞增多症时，反映了机体对吞噬作用的需求或组织坏死。

(2)慢性炎症特征。

①显著白细胞增多症，伴随显著的中性粒细胞增多以及核左移、中毒性粒细胞以及单核细胞增多。最常见于严重的局部化脓灶，通常伴发炎症性贫血和高球蛋白血症。

②白细胞计数正常到轻微升高，特征为中性粒细胞计数正常到轻微升高、无核左移、淋巴细胞计数正常以及单核细胞增多。中性粒细胞计数正常至轻微升高，反映了骨髓生成与组织需求之间达到了新的平衡，该平衡是由于骨髓对组织损伤部位释放的细胞因子(生长因子)产生应答反应，导致中性粒细胞生成增加而引起的。缺乏核左移表明骨髓生成的中性粒细胞已经满足了组织增加的需求。正常淋巴细胞计数反映了应激和抗原刺激对淋巴细胞数量的影响达到了平衡。单核细胞增多症反映了机体对吞噬作用的需求/组织坏死。

(3)典型重度炎症特点。中性粒细胞数量减少、核左移、淋巴细胞减少症以及不定量的单核细胞增多症。中性粒细胞数量减少表明骨髓生成跟不上组织需求。核左移表明骨髓中性粒细胞池的耗竭。淋巴细胞减少症反映了应激的存在。存在单核细胞增多症时，表明存在组织坏死/机体对吞噬作用的需求。

3. 与应激反应的关联　应激通常会导致轻微的淋巴细胞减少症。还可能出现嗜酸性粒细胞减少症、轻度中性粒细胞增多症以及轻微的单核细胞增多症，但不是都会出现，也没有特异性。

4. 组织坏死的白细胞变化特征　单核细胞增多症，表明存在组织坏死以及对组织吞噬作用的需求。单核细胞增多症可发生于急性、慢性炎症或者坏死。

5. 全身性过敏反应的白细胞变化特征　持续性嗜酸性粒细胞增多症和/或嗜碱性粒细胞增多症，表明存在全身性过敏反应。

病因包括：全身某个部位的寄生虫性疾病，如心丝虫病、跳蚤叮咬引起的皮炎。犬过敏性气管支气管炎(肺部呈现嗜酸性粒细胞浸润)。猫哮喘。过敏性胃肠炎。全身性肥大细胞增多症。猫弥散性嗜酸性肉芽肿综合征。只寄生于肠道的寄生虫疾病(如鞭虫)不会引起嗜酸性粒细胞增多症。

6. 全身性毒血症的白细胞变化特征　血涂片上出现中毒性粒细胞表明存在全身性毒血症。中毒性白细胞通常与细菌感染有关。另外，大面积的组织坏死也可引起类似变化。

三、红细胞检测

红细胞检测参数包括红细胞计数、血红蛋白测定(Hb)、红细胞压积(HCT)、平均红细胞体积(MCV)、平均红细胞血红蛋白含量(MCH)、平均红细胞血红蛋白浓度(MCHC)、红细胞分布宽度(RDW)。

(一)结果判断

1. 红细胞计数(RBC)　偏高时可能为脱水,或患红细胞增多症;偏低时可能为各种类型的贫血。

2. 血红蛋白测定(Hb)　血红蛋白存在于红细胞中,是运送氧气的物质,以提供体内所必需的氧。雌性受怀孕的影响,血红蛋白普遍比雄性低。高值时可能为红细胞增多症,心输出量减少;低值时可能为低血色素性贫血或缺铁性贫血。当动物贫血时血红蛋白和红细胞减少程度不一样。如严重的低色素性贫血时,血红蛋白减少比红细胞更加明显。而大红细胞性贫血时红细胞的减少比血红蛋白明显。

3. 红细胞压积(HCT)　指红细胞在血中所占体积的百分比,更能正确地了解贫血的程度。高值时可能有脱水症或红细胞增多症;低值时则可能有贫血。

4. 平均红细胞体积(MCV)　代表红细胞的平均体积。高值时表示红细胞过大,见于缺乏维生素 B_{12} 和叶酸的贫血、巨红细胞症;低值时表示红细胞较小,见于缺铁性贫血、地中海型贫血以及慢性疾病造成的贫血。

5. 平均红细胞血红蛋白(MCH)　代表红细胞中血红蛋白平均含量,其临床意义可参MCHC。平均红细胞血红蛋白浓度(MCHC)代表红细胞中血红蛋白的浓度平均值,作为对血红蛋白检验值的佐证。除了遗传性球形红细胞症外,MCHC 不大于 36;MCHC 降低则见于缺铁性贫血和地中海型贫血。

6. 红细胞体积分布宽度(RDW)　当红细胞大小相差较大时,RDW 会上升,可作为诊断贫血的参考。

(二)临床分析

1. 再生障碍性贫血的红细胞参数变化　识别再生性贫血时,观察血涂片是非常关键的第一步。血涂片上多染性红细胞增多就表明存在红细胞再生。可通过网织红细胞绝对计数来确诊再生性。

2. 失血性贫血与溶血性贫血的参数变化差异　病史、症状以及临床检查是鉴别诊断的关键。大多数失血性贫血可通过该方法识别。高血红蛋白血症以及血红蛋白尿表明溶血。极高的网织红细胞计数是溶血的高度提示。如果疑似溶血,应观察红细胞形态变化,查看是否存在溶血性疾病特有的异常红细胞,包括:球形红细胞、海因茨小体、裂细胞、病原(血巴尔通体、巴贝西虫)、血影细胞、偏心细胞。

3. 再生障碍性贫血的判断　炎症疾病引起的贫血是犬猫最常见的贫血,且可通过血像推测确诊。其特点包括:轻度到中度的正细胞正色素性贫血;炎性白细胞象;铁缺乏可引起小红细胞性低色素性非再生性贫血,可通过血象以及血涂片推测确诊。巨幼红细胞性贫血(核成熟缺陷性贫血)通常会在循环中出现巨幼红细胞。巨幼红细胞也能见于血涂片。需经骨髓检查确诊。

骨髓纤维变性引起的非再生性贫血具有以下特征:异形红细胞症,伴有泪细胞和卵形红细胞;白细胞减少症;血小板反应不定。需经骨髓组织病理学检查确诊。

其他所有非再生性贫血都没有特异性的血象检验结果,必须通过骨髓检查来确诊。

4. 红细胞总数增加的临床意义

(1)细胞相对增多。脱水是最常见的因素。特征如下:红细胞总数增加,总蛋白增加和血清生化检验出现脱水特征。

(2)绝对性红细胞增多。

①原发性的红细胞增多症:由骨髓增生性疾病导致。其特点有:组织氧饱和度(正常的动脉血气)正常,促红细胞生成素水平正常。

②继发性红细胞增多症:心血管疾病、肺病、肾病、肾肿瘤(原发性的或者转移性的)和库欣氏综合征。

四、血小板检测

血小板的定量检测就是测定血小板的数量,而血小板的定性检测是指血小板的形态检查。

(一)结果判断

高值时可能与红细胞增多症、慢性骨髓性白血病、骨髓纤维化、脾脏切除、慢性感染症或急性感染恢复期有关。血小板值过低时可能有出血倾向、凝血不良的再生障碍性贫血。

(二)临床分析

1. 血小板增多

(1)原发性血小板增多症是血小板性白血病的一个特点,或者是由其他骨髓增生性疾病引起的。

(2)反应性血小板增多症可见于:脾切除术、兴奋、运动、骨折、高水平的循环糖皮质激素、失血后(24 h 后,或更长时间后)、骨髓纤维变性和缺铁性贫血。

2. 血小板减少

(1)消耗性血小板减少症:通常与炎症、DIC 和传染性疾病,如埃利希体病以及其他蜱传染的疾病有关。其特点包括:炎症白细胞像。轻度到中度的血小板减少症。裂细胞(犬)。正常数量的骨髓前体。

(2)反应性血小板减少症:通常与肝脾肿大有关。

(3)再生障碍血小板减少症:通常与骨髓前体的减少有关。

(4)消耗性血小板减少症:是免疫介导性的,它可以单独发生也可以并发于免疫介导性溶血性贫血。常见特点包括:显著的血小板减少症和骨髓前体数量正常至增加。

3. 血小板形态异常　出现大量小的血小板(微血小板)表明可能是免疫介导性血小板减少症的早期阶段。

以巨型血小板数量大量增加为特征的血小板大小不等症,表明骨髓生成血小板增加。通常见于反应性血小板减少症和再生性贫血。

含有少量大颗粒的颗粒性血小板,表明血小板发育异常。须作骨髓检验。检查血小板内的巨大颗粒,确定是否是一些潜在的包涵体,如埃利希体。

任务二　动物血液生化检查

检测血液中的各种离子、糖类、脂类、蛋白质以及各种酶、激素和机体的多种代谢产物的含量,就叫作血液生化检查。通过测定各种生化指标,结合其他临床资料进行综合分析,可以为医生提供诊断与治疗依据,并能帮助临床确定病情、监测治疗效果。

一、操作方法

1. 开机

(1)打开仪器背后的开关键进行开机。

(2)点击桌面的生化检测。

2. 测定

(1)依次点击项目测试→动物资料→新增→输入宠物信息→点下一个→退出。

(2)点测试项目→常规项目→选中项目→编辑样本和要测项目。

(3)将准备好的血清,放入样品皿中。

(4)点击开始测定。

3. 关机　关闭程序并切断电源。

二、血液生化检测指标及临床意义

生化检查是指用生物化学的方法对机体进行检查。正确、全面地判读生化指标数据,有助于了解动物的肝脏、肾脏、心脏、胰腺、胃肠道、尿道、胰岛、甲状腺、甲状旁腺、肾上腺、垂体等器官的机能状况,对相关脏器疾病的诊断具有重要参考价值。依据单项指标或少数几项指标的异常是不能确定病理情况的,要得出准确的疾病结论,还要结合临床检查、其他实验室检查、影像学检查等资料,进行综合分析判断。

1. 丙氨酸氨基转移酶(ALT)　ALT 是谷氨酸和丙酮酸之间的转氨酶,旧称谷丙转氨酶,主要存在于肝脏、心脏和骨骼肌中。肝细胞或某些组织损伤或坏死,都可导致血液中的谷丙转氨酶升高。临床上有很多疾病可引起转氨酶异常。ALT 升高的原因很多,包括急性软组织损伤及严重的创伤、剧烈运动或运动过度、感染性疾病如肺炎、结核等、心脏疾病如心力衰竭、心肌炎等、胆囊炎、应用一些药物等非肝脏因素。所以临床生化检查见到 ALT 的轻度增高不应只怀疑肝脏问题,要综合考虑动物病情并全面分析化验单。

ALT 主要大量存在于肝脏细胞的细胞浆中,其浓度高于血清的 1 000～3 000 倍。故肝细胞的轻度损伤就可使其升高,极其敏感。但 ALT 的降低目前未证明其有临床意义。

2. 天冬氨酸氨基转移酶(AST)　AST 存在各组织细胞中,旧称谷草转氨酶,肌肉组织中含量很高,其中心肌细胞中的含量明显高于肝脏细胞,所以 AST 伴随 CK(肌酸激酶)的明显升高常提示骨骼肌损伤或心脏疾病。此外,能引起 ALT 升高的非肝脏因素均能引起 AST 升高 近有报道称大量食用高动物性脂肪也能引起 ALT 升高。

肝内的 AST 有两种同工酶,分别存在于肝细胞胞浆内(sAST)和肝细胞线粒体内(mAST)。所以当肝脏轻度损伤时,肝细胞只是胞浆破裂,胞浆中的 ALT 和 sAST 都进入血液,引起血清 ALT 及 AST 同时基本等比例升高。而当肝有严重损伤时,细胞线粒体破裂,mAST 释放入血,此时血清中 AST 值为 sAST 与 mAST 的总和,故 AST 升高的比例要高于 ALT,升高的比例越高,提示肝损伤的程度越重。

3. 总胆红素(TBIL)　TBIL 是直接胆红素和间接胆红素的总和,正常血清中的胆红素基本是来源于衰老的红细胞破碎后产生出来的血红蛋白衍化而成,在肝内经葡萄糖醛酸化的叫作直接胆红素,未在肝内经葡萄糖醛酸化的叫作间接胆红素。总胆红素升高的原因包括:溶血性疾病、微生物感染引起间接胆红素过多，来不及被肝脏转化为直接胆红素和胆汁；发生肝病时，胆红素不能转化为胆汁或因肝细胞肿胀而导致肝内胆汁淤积，引起直接胆红素和间接胆红素同时升高，造成肝细胞性黄疸；发生胆囊炎、总胆管阻塞时，胆汁无法排入十二指肠，而引起阻塞性黄疸。

因犬、猫被毛长度及皮肤颜色不同，临床一般通过眼结膜、瞬膜和口腔黏膜的颜色观察来判断。一般 30 mmol/L 以下的黄疸不易被肉眼察觉，称为隐性黄疸。怀疑隐性黄疸时，可通过尿液化验来进行判断。当发生轻度溶血时，肝脏将间接胆红素转化成直接胆红素的能力可在一定范围增强，所以这时血清胆红素水平不会上升。但在发生中重度溶血时，大量红细胞破碎导致进入血清中的间接胆红素过多，肝脏来不及转化而导致血清总胆红素水平轻中度升高。犬的埃利希氏体、支原体感染，猫的传染性腹膜炎也能引起肝前性黄疸。

肝细胞性黄疸时直接胆红素和间接胆红素均升高。当怀疑发生肝细胞性黄疸时，要结合 ALT、AST、ALP 指标及各项临床症状做出诊断。要知道犬、猫的肝脏疾病在一半以上的病例中是不引起黄疸的。发生肝细胞性黄疸时，总胆红素的高低在一定程度上是与肝病的严重程度成正比的，当总胆红素值显示为重度黄疸时，如果 ALT、AST 值升高不多，称为胆酶分离。胆酶分离的原因是肝细胞严重受损，间接胆红素不能被转化，胆汁大量在肝内淤积，而具有活性的肝细胞数量很少，受损后释放的酶也相应减少，往往提示极严重的肝损伤、肝硬化中晚期以及肝衰竭。

梗阻性黄疸是指肝细胞具备将间接胆红素结合为直接胆红素及产生胆汁的能力，但胆汁排出受阻，所以直接胆红素升高，间接胆红素正常或轻度升高。胆结石、寄生虫、肝脏肿瘤、胆囊肿瘤、胰腺肿瘤造成的胆管阻塞及压迫是主要病因。此时，ALT 一般轻度升高，AST 轻度升高或正常，ALP 明显升高。

总胆红素降低一般提示缺铁性贫血、缺锌或仪器误差。

4. 乳酸脱氢酶（LDH） LDH 是一种糖酵解酶，几乎存在于所有组织细胞的细胞质内，催化乳酸和丙酮酸的相互转换。在无氧酵解时，催化丙酮酸接受由 3-磷酸甘油醛脱氢酶形成的氢，形成乳酸。LDH 由 5 种同工酶组成，同工酶分布有明显的组织特异性，因此可根据其组织特异性来协助诊断疾病，目前国内兽医临床上还未开展利用电泳法或酶联免疫法测定同工酶。由于 LDH 几乎存在于所有细胞中，且在机体组织中的活性普遍很高，所以血清 LDH 的增高对任何单一组织或器官都是非特异的，无明确诊断意义。

5. 碱性磷酸酶（ALP） ALP 由 6 种同工酶组成，广泛存在于机体各组织中，肝、肾、骨骼、肠道、胎盘及某些肿瘤组织内都存在，但主要存在于肝脏和骨骼中。在犬猫幼龄阶段的骨骼发育期、骨折愈合期、妊娠期均可引起 ALP 轻度的生理性增高。骨软化症、佝偻病、骨质疏松、骨肿瘤、肝脓肿、肝硬化、肝肿瘤、甲亢时 ALP 轻至中度增高。肝外胆道阻塞、胆囊疾病、胆汁淤积型肝炎时肝细胞过度产生 ALP，经淋巴道和肝窦进入血液，同时由于胆汁排泄障碍，反流入血，引起血清 ALP 明显升高。

在犬猫临床上，ALP 升高所提示的临床意义不完全相同。在犬提示肝脏疾病、库欣综合征、糖皮质激素或抗癫痫药物使用。在猫提示糖尿病、胆管炎、胆管性肝炎、肝脂变、甲亢等。在犬甲状腺机能减退时，ALP 可能轻度下降。

6. 肌酸激酶（CK） CK 可在体内催化肌酸和磷酸肌酸之间的相互转化，广泛存在于心肌和骨骼肌中，脑、胃肠道、前列腺、肺等组织中也有分布。CK 有三种同工酶。人医用 CK-MB

的浓度来诊断心肌疾病，但在兽医临床尚未开展。在兽医临床 CK 的明显升高主要提示心肌、骨骼肌或脑组织的病变。

7. γ-谷氨酰转肽酶(GGT) GGT 是将其他氨基酸转化为谷氨酸的酶，广泛分布在机体各组织中，但在肾、胰腺、肝脏中分布的较多。GGT 轻中度升高提示各种情况的肝炎、脂肪肝、胰腺炎(犬)、胰腺癌、糖皮质激素或巴比妥类药物的使用。GGT 重度升高提示胆囊炎、胆道阻塞、胆汁淤积性肝炎引起的阻塞性黄疸，原发和继发性肝癌。GGT 高于正常值 4 倍以上时要考虑肝癌或严重的肝胆感染，尤其在犬。

8. 总蛋白(TP) TP 是指肝脏产生的白蛋白和含量极少的纤维蛋白原、α、β 球蛋白、凝血酶原、凝血因子，浆细胞产生的 γ 球蛋白共同组成的复杂混合物。TP 的升高常见于各种原因引起的脱水、中毒、休克、慢性感染、淋巴肉瘤、浆细胞瘤等。TP 降低主要见于各种原因引起的白蛋白下降。

9. 白蛋白(ALB) ALB 是机体维持血浆胶体渗透压的主要成分，它能转运胆红素、长链脂肪酸、胆汁酸盐、前列腺素、类固醇和部分药物及重金属离子，还具有一定的球蛋白保护作用。ALB 升高主要见于急性重度脱水和休克，但这在临床上并不常见，因为 ALB 的升高引起血浆胶体渗透压升高，扩容的血浆使 ALB 得数值降为正常。ALB 降低分为两种原因。第一为合成不足，长期饥饿、营养不良、肠道吸收不良等原因引起的原料不足或严重的肝病导致的 ALB 产生不足或停止；第二为过度流失，肾小球病变、肾病、蛋白丢失性肠病、大量炎症性胸腹腔渗出均能导致 ALB 的丢失性降低。

10. 球蛋白(GLOB) 机体球蛋白包括 α 球蛋白、β 球蛋白及 γ 球蛋白，且以 γ 球蛋白为主，另两种球蛋白的含量极低。因为纤维蛋白原、凝血酶原和凝血因子所占的比重太小，所以兽医临床上血清球蛋白的数值是 TP 减去 ALB 所得。球蛋白的升高在犬常见于全身性慢性感染，如全身性脓皮症、艾利希氏体、心丝虫、蠕形螨、慢性跳蚤过敏等；还可见于淋巴肉瘤、浆细胞瘤、多发性骨髓瘤等高蛋白血症及自身免疫病。在猫较为常见，机体携带非自限性病毒时均能引球蛋白同程度的升高。白降低一般不会出现在猫。在成年犬可能与慢性失血、蛋白丢失性肠病、重度肝病及肾病有关，但后两者不常见。

11. 白蛋白∶球蛋白(A/G) TP 高，A/G 低是由于球蛋白偏高，原因有慢性炎症、免疫性疾病，多发性骨髓瘤，红斑狼疮等。TP 低，A/G 低是由于白蛋白偏低，见于肾病，营养不良等能够引起白蛋白流失的疾病。如果 A/G 低并且白蛋白低，球蛋白高的话，提示严重肝病，如严重肝脓肿、肝脂变(猫)、中重度的肝纤维化、肝癌晚期。

12. 尿素氮(BUN) BUN 是机体内氨在肝中代谢产生的，主要通过肾脏排出体外。BUN 升高临床上称为氮质血症，分为肾前、肾中、肾后性三种。肾前性见于充血性心力衰竭、高热、休克、消化道出血、脱水、严重感染、糖尿病酮症酸中毒、严重的肌肉损伤、应用糖皮质激素或四环素、阿蒂森氏症、高蛋白饮食、肝肾综合征等因素；肾中性常见于急性肾炎、慢性间质性肾炎、严重肾盂肾炎、先天性多囊肾和肾肿瘤等肾脏疾病引起的肾功能障碍；肾后性见于各种原因导致的尿路梗阻使肾小球滤过压降低，常见于尿道结石、难产、便秘、前列腺肿瘤、盆腔肿瘤、双侧输尿管结石等因素。血中 BUN 降低常见于过量摄入水分、蛋白质摄入过少、应用促蛋白合成的同化激素、妊娠晚期及严重的肝脏疾病。

13. 肌酐(CREA) 肌酐是机体肌肉代谢的产物。在肌肉中，肌酸主要通过不可逆的非酶脱水反应缓缓地形成肌酐，再释放到血液中，随尿排泄。因此血中肌酐的量与体内肌肉总量关系密切，不易受饮食影响。肌酐是小分子物质，可通过肾球滤过，在肾小管内很少吸收，每日体内产生的肌酐，几乎全部随尿排出，正常时一般不受尿量影响。肌酐升高的主要原因为肾功能不全，当肾功能下降至正常的1/4～1/3时血肌酐开始上升。在严重感染、剧烈运动、生长激素过盛、糖尿病、维生素C的大量使用时也可引起血中CREA升高。肌酐的降低见于妊娠晚期、严重的肌营养不良、重度的充血性心衰、应用雄性激素或噻嗪类利尿药等。

14. 血钙(Ca) 血钙以离子钙和结合钙两种形式存在，血浆钙中只有离子钙才直接起生理作用。离子钙降低神经肌肉应激性的作用，当离子钙过低时神经肌肉应激性升高，可发生手足搐搦。过高时可使神经、肌肉兴奋性降低，表现为乏力、呕吐、对外界刺激漠然、腱反射减弱，严重时可出现精神障碍、木僵和昏迷。另外高钙血症时，心肌兴奋性、传导性降低，高钙血症还会对肾脏产生损害。血清钙大于4.5 mmol/L可发生高钙血症危象，动物易死于心脏骤停、坏死性胰腺炎和肾衰等。

高血钙常见于维生素D中毒，补钙过量、原发性甲亢、肾衰引起的继发性甲旁亢、高蛋白血症、芽生菌病、体温过低、淋巴肉瘤(犬)、大量进食植物(猫)。低血钙常见于妊娠及哺乳期、幼龄动物快速生长期、低蛋白血症、肾衰、甲亢(猫)、急性坏死性胰腺炎、甲状旁腺机能减退等。

15. 血磷(P) 血磷主要是指血中的无机磷，它以无机磷酸盐的形式存在。血浆中钙与磷的浓度保持着一定的比例关系。高血磷可引起厌食、骨骼异常及疼痛、血管及软组织钙化、诱发甲旁亢进等问题。血磷常见的升高原因有肾衰、维生素D摄入过多、快速生长期、甲状旁腺减退、溶骨性疾病。低血磷可引起动物贫血、无力、惊厥，常见原因有碱中毒、胰岛素使用过量、静脉注射葡萄糖过量、产后瘫痪、甲状旁腺亢进、维生素D缺乏。

16. 血糖(GLU) 血糖升高的原因有糖尿病、紧张(猫)、肾衰竭、库欣综合征、甲亢、孕激素过多、生长激素过多、药物(葡萄糖、糖皮质激素、孕激素、甲状腺素)等引起。血糖下降的原因有小型幼龄动物的消化道疾病(常引起癫痫)、饥饿、严重的败血病、肝功能不全、阿蒂森氏症、垂体机能减退、胰岛素用药过量。

17. 淀粉酶(AMY) 血清淀粉酶主要来源于胰腺，另外近端十二指肠、肺、子宫、泌乳期的乳腺等器官也有少量分泌。血清淀粉酶在急性胰腺炎及慢性胰腺炎的急性发作胰腺损伤期升高2～3倍(主要在犬)，肾衰竭、胰腺囊肿、胰腺肿瘤时中度升高，肝脏疾病及胃肠道疾病如肠梗阻、肠管坏死、便秘、胃肠穿孔、腹膜炎等，应用噻嗪类、糖皮质激素及羟乙基淀粉也可引起血情淀粉酶升高。

血清淀粉酶的下降无重要的临床意义，有报道见于重症糖尿病、严重的肝脏疾病、胰腺肿瘤的术后。

18. 脂肪酶(LIPA) 血清脂肪酶的升高主要见于急性胰腺炎、胰腺癌。急性胰腺炎时血清淀粉酶升高持续的时间较短，而脂肪酶升高持续时间很长，故临床诊断意义较大。另外肠梗阻、十二指肠穿孔、总胆管阻塞也能引起血清脂肪酶升高。

19. 总胆固醇(CHOL) 胆固醇广泛存在于动物体内，尤以脑及神经组织中最为丰富，在肾、脾、皮肤、肝和胆汁中含量也高，是机体组织细胞不可缺少的重要物质，不仅参与形成细胞膜，而且是合成胆汁酸、维生素 D 以及甾体激素的原料。血清胆固醇升高可见于糖尿病、单纯的阻塞性黄疸、肥胖、高脂肪饮食、甲减、库欣综合征、肾病综合征等疾病。血清胆固醇降低可见于严重的营养不良、恶性肿瘤、肝细胞严重受损、蛋白丢失性肠病等。

任务三　血气分析

血气分析(BG)是应用血气分析仪，通过测定机体血液的 H^+ 浓度和溶解在血液中的气体(主要指 CO_2、O_2)，来了解机体呼吸功能与酸碱平衡状态的一种手段，它能直接反映肺换气功能及其酸碱平衡状态。采用的检测样本一般为动脉血。适用于：低氧血症和呼吸衰竭的诊断；呼吸困难的鉴别诊断；昏迷的鉴别诊断；手术适应证的选择；呼吸机的应用、调节、撤机；呼吸治疗的观察；酸碱失衡的诊断等。

一、操作方法

1. 开机

(1)打开主机开关键。

(2)长按读卡器开关键。

(3)输入 ID(账号)和密码。

2. 检测

(1)长按读卡器序列号 Rdr→点击 Run blood test，系统连接读卡器，并检测环境温湿度→输入 ID 号→点击左上角第二的图标，然后点击 Sample 选择样品类型(动脉血、静脉血等)→点击左上角第一个图标；

(2)插入检测卡，系统有 180 s 的检测时间，其间不能加入血样。

(3)180 s 结束后，页面显示可以注入血液，此时将事先采集好的肝素抗凝血样，通过注射缓缓注入加样孔中(必须在 450 s 内加样完毕)，见到检测卡上有血液回流时，加样结束，系统自动进入检测和分析中。

3. 查看结果　点击屏幕下方三角形按钮→点击 View text→双击选择需要查看的日期或 ID 号，长按数秒，选择 View this text，查看后点击右上角“关闭”图标，退出查看。

4. 关机　点击右上角“关闭”图标，退出检测→点出右上角第一个图标，退出登录→轻按主机关机键，关机→长按读卡器关机键，关闭读卡器。

二、血气分析常用指标及临床意义

1. 血气分析常用指标

(1)pH。健康动物的血液 pH 为 7.35～7.45。不同种类动物的 pH 值略有不同，不同仪器检测结果也不尽相同。pH 在 7.2 ～7.6 时一般不需要处理，但需要处理原发病因；pH≤7.0 或 pH≥7.6 时，动物可能有生命危险，需紧急处理。

(2)氧分压(pO_2)。pO_2 指血浆中物理溶解的 O_2 产生的张力。动脉血 pO_2 可提示肺部的氧交换能力，静脉血可以提示外周组织利用氧的情况。

氧容量：每 100 mL 血液中，Hb 结合 O_2 的最大值。

氧含量：一定氧分压下，Hb 实际结合的 O_2 量。

氧饱和度：氧含量与氧容量的百分比。

(3)二氧化碳分压(pCO_2)。血浆中呈物理溶解状态的 CO_2 分子产生的压力，动脉血 pCO_2 能反映肺泡通气量的情况。

(4)二氧化碳总量(tCO_2)。tCO_2 指在血清或血浆中加入强酸时所产生的 CO_2 总量。tCO_2 是血液中溶解的 CO_2 和 HCO_3^- 总和，因此，正常机体的 CO_2 浓度比 HCO_3^- 浓度高 1～2 mEq/L。

(5)碳酸氢盐(HCO_3^-)。标准碳酸氢盐(SB)指的是在标准条件下，即 pCO_2 为 40 mmHg、温度为 37 ℃时，血红蛋白氧饱和度为 100%时，测得的血浆中 HCO_3^- 的量，是判断代谢性酸碱平衡的指标。异常情况可见于：代谢性酸中毒、代谢性碱中毒、呼吸性酸碱紊乱时代偿。

(6)细胞外碱剩余(BE)。标准条件下(pCO_2 为 40 mmHg，温度为 37 ℃)，用强酸或强碱滴定全血样品至 pH 为 7.4 时所需要的强酸或强碱的量(mmol/L)，只受固定酸或挥发酸的影响，被认为是代谢性酸碱失衡的指标。

若用酸滴定至 pH 至 7.4，BE 用正值表示，若用碱滴定至 pH 至 7.4，BE 用负值表示。

(7)阴离子间隙(AG)。AG 是一个计算值，是血浆中未测量阴离子(UA)和未测量阳离子(UC)的差值。

$$AG=(Na^+ + K^+)-(Cl^- + HCO_3^-)$$

AG 升高，见于代谢性酸中毒；AG 下降，可见于低蛋白血症，也可见于 IgG 过高的骨髓瘤病例。

2.临床意义

(1)呼吸性酸碱紊乱。pCO_2 能反映肺泡通气量的情况，pCO_2 的变化引起 H^+ 浓度变化。

①呼吸性酸中毒。动物的呼吸量以及呼吸频率降低，会引起 CO_2 蓄积，产生更多的 H^+，从而使 pH 下降，动物发生酸中毒。呼吸性酸中毒主因肺通气量不足所致，见于呼吸中枢抑制，呼吸道阻塞，呼吸肌麻痹，环境闭塞引起的 CO_2 中毒，肺水肿、肺炎等肺部疾病。

②呼吸性碱中毒。动物呼吸频率升高，CO_2 排出过度，血液中产生的 H^+ 减少，pH 升高，进而引起碱中毒。主因肺通气过度所致，见于低氧血症，肺部疾病，呼吸中枢受到刺激，人工通气过度，疼痛、应激、休克等。

(2)代谢性酸碱紊乱。

①代谢性酸中毒。以血浆 HCO_3^- 浓度下降、H^+ 浓度升高、pH 下降而代偿性或继发性引起 pCO_2 下降为特征的酸碱失衡。多见于腹泻，固定酸(指不能变成气体由肺呼出，而只能通过肾由尿排出的酸性物质，又称非挥发酸。如蛋白质分解代谢产生的硫酸、磷酸和尿酸；糖酵解生成的甘油酸、丙酮酸和乳酸，糖氧化过程生成的三羧酸；脂肪代谢产生的 β-羟丁酸和乙酰乙酸等。)摄入过多，固定酸产生过多，肾脏排泄能力下降等。

②代谢性碱中毒。血浆 HCO_3^- 浓度升高、H^+ 浓度下降、pH 升高，代偿性或继发性引起 pCO_2 下降为特征的酸碱失衡。见于严重呕吐，使用利尿药物，HCO_3^- 负荷过量。

子项目三　尿液、粪便常规检查

任务一　尿液常规检查

尿常规检查的项目，包括尿液 pH、尿比重、尿渗透压，尿内是否含有红细胞、白细胞、细菌、蛋白、葡萄糖、酮体等，还可发现尿液内白细胞酯酶、亚硝酸盐、尿细胞学、尿脱落细胞学情况。尿常规检查结果能够提供与疾病相关的有价值的信息，提示被检动物可能存在尿路系统或其他系统相关疾病。

一、操作方法

1. 开机

(1)打开主机开关键。

(2)长按读卡器开关键。

(3)输入 ID(账号)和密码。

二、尿液常规检查临床意义

(一)尿胆原

正常参考值：阳性(＋)。

1. 尿内尿胆原增多　尿内尿胆原在生理情况下仅有微量，在饥饿、食后、运动等情况时稍有增加，但如尿液稀释 4 倍以上仍呈阳性，表示尿胆原增多，为病理指征。常见于：

(1)肝功能受损，如肝脏疾病病、心力衰竭等；

(2)体内胆红素生成过多，多见于内出血或各种溶血性疾病；

(3)从肠管回吸收的尿胆原增加，多见于顽固性便秘、肠梗阻的患者。

2. 阴性(－)　见于梗阻性黄疸。

(二)尿胆红素

正常参考值：阴性(－)。

1. 阳性　胆管阻塞，见于胆石症、胆道肿瘤、胆道蛔虫、胰头癌等；肝细胞受损，如肝癌、肝硬化、急慢性肝炎、肝细胞坏死等。

2. 阴性　肝性和阻塞性黄疸合并严重肾损伤时，尿内胆红素则呈阴性反应。单纯溶血性黄疸则为阴性反应。

(三)酮体

正常参考值：阴性(－)。

阳性：见于奶牛酮病、真胃变位、酸中毒、呕吐、腹泻、中毒、伤寒、肺炎、败血病、急性风湿热等。此外，饥饿、分娩后摄入过多的脂肪和蛋白质等也可出现阳性。

(四)潜血

正常参考值：阴性。

阳性：见于尿路损伤、尿路炎症、尿路结石、尿路肿瘤等。

（五）蛋白质

正常参考值：阴性。

阳性见于下列各种因素。

1. 肾脏疾病　各种急慢性肾小球肾炎、急性肾盂肾炎、多发性骨髓瘤及各种原因引起的肾病综合征等；汞、铅等中毒引起肾小管上皮细胞损伤也可见阳性。

2. 泌尿系统感染　如肾炎、肾盂肾炎、肾结核、膀胱炎、尿道炎等。

3. 其他疾病　如心脏功能不全、高血压性肾病、糖尿病性肾病、甲状腺功能亢进、系统性红斑狼疮、败血病、白血病等。

（六）亚硝酸盐

正常参考值：阴性。

阳性：提示尿液当中存在革兰氏阴性杆菌的感染，只有革兰氏阴性杆菌感染，才会代谢产生亚硝酸盐。见于泌尿系统的感染，如肾盂肾炎、输尿管炎症、膀胱炎症、尿道炎症等。

（七）白细胞

正常参考值：阴性。

增高：多见于尿路感染，如急性肾小球肾炎、肾盂肾炎、膀胱炎、尿道炎、尿道结石等。

（八）葡萄糖

正常参考值：阴性。

阳性：最常见的疾病是糖尿病，因为机体血糖升高，超过肾糖阈而引起尿糖，出现定性试验阳性。其他内分泌系统疾病，如甲状腺功能亢进、垂体前叶功能亢进、胰腺炎、严重肾功能不全等，也可导致尿糖阳性。此外，颅脑外伤、脑血管损伤、脑震荡、急性心肌梗死等，也可出现应激性糖尿。

注意：短时间内过多食入高糖物质后，也可产生一过性血糖升高，致尿糖阳性。

（九）比重

正常参考值：牛，1.025～1.050；猪，1.018～1.022；羊，1.015～1.065；家兔，1.010～1.050；犬，1.015～1.045；猫，1.015～1.060；幼畜的尿比重偏低，尿比重受年龄、饮水量和出汗的影响。尿比重的高低，主要取决于肾脏的浓缩功能，故测定尿比重可作为肾功能试验之一。

1. 尿比重偏低　见于慢性肾盂肾炎、尿崩症、慢性肾小球肾炎、急性肾功能衰竭的多尿期等。

2. 尿比重增高　见于糖尿病、高热、呕吐、腹泻、脱水、休克、急性肾小球肾炎及心力衰竭等。

（十）pH（酸碱度）

pH 正常参考值：肉牛，7.7～8.7；山羊，8.0～8.5；猪，5.5～6.5；犬猫，5.0～7.0；尿的酸碱度在很大程度上取决于饮食种类、服用的药物及疾病类型。

1. 尿 pH 低于正常值　常见于酸中毒、糖尿病、痛风、白血病或服酸性药物（如氯化铵）。

2. 尿 pH 高于正常值　多见于碱中毒、膀胱炎或服用碳酸氢钠等碱性药物等。

任务二　粪便常规检查

动物的粪便检查可以反映其肠道内部的生理及病理状况，如肠道菌群活跃度、寄生虫感染情况、消化产物状态等，对寄生虫病、消化机能紊乱等病的诊断有重要参考价值。

一、操作方法

1. 一般性状检查　观察粪便性状、颜色、气味、混杂物等。

2. 显微镜检查

(1)直接涂片检查。在洁净的载玻片上滴一滴生理盐水，用棉签挑取少量粪便样本，置于载玻片上的生理盐水中，使其分散均匀，涂布于载玻片上，加盖玻片进行镜检。

(2)涂片染色检查。通过涂片、固定、初染、脱色、复染步骤，进行粪便的染色检查。

(3)虫卵检查。方法详见项目四的子项目四的任务三“粪便中虫卵检查”。

二、粪便常规检查临床意义

1. 消化产物　消化产物是指动物摄入食物后，经过胃肠道消化后所代谢的产物(也有未消化吸收的产物)，主要的消化产物有脂肪、肌纤维、淀粉。

(1)脂肪。脂肪呈无色透明或淡黄色，由于表面张力作用，通常呈球形。有时，样品中液体成分发生流动时，较大的脂滴流经过狭窄的通道，可发生变形。应与气泡相鉴别。在显微镜下，气泡不易变形且折射率较大，边缘清晰。

正常：当动物物正常摄入、饮食的时候，粪便中不会出现或者很少出现脂肪滴。

异常：粪便中出现很多脂肪滴，见于肝、胆疾病、胃肠消化吸收机能不良。动物一次性物摄入过多脂肪，或应用了油类泻剂也可造成异常。

(2)肌纤维。在低倍镜下似蜡样，呈较鲜明的黄色，形状不定，消化较充分时，内部结构较均匀，消化不充分时，在高倍镜下可见内部未消化的肌丝和横纹。以肉类为主食的动物物如犬、猫的粪便中有时可见，如大量出现，见于消化不良或摄入过多。

(3)淀粉。淀粉镜下颗粒细小，呈球形，有时数个淀粉球聚集成团。经碘染色呈棕黑色或蓝紫色。部分植物细胞内也含大量淀粉成分，经碘染色后呈蓝紫色。大量出现见于消化不良或摄入淀粉过多。

2. 体细胞　体细胞主要是动物体内的细胞由于一些病理原因脱落而通过胃肠道排出，可以在粪便检查中检出并可帮助诊断疾病。

(1)红细胞。红细胞抵抗力弱，在肠道中易被消化、腐败而破坏。粪便中正常形态的红细胞可见于后部肠道近期出血，如异物损伤、感染性大肠炎导致的出血等；前部肠道出血，粪便中红细胞形态常变形，破坏严重。

(2)白细胞。粪便中的白细胞或脓细胞来自肠壁的渗出，常混杂于大量黏液中，聚集成团。低倍镜观察，如未经碘染色，有时不易发现。

大量白细胞或脓细胞的存在，提示可能发生严重的肠胃炎或体内炎症。

(3)上皮细胞。在粪检中，如上皮细胞增多，见于消化道的损伤、炎症，常常和白细胞一起出现。

3.寄生虫　大部分体内寄生虫及虫卵都能通过粪便排出而能被检检测出来，对于动物寄生虫病的诊断具有重要价值。

(1)球虫。虫原虫卵囊呈卵圆形，无色、壁薄而光滑、单层卵囊内有2个到多个孢子囊。当动物物有水样粪便、便血，即可怀疑球虫的存在。球虫常常寄生在动物肠道黏膜上皮内。镜检时，可在脱落的黏膜及黏液内大量发现。寄生虫感染动物，可引起腹泻、肠道出，长期可引起严重贫血和营养不良。

(2)滴虫。虫体呈立体的纺锤形或梨形，常有4～6根鞭毛，分别向头、尾两侧伸出，体形大小与贾第虫相仿或稍小，通常没有包囊阶段。在生理盐水稀释的样品中运动活跃，但由于其折射率与背景的折射率相似，观察、发现较困难，须在高倍镜下仔细鉴别。常感染猫、犬等，致腹泻。滴虫感染的腹泻，粪便内常见白细胞大量渗出。

(3)蛔虫。粪便镜检常见其虫卵。蛔虫卵呈球形或椭球形，卵壳厚，多层，外层粗糙，表面凸凹不平，原无色，常被粪便内胆色素染为黄色至棕绿色，卵壳内为球形细颗粒的胚细胞，极少含有粗大颗粒，有时因卵壳颇厚而不易辨认其内部构造。有时见患病动物物吐出或随粪便排出虫体，虫体长5～18 mm，白色，线状。

子项目四　动物病原体检查

任务一　常规仪器的使用与维护

一、离心机

1.使用方法

(1)离心机应放置在水平坚固的地板或平台上，并力求使机器处于水平位置以免离心时造成机器震动。

(2)打开电源开关，按要求装上所需的转头，将预先以托盘天平平衡好的样品放置于转头样品架上(离心管须与样品同时平衡)，关闭机盖。

(3)按功能选择键，设置各项要求：温度、速度、时间、加速度及减速度，带电脑控制的机器还需按储存键，以便记忆输入的各项信息。

(4)按启动键，离心机将执行上述参数进行运作，到预定时间自动关机。

(5)待离心机完全停止转动后打开机盖，取出离心样品，用柔软干净的布擦净转头和机腔内壁，待离心机腔内温度与室温平衡后方可盖上机盖。

2.仪器维护

(1)使用水或柔和的清洁剂清洗转子室及转子，不应使用碱性溶液或对材料有磨蚀的溶剂

(2)离心机未使用时打开顶盖，保持转子室干燥，以避免电机轴承磨损。

(3)使用抹布或镊子移出转子室内的脏物、碎片。

(4)离心有毒、放射性、污染样品时必须有特殊的安全保护措施。

二、尿液分析仪

1. 使用方法

(1)开机，仪器自检通过，预热 20 min。

(2)用标准灰度条对仪器进行质量检测，看试纸条是否与仪器设置相符。

(3)设置参数及测试状态，单步样品测量 35 s，连续测量 30 s。

(4)取样 1/3 杯，按开始键进入测定状态。

(5)按开始键，从 35 s 倒计时，到 32 s 时加样，用纸巾吸取多余的尿液。

(6)将试纸条放到测量位，自动测定并打印结果。

2. 仪器维护

(1)仪器的调校。新仪器安装后或每次维修之后都应进行调校。

(2)仪器的安装。仪器应安装在一个远离电磁干扰源、热源、防止阳光照射、防潮、通风好的实验台上，仪器使用最佳温度应在 20～25 ℃室温，相对湿度应＜80％，尿液标本和试剂带最好也维持在这个温度范围内。

(3)保持仪器的清洁。保证使用干净的取样杯。每天开机前要对仪器进行全面检查(如电源电压、各种装置、废液装置、打印纸情况以及仪器是否需要校正等)，确认无误时才能开机。测定完毕，要对仪器进行全面清理、保养。开瓶但未使用的尿试剂带，应立即收入瓶内盖好瓶盖。

三、血常规化验仪

1. 使用方法

(1)开机，待它自动清洗后输入新样品编号，选择种类。

(2)把血样置于吸样针下，按启动键，听到“嘀”一声后取出血样。

(3)仪器自动进入测试与分析，点 Print 打印出结果。

2. 仪器维护

(1)测试后的清洗液废液应及时倒入废液池。

(2)仪器运行需要的环境条件室温为 10～20 ℃。

(3)仪器长时间不用应每半月启动机器运行 1 次。

四、全自动血液生化仪

(1)开机，双击生化测试，仪器初始化，进入主界面。

(2)将待检血清样品装入样品皿中，点测试项目，动物资料，新增，输入动物信息，点下一个，退出。

(3)点测试项目，常规项目，选中项目，输入病畜编号和样品编号，双击项目，点开始测定。

(4)点测试项目，动物资料，单个打印。

(5)点击 Windows 关机，切断电源。

五、高压灭菌锅

(1)首先将内层灭菌桶取出，再向外层锅内加入适量的水，使水面与三角搁架相平为宜。

(2)放回灭菌桶，并装入待灭菌物品。注意不要装得太挤，以免妨碍蒸汽流通而影响灭菌效果。三角烧瓶与试管口端均不要与桶壁接触，以免冷凝水淋湿包口的纸而透入棉塞。

(3)加盖，并将盖上的排气软管插入内层灭菌桶的排气槽内。再以两两对称的方式同时旋紧相对的两个螺栓，使螺栓松紧一致，勿使漏气。

(4)用电炉或煤气加热，并同时打开排气阀，使水沸腾以排除锅内的冷空气。待冷空气完全排尽后，关上排气阀，让锅内的温度随蒸汽压力增加而逐渐上升。当锅内压力升到所需压力时，控制热源，维持压力至所需时间。本实验在 1.05 kg/cm^2、121.3 ℃的条件下灭菌 20 min。

(5)灭菌所需时间到后，切断电源或关闭煤气，让灭菌锅内温度自然下降，当压力表的压力降至 0 时，打开排气阀，旋松螺栓，打开盖子，取出灭菌物品。如果压力未降到 0 时，打开排气阀，就会因锅内压力突然下降，使容器内的培养基由于内外压力不平衡而冲出烧瓶口或试管口，造成棉塞沾染培养基而发生污染。

任务二 血液原虫检查

一、血片制作

1. 薄血片法

(1)在洁净玻片上，滴血液标本 1 滴，以常法推至成薄片。

(2)血膜完全干燥后用瑞氏法染色，干后用油镜镜检。

2. 厚血片法

(1)在洁净玻片上滴血液标本 2 滴。

(2)用推片将血液由内向外转涂成直径为 1 cm 厚薄均匀的血膜，在室温中自然干燥。

(3)在干燥的血膜上滴加蒸馏水数滴，完全覆盖血膜，溶血约 5 min 后倾去溶血液。

(4)不必待干，进行瑞氏染色，干后镜检。

任务三 粪便中虫卵检查

一、直接涂片法

取一片洁净的载玻片，在玻片中央滴加 1～2 滴 50％甘油生理盐水，然后用镊子或牙签挑取少量粪便，与甘油生理盐水混匀，并将粗粪渣推向一边，涂片均匀，做成涂片，涂片的厚度以放到书上隐约可见下面的字迹为宜。加上盖玻片，置显微镜下检查。

二、饱和盐水漂浮法

先配制饱和盐水溶液，配制时先将水烧开，然后加入食盐搅拌，使之溶解，边搅拌边加食盐，直加至食盐不再溶解而生成沉淀为止(1 000 mL 沸水中约加食盐 380 g)，再用双层纱布或棉花过滤至另一干净的容器内，待凉后即可使用(待凉后若出现食盐结晶，则说明该溶液是饱和的)。

取粪便 5～10 g，置于 100～200 mL 的烧杯中，先加入少量饱和盐水，把粪便搅匀，然后加入约为粪便的 12 倍量的饱和盐水，并搅拌均匀，用纱布过滤于一干净的烧杯内，滤液静置 30～

40 min，此时虫卵大多漂浮于液体表面，再用铁丝圈蘸取此液膜，并抖落在载玻片上，进行镜检。

任务四　皮肤刮取物中螨虫与真菌检查

一、螨虫检查

用酒精灯消毒过的刀片，在患处不同位置轻刮出血，将刮取物放在载玻片上，滴加 2～3 滴甘油，加盖玻片，显微镜检查发现螨虫体就可确诊。

二、真菌检查

刮取患部边沿皮屑，在载玻片上滴加 10% NaOH 溶液 2 滴，微弱火加热，使皮屑软化透明，加盖玻片，低倍镜下发现黄色小孢子菌就可确诊。

任务五　血清学检测

一、实验物品准备

96 孔反应板（尖底）、按样品数和检测项对反应板进行标记，要求横轴标记孔数，如 1 至 12 或 1 至 16；纵轴标记样品号；每板的底部中间位置标记检测项，如 ND/H9 等，底部右下角标记此次检测板数，若做 16 孔，需要每对板做标记 1 和 1′。

1 000 μL 微量移液器、100 μL 微量移液器、50 μL 微量移液器、50 μL 8 排微量移液器、白枪头、黄枪头、蓝枪头、加样槽、PE 手套、废液缸、血清样、标准抗原、阳性血清、PBS 溶液、1% 红细胞悬液。

二、实验前试剂及血清准备

1. 柠檬酸钠抗凝剂　用天平称量 3.8 g 柠檬酸三钠，溶入 100 mL 蒸馏水中，待溶解完全后灭菌后即可使用。

2. pH 7.2 磷酸盐缓冲液（PBS）　取氯化钠 8.0 g、氯化钾 0.2 g、磷酸氢二钠 1.44 g、磷酸二氢钠 0.24 g、加蒸馏水至 1 000 mL。将上述成分依次溶解，用盐酸调 pH 至 7.2，分装，121 ℃、15 min 高压灭菌。可配 10 倍储备液 4 ℃保存，检测前稀释，并保证使用前恢复至室温。

3. 1%红细胞悬液

(1)每次采集 3 只不同 SPF 公鸡的新鲜血液。

(2)将 5 mL 的注射器内吸入 1 mL 抗凝剂（抗凝剂∶鲜血＝1∶4）。

(3)将鸡侧卧。保定人一只手抓住两翅膀同时用食指按住鸡头、另一只手握住鸡爪，调整位置，使保定者右肩膀与采血者右肩膀的连线与鸡翅静脉平行。

(4)采血者调整注射器使视线同时能看到针尖孔与注射器刻度。

(5)用酒精棉球擦拭血管上皮肤后，使针尖与血管呈 20°～30°下针，抽血要慢些。抽至 5 mL 后拔出注射器，将注射器向后拉留出足够空隙，轻轻上下摇晃、混匀防止血液凝固。拔出注射器同时保定者用干棉球紧密按压入针处压迫止血。（注意：不要将抗凝剂打入鸡血管内！）

(6)离心。注射器拔掉针头，将摇匀的抗凝血贴壁缓慢注入离心管中，加入血液体积 3～4 倍的 PBS 缓冲液，混匀。另取一只离心管中放入水，与血液管配平放入离心机中，2 000 r/min，5 min，用胶头滴管或者移液枪去掉上层的血浆和白细胞层。此时应注意枪头或滴管头无尖刺，以免刺破红细胞。重复上述操作至少 3 次，洗净血浆和白细胞，以离心后上清无色透明为准，最后一次离心后的红细胞，弃去上清液，即为红细胞泥。放入 4 ℃冰箱中可保存约 72 h。

(7)1%红细胞的配制。准备 99 mL PBS 缓冲液，用 1 mL 微量移液器吸出积压的红细胞 1 mL 放入其中，在 PBS 缓冲液中反复轻柔抽吸至枪头中无红细胞为止，用前反复轻柔颠倒混匀，原则是混合完全且无溶血。于 4 ℃保存，最多可保存 72 h。

1%红细胞悬液用量计算公式：

1%红细胞悬液用量＝样品数×检测抗原种类数×12 或 16×0.025 mL

4. 被检血清　每只鸡心脏或翼下采血 1～2 mL，3 000 r/min 离心 10 min，待血清析出后备用。鸡蛋取蛋黄和生理盐水按 1∶1漩涡振荡器混合均匀待检，要求取蛋黄不要蛋清，建议用注射器弃针头吸取蛋黄。蛋黄稀释液可以选用灭菌的生理盐水。

三、操作过程

1. 血凝(HA)试验操作程序

(1)取 96 孔反应板，用 5～50 μL 微量移液器在 1～12 孔每孔加 25 μL PBS(1 个抗原做 2 个平行试验)。

(2)吸取 25 μL 标准病毒抗原加到第 1 孔中，吹打 5 次充分混匀，吸取 25 μL 加到第 2 孔，混匀后吸取 25 μL 加入第 3 孔，依次进行系列倍比稀释到第 11 孔，最后从第 11 孔吸取 25 μL 弃掉，设第 12 孔为 PBS 对照。

(3)每孔再加 25 μL PBS，倒加，即从第 12 孔开始加至第 1 孔，注意悬加，即枪头与液面不接触，慢吸快打。

(4)每孔加入 25 μL 体积分数为 1%的鸡红细胞悬液，同样为倒加、悬加。

(5)室温 20～25 ℃下静置 30 min，观察结果，在 PBS 对照孔的红细胞呈明显的纽扣状沉到孔底时判定结果(表 4-4-1)。

表 4-4-1　血凝试验(HA)

孔号	1	2	3	4	5	6	7	8	9	10	11	12
病毒稀释倍数	1∶2	1∶4	1∶8	1∶16	1∶32	1∶64	1∶128	1∶256	1∶512	1∶1024	1∶2048	红细胞对照
PBS/μL	25	25	25	25	25	25	25	25	25	25	25	25
病毒/μL	25	25	25	25	25	25	25	25	25	25	25	弃 25 μL
1%红细胞/μL	25	25	25	25	25	25	25	25	25	25	25	25
室温 20～25 ℃下静置 30 min												
结果判定	#	#	#	#	#	#	#	#	+++	++	+	－

注：#表示 100%凝集，+++ 表示 75%凝集，++ 表示 50%凝集，+ 表示 25%凝集，－表示不凝集。

(6)结果判定。在 PBS 对照孔出现正确结果的情况下，将反应板倾斜 45°，从背侧观察红细胞是否完全凝集。以完全凝集的病毒最大稀释度为该抗原的血凝滴度。完全凝集的病毒的最高稀释倍数为 1 血凝单位(HAU)。

从图 4-4-1 可以看出，本病毒的血凝单位为 1∶256，以此稀释倍数为 1 HAU，1∶128、1∶64、1∶32 分别为 2、4、8 HAU。第 12 孔为红细胞对照，应不凝集。

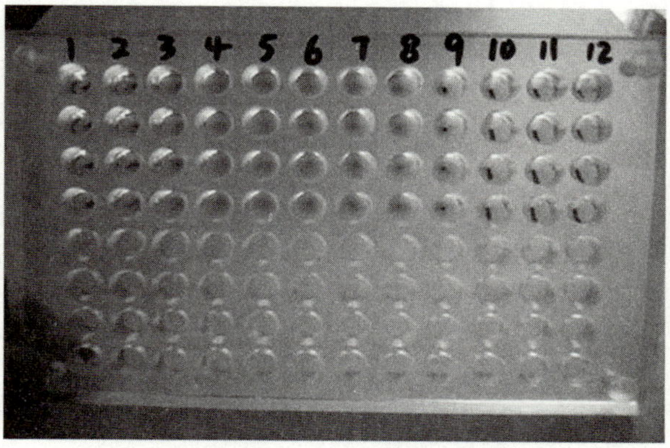

图 4-4-1　HA 试验结果示例

2. 4IU 抗原校正

(1)根据抗原效价结果配制相应比例的抗原稀释液：即 4IU 抗原。

例如，图 4-4-1 中，抗原效价为 1∶256，HI 试验时，25 μL 抗原稀释液内须含 4 IU 抗原，则应将抗原做 64 倍稀释。即取 1 μL 抗原，加入 63 μL PBS，因为回滴是双孔对照，至少需要 50 μL 稀释好的抗原，请按效价比例计算稀释量，例如此图度数 8，4IU 抗原按照 1∶64 的比例配置，操作时建议先用移液枪吸取 64 μL PBS 至小离心管内，再吸出 1 μL(此时可以观察枪头内液体量，利于加入比较准确的抗原)PBS 弃掉，换枪头吸 1 μL 抗原加入 63 μL PBS 内混匀。

4 IU 抗原用量公式：

$$4\ \text{IU 抗原用量} = \text{样品数} \times 12\ \text{或}\ 16 \times 0.025\ \text{mL}$$

(2)首先用微量移液器向反应板的第 1 孔至第 5 孔各加 25 μL PBS，要求同上，做双排对照。

(3)用微量移液器吸取稀释好的 4IU 抗原 25 μL 分别加入第一排和第二排的第 1 孔内，依次倍比稀释到第 4 孔，弃去 25 μL，第 5 孔做对照。

(4)用微量移液器再吸取 1%红细胞悬液依次加入 1～5 孔，每孔 25 μL，要求同上，倒加，悬滴。

(5)室温静置 30 后观察结果(具体操作见表 4-4-2)。

表 4-4-2　$4HA_{100}$ 血凝试验术式

孔号	1	2	3	4	5
$4HA_{100}$ 血凝素稀释度	1∶2	1∶4	1∶8	1∶16	血细胞对照
生理盐水 μL	25	25	25	25	25
$4HA_{100}$ 病毒 μL	25	25	25	25	弃去 25
1%鸡红 C μL		25	25	25	25
室温 20～25 ℃静置 30 min					
判定结果	#	#	++	+	～

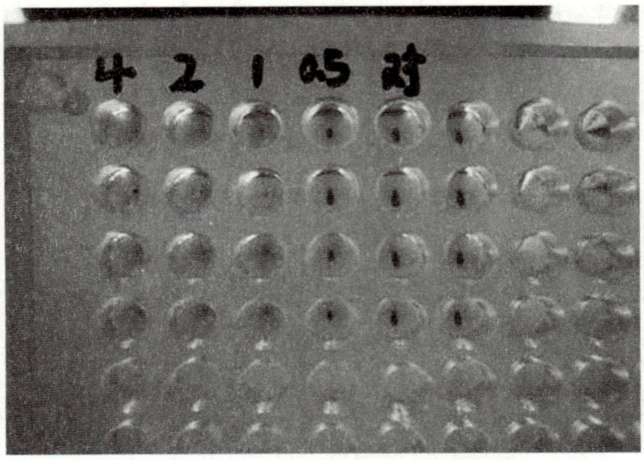

图 4-4-2 4IU 抗原校正

(6)结果观察：第1～2孔为完全凝集，第5孔为对照完全沉淀，如果出现以上结果，表明所配4IU抗原准确，校正成立，如图4-4-2所示。

前两孔为红细胞完全凝集，第三孔为红细胞50%凝集，第五孔为红细胞完全沉淀，说明该次抗原校正成立。

3. 血凝抑制(HI)试验

(1)4IU的抗原制备。根据血凝试验测定的标准抗原的血凝效价，判定4个血凝IU的稀释倍数。方法举例为：如病毒HA效价为8log2，其4个血凝IU为6log2，则病毒稀释64倍即可，提前根据样品数确定所需抗原量做稀释。特别注意此次计算量应该在做血凝试验前做好预算，以防抗原原液量在此时出现不足的问题。

配4IU抗原所需标准抗原用量计算公式：

如4IU血凝价为1∶64，样品数为20，做12孔，那么

$$标准抗原用量=实际4IU抗原用量/64\times 20\times 12$$

(2)血凝抑制(HI)试验程序(以12孔为例)。

①取96孔V形微量反应板，用移液器在第1～11孔各加入25 μL PBS，第12孔加入50 μL PBS。

②第1孔加25 μL血清样品，倍比稀释至第10孔，弃25 μL。

③在第1～11孔各加入25 μL 4IU抗原，要求同上，倒加，悬滴，在微量振荡器上混匀10 s，室温下(20～25 ℃)静置至少30 min，要求在30～40 min内加红细胞悬液。

④每孔加入25 μL 1%的红细胞悬液，要求同上，倒加，悬滴，室温(20～25 ℃)静置30 min，读数。关键是PBS对照孔红细胞呈明显纽扣状沉到孔底时判定结果，根据环境温度，时间可能不同。

表 4-4-3 血凝抑制试验(HI)

孔号	1	2	3	4	5	6	7	8	9	10	11	12
血清稀释倍数	1∶2	1∶4	1∶8	1∶16	1∶32	1∶64	1∶128	1∶256	1∶512	1∶1 024	病毒对照	PBS对照
PBS/μL	25	25	25	25	25	25	25	25	25	25	25	50
被检血清/μL	25	25	25	25	25	25	25	25	25	25		
4IU抗原/μL	25	25	25	25	25	25	25	25	25	25	25	
室温20～25 ℃下静置至少30 min												
1%红细胞悬液/μL	25	25	25	25	25	25	25	25	25	25	25	25
室温20～25 ℃下静置30 min												
结果判定	－	－	－	－	－	－	－	＋＋	#	#	#	－

注：#表示100%凝集，＋＋表示50%凝集，－表示不凝集。

从表4-4-3可以看出，该血清的HI效价为1∶128，通常用以2为底的负对数（$-\log2$）表示，其HI的效价恰与板上出现的100%抑制凝集血清最大稀释孔数一致，如第7孔完全抑制，则其HI效价为1∶128。

4. 结果判定　以完全抑制红细胞凝集的血清最大稀释度为该血清的HI滴度（注：看结果时96孔板倾斜45°）。注意：确定度数的孔要与前一孔的流速及形状完全一样，即泪珠样流挂。读数要快，可以读到结束，一组（一板）时间不要超过30 s。

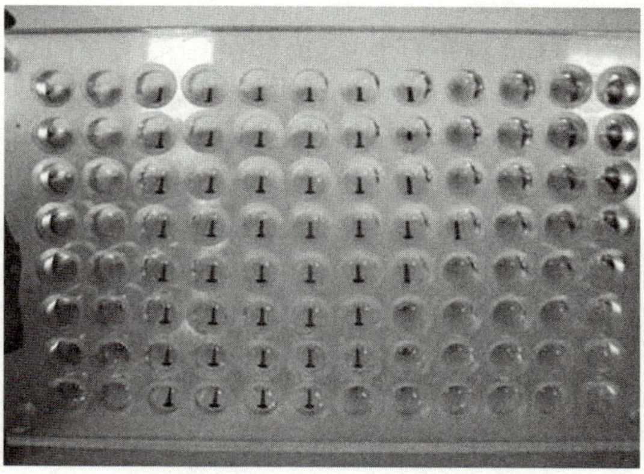

图4-4-3　抗体结果

从上至下依次为：8、7、8、9、8、7、7、6

任务六　常见猪病ELISA抗体水平测定

一、实验所需耗材及准备

（1）单道微量移液器（各种规格）、多道微量移液器。

（2）装有灭菌枪头的枪头盒[黄枪头（200 μL）、蓝枪头（1 000 μL）、白枪头（10 μL）]。

（3）量筒（配洗涤液用）、锥形瓶200 μL（装洗涤液用）、加样槽、双蒸水或去离子水。

（4）1.5 mL离心管或96孔V型板（稀释样品用）。

（5）湿盒、盖板或自封袋（密封反应板用）、封条（密封抗原包被板用）。

（6）96孔酶标仪，配有450 nm、650 nm波长的滤光片。

（7）吸水纸、废液缸、废液盆、记号笔。

（8）ELISA检测试剂盒。

二、检测前的准备

（1）将试剂盒从冰箱中取出，使其恢复室温，备用。

（2）浓缩洗涤液恢复至18～26 ℃并充分地混合确保结晶盐溶液。用双蒸水或去离子水稀释成足量的规定倍数洗涤液。

三、接样

接样时，需问清送检的单位、送检人、联系方式、检测的项目等，填写ELISA抗体检测记录单。

样本的处理：取1 mL送检血样至4 mL的离心管中，离心（2 000 r/min），放置于试管架中，待检。如不立即检测，可将离心好的样本放入4 ℃下的冰箱，等检测时取出即可。

四、检测

(一)猪瘟病毒

1.操作流程

(1)用记号笔在抗原包被板上标记清楚样品序号。

(2)分别将 50 μL 样品稀释液加入每个标记好的检测孔和对照孔中。

(3)分别将 50 μL 的阳性对照和阴性对照加入相应的对照孔中。

(4)分别将 50 μL 的被检样品加入标记好的检测孔中。

(5)用振荡器震荡将反应板中的溶液混匀。

(6)将微量反应板用自封袋密封好,在恒温箱 18～26 ℃孵育 2 h。

(7)用 300 μL 的洗涤溶液洗涤每个板孔 3 次。在每一次洗涤后,甩去每个板孔中的液体,在最后一次甩掉后,在吸水纸上用力扣板,吸去剩余液体。在加入下一个试剂前,避免孔壁变干。

(8)在每孔中加入 100 μL 酶标抗体,用自封袋密封好在恒温箱 18～26 ℃孵育 30 min。

(9)重复步骤(7)。

(10)按顺序在每个反应孔中加入 100 μL 底物溶液 N.12,并避光,18～26 ℃条件下放置 10 min。

(11)在每个反应孔中加入 100 μL 终止液 N.3,终止反应。

(12)在 450nm 处测定样本以及对照的吸光度值。

(13)计算样本和对照的平均吸光度值。

2.结果　只有阴性对照平均值 OD_{450} 大于 0.500,阳性对照的阻断率大于 50%,该检测结果才能有效。若实验不成立,有可能是实验操作失误造成,则重复操作。

3.计算公式

样本值=(阴性平均值－样本值)/阴性平均值×100%

4.结果判定

(1)如果被检样本的阻断率大于或等于 40%,该样本就可以被判为阳性(有 CSFV 抗体存在)。

(2)如果被检样本的阻断率小于或等于 30%,该样本就可以被判为阴性(无抗 CSFV)。

(3)如果被检样本的阻断率在 30%～40%,就应在数天后再对该动物进行重测。如果重测结果仍为可疑,可使用血清中和实验方法确认。

(二)伪狂犬 gE

1.操作流程

(1)取抗原包被板,在两个孔内分别加入 100 μL 两倍稀释(1∶2)的阴性对照。

(2)在两个孔内分别加入 100 μL 两倍稀释(1∶2)的阳性对照。

(3)在其余的孔内分别加入 100 μL 已经稀释好的被检样品(2 倍稀释)。

(4)在 18～26 ℃孵育 60 min 或 2～8 ℃孵育过夜(可以将微量反应板用封板膜封闭)。

(5)用 300 μL 的洗涤溶液洗涤板孔,重复 3～5 次。在每一次洗涤后应吸出丢弃板内的液体,在洗板和加入酶标抗体之间应避免包被板变干。在最后一次洗涤液吸出后,将板中残留液体用力扣拍到吸水材料上。

(6)每孔加入 100 μL 酶标抗体。

(7)在 18～26 ℃孵育 20 min。

(8)重复步骤(5)。

(9)每孔加入 100 μL TMB 底物液。

(10)在 18～26 ℃孵育 15 min。

(11)每孔加入 50 μL 终止液,使反应终止。

(12)测量并且记录被检样品和对照的 OD_{650}。

(13)计算结果。

2. 结果

阴性对照的平均值 OD_{650} 减去阳性对照的平均值 OD_{650} 必须大于或等于 0.300,试验方能有效。如果实验无效,实验操作可能有误,试验应重做,并应详细阅读说明书。首先通过计算每个样品的 S/N 值,判定其 gE 抗体的有无。

3. 计算公式

$$S/N = \text{样本 } OD_{650} / \text{阴性平均值}$$

4. 结果判定

(1)如果 S/N 值低于或等于 0.60,样品应判定为 PRV gE 抗体阳性。

(2)如果 S/N 值大于 0.60 但小于或等于 0.70,样品应重测。如果实验结果不变,间隔一定时间后重新采样、检测。

(3)如果 S/N 值大于 0.70,样品应判定为 PRV gE 抗体阴性。

(三)伪狂犬 gB

1. 操作流程

(1)取抗原包被板并记录号样品位置。

(2)分别加入 100 μL 稀释好的阳性对照(2 倍稀释)至合适的双孔中。

(3)分别加入 100 μL 稀释好的阴性对照(2 倍稀释)至合适的双孔中。

(4)加 100 μL 稀释好的样品至相应的孔(2 倍稀释)。

(5)血清或血浆样本可在 18～26 ℃孵育 60 min 或 2～8 ℃孵育 16～20 h。

(6)用 300 μL 的洗涤溶液洗涤板孔,重复 3～5 次。在每一次洗涤后应甩掉孔内的液体,在洗板和加入酶标抗体之间应避免包被板变干。在最后一次洗涤液甩出后,将板中残留液体用力扣拍到吸水材料上。

(7)每孔加入 100 μL 酶标抗体。

(8)在 18～26 ℃孵育 20 min。

(9)重复步骤(6)。

(10)每孔加入 100 μL TMB 底物液。

(11)在 18～26 ℃孵育 15 min。

(12)每孔加入 50 μL 终止液,使反应终止。

(13)测量并且记录被检样品和对照的 OD_{650}。

(14)计算结果。

2.结果

阴性对照的平均值 OD_{650} 减去阳性对照的平均值 OD_{650} 必须大于或等于 0.300,试验方能有效。如果实验无效,实验操作可能有误,试验应重做,并应详细阅读说明书。针对抗原成分的抗体的存在与否,通过计算每个样品的 S/N 值来决定。

3.结果判定

(1)短期孵育模式(1 h)。

①如果 S/N 值低于或等于 0.60,样品应判定为 PRV 抗体阳性。

②如果 S/N 值大于 0.60 但小于或等于 0.70,样品应重测。如果实验结果不变,间隔一定时间后重新采样、检测。

③如果 S/N 值大于 0.70,样品应判定为 PRV 抗体阴性。

(2)过夜孵育模式(16～20 h)。

①如果 S/N 值低于或等于 0.50,样品应判定为 PRV 抗体阳性。

②如果 S/N 值大于 0.50 但小于或等于 0.60,样品应重测。如果实验结果不变,间隔一定时间后重新采样、检测。

③如果 S/N 值大于 0.60,样品应判定为 PRV 抗体阴性。

(四)蓝耳病病毒

1.操作流程

(1)取抗原包被板并记录号样品位置。

(2)加入 100 μL 没有稀释的阴性对照,加两孔。

(3)加入 100 μL 没有稀释的阳性对照,加两孔。

(4)加入 100 μL 稀释好的样品至相应的孔(40 倍稀释)。

(5)8～26 ℃孵育 30 min。

(6)用 300 μL 的洗涤溶液洗涤板孔,重复 3～5 次。在每一次洗涤后应吸出丢弃板内的液体,在洗板和加入酶标抗体之间应避免包被板变干。在最后一次洗涤液吸出后,将板中残留液体用力扣拍到吸水材料上。

(7)每孔加入 100 μL 酶标抗体。

(8)在 18～26 ℃ 孵育 30 min。

(9)重复步骤(6)。

(10)每孔加入 100 μL TMB 底物液。

(11)在 18～26 ℃ 孵育 15 min。

(12)每孔加入 100 μL 终止液,使反应终止。

(13)测量并且记录被检样品和对照的 OD_{650}。

(14)计算结果。

2.结果

阳性对照的平均值 OD_{650} 减去阴性对照的平均值 OD_{650} 必须大于等于 0.150,且阴性对照

的平均值 OD_{650} 要小于等于 0.150，试验方有效。

如果实验无效，实验操作可能有误，试验应重做，并应详细阅读说明书。PRRSV 抗体的有无通过计算样品与阳性对照(S/P)的比值进行判定。

2. 计算公式

S/P=(样品 OD_{650}－阴性对照平均值)/(阳性对照平均值－阴性对照平均值)

3. 结果判定

若 S/P 值小于 0.40，样品判定为阴性。

若 S/P 值大于等于 0.40，样品应判定为阳性。

五、检测报告的出具

在符合国家相关法律规定的情况下，依据送检材料及目的，为客户提供客观、真实的检验检测报告。

六、检测后的处理

将样品处理区消毒，清理，血清应立即放置冰箱中保存 1 周左右。

七、注意事项

(1)所有操作都要小心仔细，避免试剂盒成分被污染。

(2)所有试剂在使用前都要充分混匀。

(3)加样品前，在每条抗体检测板上做好数字标记以确定板条先后顺序，防止后续操作过程中板条震脱，样品顺序打乱。

(4)每加完一个样品要更换枪头。

(5)每次检测均要加做两个阴、阳性对照。

(6)在检测中，试剂的准备应用双蒸水和去离子水配制。

(7)不要使用过期的试剂盒，禁止非同批试剂盒混用。

(8)严格按照操作程序进行操作，仔细的吸液、计时、充分洗涤，以确保实验的精确性和准确性。

(9)用过的材料要做无害化处理。

(10)如果检测板不是整条使用，剩下未用的孔可用封条封好，做好标记，留作下次检测用。

(11)没有用完的微量反应板应贮存在密封塑料袋内，于 2～8 ℃存放。

(12)所有试剂一律放置 2～8 ℃保存。所有试剂在使用前要恢复至室温 18～26 ℃，用完后返回到 2～8 ℃以便下次使用。

(13)作为潜在传染源来处理所有生物学材料。

(14)禁止用嘴洗液。

(15)处理样品和试剂盒的地方禁止饮食。

(16)在处理样品和试剂时，佩戴手套、口罩、穿白大褂。

(17)底物溶液对眼睛、呼吸系统和皮肤有刺激性。避免接触皮肤与眼睛。

(18)避免底物 TMB 被强光照射或接触到氧化剂。

项目五
病理检查岗位工作

子项目一　组织病理检查

任务一　猪的尸体解剖检查

一、外部检查

猪尸体通常采取仰卧，先切断四肢内侧的肌肉以及髋关节的关节囊和圆韧带，然后用力向外侧按压，使四肢摊开即可。

观察其被毛的光泽度，皮肤的完整性及弹性，有无充血、出血、水肿、气肿等。

观察肌肉发育状况及尸体营养状态。

观察可视黏膜色泽，天然孔有无分泌物、排泄物等；将猪尸体放入消毒液中浸泡然后取出。

二、腹腔脏器检查

(1)从剑状软骨后方沿白线由前向后，直至耻骨前缘切开腹壁，检查腹腔中有无渗出物及其数量、性状，腹膜及腹腔器官是否光滑，肠壁有无粘连。

(2)从剑状软骨沿左右两侧肋弓后缘至腰椎横突切开腹壁，完全暴露腹腔器官。

(3)在左季肋部提起脾脏，并在接近脾脏根部切断网膜和其他联系后取出脾脏，观察脾脏的形态、大小，有无出血、坏死等。

(4)将网膜从其附着部分离采出，观察网膜有无异常病变。

(5)将结肠盘向右侧牵引，盲肠拉向左侧，显露回盲韧带与回肠。将回肠末端(离盲肠约15 cm)做二重结扎并切断。然后握住回肠断端，用刀切离回肠、空肠上附着的肠系膜，直至十二指肠空肠曲，在空肠起始部做二重结扎并切断，取出空肠和回肠。一边分离一边检查肠系膜、肠浆膜、肠系膜淋巴结有无肿胀、出血、坏死等。沿肠管纵轴切开，检查肠内容物和肠黏膜有无异常。

(6)在靠近直肠末端处双重结扎，然后剪断。从直肠断端向前方分离肠系膜，至肠系膜根部。分离结肠与十二指肠、胰腺之间的联系，切断肠系膜根部血管、神经和结缔组织，以及结肠与背部之间的联系，即可取出大肠。检查肠内容物数量、性状，检查肠黏膜有无病变。

(7)双重结扎食管末端后剪断,取出并依次检查胃、十二指肠及胰腺。检查胃的大小、质度、浆膜的色泽、有无粘连、胃壁有无破裂和穿孔,然后沿胃大弯切开,检查胃内容物的性状、胃黏膜有无变化等。

(8)检查十二指肠浆膜有无病变,打开肠腔观察肠内容物和肠黏膜有无异常。

(9)检查胰腺有无出血坏死等。

(10)检查肾脏的形态、大小、色泽和质度,由肾的外侧面向肾门部将肾脏纵切为相等的两半,检查肾包膜是否容易剥离,肾表面是否光滑,皮质和髓质的颜色、质度、比例、结构,肾盂黏膜及肾盂内有无结石等。

(11)检查肾上腺的大小、色泽、质度等。

(12)检查肝门处的胆管和淋巴结;检查肝脏的形态、大小、色泽、包膜性状、有无出血、结节、坏死等;切开肝组织,观察切面的色泽、质度和含血量,注意切面是否隆突,肝小叶结构是否清晰,有无脓肿、寄生虫性结节和坏死等。

三、胸腔脏器检查

(1)切断两侧肋骨与肋软骨的结合部,再切断其他软组织,除去胸骨(胸壁腹面),胸腔即可暴露。

(2)检查胸腔、心包腔有无积液及其性状,胸膜是否光滑,有无粘连。

(3)分离咽、喉头、气管、食道周围的肌肉和结缔组织,将喉头、气管、食道、心和肺一同采出并检查。

(4)检查肺脏的大小、色泽、重量、质度、弹性、有无病灶及表面附着物等;用剪刀切开支气管,检查支气管黏膜的色泽、表面附着物的数量、黏稠度;将整个肺脏纵切、横切数刀,观察切面有无病变,切面流出物的数量、色泽变化等。

(5)检查心脏纵沟、冠状沟的脂肪量和性状,有无出血;检查心脏外形、大小、色泽及心外膜的性状;沿纵沟两侧切开右心室及肺动脉、左心室及主动脉,检查心腔内血液的性状,心内膜、心瓣膜是否光滑,有无变形、增厚,心肌的色泽、质度,心壁的厚薄等。

四、颅腔检查

(1)清除头部皮肤和肌肉。

(2)在两眼眶之间横锯开额骨。

(3)锯开两侧颞骨(与颧骨平行)及枕骨髁。

(4)揭掉颅顶骨,露出颅腔。

(5)检查脑膜有无充血、出血,必要时取出脑组织送检。

任务二　鸡的尸体解剖检查

一、外部检查

(1)检查羽毛是否光洁,有无污染、蓬乱、脱毛。

(2)检查泄殖腔周围的羽毛有无粪便污染。

(3)检查皮肤、关节及脚趾有无肿胀或其他异常。

(4)检查冠、肉髯、面部的颜色、厚度、有无痘疹等。

(5)检查鼻孔有无液体流出;口腔有无黏液。

(6)触摸腹部检查有无变软或积有液体。

二、内部检查

(1)将鸡尸体在消毒液中浸湿后放入托盘。

(2)将腹壁和大腿内侧的皮肤剪开。

(3)使髋关节脱臼,两大腿向外展开,仰卧固定鸡体。

(4)横切胸骨末端后方皮肤,与两侧大腿的竖切口连接。

(5)剥离腹部、胸和颈部皮肤;观察皮下有无充血、出血、水肿、坏死等病变;检查胸肌的丰满程度、颜色,有无出血、坏死;查看胸骨是否变形;在颈椎两侧观察胸腺的大小及颜色,有无出血坏死。

(6)在后腹部,将腹壁横行切开,剪断肋骨、乌喙骨及锁骨,把胸骨向前外翻,露出整个体腔。

(7)观察各脏器的位置、颜色、浆膜的状况,体腔内有无液体,各脏器之间有无粘连。

(8)检查气囊壁的厚薄、有无渗出物、霉斑等;注意在体腔打开的过程中,要随时进行气囊的检查。

(9)取出并检查心包和心脏:检查心包有无渗出物,心包腔内心包液的量和性状;检查心纵沟、冠状沟脂肪的量和性状,有无出血;检查心脏的外形、大小、色泽及心外膜的性状;切开心脏检查心腔,检查心腔内血液的性状,心内膜、心瓣膜是否光滑,有无变形、增厚,心肌的色泽,质度,心壁的厚薄等。

(10)取出并检查肝脏:观察肝脏的形态、大小、色泽、包膜性状、有无出血、结节、坏死等,切开肝组织,观察切面的色泽、软硬和含血量,注意切面是否隆起,有无脓肿、寄生虫性结节和坏死等。

(11)分别剪断食管末端和直肠末端,将胃肠、胰腺、脾脏等一同取出,在取出前,检查腔上囊是否有病变,检查脾脏的形态、色泽、大小、质度等;检查胰腺是否有出血、坏死等,检查腺胃的大小、质度、浆膜的色泽,有无粘连、胃壁有无穿孔,切开腺胃检查内容物的性状,检查腺胃黏膜及腺胃乳头有无出血肿胀等;检查肌胃的大小、质度、浆膜的色泽,切开肌胃,检查内容物的性状,揭去类角质膜,观察肌胃黏膜有无出血;对十二指肠、空肠、回肠、盲肠和直肠分段检查,检查时先观察浆膜面,然后纵向剪开肠腔,检查黏膜面以及肠内容物性状。

(12)取出检查肺,观察肺的大小、色泽、质地、弹性、有无病灶以及表面附着物,切开肺组织,观察切面有无病变,切面流出物的数量、色泽变化等。

(13)取出并检查肾,注意检查输尿管有无病变。

(14)取出并检查生殖器官,检查生殖器官的大小、形状、颜色等有无病变。

(15)剪开一侧口角,观察后鼻孔、腭裂及喉口有无分泌物堵塞、口腔黏膜有无伪膜覆盖;剪开喉头、气管、食道及嗉囊,观察管腔及黏膜的性状,有无渗出物及其性状、黏膜的颜色,有无出血、伪膜等,检查嗉囊内容物的数量、性状及内膜的变化。

(16)在大腿内侧,剥离内收肌,显露坐骨神经,对比观察两侧神经的粗细、横纹及颜色、光滑度等;在脊柱的两侧,将肾脏剔除,找到腰荐神经丛,同样的进行两侧对比观察。

(17)分离头部皮肤,剪除颅顶骨,即可显露大脑和小脑,剪断脑下部神经,将脑取出并进行检查。

任务三 病变识别

一、充血与出血

1.充血(动脉性充血) 局部色泽鲜红、温度升高、体积增大、血管怒张、功能增强;小动脉,毛细血管扩张,充满红细胞,代谢旺盛。

2.淤血(静脉性充血) 器官组织暗红色,即发绀,手压褪色,体积增大(肿胀),被膜紧张,切面流出红色液体。营养不良,局部温度下降,机能减退;小静脉、毛细血管扩张,充满红细胞。

3.动脉出血 喷射状、血液鲜红,出血时机与动脉搏动一致。

4.静脉出血 线状流出,血液暗红,易自然止血。

5.出血性浸润 血液弥散在组织间,组织无明显破坏,但组织红色,质地稍硬(紫癜)。

二、梗死

肉眼病变:脾、肾的梗死多呈楔状,尖端指向血管中心,底部靠近器官表面。心肌梗死多呈地图状、不规则。初期梗死表面与切面均隆起,质地韧实,颜色不同。

1.贫血性梗死

(1)外观。梗死灶在器官表面呈不正的圆锥形(楔形),外周有一层暗红色的炎性反应带,与周围组织分界明显,不透明,呈灰白色,黄白色,也称白色梗死。

梗死初期,组织变性、坏死,因肿胀而稍突出表面,以后由于坏死物被渐渐吸收,变得凹陷。切面较干燥,较硬。一般为凝固性坏死,脑组织为液化性坏死。

(2)镜检。实质细胞坏死,核浓缩、崩解、溶解消失。间质结缔组织呈纤维样坏死。但一般组织结构轮廓尚能辨认。

2.出血性梗死

(1)外观。梗死灶暗红色(紫红色),硬固肿大,也为红色梗死。

(2)镜检。坏死组织内有大量红细胞浸润,组织结构模糊,消失,血管内充满大量的血液,间质水肿出血。

三、贫血

贫血是指机体血容总量低于正常水平,或单位容积血液中红细胞或血红蛋白量低于正常值。

1.全身性贫血 外周血中红细胞数、血红蛋白浓度降低,皮肤、口唇、黏膜、眼结膜段部位颜色苍白。

2.局部贫血 贫血组织器官,因含血量少或不含血,使组织体积缩小,显现出组织器官固有颜色,如皮肤、黏膜苍白,肺灰白色,肝褐色等。贫血组织局部温度降低,质地柔软弛缓,被膜有皱褶,切面少血或无血。因缺氧和营养物质,代谢障碍,机能减退。一些代谢旺盛、对氧敏感的细胞萎缩、变性、坏死。

四、水肿

1. 全身性水肿　组织液积聚于胸前、下腹、四肢下部、阴囊、肉髯等疏松结缔组织处，触之该处触感温度下降，压迫时有粉团性凹陷。

2. 局部水肿　局部肿胀、变重、紧张度增加、弹性下降、苍白，局部温度下降。

五、脱水

脱水的外观为皮肤干瘪、失去弹性，眼球下陷，口腔、直肠黏膜干燥，血液浓稠。临床上将脱水分为三种程度。

1. 轻度脱水(丧失占体重 2%～4%的水)　表现为口渴，体重稍下降，烦躁不安。

2. 中度脱水(丧失占体重 5%～6%的水)　表现：因细胞外液渗透压升高，腺体分泌减少，吞咽困难，口渴剧烈，唇舌、口腔黏膜、皮肤干燥，皮肤弹性下降，体液电解质浓度升高，血钠水平升高，尿量减少，尿液密度升高。机体软弱无力，心率加快，使役力下降。

3. 重度脱水(丧失占体重 7%～14%的水)　除中度脱水的症状外，因皮肤、呼吸器官蒸发水分减少，发生散热障碍，体温升高；血容量减少，血液浓稠，血流减慢，血压下降，肌张力升高，动物出现狂躁、昏迷、惊厥等神经症状。

如果丧失占体重 15%以上的水，可致死亡。

六、炎症

局部临床表现：红、肿、热、痛、机能障碍。

1. 变质性炎症　大多发生在实质细胞，故又称实质性炎症，若坏死面积极较大，则称坏死性炎症。

特征：以组织变质，营养不良或渐进性坏死为主，存在渗出、增生，但较轻微。

病变：器官肿大、质软脆弱，与肿胀相似，以切片诊断为主。如肾变质性炎症，肾小管上皮细胞浊肿、脂变，肾小球球囊壁增生，间质炎性充血、水肿、白细胞浸润。

2. 渗出性炎症　特征：血管渗出显著，有多量的液体成分和有形成分渗出，也存在不同程度的变质、增生，但较轻微。多为急性炎症。渗出性炎症是根据渗出物的主要成分不同分类的。

(1)浆液性炎。大量浆液性渗出物，含蛋白质在 3%～5%，主要是白蛋白，含少量中性粒细胞、淋巴细胞、脱落上皮、纤维素，相对密度 1.018～1.020。多发于肺、皮肤、黏膜、腹胸腔、心包腔、关节囊等处。

初期出现透明无色或淡黄色稀薄液体，而后渐变混浊。在体内不凝固；排出体外或动物死后，析出纤维蛋白，成凝固的半透明胶冻样物。浆液性炎常是纤维素性炎、化脓性炎的早期变化。

(2)卡他性炎症。卡他是希腊语，向下流溢的意思。卡他性炎是指不引起组织破坏的黏膜的渗出性炎症，是黏膜最常见的一种炎症。常发生于黏膜上如胃肠道、呼吸道、泌尿生殖道的黏膜，也称黏液性炎症。

(3)纤维素性炎。渗出物中含大量纤维蛋白，在器官表面或组织间隙内形成伪膜或网状结构。纤维蛋白来源于血浆中的纤维蛋白原，渗出后受到损伤组织释放的酶的作用，凝固成淡黄色的纤维蛋白。

在炎症过程中，因组织损伤较重，血管通透性增大，分子量较大的纤维蛋白原也能渗出。如猪霍乱杆菌引起的纤维素性肠炎。常发部位：黏膜、浆膜、肺脏。

(4)化脓性炎。以渗出物中含大量中性粒细胞、坏死组织和脓液为特征。即在炎症过程中形成脓液。化脓是炎区中坏死组织被中性粒细胞或组织产生的蛋白酶所液化的过程。

化脓原因：微生物，如葡萄球菌、链球菌等细菌；化学物质，如松节油、煤燃油、坏死骨片，等造成无菌性化脓。

(5)出血性炎症。特征：渗出物中含大量红细胞，渗出液甚至炎区呈红色。原因：血管严重损伤，通透性升高。

各种传染性疾病如猪瘟、炭疽、出血性败血病、流行性出血热、钩端螺旋体病、鼠疫等，以及真菌病、中毒均可引起出血性炎症。常与浆液性炎、纤维素性炎、化脓性炎并发。

(6)腐败性炎症。即坏疽性炎症，常在化脓性炎症、纤维素性炎症等基础上，并发腐败细菌感染而转变形成。特点：发炎组织器官及渗出物腐败分解，变化与湿性坏疽相似。颜色呈污秽的灰色、绿色、黑色、有恶臭。如肺腐败性炎，肺肿胀、坚硬，切面污秽的灰红褐色或灰绿色坏死斑块，边缘不整齐呈锯齿状，恶臭，坏死灶腐败溶解为空洞，流出污灰恶臭的液体，常继发败血病而死亡。部位：肺、肠、子宫等处。

3. 增生性炎症　以细胞增生或结缔组织增生为主，变质、渗出较轻微。多为慢性炎症。包括非特异性增生性炎和特异性增生性炎。

七、肿瘤

肿瘤是指机体在各种致瘤因子的作用下，局部组织细胞增生所形成的新生物。

1. 外形　发生在身体表面（皮肤）和器官表面（黏膜）的肿瘤，多形成块状向表面突起，并因肿瘤组织结构的不同，形成各种不同形态，如圆球状、蕈状、乳头状、息肉状、分叶状、菜花状、绒毛状。良性肿瘤其表面光滑；有的肿瘤组织因生长迅速，血供应不足而发生坏死脱落形成溃疡，这多见于恶性肿瘤。

生长在器官组织深部的肿瘤一般为界限清楚的球状结节。深部的恶性肿瘤的形状不规则，呈分枝的树根状浸润生长，与周围组织粘连在一块，界限不清。有些肿瘤并不形成肿块，肿瘤细胞只在某些器官组织内浸润生长，使该组织的体积增大和硬度增加，称为弥漫型肿瘤。

2. 大小　大小不一，主要取决于其生长速度、生长部位。大的 30 kg 以上（甚至 90 kg），小的用显微镜才能看见。

良性肿瘤对机体物质代谢和重要器官的机能无重大影响，可长得很大；而对机体破坏作用严重的恶性肿瘤，它尚未充分长大时，患体即死亡，故体积较小。

在狭小体腔内的肿瘤常较小，在柔软体腔内或身体表面则可长得很大。发生于颅腔、椎骨等处的肿瘤生长速度不会很快，多为恶性。

3. 数量　一个或多个。

4.颜色或色彩

①与肿瘤组织种类有关。

②与肿瘤形成时间长短有关，时间久的肿瘤色彩变淡或比较苍白。

③与继发性病变有关。

④和所含的血管或其他色素成分有关。

黑色素细胞组成的黑色素瘤为黑色；脂肪瘤为黄色或白色；纤维瘤为灰白色；淋巴肉瘤、纤维肉瘤为鱼肉色。

5.硬度

①因肿瘤的组织种类而异：骨瘤最硬，软骨瘤次之，纤维瘤较硬固，黏液瘤很柔软。

②因实质与间质之比例而异：间质成分较多的较硬，实质成分多的较柔软。

任务四 病料采集、保存及送检

一、病料的采集

1.采集时间　死后立即采集，不得超过 6 h。

2.各组织脏器病料采集

(1)无菌操作。

(2)根据不同传染病，有目的地采集。败血性病死动物：采取心、肝、脾、肺、肾、淋巴结等。肠毒血症病死动物：采取肠及内容物。伴神经症状病死动物：采取脑、脊髓等。一般性病死动物则全面采集。

(3)具体方法。

①脓汁及渗出液：用注射器或吸管吸取，开口病灶或鼻腔可用棉签浸蘸，放入灭菌试管后加棉塞。

②肝、脾、肺、肾、淋巴结等：各取边长 1～2 cm^3 的小方块，入灭菌试管、平皿或小瓶中。

③血液、血清：无菌吸取 10 mL，放入灭菌试管，1～2 d 凝固析出血清，吸取入另一灭菌试管。心血：右心房，用烧红刀片烙烫心肌，用灭菌注射器吸取心血于灭菌试管。

④乳汁：最初 3～4 股弃去，采集 10 mL。

⑤胆汁：同心血。

⑥肠：双重结扎后剪取 5～10 cm。

⑦皮肤：取大小 10 cm×10 cm 的一块，放于 30%甘油缓冲液或 10%福尔马林溶液或 10%饱和盐水中。

⑧胎儿、小家畜、家禽：整个，用塑料薄膜、油布或数层不透明的油纸包裹，放入木箱。

⑨脑、脊髓：保存于 50%甘油生理盐水中；或将整个头割下，包入浸过 0.1%升汞液的纱布或油布中。

二、病料的保存

1 细菌性材料 保存于灭菌的液体石蜡;30%甘油缓冲液;饱和氯化钠溶液。

2 病毒性病料 保存于50%甘油缓冲液;鸡蛋生理盐水。

3 病理组织学材料(脏器组织块) 保存于10%福尔马林溶液或95%酒精。保存量为送检材料量的10倍。10%福尔马林液应每24 h更换一次。

三、病料的运送

(1)填写病料送检单。

(2)病料按送检目的保存、包装。

(3)在病料保存期内送达。

任务五 病害动物及病害动物产品的生物安全处理

一、运送

运送动物尸体和病害动物产品应采用密闭、不渗水的容器,装前卸后必须要消毒。

二、销毁

1.适用对象

(1)确认为口蹄疫、猪水疱病、猪瘟、非洲猪瘟、非洲马瘟、牛瘟、牛传染性胸膜肺炎、牛海绵状脑病、痒病、绵羊梅迪/维斯那病、蓝舌病、小反刍兽疫、绵羊痘和山羊痘、山羊关节炎脑炎、高致病性禽流感、鸡新城疫、炭疽、鼻疽、狂犬病、羊快疫、羊肠毒血症、肉毒梭菌中毒症、羊猝狙、马传染性贫血病、猪密螺旋体痢疾,猪囊尾蚴、急性猪丹毒、钩端螺旋体病(已黄染肉尸)、布鲁氏菌病、结核病、鸭瘟、兔病毒性出血症、野兔热的染疫动物以及其他严重危害人畜健康的病害动物及其产品;病死、毒死或不明死因动物的尸体。

(2)经检验对人畜有毒有害的、需销毁的病害动物和病害动物产品;从动物体割除下来的病变部分。

(3)人工接种病原微生物或进行药物试验的病害动物和病害动物产品。

(4)国家规定的其他应该销毁的动物和动物产品。

2.操作方法

(1)焚毁。由专门行业机构处理。

(2)掩埋。具体要求如下。

①掩埋地应远离学校、公共场所、居民住宅区、村庄、动物饲养和屠宰场所、饮用水源地、河流等地区。

②掩埋前应对需掩埋的病害动物尸体和病害动物产品实施焚烧处理。

③掩埋坑底铺2 cm厚生石灰。

④掩埋后需将掩埋土夯实。病害动物尸体和病害动物产品上层应距地表 1.5 m 以上。

⑤焚烧后的病害动物尸体和病害动物产品表面，以及掩埋后的地表环境应使用有效消毒药剂喷洒消毒。

三、无害化处理

1. 化制　适用对象：除销毁规定的动物疫病以外的其他疫病的染疫动物，以及病变严重、肌肉发生退行性变化的动物的整个尸体或胴体、内脏。

2. 消毒　适用对象：除销毁规定的动物疫病以外的其他疫病的染疫动物的生皮，原毛以及未经加工的蹄、骨、角、绒。高温处理法、过氧乙酸消毒法、煮沸消毒法等。

任务六　病理报告填写

填写动物病理剖检记录表，如表 5-1-1 所示。

表 5-1-1　动物病理剖检记录表　　　　病例号：

<table>
<tr><td>畜主</td><td></td><td>畜种</td><td></td><td>性别</td><td></td><td>年龄</td><td></td><td>死亡时间</td><td></td></tr>
<tr><td>营养状况</td><td colspan="3"></td><td>特征</td><td colspan="3"></td><td>致死方式</td><td></td></tr>
<tr><td>剖检人</td><td></td><td>剖检地点</td><td colspan="2"></td><td>剖检时间</td><td></td><td>记录人</td><td colspan="2"></td></tr>
<tr><td>剖检所见</td><td colspan="9"></td></tr>
<tr><td>初步诊断</td><td colspan="9"></td></tr>
<tr><td>备注</td><td colspan="9"></td></tr>
</table>

子项目二　特殊病理检查

任务一　X 线检查

一、DR 操作流程

1. 开机　检查制冷设备状态，确保检查室温度符合要求；打开设备电源时注意仪器状态、系统自检信息，发现异常时记录相关信息，及时关闭总电源，并报告维修人员；开机后，按要求进行校正和预热。

2. 检查机器状态　检查主机的功能状态，磁盘空间（必要时清理）；检查相关接入设备的性能、状态。

3. 检查操作

（1）按次序调取或手工输入并核对患病动物信息，准备开始检查。

（2）接诊病畜，关闭检查室的防护门，详细询问病史、检查需求，核对患病动物信息及检查申请单内容，确保符合检查适应证。

（3）嘱畜主去除影响照射部位成像质量的患畜体外衣（异）物。

（4）向畜主详细介绍检查方式、过程及注意事项，以取得最大程度的配合。

（5）在操作菜单中选择合适的检查部位和照射参数，必要时可根据动物实际情况适当调整照射参数以获得良好的检查影像。

（6）操作人员穿着辐射防护服，将动物摆设合适的体位，并适当安抚动物减少其骚动以免影响拍摄效果。

（7）校准射线中心线、照射野，将照射范围控制在目标检查区，以提高影像质量，同时也减少患畜接受额外辐射。

（8）按下曝光开关按钮或踩下曝光踏板，听到机器发出指示声即可松开，完成拍摄。

（9）检查拍摄影像，符合要求即可完成检查。如有必要可再行拍摄。

4. 关机　结束检查后退出系统并关闭主机，再关闭设备电源，填写设备使用日志。

二、X 线影像识别

（一）骨骼 X 线影像

正常情况下，骨膜在 X 线胶片上不易与骨周围的软组织相区别，故 X 线影像不能显现，但当骨膜发生病变后则可显现。骨密质位于骨的外围，X 线影像称为骨皮质，呈带状均匀的致密阴影，阴影在骨干中央最厚，在两端变薄。外缘光滑整齐，在肌、腱和韧带附着处粗糙。骨松质位于长骨两端骨密质的内侧，在 X 线影像中呈网格状且有一定纹理的阴影，其密度低于骨密质。骨髓腔位于骨干骨密质的内侧，呈带状边缘不整的低密度阴影，阴影两端消失于骨松质中。骨髓腔常因骨密质及骨松质阴影的遮盖而显现不清。骨端位于骨干的两端，体积膨隆，表层为致密阴影，其余为骨松质阴影。

1. 正常骨骼的 X 线影像

(1)头部 X 线影像(图 5-2-1、图 5-2-2)。

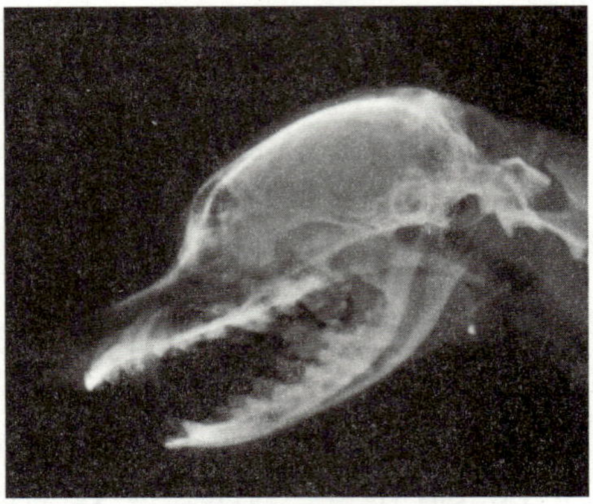

图 5-2-1　犬头部右侧位 X 线影像

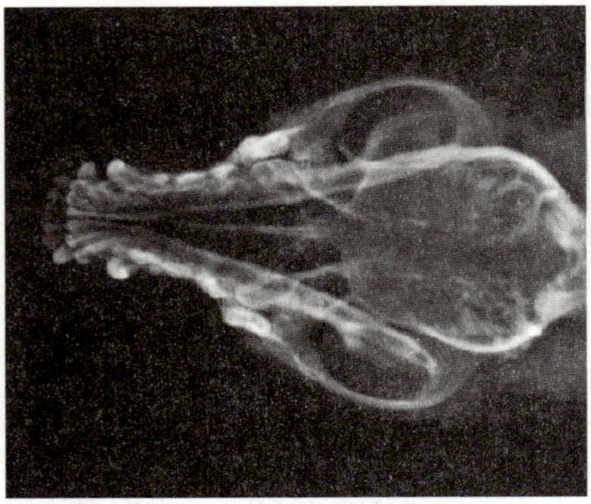

图 5-2-2　犬头部背腹位 X 线影像

(2)脊柱 X 线影像(图 5-2-3 至图 5-2-5)。

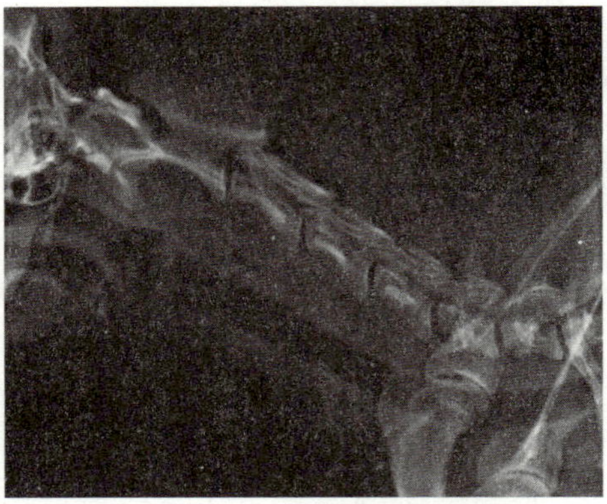

图 5-2-3　颈椎右侧位 X 影像

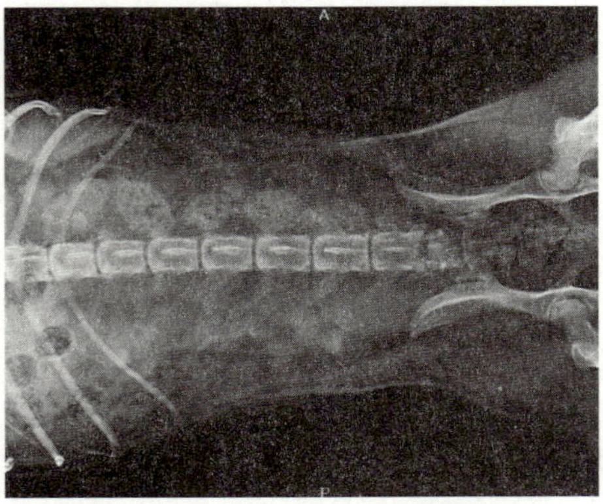

图 5-2-4　腰椎腹背位 X 线影像

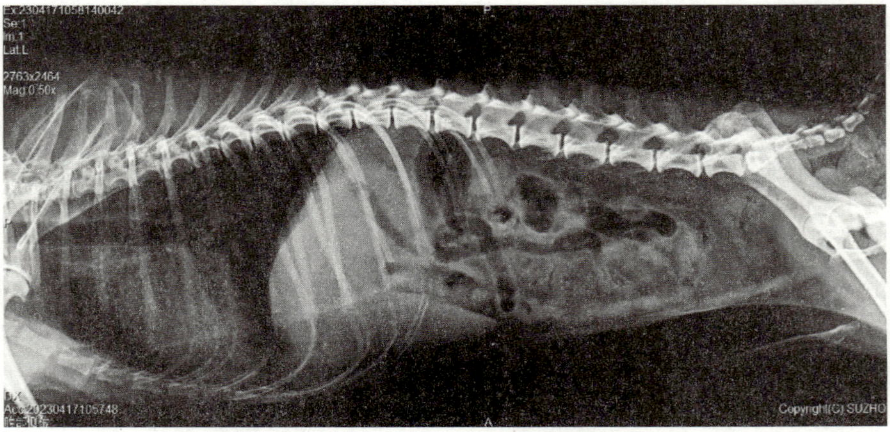

图 5-2-5　胸椎、腰椎、尾椎右侧位 X 线影像

(3)前肢 X 线影像(图 5-2-6、图 5-2-7)。

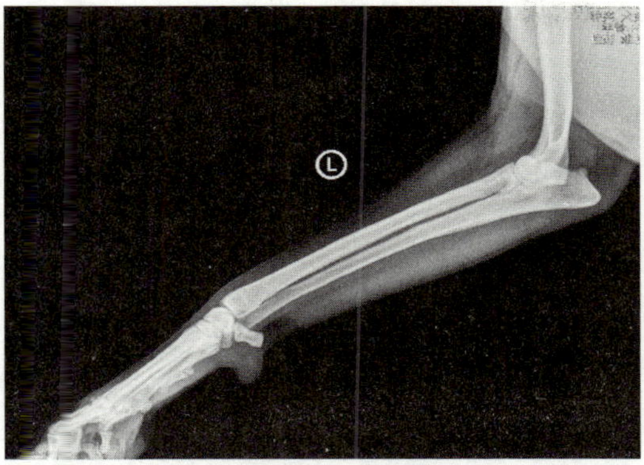

图 5-2-6　前肢右侧位 X 线影像

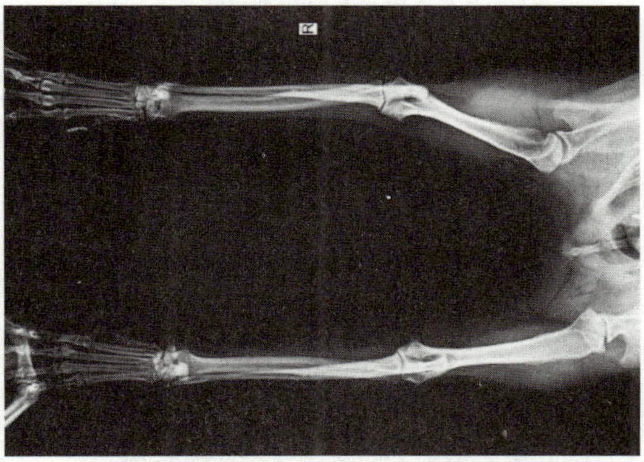

图 5-2-7　前肢正位 X 线影像

(4)后肢 X 线影像(图 5-2-8、图 5-2-9)。

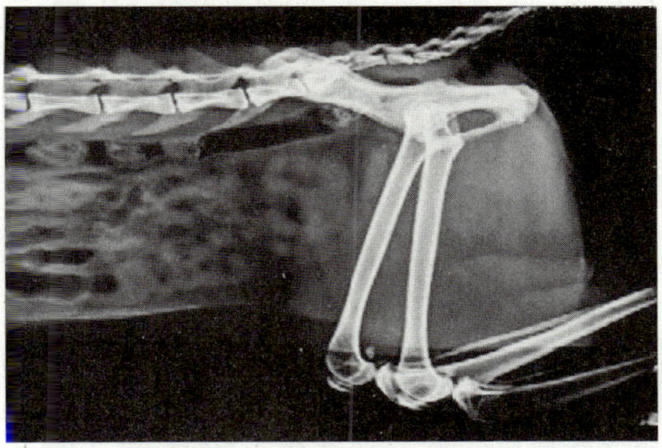

图 5-2-8　后肢右侧位 X 线影像

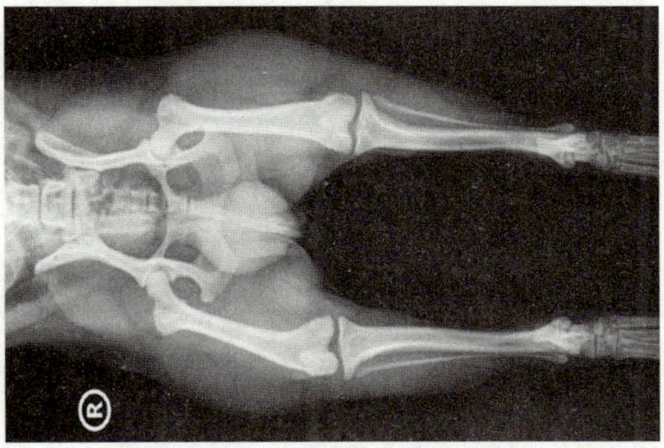

图 5-2-9　后肢腹背位 X 线影像

(5)骨盆 X 线影像(图 5-2-10、图 5-2-11)。

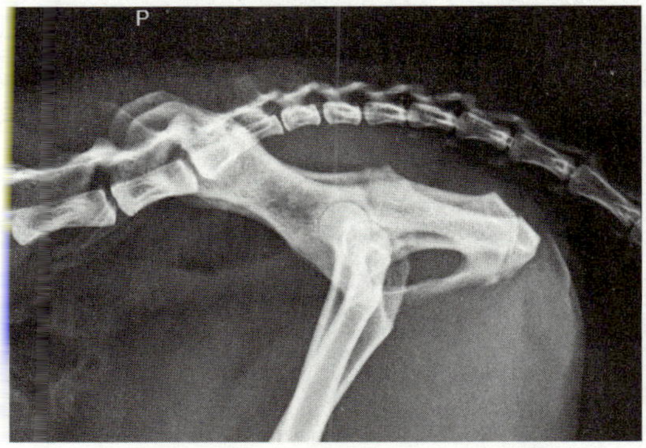

图 5-2-10　骨盆右侧位 X 线影像

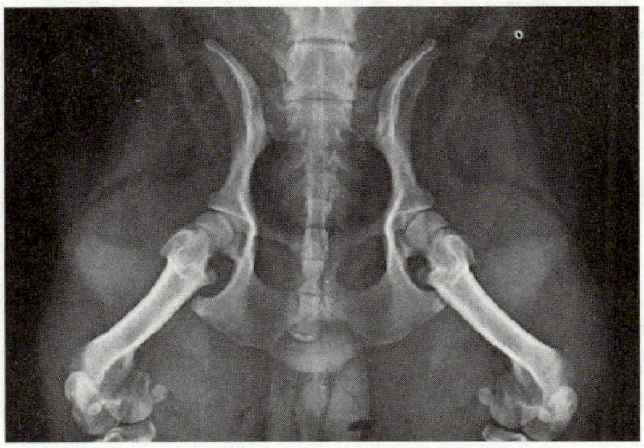

图 5-2-11　犬骨盆腹背位 X 线影像

2. 骨骼病理 X 线影像

见图 5-2-12 至图 5-2-17。

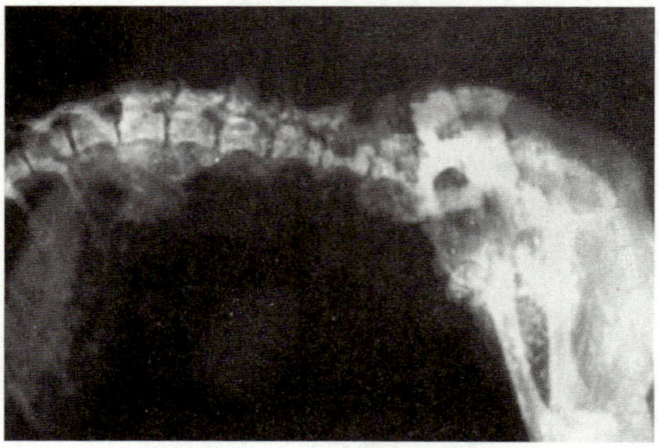

图 5-2-12　犬骨质疏松

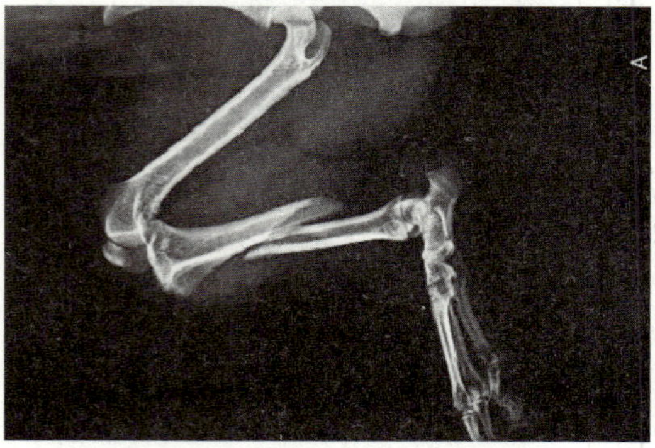

图 5-2-13　犬胫骨骨折

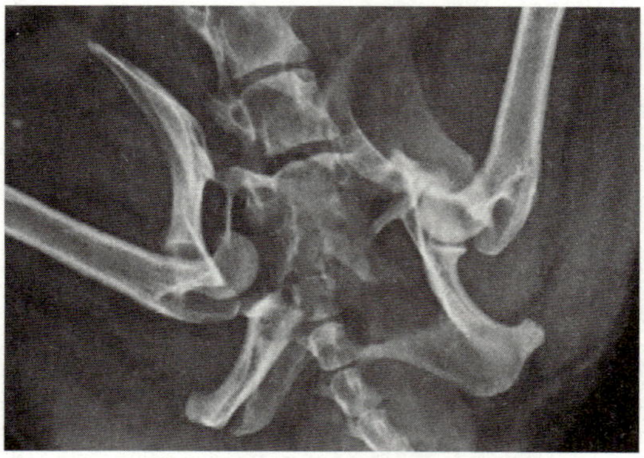

图 5-2-14　犬骨盆多处骨折

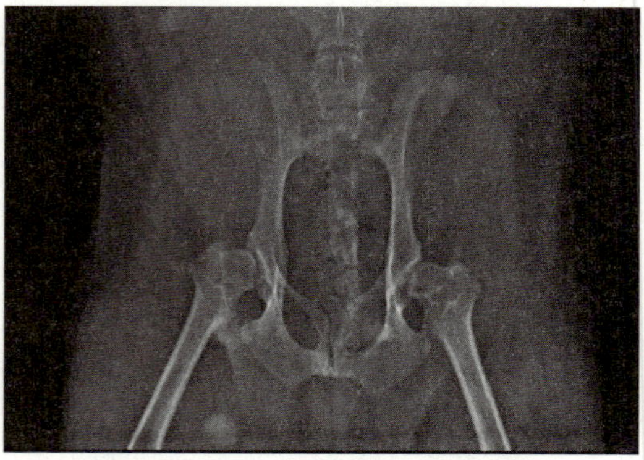

图 5-2-15　髋关节发育不良

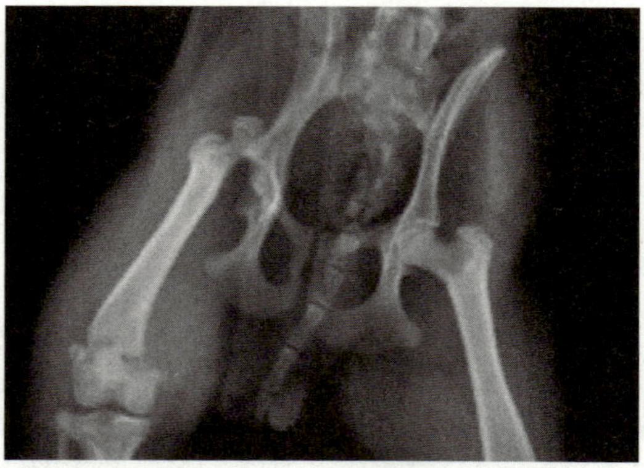

图 5-2-16　犬髋关节脱位

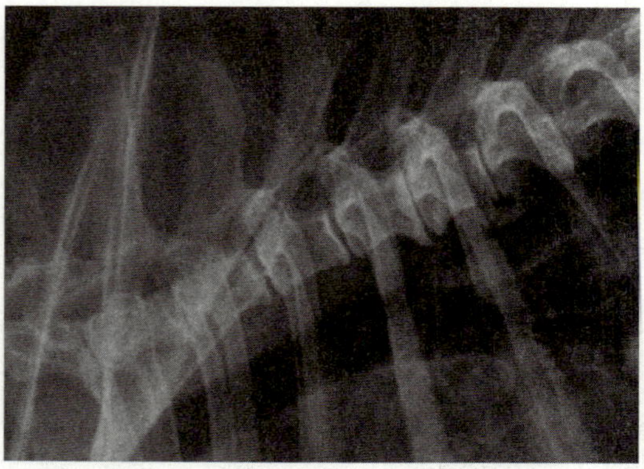

图 5-2-17　胸椎椎间隙狭窄

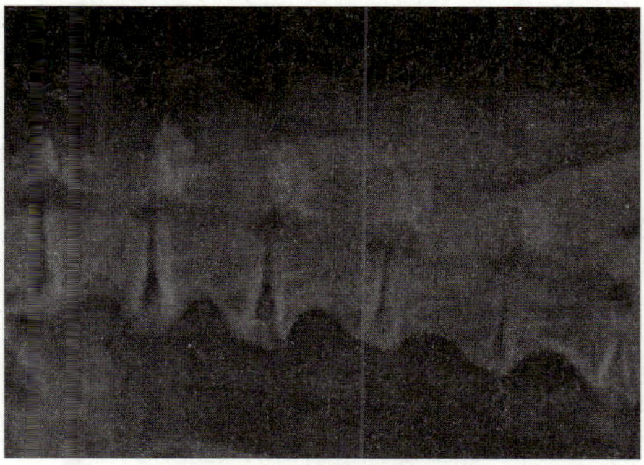
图 5-2-18 腰椎关节强直

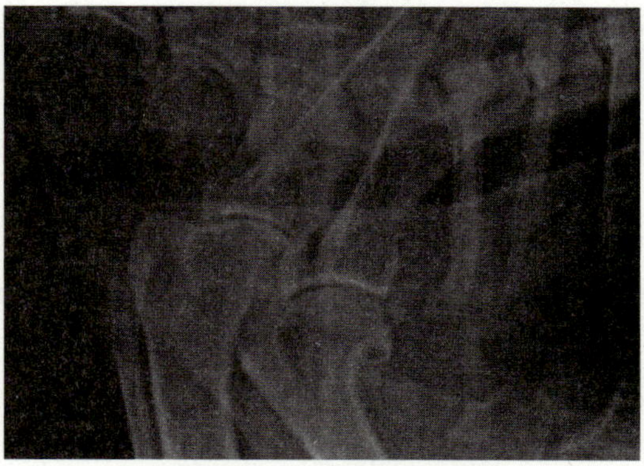
图 5-2-19 肩关节骨质增生

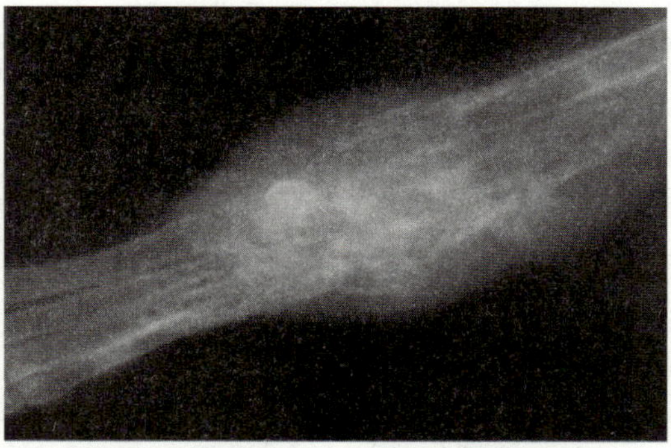
图 5-2-20 尺骨与桡骨远端骨肿瘤

二)内脏器官 X 线影像

1. 消化系内脏 X 线影像

1)食管(图 5-2-21 至图 5-2-24)。

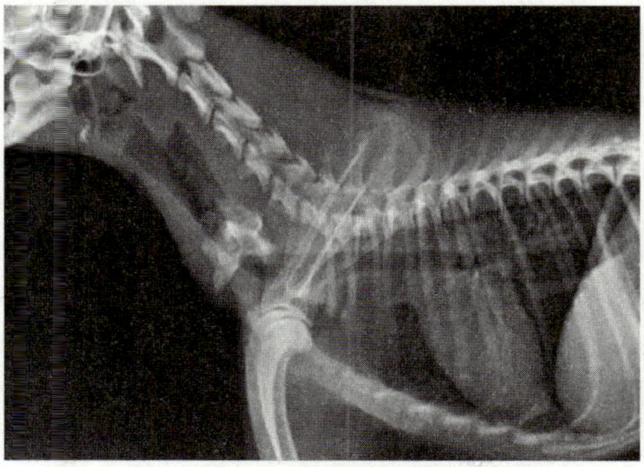
图 5-2-21 食管异物阻塞 X 线影像

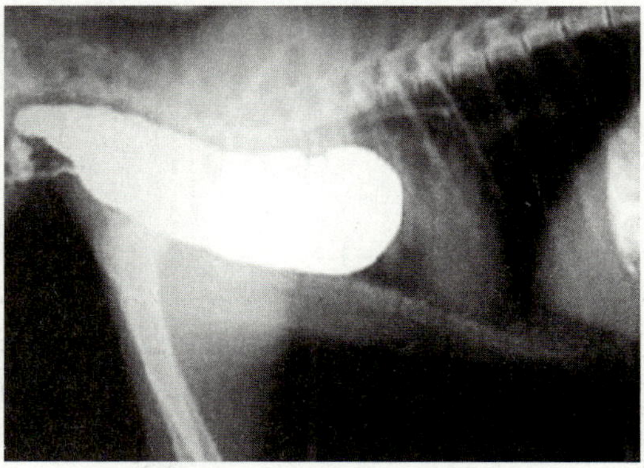
图 5-2-22 巨食管症 X 线造影

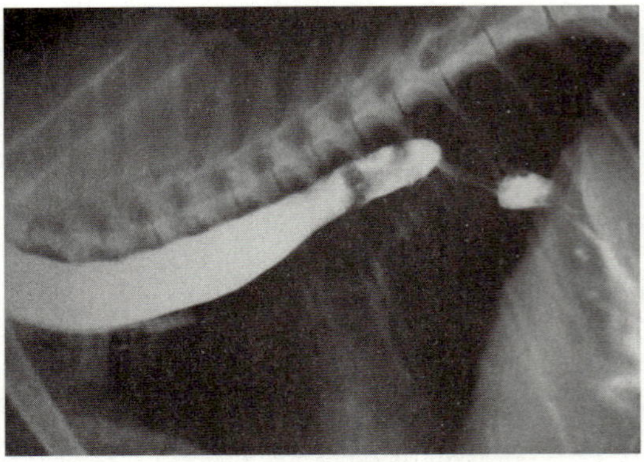

图 5-2-23 食管狭窄 X 线造影

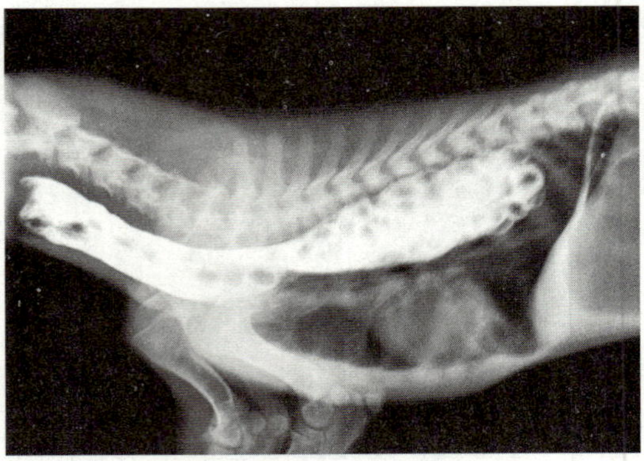

图 5-2-24 食管扩张 X 线造影

(2)胃(图 5-2-25 至图 5-2-28)。

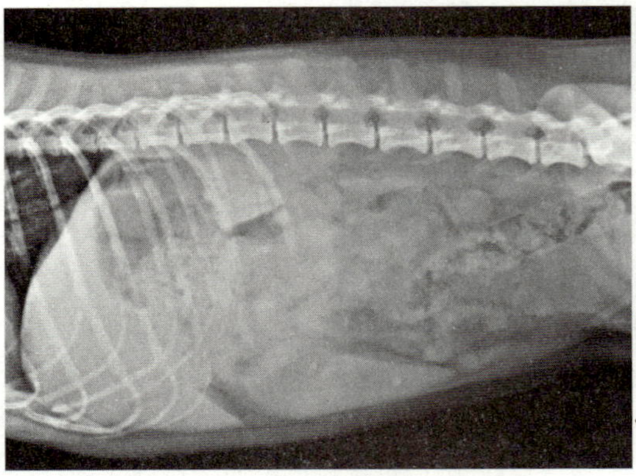

图 5-2-25 胃正常 X 线侧位影像

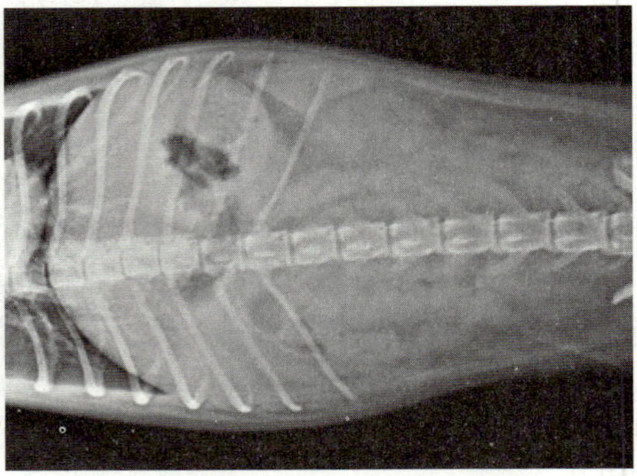

图 5-2-26 胃正常 X 线正位影像

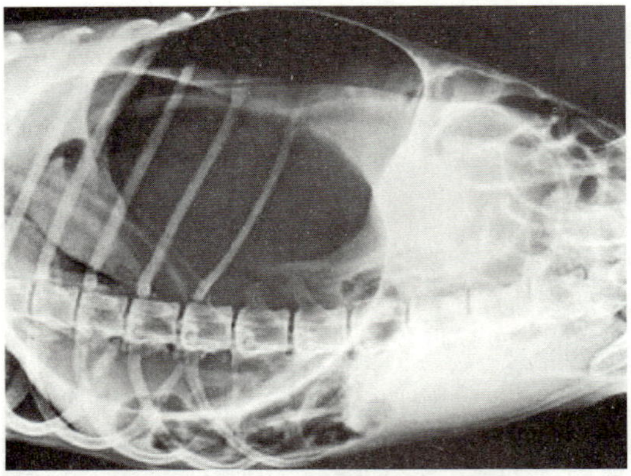

图 5-2-27 胃扩张-扭转综合征 X 线影像

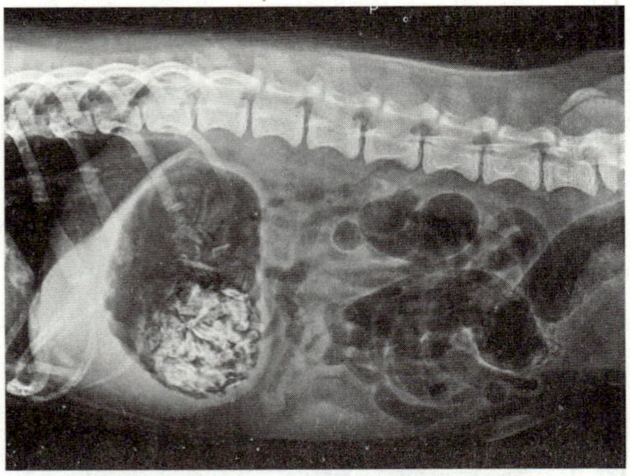

图 5-2-28 胃内异物 X 线影像

(3)肠(图 5-2-29 至图 5-2-34)。

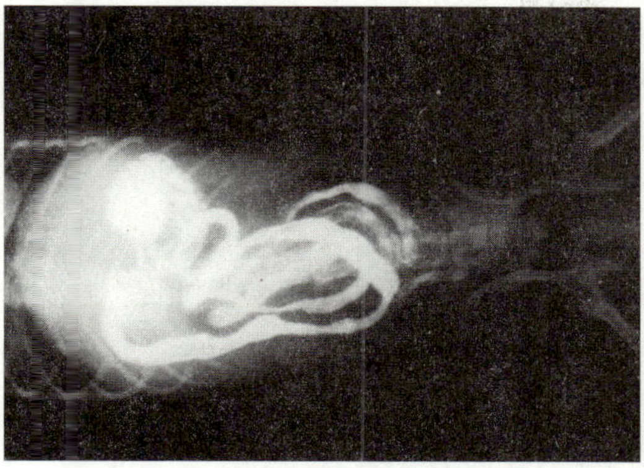

图 5-2-29　肠管正常 X 线造影

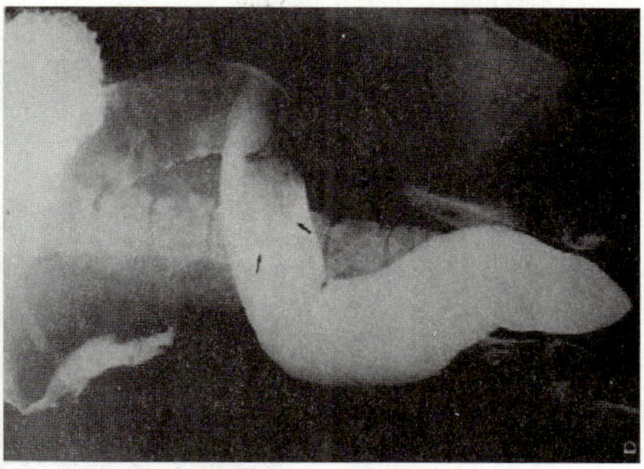

图 5-2-30　肠套叠 X 线造影

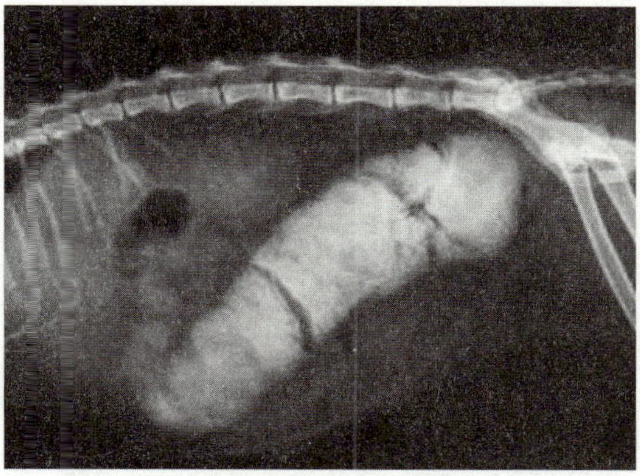

图 5-2-31　巨结肠症

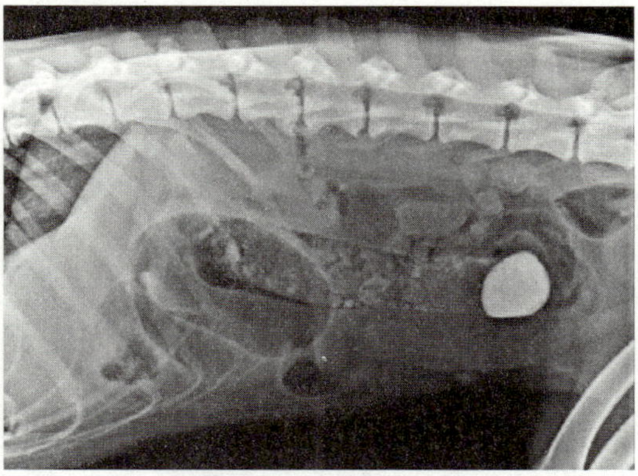

图 5-2-32　肠内异物

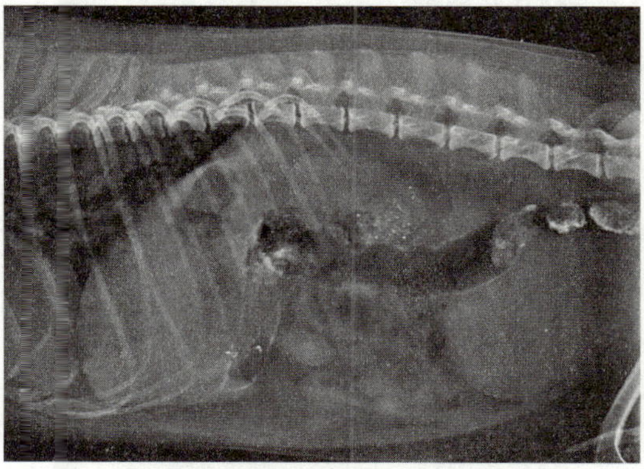

图 5-2-33　肠管臌气

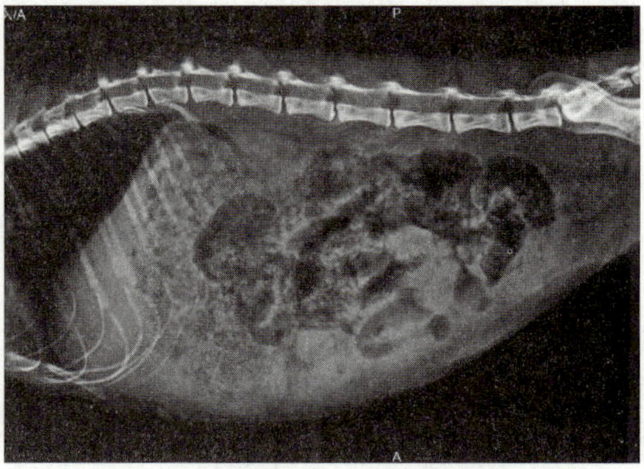

图 5-2-34　腹腔积液

3. 呼吸系统 X 片影像

(1)喉(图 5-2-35)。

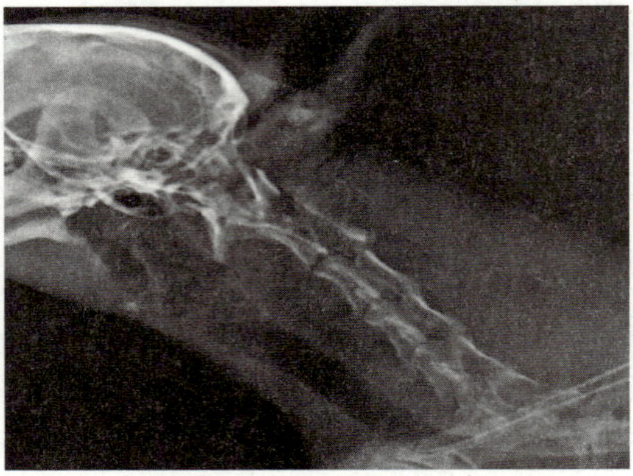

图 5-2-35 喉正常 X 线影像

(2)气管(图 5-2-36、图 5-2-37)。

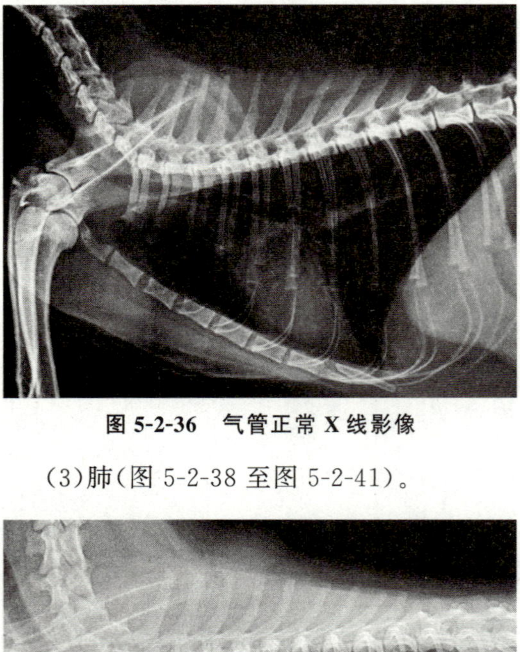

图 5-2-36 气管正常 X 线影像

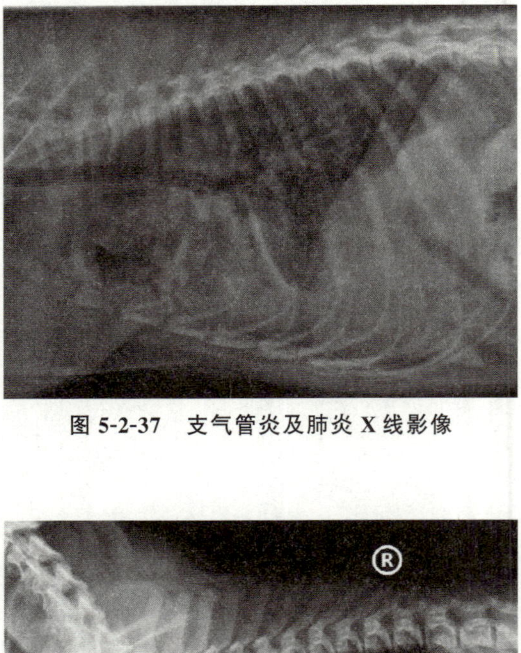

图 5-2-37 支气管炎及肺炎 X 线影像

(3)肺(图 5-2-38 至图 5-2-41)。

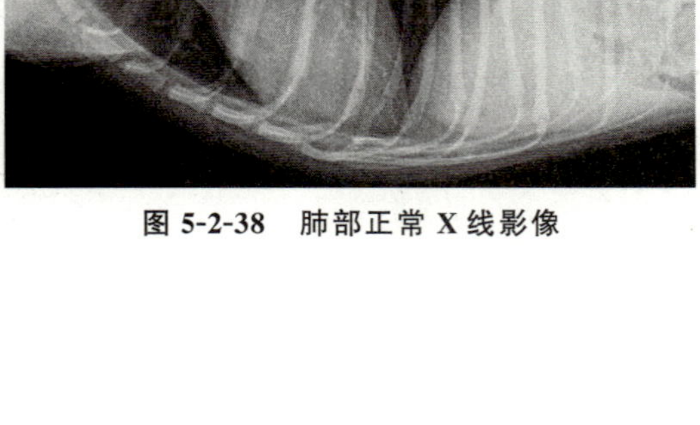

图 5-2-38 肺部正常 X 线影像

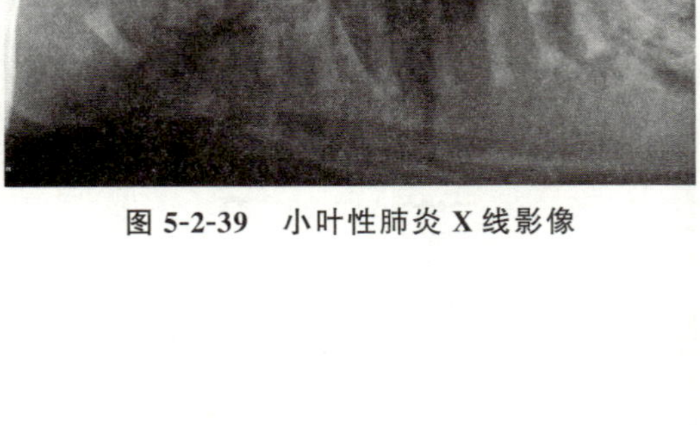

图 5-2-39 小叶性肺炎 X 线影像

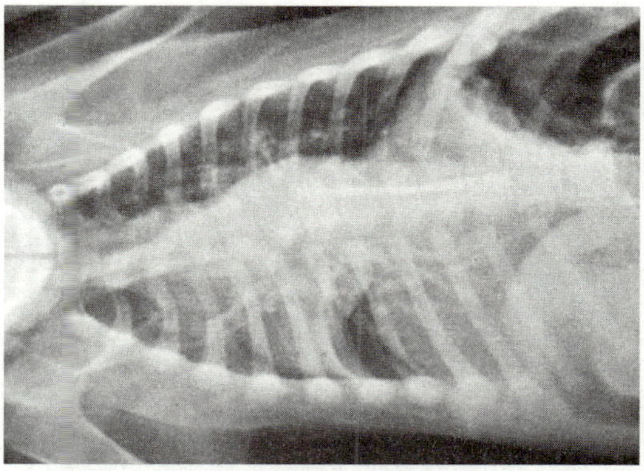

图 5-2-40　大叶性肺炎 X 线影像

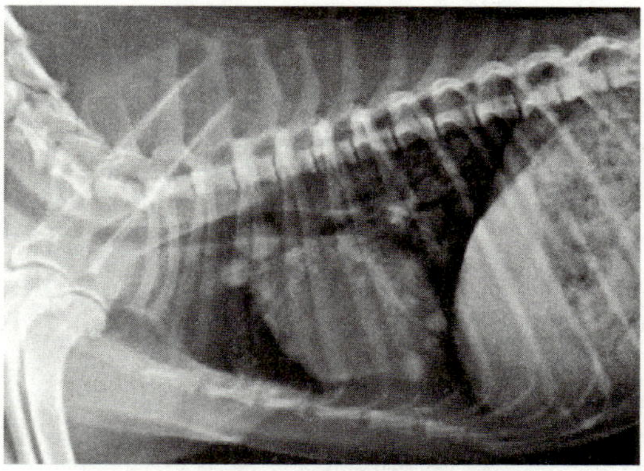

图 5-2-41　肺肿瘤 X 线影像

4)胸腔(图 5-2-42 至图 5-2-49)。

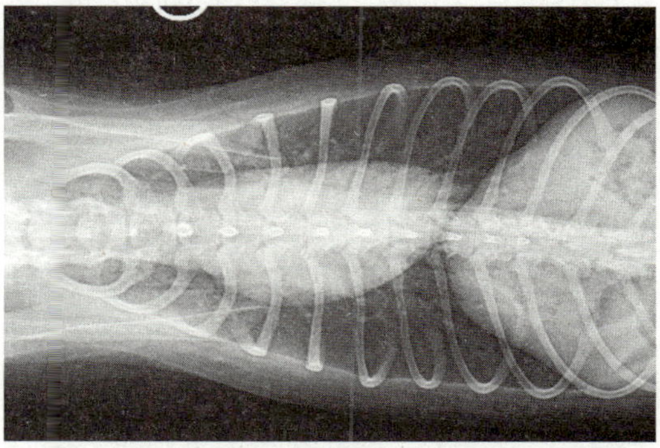

图 5-2-42　胸腔部正常 X 线影像

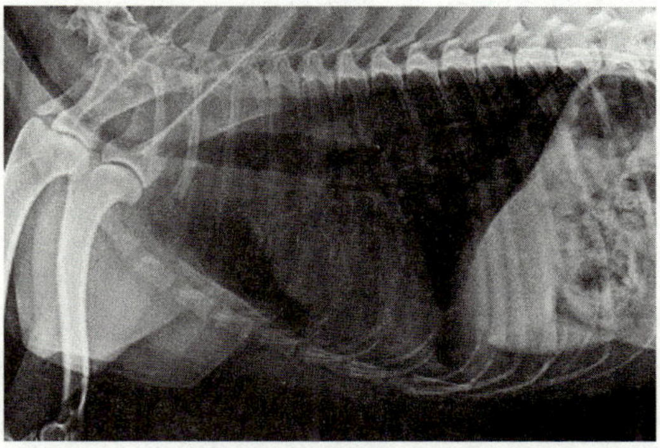

图 5-2-43　肺气肿致胸腔扩大 X 线影像

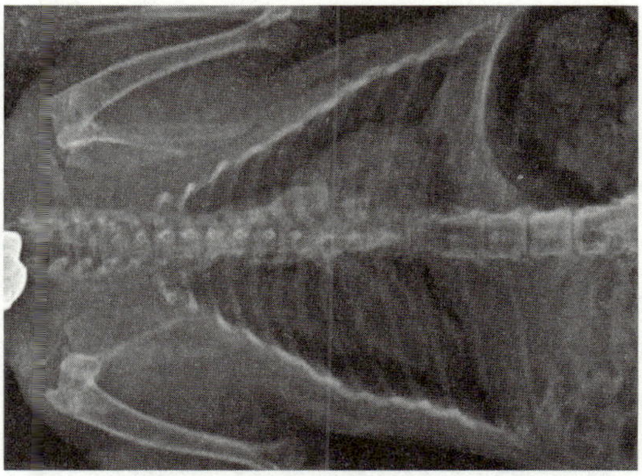

图 5-2-44　气胸

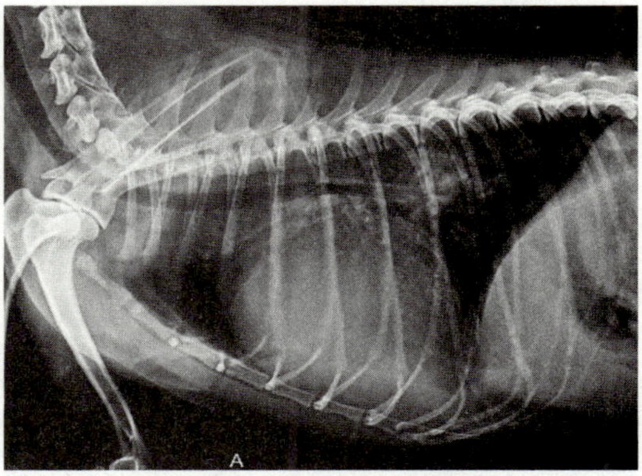

图 5-2-45　心室扩张

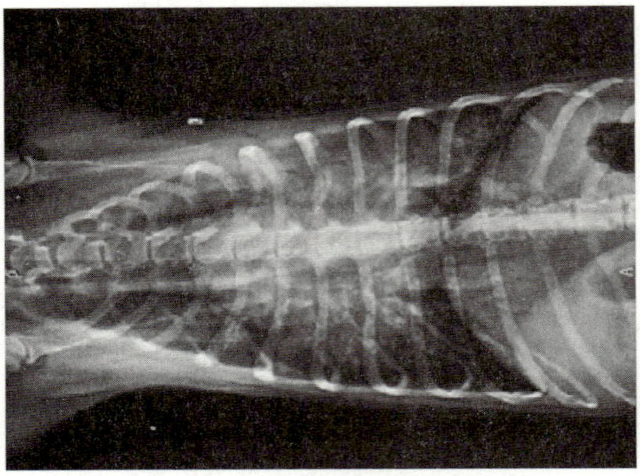

图 5-2-46 肺炎伴心室扩张

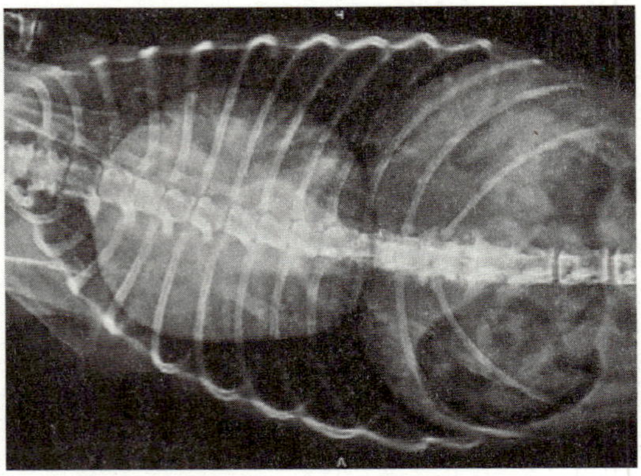

图 5-2-47 心室扩张

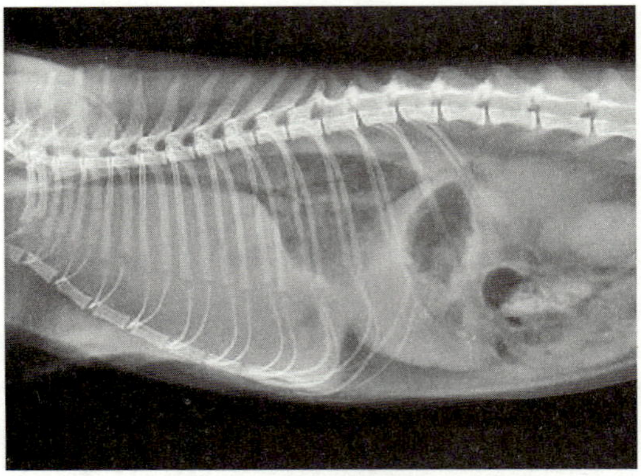

图 5-2-48 胸腔积液右侧位 X 线影像

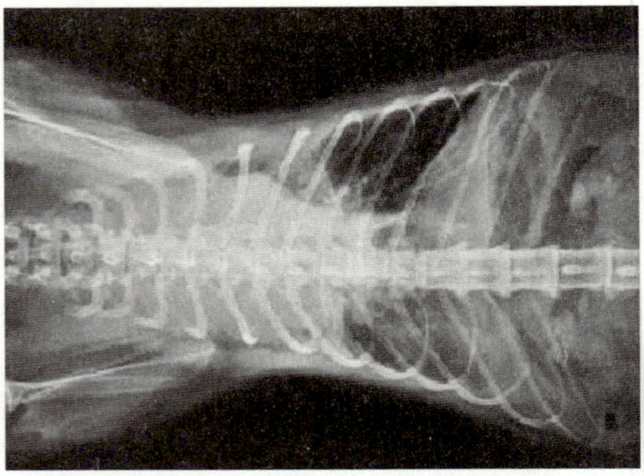

图 5-2-49 胸腔积液腹背位 X 线影像

4. 泌尿生殖系统

(1)肾脏(图 5-2-50 至图 5-2-53)。

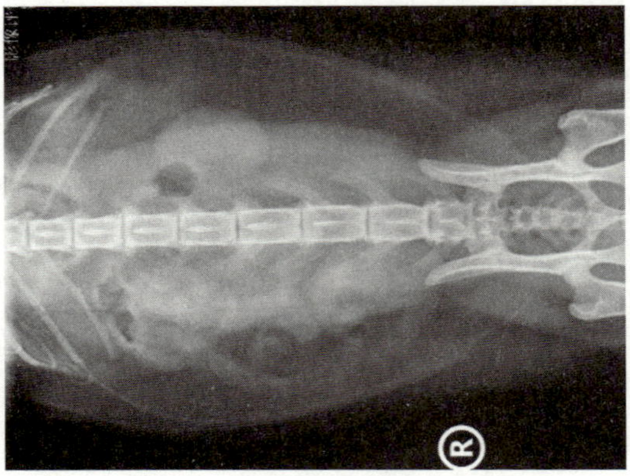

图 5-2-50 肾脏腹背位 X 线影像

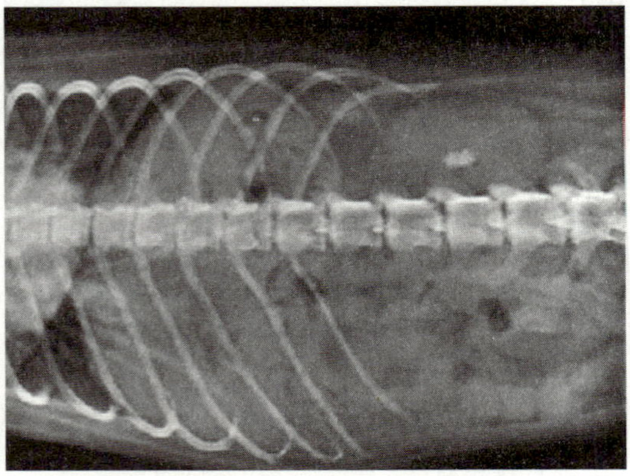

图 5-2-51 肾结石 X 线影像

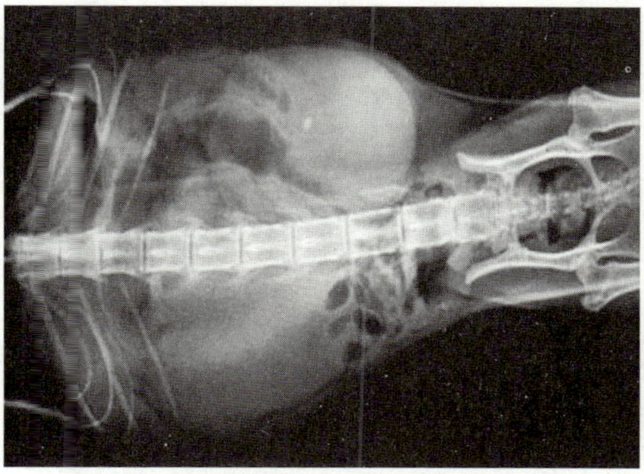

图 5-2-52　肾肿大腹背位 X 线影像

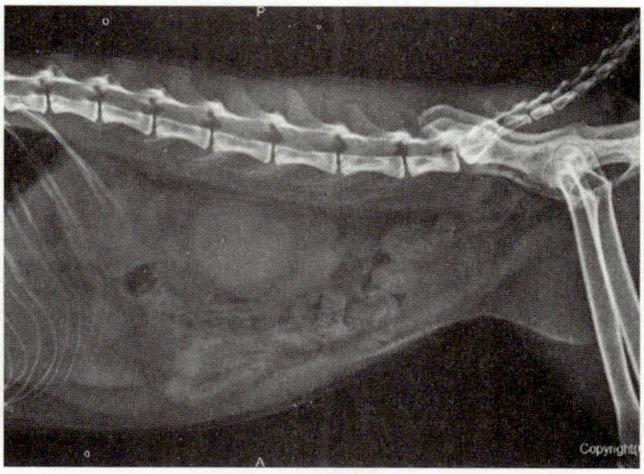

图 5-2-53　肾肿大右侧位 X 线影像

(2)输尿管(图 5-2-54、图 5-2-55)。

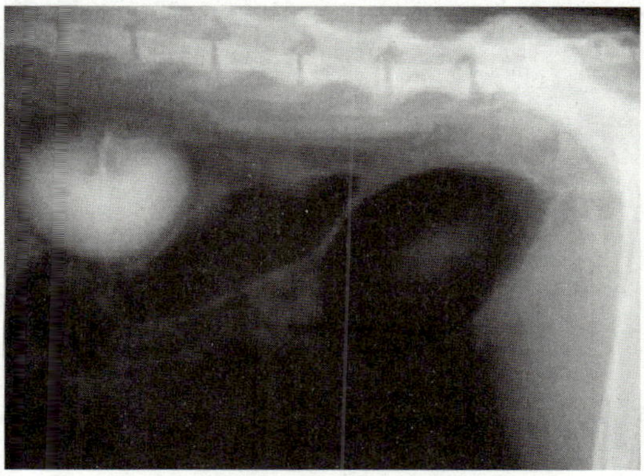

图 5-2-54　正常输尿管 X 线造影

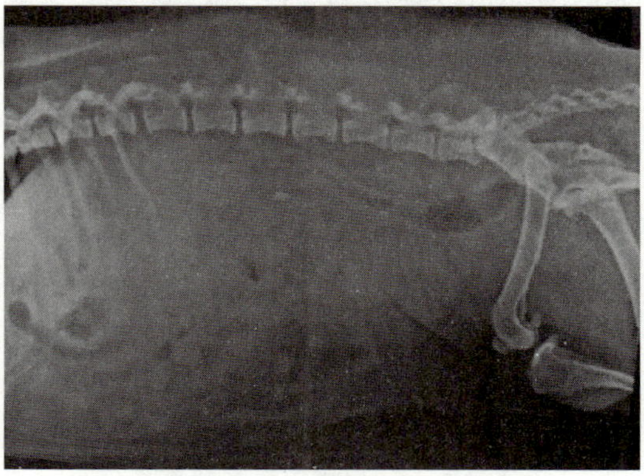

图 5-2-55　输尿管结石

(3)膀胱(图 5-2-56 至图 5-2-59)。

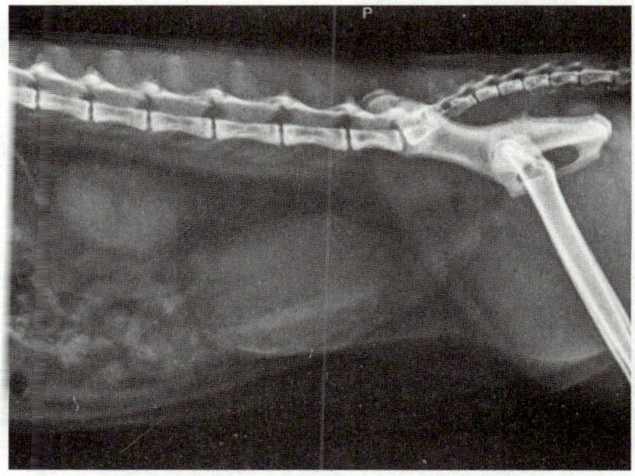

图 5-2-56　膀胱右侧位 X 线影像

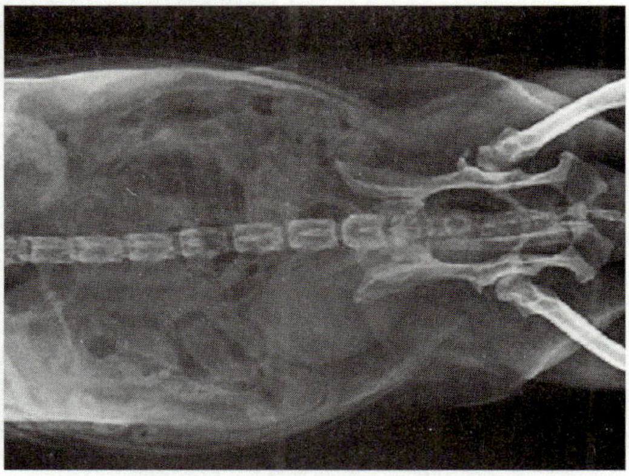

图 5-2-57　膀胱腹背位 X 线影像

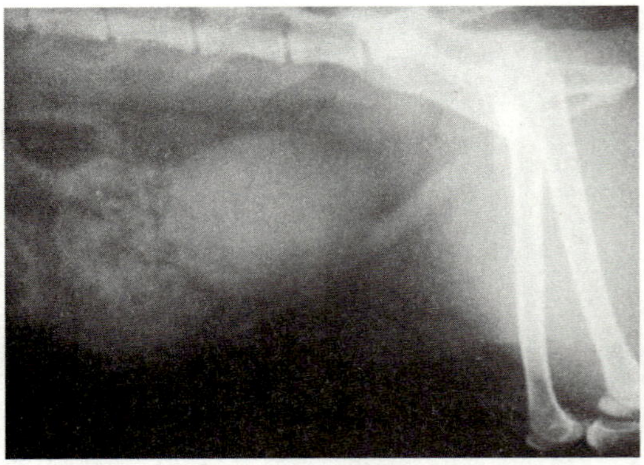

图 5-2-58　膀胱积尿

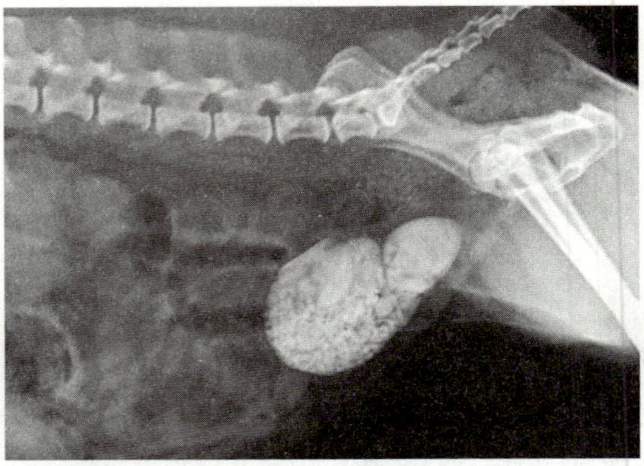

图 5-2-59　膀胱结石

(4)尿道(图 5-2-60、图 5-2-61)。

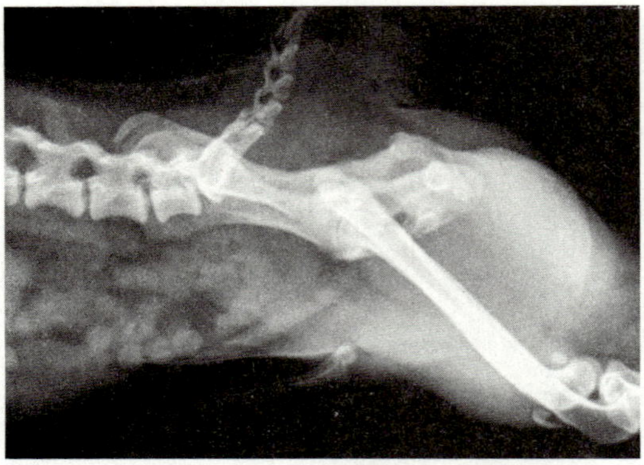

图 5-2-60　尿道正常 X 线影像

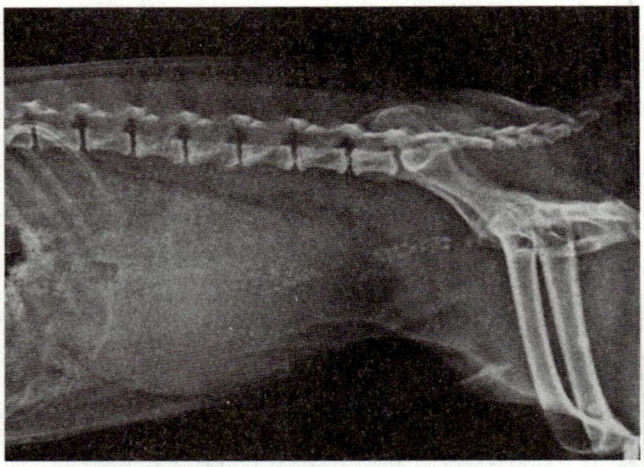

图 5-2-61　尿道结石

(5)睾丸及附睾(图 5-2-62)。

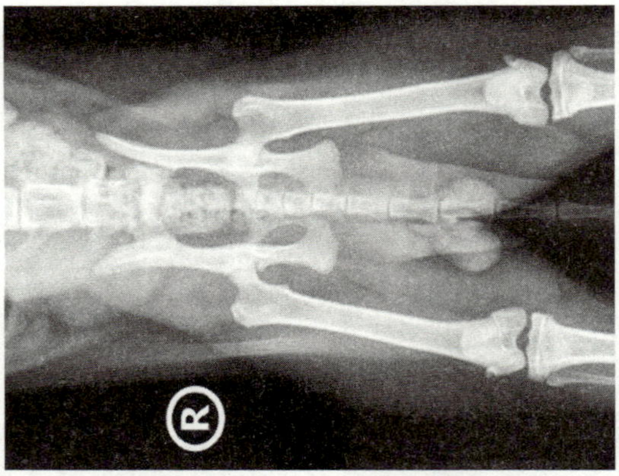

图 5-2-62　睾丸及附睾正常 X 线影像

(6)子宫(图 5-2-63 至图 5-2-65)。

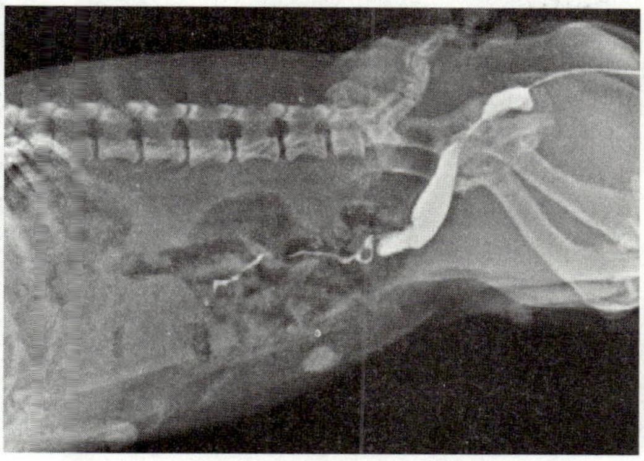

图 5-2-63　子宫正常 X 线造影

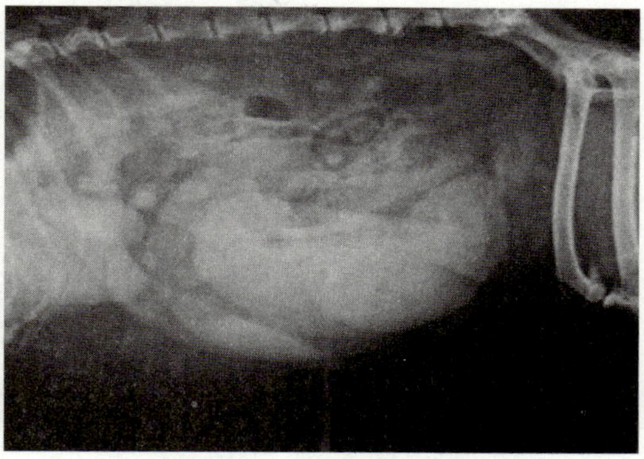

图 5-2-64　子宫蓄脓

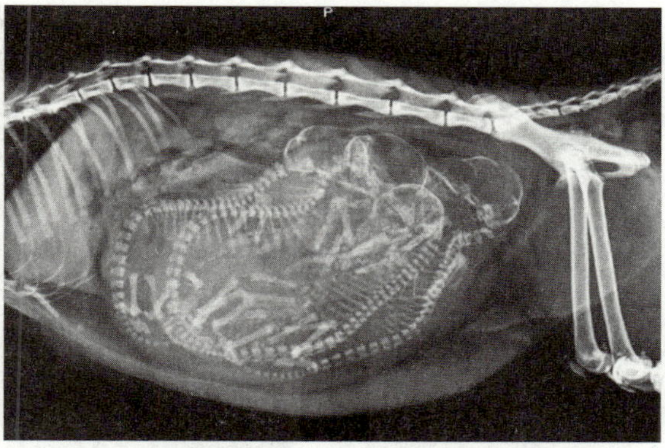

图 5-2-65　妊娠后期子宫及胎儿 X 线影像

5.其他实质性器官

(1)肝脏与胆囊(图 5-2-66 至图 5-2-69)。

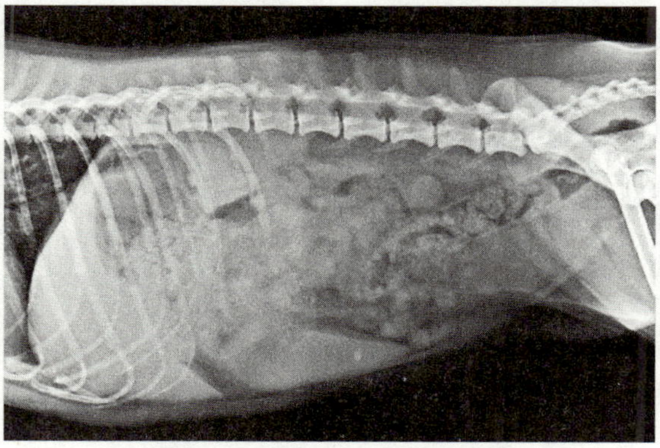

图 5-2-66　正常肝脏右侧位 X 线影像

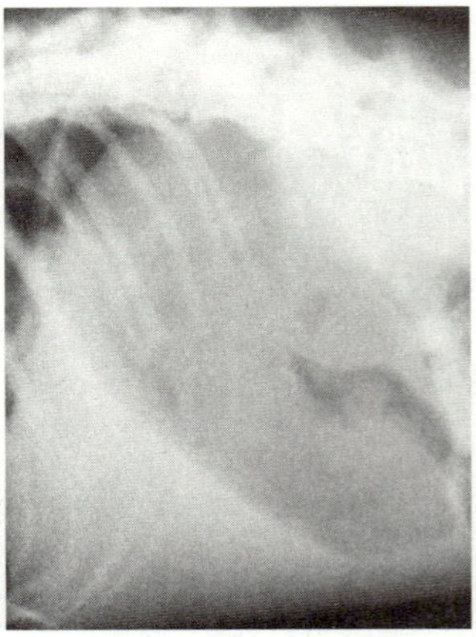

图 5-2-67　肝肿大

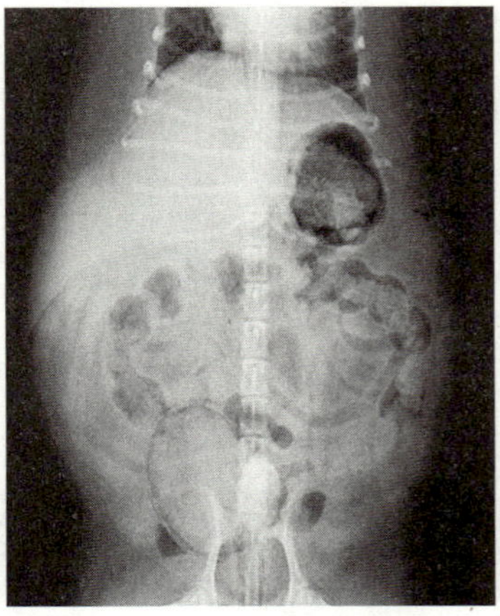

图 5-2-68　肝肿瘤

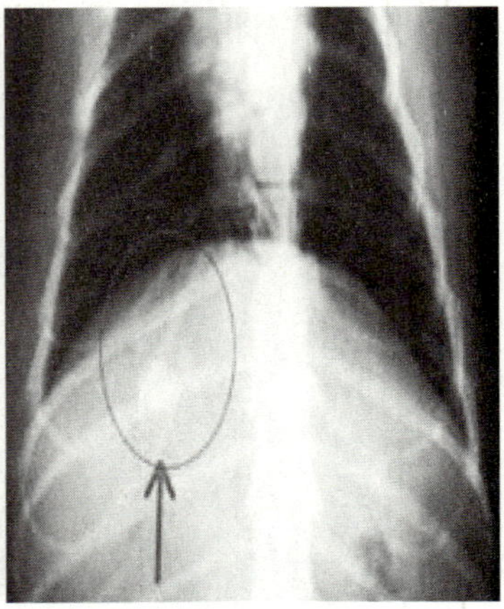

图 5-2-69　胆囊结石

(2)脾脏(图 5-2-70 至图 5-2-73)。

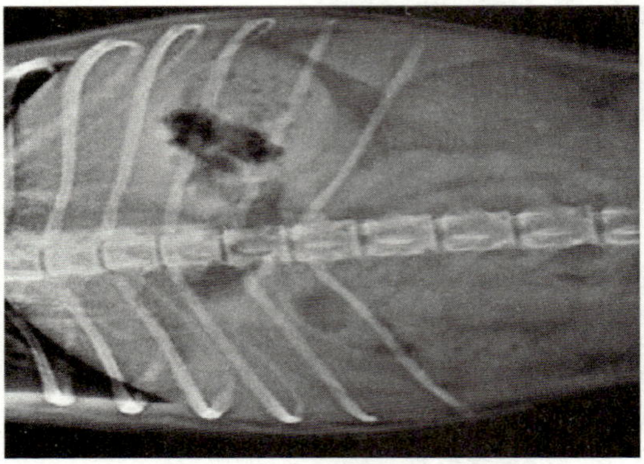

图 5-2-70　脾脏腹背位 X 线影像

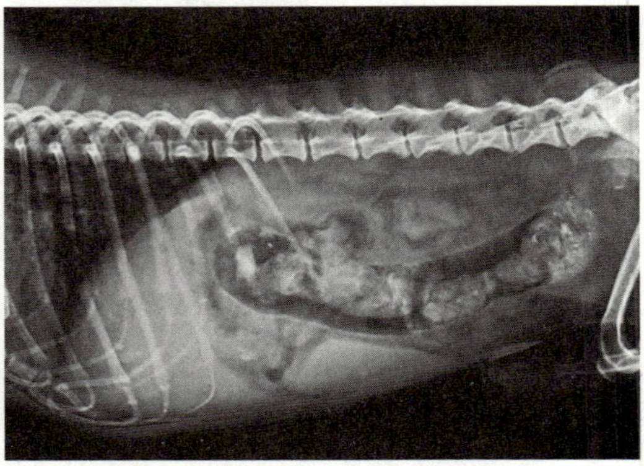

图 5-2-71　脾脏右侧位 X 线影像

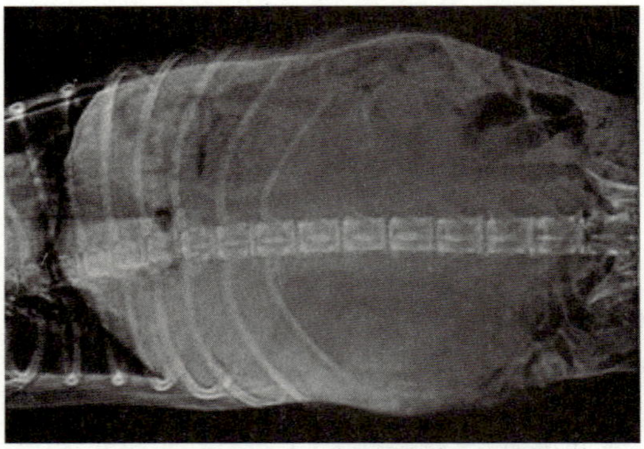

图 5-2-72　脾肿瘤腹背位 X 线影像(马志伟拍摄)

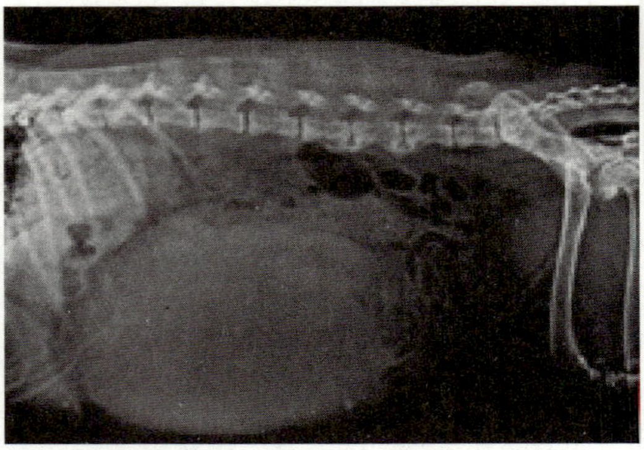

图 5-2-73　脾肿瘤右侧位 X 线影像(马志伟拍摄)

任务二　B 超检查

B 超又称超声断层显像法简称 B 型超声或 B 超。B 超诊断是将回声信号以光点明暗,即灰阶的形式显示出来。光点的强弱反映回声界面反射和衰减超声的强弱。这些光点、光线和光面构成了被探测部位二维断层图像或面图像，这种图像称为声像图。

B超检查因为其无创、实时、方便等优点得到广泛应用，目前在宠物临床主要用于外周血管、浅表器官及腹部器官的检查。

子任务一　外周血管及浅表器官超声检查

一、适应证

判断外周血管血流，判断浅表器官病变，当发现淋巴结肿大或触诊发现浅表器官有肿块时可进行超声检查以判断肿块内部结构及性质，为后续综合诊断与治疗提供依据。

二、检查方法

动物仰卧或侧卧、站立保定，患部剃毛，涂耦合剂，使用线阵探头进行扫查。

三、结果判断

1. 睾丸超声检查　睾丸的矢状面声像图为椭圆形、中等和细腻均匀的回声。白膜呈光滑的高回声。睾丸纵隔是在中央一条线的高回声带，附睾不可见。睾丸头侧有边缘阴影出现。睾丸的横断面图呈圆形、中等回声。在左右睾丸的中央或稍偏离中央强回声点是睾丸纵隔（图5-2-74、图 5-2-75）。

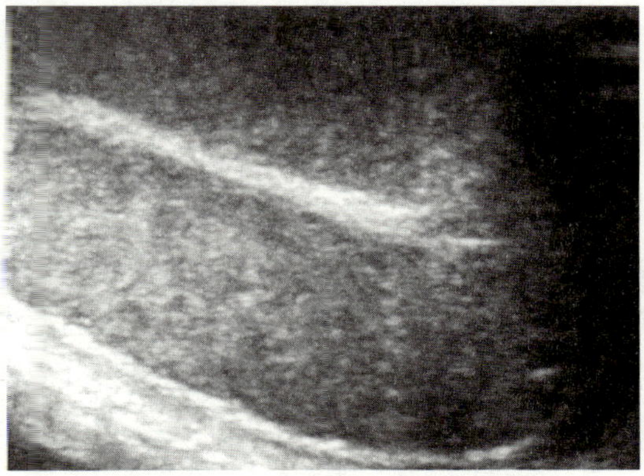

图 5-2-74　睾丸的矢状面声像图

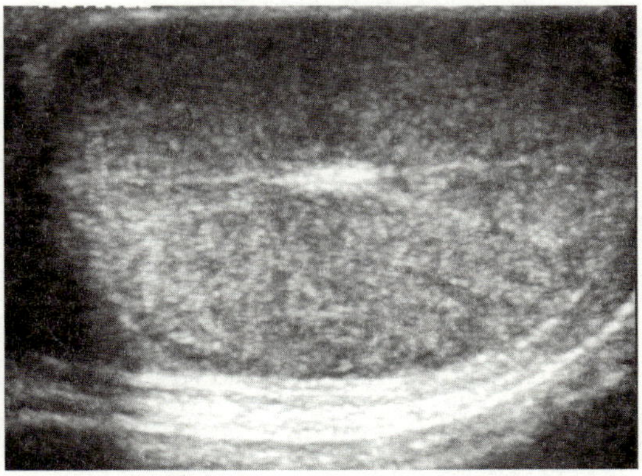

图 5-2-75　睾丸的横断面图

2. 甲状腺超声扫查　甲状腺在矢状面中呈棱本或椭圆体，在横切面呈圆形、卵圆形或三角形。在声像图中图 5-2-76)，犬甲状腺呈与周围组织相同的回声，尽管有一小部分呈低回声或强回声。甲状腺回声均匀，偶尔被认为有强回声点，或弱回声点，或广泛斑点。小血管有时呈现为经过甲状腺组织的无回声组织，这可被多普勒超声证实。平均而言，在每叶甲状腺都有4 个甲状旁腺，颅端 2 个，尾端 2 个。甲状旁腺的数量和分布有明显正常个体差异。正常甲状

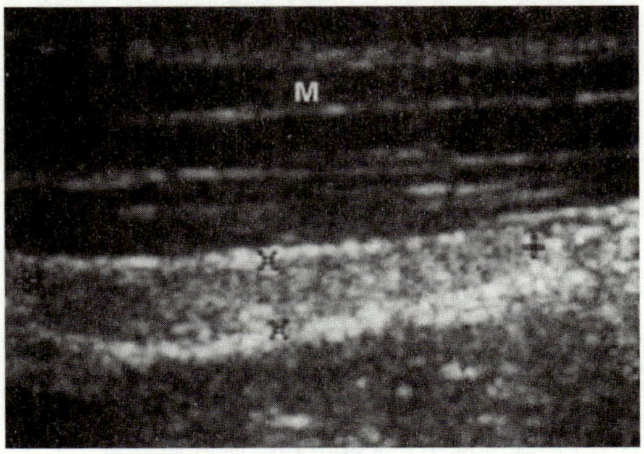

图 5-2-76　甲状腺声像图

旁腺一般边缘清楚，呈低回声至无回声。其直径小于2 mm，长度为3.3 mm。正常犬中不是所有甲状旁腺均可见。

四、注意事项

被毛需要去除干净，然后清除皮屑，涂耦合剂，选用合适频率进行扫查。

子任务二 腹部超声检查

一、适应证

用于腹腔器官的体检、肝、胆、胰疾病、消化系统疾病、泌尿系统疾病、生殖系统疾病、腹水等疾病的鉴别诊断。

二、操作流程

(1)告诉动物主人探测部位需剃毛，主人同意后再保定动物、剃毛。
(2)打开电源，根据动物大小及探测部位选用合适的探头，涂耦合剂(包括探头发射面)。
(3)选择超声类型，调节辉度及聚焦。
(4)扫查。
(5)调节辉度、对比度、灵敏度视窗深度及其他技术参数，获得最佳声像图。
(6)冻结、存储、编辑、打印。
(7)擦净探头表面和动物探查部位的耦合剂。
(8)关机、断电源。

三、结果判断

1. 肾脏 肾脏B型超声图像表现为包膜周边回声强而平滑，肾皮质为低强度均质微细回声，肾髓质呈多个无回声暗区或稍显低回声，肾盂及其周围脂肪囊呈放射状排列的强回声结构。左肾和脾脏可在一个视窗内探查到。根据扫查面不同可显示肾静脉、后腔静脉、肝或脾(图5-2-77至图5-2-81)。

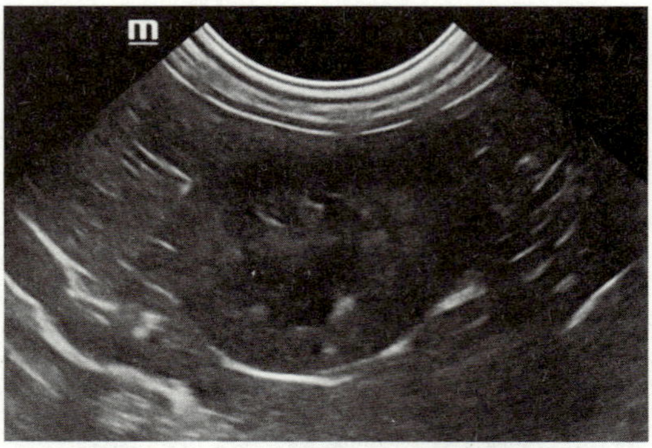

图5-2-77 肾脏正常横向B超影像

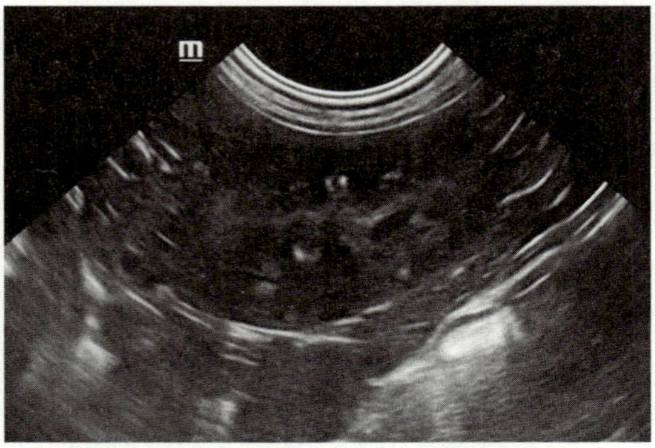

图5-2-78 肾脏正常纵向B超影像

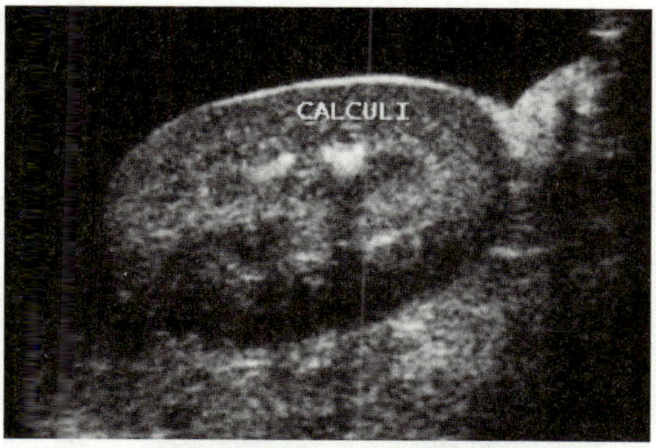

图 5-2-79　肾结石 B 超影像

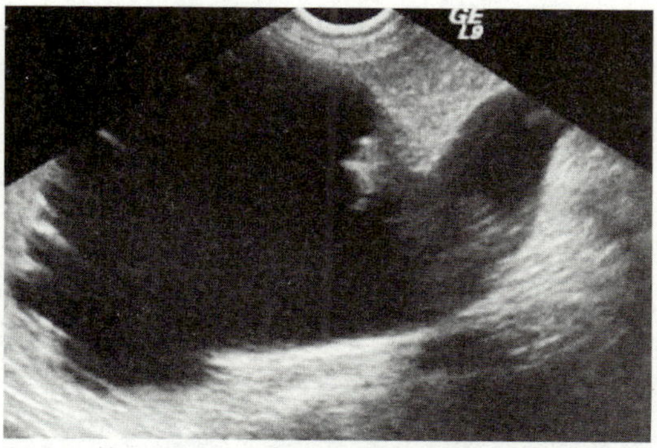

图 5-2-80　肾积水 B 超影像

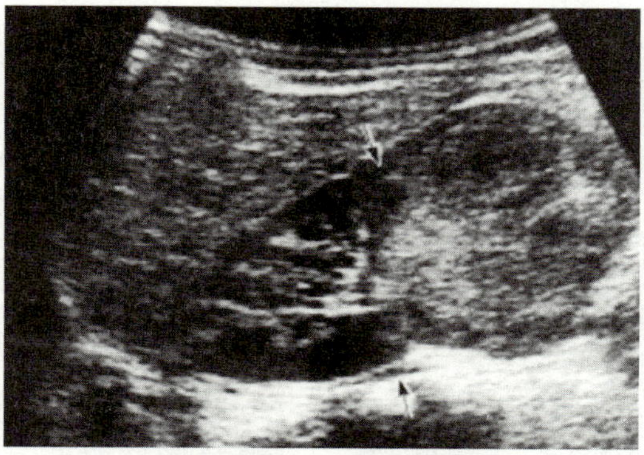

图 5-2-81　肾肿瘤 B 超影像

2. 输尿管　正常输尿管内径窄小，超声不易显示。膀胱充盈后检查，以膀胱为透声窗，可显示输尿管膀胱壁段。图像可见回声较强、纤细的管状结构，内径一般不超过 5 mm，管壁内光滑（图 5-2-82、图 5-2-83）。

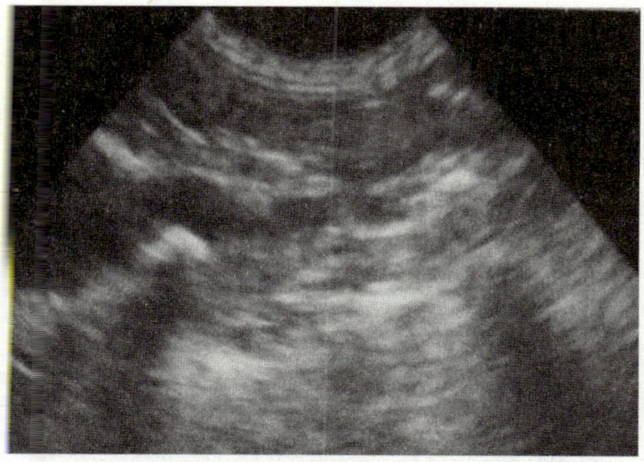

图 5-2-82　输尿管结石 B 超影像

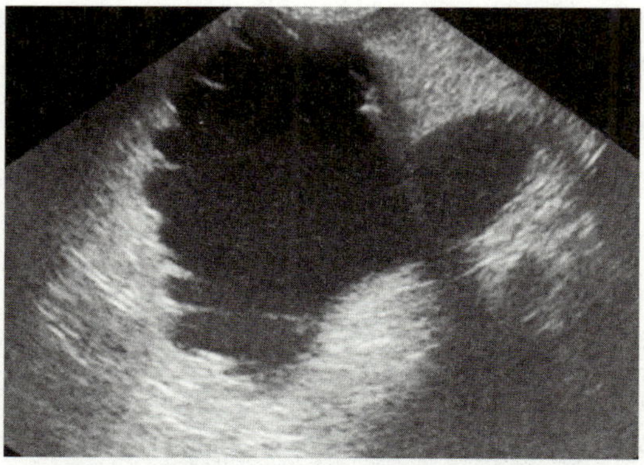

图 5-2-83　输尿管积水 B 超影像

3. 膀胱　膀胱内充满尿液时为无回声暗区，周围由膀胱壁强回声带所环绕，轮廓完整，光洁平滑，边界清晰。近段尿道在膀胱尾端可部分显现，公犬前列腺可作为定位指标之一。远段尿道常显示不清，做尿道插管或注入生理盐水扩充尿道后可显示清晰（图 5-2-84、图 5-2-85）。

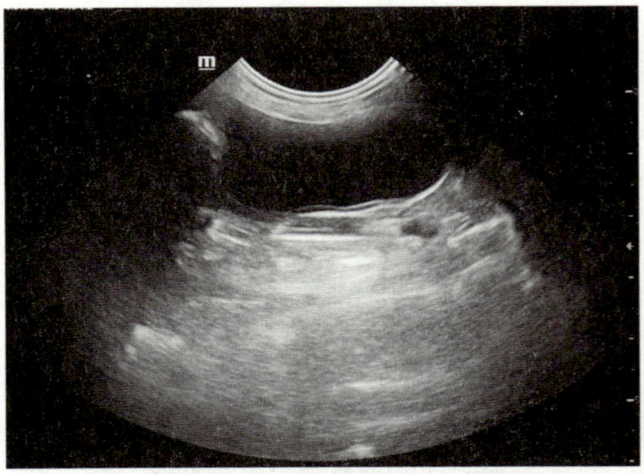

图 5-2-84 正常膀胱 B 超影像

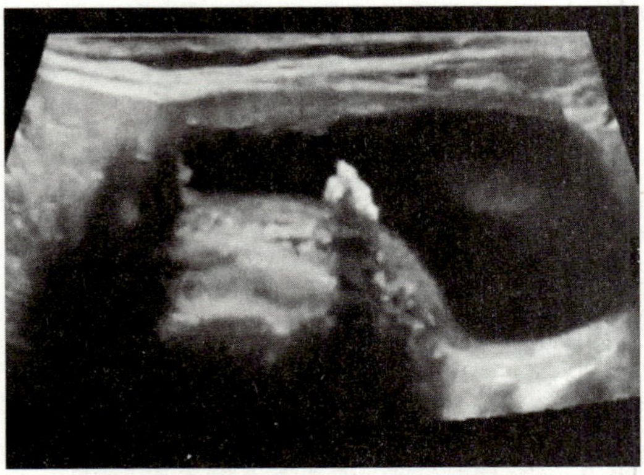

图 5-2-85 膀胱结石 B 超影像

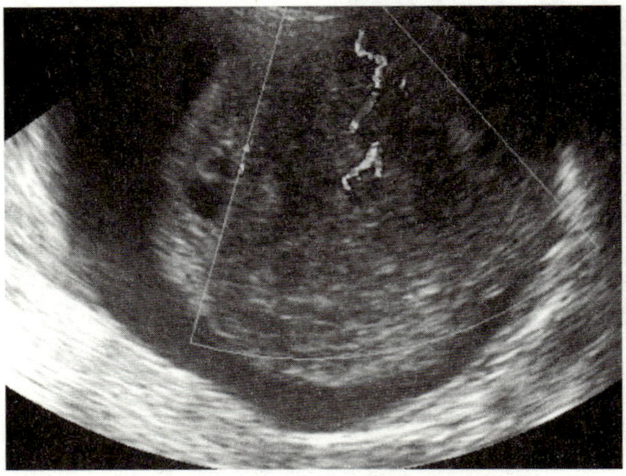

图 5-2-86 膀胱肿瘤 B 超影像

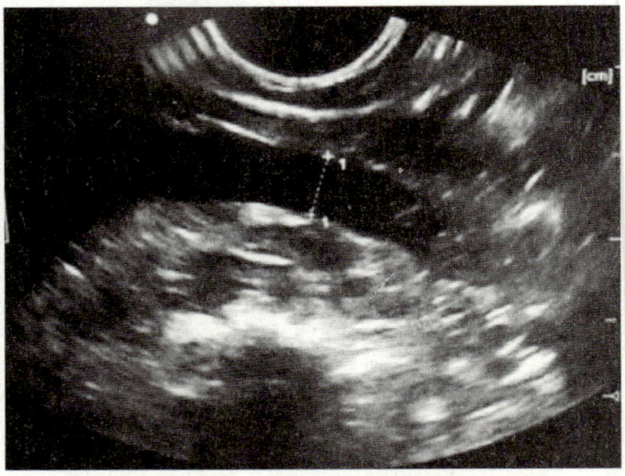

图 5-2-87 膀胱积尿尿道扩张 B 超影像

4. 子宫　子宫角呈长条状，检查时要大范围剃毛，采取仰卧或侧卧体位，从腹部后侧一直探查到最后肋骨。正常、未怀孕的母犬，其子宫一般不显像。用高分辨率探头时，子宫颈显示为卵圆形低回声团块。有时在膀胱背侧、结肠腹侧能见到子宫角的管状结构。通常子宫角很难与肠袢区别，在膀胱充满的情况下，膀胱可作为声窗有利于扫查子宫角。透过膀胱形成的声窗，直肠腹侧显示子宫体影像，子宫壁的各层通常不能清晰显示，子宫壁回声结构良好，为中等回声至低回声，在发情期子宫体和子宫角水肿，子宫壁回声减弱(图 5-2-88 至图 5-2-91)。

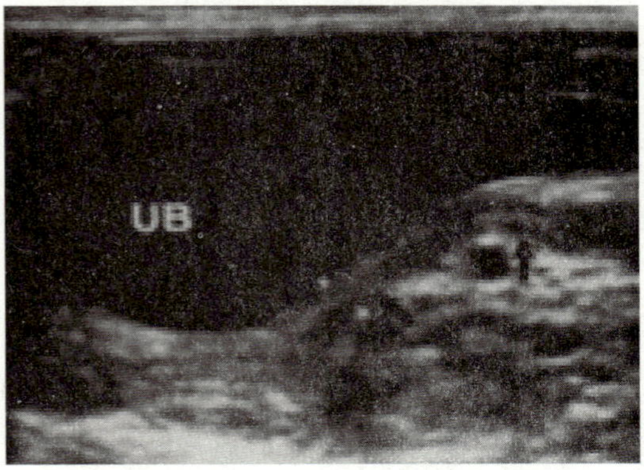

图 5-2-88 子宫正常 B 超影像

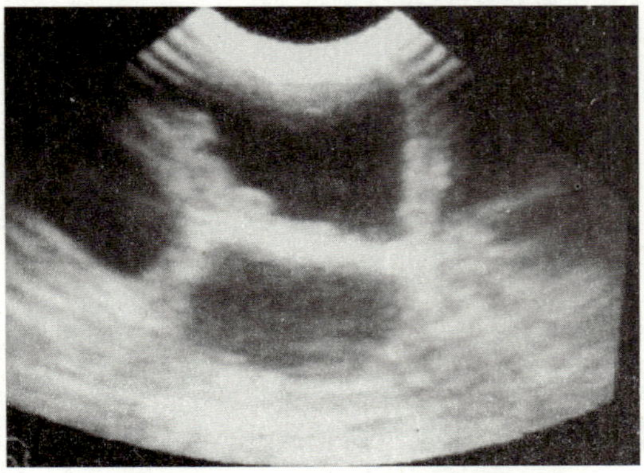

图 5-2-89 子宫蓄脓 B 超影像

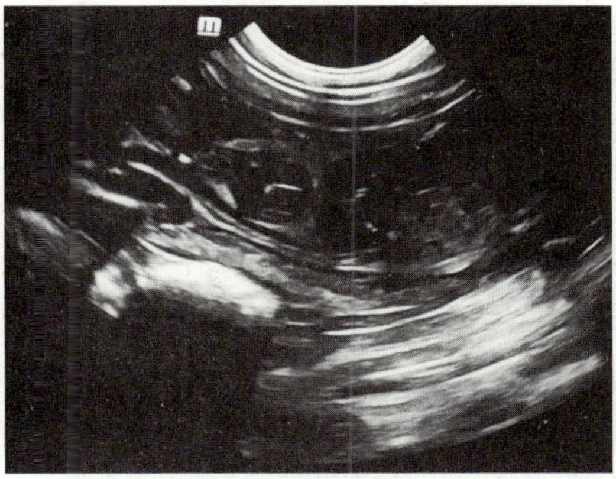

图 5-2-90　妊娠子宫横扫 B 超影像

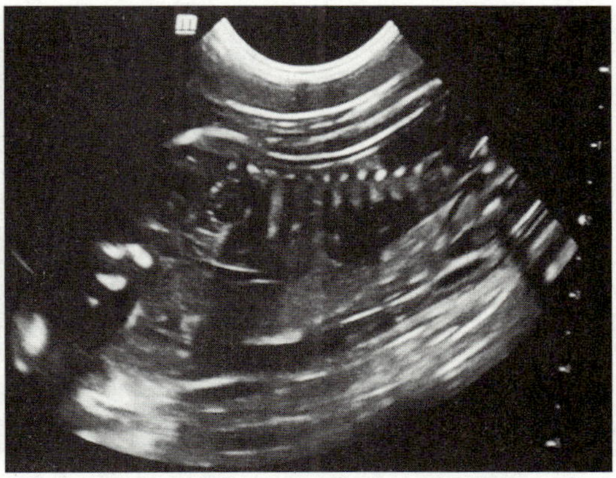

图 5-2-91　妊娠子宫纵扫 B 超影像

5. 肝脏与胆囊　正常肝脏实质为均匀分布的细小光点，中等回声。肝内管道结构呈树状分布。肝内门静脉壁回声较强，肝静脉及一级分支也能显示，但管壁很薄、回声弱。肝内胆管与门静脉并行，管径较细。正常胆囊的纵切面呈梨形或长茄形，边缘轮廓清晰，胆囊壁为纤细光滑的高回声带。囊腔内为无回声区，后壁和后方回声增强。横切面上，胆囊显示为圆形无回声区(图 5-2-92 至图 5-2-96)。

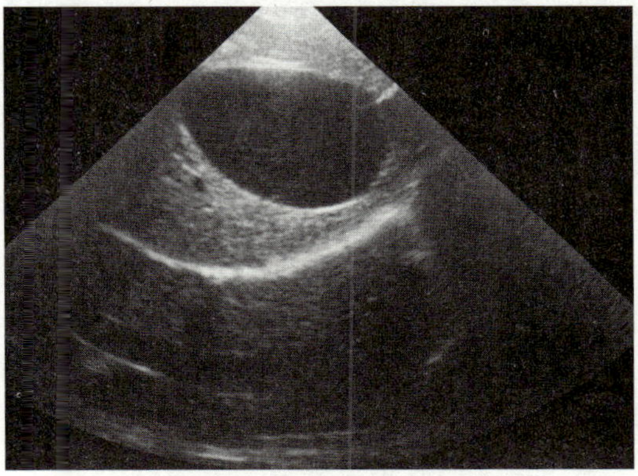

图 5-2-92　肝脏正常 B 超影像

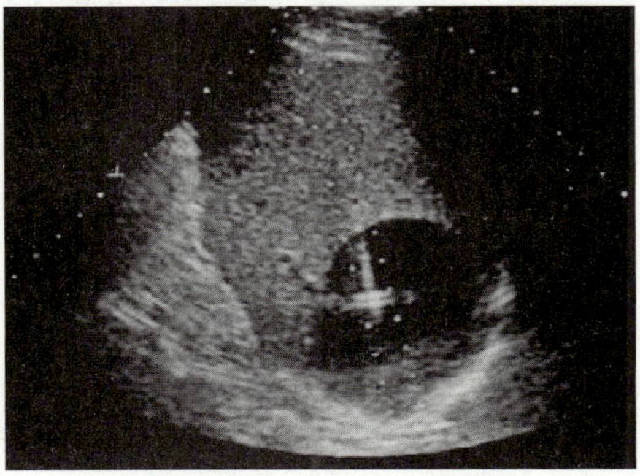

图 5-2-93　肝脓肿 B 超影像

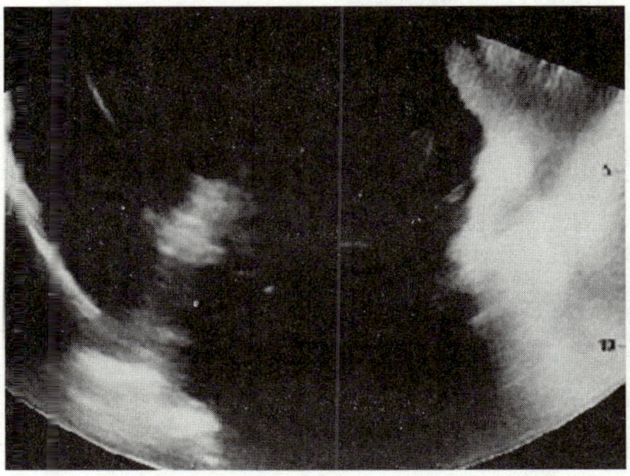

图 5-2-94　肝肿瘤 B 超影像

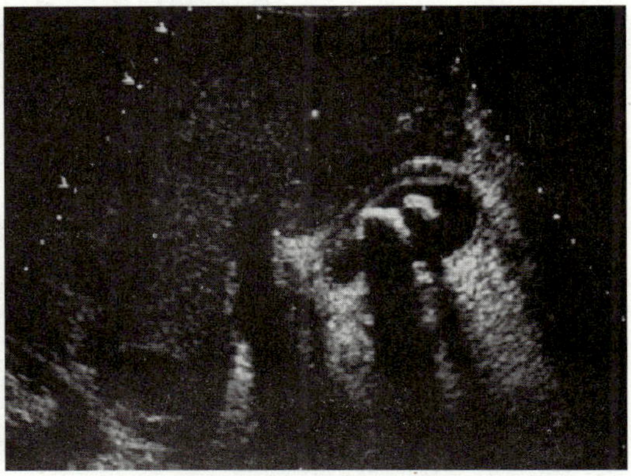

图 5-2-95　胆囊炎与胆结石 B 超影像

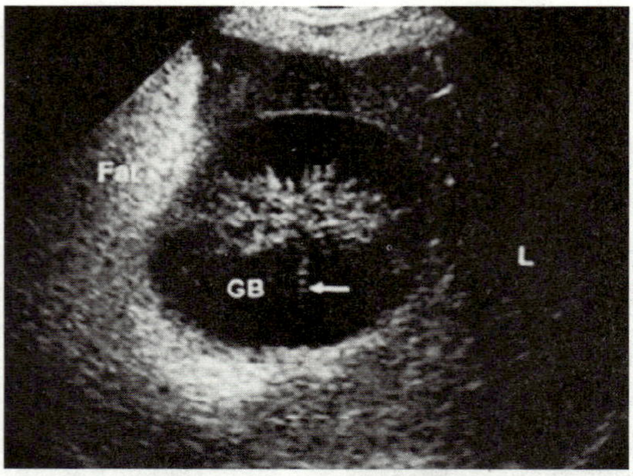

图 5-2-96 胆囊黏液囊肿

6. 脾脏 正常脾脏的声像图整体回声强度均高于肝脏，脾实质呈均匀中等回声，光点细密，周边回声强而平滑。脾包膜呈光滑的细带状回声。外侧缘呈弧形，内侧缘凹陷，为脾门。脾静脉、脾动脉为管状无回声（图 5-2-97 至图 5-2-99）。

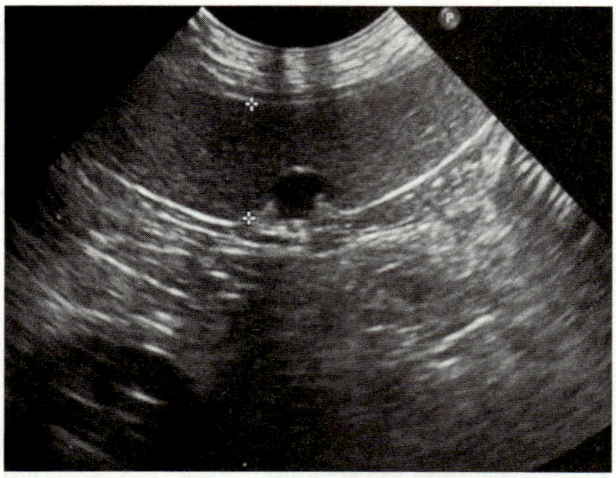

图 5-2-97 脾脏正常 B 超影像

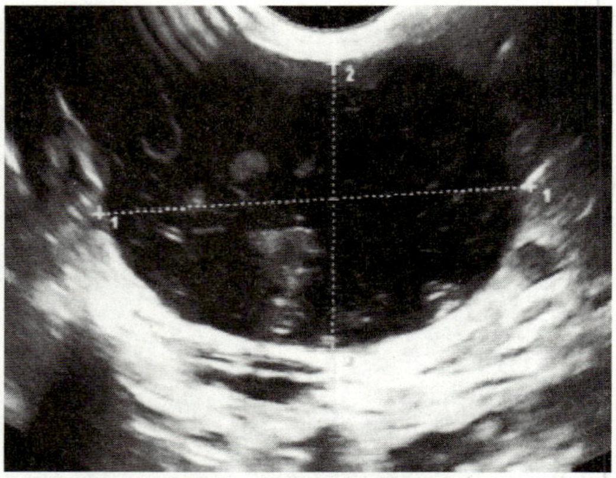

图 5-2-98 脾脏肿瘤 B 超影像

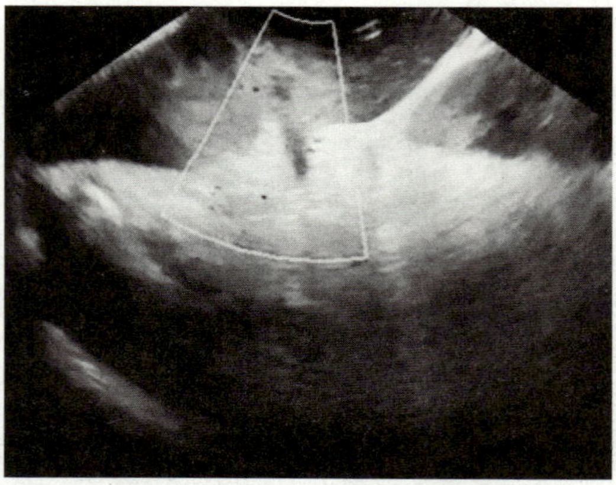

图 5-2-99 脾脏扭转梗死 B 超影像

7. 胰腺 犬胰腺正常声像图表现为均质的，并且与肝尾叶相比呈等回声或相对轻度高回声，胰十二指肠静脉在胰右叶处清晰可见。猫胰腺正常声像图表现为与邻近肝叶相比呈等回声到轻度高回声，与周围肠系膜脂肪相比接近等回声（图 5-2-100、图 5-2-101）。

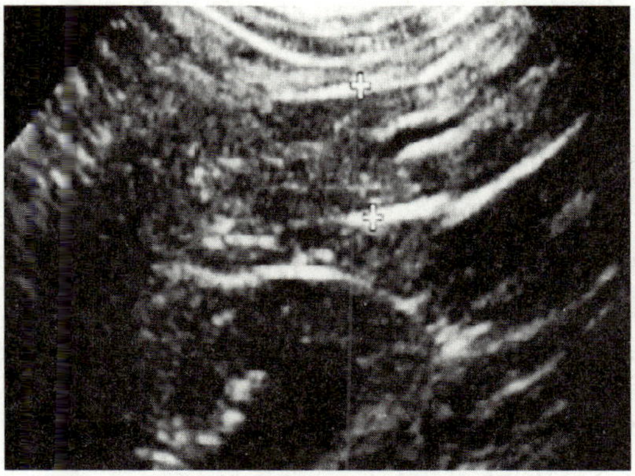

图 5-2-100 胰腺正常 B 超影像

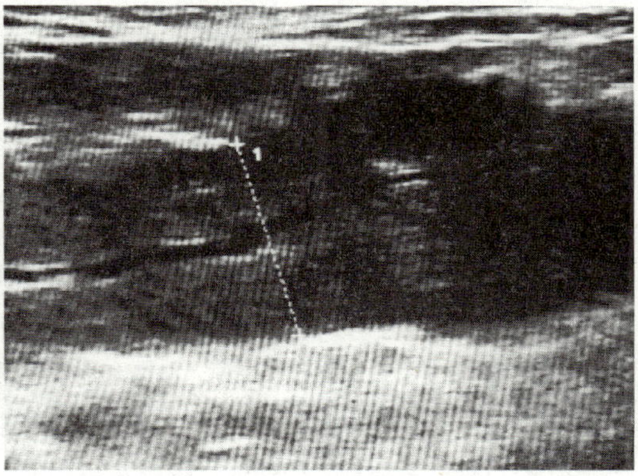

图 5-2-101 胰腺炎 B 超影像

四、注意事项

动物腹部超声检查前须禁食 6 h 左右，及时排空大便，膀胱内需要蓄积一定尿液。对于超声结果若发现病变需要进行鉴别诊断。

任务三 心电图检查

典型的心电图检查结果见图 5-2-102。

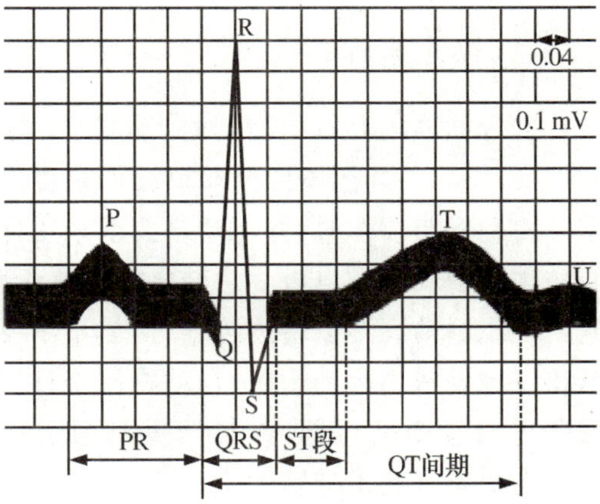

图 5-2-102 典型心电图模式

P 波：代表左、右心房激动时的电位变化。P 波的持续时间（P 波时限）表示兴奋在两个心房内传导的时间。P-R 段：是从 P 波结束到 QRS 综合波起点的一段等电位线，其距离代表心房肌除极化结束到心室肌开始除极化的时间，亦即激动从心房传到心室的时间。

P-Q 间期：又称 P-R 间期，是指从 P 波起点到 QRS 综合波起点的距离，其时限代表激动从窦房结传到房室结、房室束、蒲肯野氏纤维，引起心室肌除极化的时间，相当于 P 波时限与 P-R 段时限之和。为了与 P-R 段相区别，并与以后的 Q-T 间期之间衔接，这一段距离以 P-Q 间期命名比以 P-R 间期命名更加合适。

QRS 综合波：又称 QRS 波群或 QRS 复波，由向下的 Q 波、陡峭向上的 R 波与向下的 S 波组成，代表心室肌除极化过程中产生的电位变化。QRS 综合波的宽度表示激动在左、右心室肌内传导所需的时间。

S-T 段：是指 QRS 综合波终点到 T 波起点的一段等电位线，相当于心肌细胞动作电位的 2 位相期。此时全部心室肌都处于除极化状态，所以各部分之间没有电位差而呈一段等电位基线。

T 波：系心室肌复极化波，代表左、右心室肌复极化过程的电位变化，相当于心肌细胞动作电位的 3 位相期。T 波一般呈尖顶状或钝圆形，其上升支与下降支通常不对称，上升支坡度较小而下降支较陡峭。

Q-T 间期：是指从 QRS 综合波起点到 T 波终点之间的距离，其时限代表心室肌除极化和复极化过程的全部时间。

U 波：有时在 T 波之后出现一个小波，称为 U 波。U 波的产生原因尚未完全弄清。T-P 段：是指从 T 波终点到下一心动周期 P 波的起点之间的一段等电位线，代表心脏的舒张期。它的时限相当于 R-R 间期时限与 P-Q 间期和 Q-T 间期时限之和的差值，即：T-P 段时限＝R-R 间期时限－(P-Q 间期时限＋Q-T 间期时限)。

R-R 间期：又称 P-P 间期，是指前一心动周期 R 波的顶点(或 P 波的起点)到下一心动周期 R 波的顶点(或 P 波的起点)之间的距离，其时限相当于一个心动周期所需的时间。

一、检查适应证

当听诊发现心脏异常时，进一步进行心电图检查可以心脏具体病因。

临床适应证包括急性呼吸困难、休克、昏厥或癫痫、手术中及术后的监护(深度麻醉时心脏的监护)、心脏杂音、确定基于胸部放射线检查发现的心脏肥大、发绀、老年动物手术前检查；评估心脏类药物的作用效果，尤其是洋地黄、奎宁定和心得安；电解质紊乱，特别是钾离子浓度异常；监控心包穿刺术；由于全身性疾病引起的心脏问题(如子宫蓄脓、胰腺炎、尿毒症、肿瘤)常引起中毒性心肌炎并导致心律失常。

二、操作流程

进行标准的心电图检测时，动物应右侧位卧于绝缘毯上，双前肢相互平行并垂直于躯干(图 5-2-103)。其他体位可导致波形幅度发生变化，影响到平均电轴(MEA)的计算。但在仅需检测心率与节律时，并不严格要求采用标准体位。前肢电极应置于肘部或稍靠下位置，但不能触碰胸壁或对侧电极。后肢电极应置于膝部或后踝。在使用鳄鱼夹或电极片时，应使用心电图胶或酒精润湿以增强传导，但尽量不要使其流至或触碰另一电极。动物摆位后对其进行温和保定以减小运动干扰，在动物放松且安静的状态下，能够检测到较理想的心电图。动物喘息严重时轻闭其口部，颤抖严重时用手抚触动物胸壁均有利于减轻干扰。

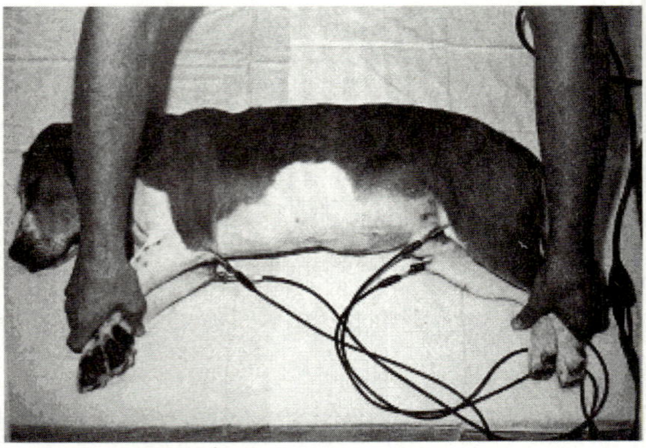

图 5-2-103　心电图检测犬导联方式

理想的心电图检测应避免动物运动、电干扰，心电图出现清晰平稳的基线。波形不应溢出图纸范围，图形底部和顶部均包含在内。若心电图波形过大，溢出网格，可校准标准值(1 cm＝1 mV)至 1/2 标准值(0.5 cm＝1 mV)，但计算波的振幅时必须明确校准值。若机器无法自动读值，则需进行人工数算，同时应记录走纸速度及检测导联以利于判读分析。

三、结果判断

1. 左心室增大

(1)犬。Ⅱ导联上 R 波电压大于 3.0 mV，aVF 导联上 S 波加深，Ⅲ导联上 QRS 综合波呈 RS 型，QRS 综合波时限大于 0.06 s。心电轴左偏或不偏。S-T 段下移或模糊不清，T 波电压增高，在Ⅱ导联上大于 R 波的 25%。常伴有室性期前收缩，左前半支阻滞。见图 5-2-104。

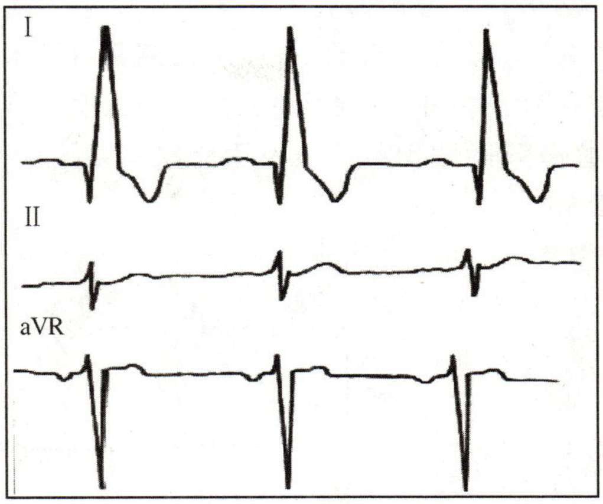

图 5-2-104　犬左心室肥大的心电图

(2)猫。Ⅱ导联上 R 波电压大于或等于 0.9 mV，CV6LU 导联上 R 波电压大于 1.0 mV。QRS 综合波时限大于 0.04 s。心电轴多数左偏，常小于 30°。常伴发左前半支阻滞及其他类型的心律失常。

2. 右心室增大

(1)犬。心电轴向右偏移，常大于+120°；Ⅰ、Ⅱ、Ⅲ导联上出现 S 波；Ⅱ、Ⅲ和 aVF 导联上 Q 波电压大于 0.5 mV；aVR 导联上 R 波与 S 波的电压相近，即 QRS 综合波呈 RS 型，电压的代数和等于零；CV6LL，CV6LU 和 V10 导联上有一个深的 S 波(或 Q 波)；V10 导联上 T 波呈正向(倒置)；

(2)猫。Ⅰ、Ⅱ、Ⅲ、aVF、CV6LL 和 CV6LU 导联上出现 S 波，或 S 波电压增高；QRS 综合波时限没有明显变化；心电轴右偏，可能超过+160°；伴有 S-T 段移位和 T 波的改变。

3. 室性期前收缩　QRS 综合波提前出现，其形状宽大、粗钝或有切迹，时限延长。提前出现的 QRS 综合波之前没有相关的 P 波，有时逆行 P 波融合在 T 波中。T 波波向改变，有完全的代偿性间歇。室性期前收缩按时重复出现，可能形成二联心律、三联心律(图 5-2-105)或四联心律。

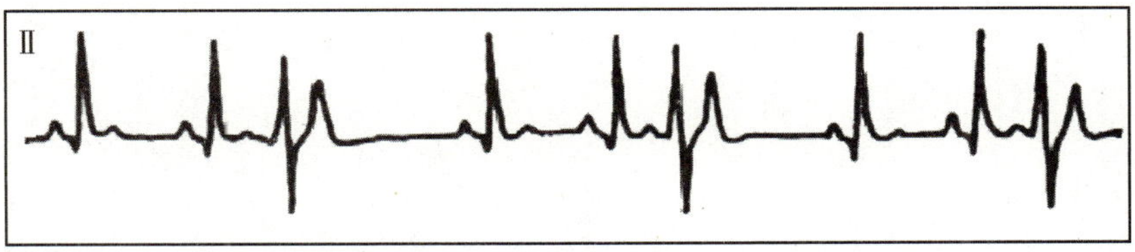

图 5-2-105　犬室性期前收缩—三联律

4. 三度房室传导阻滞　P-P 间期与 R-R 间期各有其自己固有的规律，且两者之间没有相应的关系，形成完全性房室脱节；P 波的频率常常较 QRS 综合波频率高 2～4 倍，且两者之间没有固定的关系(图 5-2-106)。

四、注意事项

在分析心电图时首先要清楚临床资料：如品种，年龄，体格，临床症状等信息。检查描记的心电图必须合乎要求，如基线稳定、定准标准电压和走纸速度。导联线不能接错。定性分析：

P-QRS-T 各波形的有无及其相互关系；平均心电轴的大致方位；波形大小有无宽大畸形；ST-T 的形态。定量分析：各波形的测量；P-P 间期、R-R 间期、P-R 间期、Q-T 间期、QRS 时距、P 波和 R 波振幅；平均心电轴的偏转角度。分析时至少考虑四个方面的问题：心律问题、传导问题、房室肥大问题、心肌方面问题。对异常结果要反复推敲，排除可能的干扰，以做出正确的诊断。

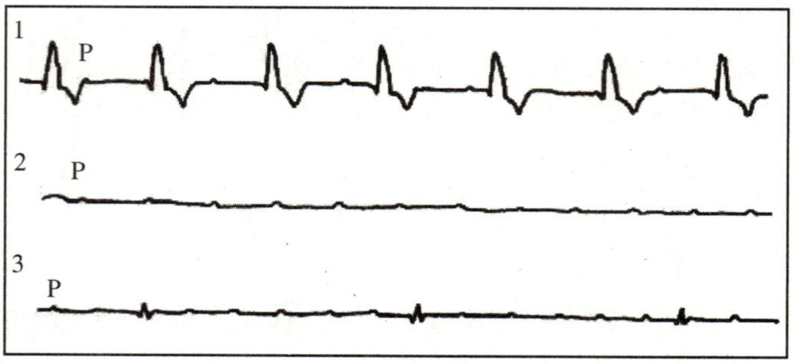

图 5-2-106 犬完全性房室阻滞

1. 房室分离：房律 136 次/min，室律 77 次/min；2. 心室停搏：房律 143 次/min；3. 房律 183 次/min，室律 31 次/min

项目六
治疗护理岗位工作

子项目一 给药技术

任务一 注射技术

子任务一 皮下注射

皮下注射是将药物注射到皮下结缔组织内，药物经毛细血管、淋巴管的吸收而进入血液循环的一种给药方法。皮下注射适合于各种刺激性较小的注射药液及疫(菌)苗、血清等的注射。

一、临床应用

将药液注射于皮下结缔组织内，经毛细血管、淋巴管吸收进入血液，发挥药效作用，而达到防治疾病的目的。

凡是易溶解、无强刺激性的药品及疫苗、菌苗、血清、抗蠕虫药(如伊维菌素等)，某些局部麻醉药，不能口服或不宜口服的药物要求在一定时间内发挥药效时，均可做皮下注射。

二、器械准备

根据注射药量多少，可用 2 mL、5 mL、10 mL、20 mL、50 mL 的注射器以及相应针头。当抽吸药液时，先将安瓿封口端用酒精棉球消毒，并同时检查药品名称和质量。

三、注射部位

多选在皮肤较薄、富有皮下组织、活动性较大的部位。大动物多在颈部两侧；猪在耳根后或股内侧；羊在颈侧、胸背部、肘后或股内侧；犬和猫在胸背部、股内侧、颈背部和肩胛后部；禽类在翅膀下。

四、操作方法

1. 吸取药液　盛药液的瓶口首先用酒精棉球消毒，然后用砂轮切掉瓶口的上端，再将连接在注射器上的注射针插入安瓿的药液内，慢慢抽拉内芯。

当注射器内混有气泡时，必须把它排出。此时注射针要安装牢固，以免脱掉。

2. 消毒术部　注射局部首先要进行剪毛、消毒、擦干，除去体表的污物。在注射时要切实保定患畜，对术者的手指及注射部位进行消毒。

3. 注射操作　注射时，术者左手中指和拇指捏起注射部位的皮肤，同时用食指尖下压使其形成皱褶，右手持连接针头的注射器，针头斜面向上，从皱褶基部陷窝处与皮肤呈 30°～40°角刺入 2/3 的针头(根据动物大小，适当调整进针深度)，此时如感觉针头无阻抗，且能自由活动时，左手把持针头连接部，右手回抽活塞无血时即可向皮下推注药液(图 6-1-1)。如需注射大量药液时，应分点皮下注射，每点不超过 5 mL。注完后，左手持干棉球按住刺入点，右手拔出针头，局部消毒。

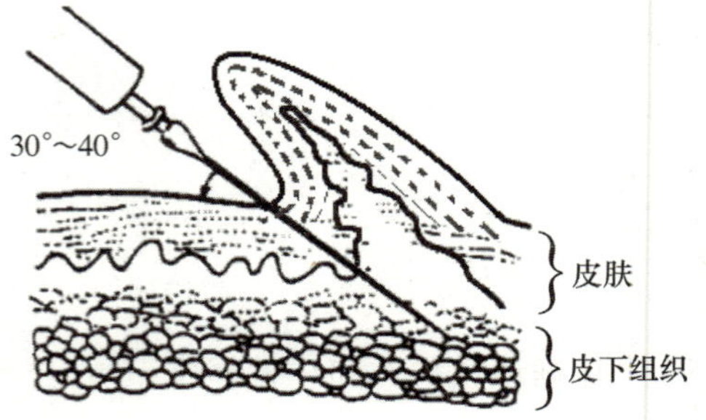

图 6-1-1　皮下注射模式图

必要时对局部进行轻轻按摩，促进吸收。当要注射大量药液时，应利用深部皮下组织注射，这样可以延缓吸收并能辅助静脉注射。

五、技术特点

(1)皮下注射的药液，可由皮下结缔组织分布广泛的毛细血管吸收而进入血液。

(2)药物的吸收比经口给药和直肠给药快，药效确实。

(3)与血管内注射比较，危险性低，操作容易，大量药液也可注射，而且药效持续时间长。

(4)皮下注射时，根据药物的种类，有时可引起注射局部的肿胀和疼痛。

(5)皮下有脂肪层，吸收较慢，一般经 5～10 min 才能呈现药效。

六、注意事项

(1)刺激性强的药品不能做皮下注射，特别是对局部刺激较强的钙制剂、砷制剂、水合氯醛及高渗溶液等，易诱发炎症，甚至组织坏死。

(2)大量注射补液时，需将药液加温后分点注射。

(3)注射后应轻按摩局部或进行温敷，以促进吸收。

(4)长期给药，应经常更换注射部位，建立轮流注射计划，达到在有限的注射部位吸收最大药量的效果。

子任务二　肌内注射

肌内注射是将药物注入肌肉内，药物经肌肉内毛细血管吸收的给药方法。

一、临床应用

肌肉内血管丰富，药液注入肌肉内吸收较快，而且肌肉内的感觉神经较少，注射时疼痛轻微。因此，对于刺激性较强和较难吸收的药液，进行血管内注射而有副作用的药液，油剂、乳剂等不能进行血管内注射的药液，为了缓慢吸收、持续发挥作用的药液等，均可采用肌内注射。但由于肌肉组织致密，仅能注射较少量的药液。

二、器械准备

同皮下注射。

三、注射部位

注射时应避开大血管及神经干通路的部位。大动物与羊、犬等多在颈侧及臀部；猪在耳根后颈部三角区、臀部或股内侧；禽类在胸肌部或大腿部。

四、操作方法

根据动物种类和注射部位不同，选择大小适当的注射针头，犬、猫一般选用 7 号，猪、羊用 12 号，牛、马用 16 号。

（1）动物适当保定，局部剪毛并做消毒处理。

（2）左手的拇指与食指轻压注射局部，右手持注射器，使针头与皮肤垂直，迅速刺入肌肉内。一般刺入 2～3 cm（小动物酌减），而后用左手拇指与食指捏住露出皮外的针头结合部分，以食指指节顶在皮上，再用右手抽动针管活塞，无回血后即可缓慢注入药液。如有回血，可将针头拔出少许再行抽试，见无回血后方可注入药液。注射完毕，用左手持酒精棉球压迫针孔部，迅速拔出针头。

为术者安全起见，也可右手持注射针头，迅速用力刺入注射部位，然后以左手持针头，右手持注射器，将两者连接好，再行药液注射。这一方法主要适用于牛、马等大动物。

五、技术特点

（1）肌肉内注射由于吸收缓慢，能长时间保持药效、维持血药浓度。

（2）肌肉比皮肤感觉迟钝，因此注射具有刺激性的药物时，不会引起剧烈疼痛。

（3）由于动物的骚动或操作不熟练，注射针头或注射器（玻璃或塑料注射器）的接合头易折断。

六、注意事项

（1）针体刺入深度，一般只刺入 2/3，切勿把针梗全部刺入，以防针梗从根部连接处折断。

（2）强刺激性药物如水合氯醛、钙制剂、浓盐水等，不能肌内注射。

（3）注射针头接触神经时，如果动物感觉疼痛不安，此时应变换针头方向，再注射药液。

（4）万一针体折断，保持局部和肢体不动，迅速用止血钳夹住断端拔出。如不能拔出时，先将病畜保定好，防止骚动，行局部麻醉后迅速切开注射部位，用小镊子、持针钳或止血钳拔出折断的针体。

（5）长期进行肌内注射的动物，注射部位应交替更换，以减少硬结的发生。

（6）两种以上药液同时注射时，要注意药物的配伍禁忌，必要时在不同部位注射。

（7）根据药液的量、黏稠度和刺激性的强弱，选择适当的注射器和针头。

（8）避免在瘢痕、硬结、发炎、患皮肤病及有针眼的部位注射。淤血及血肿部位也不宜进行注射。

子任务三　静脉注射

静脉注射又称血管内注射，是将药液注入静脉内，药液随着血液很快分布到全身，是治疗危重疾病的主要给药方法。

一、临床应用

用于大量的输液、输血；或用于以治疗为目的的急需速效的药物（如急救、强心等）；或注射药物有较强的刺激作用（如水合氯醛、氯化钙），又不能皮下、肌内注射，只能通过静脉注射才能发挥药效的药物。

二、器械准备

（1）根据注射用量可备 50～100 mL 注射器及相应的针头（或连接乳胶管的针头）。大量输液时应使用输液瓶（250 mL、500 mL、1 000 mL），并以乳胶管连接针头，在乳胶管中段装以滴注玻璃管或乳胶管夹子，以调节滴数，掌握其注入速度。有条件的可用一次性输液器则更好。

（2）注射药液的温度要尽可能地接近体温（可用夹子式的输液加温器）。

（3）大动物站立保定，使头稍向前伸，并稍偏向对侧；小动物可行侧卧保定或俯卧保定。

（4）使用输液瓶时，输液瓶的位置应高于注射部位。

三、注射部位

牛、马、羊、骆驼、鹿等均在颈静脉的上 1/3 与中 1/3 的交界处；猪在耳静脉或前腔静脉；犬、猫在前肢腕关节正前方偏内侧的前臂皮下静脉和后肢跖部背外侧的小隐静脉，也可在颈静脉；禽类在翅下静脉。特殊情况下，牛也可在胸外静脉，母牛可在乳房静脉。

四、操作方法

1. 牛的静脉内注射　牛的颈静脉位于颈静脉沟内。皮肤较厚且敏感，一般应用突然刺针的方法。助手用牛鼻钳，或一手握角、一手握鼻中隔，或用保定栏，将牛头部安全固定。术者左手中指及无名指压迫颈静脉的下方（近心端），或用一根细绳或乳胶管在颈部的中 1/3 下方缠紧，使静脉怒张，右手持针头对准注射部位并使针头与皮肤垂直，用腕部的弹拨力迅速将其刺入血管，见有血流出后，将针头再沿血管向前（向头端）推送，然后连接输液器或输液瓶的乳胶管，打开乳胶管上的小阀门，药液即可徐徐流入血管，同时调整好滴液的速度。

2. 马的静脉内注射　马的颈静脉比较浅显，位于颈静脉沟内。首先确定颈静脉径路，然后术者用左手拇指横压注射部位稍下方（近心端）的颈静脉沟，使脉管充盈怒张。右手持针头，使针尖斜面向上，沿颈静脉径路在压迫点前上方约 2 cm 处，将针头与皮肤成 30°～45°角迅速刺入静脉内，并感到落空感或听到清脆声且有回血后，再沿脉管向前（向头端）进针，松开左手，同时用拇指与食指固定针头的连接部，靠近皮肤，放低右手减少其间角度，此时即可推动针筒活塞，徐徐注入药液。

如为输液瓶时，应先放低输液瓶，验证有回血后，方可将输液瓶提至与动物头同高，并用夹子将乳胶管近端固定于颈部皮肤上，药物则徐徐流入静脉内。

采用连接长乳胶管针头的一次注射法。先将连接长乳胶管的输液瓶或盐水瓶提高，流出药液，然后用右手将针头连接的乳胶管折叠捏紧，再按上述的方法将针头刺入静脉内，输入药液。

注射完毕，左手持酒精棉球或棉棒压紧针孔，右手迅速拔出针头，而后涂5%碘酊消毒。

3. 犬的静脉内注射

(1)前臂皮下静脉(也称桡静脉)注射法。此部位为犬最常用最方便的注射部位。此静脉位于前肢腕关节正前方稍偏内侧。犬可侧卧、俯卧或站立保定，助手或犬主人从犬的后侧握住肘部，向上牵拉皮肤使静脉怒张，也可用止血带或乳胶管结扎使静脉怒张。操作者位于犬的前面，注射针由近腕关节1/3处向上(向心端)刺入静脉，当见到回血即可确定针头在血管内，然后顺静脉管进针少许，以防犬骚动时针头滑出血管。松开止血带或乳胶管，即可注入药液，并调整输液速度。静脉输液时，可用胶布缠绕固定针头。在输液过程中，必要时试抽回血，以检查针头是否在血管内。注射完毕，以干棉签或棉球按压穿刺点，迅速拔出针头，局部按压或嘱畜主按压片刻，防止出血。

(2)后肢外侧小隐静脉注射法。此静脉位于后肢胫部下1/3的外侧浅表皮下，由前斜向后上方，易于滑动。注射时，将犬侧卧保定，局部剪毛消毒。用乳胶管或由助手握/扎紧股部，使静脉怒张。操作者位于犬的腹侧，左手从内侧握住下肢以固定静脉，右手持注射针由左手指端处刺入静脉。

(3)后肢内侧面大隐静脉注射法。此静脉在后肢膝部内侧浅表的皮下。助手将犬背卧后固定(仰卧保定)，伸展后肢向外拉直，暴露腹股沟，在腹股沟三角区附近，先用左手中指、食指探摸股动脉跳动部位，在其下方剪毛消毒；然后，右手持针头由跳动的股动脉下方直接刺入大隐静脉管内。注射方法同前述的后肢小隐静脉注射法。

4. 猪的静脉内注射

(1)耳静脉注射法。将猪站立或侧卧保定，耳静脉局部剪毛、消毒。具体方法如下：一人用手压着猪耳背面耳根部的静脉管处，使静脉怒张，或用酒精棉反复擦拭，并用手指反复弹叩，以引起血管充盈。术者用左手把持耳尖，并将其托平，右手持连接注射器的针头或头皮针，沿静脉管的径路刺入血管内，轻轻抽动针筒活塞，见有回血后，再沿血管向前(向心端)进针。松开压迫静脉的手指，术者用左手拇指压住注射针头，连同注射器固定在猪耳上，右手徐徐推进针筒活塞或高举输液瓶即可注入药液。注射完毕，左手拿灭菌棉球紧压针孔处，右手迅速拔针。为了防止血肿或针孔出血，应压迫片刻，最后涂擦碘酊。

(2)前腔静脉注射法。用于大量输液或采血。前腔静脉是由左右两侧的颈静脉和腋静脉在第一对肋骨间的胸腔入口处于气管腹侧面汇合而成。

注射部位在第一肋骨与胸骨柄结合处的前方。由于左侧靠近膈神经，易损伤，故多于右侧进行注射。针头刺入方向，呈近似垂直并稍向中央及胸腔斜，刺入深度依据猪体大小而定，一般2～6 cm。因此，应选用7～9号针头。

猪取站立或仰卧保定。站立保定时的部位在右侧，于耳根至胸骨柄的连线上，距胸骨端1～3 cm处，术者拿连接针头的注射器，稍斜向中央刺向第一肋骨间胸腔入口处，边刺入边抽动注射器活塞/内管，见有回血时，即表明已经刺入前腔静脉内，可徐徐注入药液。取仰卧保定时，胸骨柄可向前/上突出，并于两侧第一肋骨接合处的直前侧方呈两个明显的凹陷窝，用手指沿胸骨柄两侧触诊时感觉更明显，多在右侧凹陷窝处进行注射。先固定好猪两前肢和头部，消毒后，术者持连接针头的注射器，由右侧沿第一肋骨与胸骨接合部前方的凹陷窝处刺入，并稍斜刺向中央及胸腔方向，边刺边回抽注射器活塞，见有回血后，即可注入药液，注完后左手持酒精棉球紧压针孔，右手拔出针头，涂碘酊消毒。

五、技术特点

(1)药液直接注入脉管内，随血液分布全身，药效快、作用强，注射部位疼痛反应较轻。但药物代谢较快、作用时间短。

(2)药物直接进入血液，不会受到消化道和其他脏器的影响而发生变化或失去作用。

(3)病畜能耐受刺激性较强的药液(如钙制剂、水合氯醛、10%氯化钠、新胂凡纳明/九一四等)，能容纳大量的输液和输血。

六、注意事项

(1)严格遵守无菌操作，对所有注射用具及注射局部，均应进行严格消毒。

(2)注射时要检查针头是否畅通，当反复刺入时针孔很容易被组织或血液凝块阻塞，因此应及时更换针头。

(3)注射时要看清脉管路径，明确注射部位，准确刺入，一针见血，防止乱刺，以免引起局部血肿或静脉炎。

(4)针头刺入静脉后，再将针头沿静脉方向进针 1～2 cm，连接输液管后将其固定。

(5)刺针前应排尽注射器或输液管中的空气。

(6)要注意检查药品的质量，防止有杂质、沉淀。多种药液混合时，应注意配伍禁忌；切记油类制剂不可静脉注射。

(7)注射对组织有强烈刺激的药物(如钙剂)时，应先注射少量的生理盐水，证实针头确实在血管内，再调换要注射的药液，以防药液外溢而导致组织坏死。

(8)输液过程中，要经常注意观察动物的表现，如有骚动、出汗、气喘、肌肉震颤、犬发生皮肤丘疹、眼睑和唇部水肿等征象时，应及时停止注射。当发现输入液体突然过慢或停止以及注射局部明显肿胀时，应检查回血(可通过放低输液瓶；或一只手捏紧乳胶管上部，使药液停止下流，再用另一只手在乳胶管下部突然加压或拉长，并随即放开，利用产生的一时性负压，看其是否有回血；也可用右手小指与手掌捏紧乳胶管，同时以拇指与食指捏紧远心端前段乳胶管并拉长，造成负压，随即放开，看其是否有回血)。如针头已经滑出血管外，则应重新刺入。

(9)犬及猪静脉注射时，宜从末端开始，以防再次注射时发生困难(如血肿后，无合适的进针位点)。

(10)如注射速度过快、药液温度过低，可产生副作用(如心跳、呼吸异常或肌肉颤抖等)，同时要注意某些药物因个体差异可能发生过敏反应。

(11)对极其衰弱或心机能障碍的患畜静脉注射时，尤其应注意输液反应，对心肺机能不全者，应防止肺水肿的发生。

七、静脉注射时药液外漏的处理

静脉内注射时，常由于未刺入血管或刺入后，因病畜骚动而针头移位脱出血管外，致使药液漏出到皮下。故当发现药液外漏时，应立即停止注射，根据不同的药液采取下列处理措施。

(1)立即用注射器抽出外漏的药液。

(2)如系等渗溶液(生理盐水或等渗葡萄糖),一般很快会自然吸收。

(3)如系高渗盐溶液,则应向肿胀局部及其周围注入适量的灭菌注射用水,使之稀释。

(4)如系刺激性强或有腐蚀性的药液,则应向其周围组织内注入生理盐水。如为氯化钙溶液,可注入10%的硫酸钠或10%硫代硫酸钠10～20 mL,使氯化钙变为无刺激性的硫酸钙和氯化钠。

(5)局部再用5%～10%硫酸镁温敷,以缓减疼痛。

(6)如系大量药液外漏,应做早期切开手术,并用高渗硫酸镁溶液引流。

【知识链接】

静脉留置针操作技术

静脉留置针是用于静脉输液的一种输液工具,适用于需要长期、连续性、间断性输液的患病动物。穿刺的时候将外套管和针芯一起刺入血管,当套管送入血管后,抽出针芯,仅将柔软的外套管留在血管中进行输液。

(一)静脉留置针结构及技术特点

静脉留置针又称静脉套管针,由不锈钢的针芯、软的外套管,以及塑料针座组成。

本注射技术优点是容易穿刺,可以减少血管穿刺的次数,保护动物血管,减轻患畜的痛苦,提高医护人员的工作效率。输液用药时间灵活、方便,可以随时进行输液及随时停止输液,方便危重症病例的救治。

(二)操作流程

(1)把静脉留置针带至患畜旁,核对病历号、动物名称、处方。

(2)将输液瓶挂于输液架上,打开导管针外包装,戴手套。

(3)选择血管。在穿刺点上方10 cm处扎压脉带,按常规进行局部皮肤消毒,待干。

(4)取出导管针,去除针套,转动针心使针头斜面向上。将已备好的静脉输液器的头皮针刺入肝素帽内,注意排尽空气,关闭输液器开关。

(5)针头与皮肤呈15°～30°角穿刺,见回血后,降低角度再将针头推进0.2～0.5 cm。本着左手绷紧皮肤,右手以拇指和食指夹紧导管针的护翼。右手固定导管针,左手拔出针芯0.5～1 cm,左手将外套管全部送入静脉,松压脉带。

(6)抽出针心,用专用敷贴固定导管针,在敷贴上写上患畜信息、留置日期和时间,然后固定肝素帽,取出压脉带。

(7)脱手套,再次查对无误后,在输液卡上记录时间、滴速并签名。根据医嘱和病情调节输液速度(参考静脉输液法)

(8)向畜主交代注意事项。

(9)液体输完后进行封管(图6-1-2)。

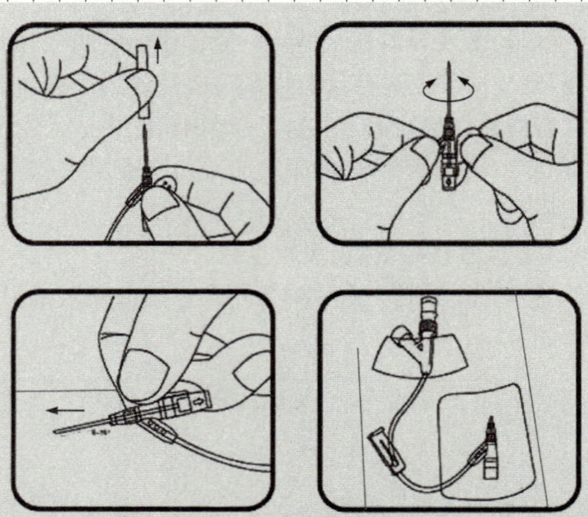

图 6-1-2 静脉留置针操作流程

（引自：护理周刊企鹅号）

（三）注意事项

（1）使用静脉留置针时，必须严格执行无菌技术操作规程。

（2）密切观察病例生命体征的变化及局部情况。每次输液前后，均应检查穿刺部位及静脉走行方向有无红肿、疼痛与不适。如有异常情况，应及时拔除导管并做相应处理。对仍需输液者应更换肢体另行穿刺。

（3）对使用静脉留置针的肢体应妥善固定，尽量减少肢体的活动，避免被水沾湿。如需要洗澡时应用塑料纸将局部包裹好。

（4）每次输液前先抽回血，再用无菌的生理盐水冲洗导管。如无回血，冲洗有阻力时，应考虑留置针导管堵管，此时应拔出静脉留置针，切记不能用注射器使劲推注，以免将凝固的血栓推进血管，造成栓塞。

子任务四 腹腔注射技术

一、临床应用

当静脉不宜输液时可用本法。此法在大动物较少应用，而对小动物的治疗经常采用。在犬、猫也可用此法注入麻醉剂。另外，本法也可用于治疗腹水症，通过穿刺腹膜腔，排出积液，再冲洗腹腔、治疗腹膜炎。

二、注射部位

牛在右侧肷窝部；马在左侧肷窝部；猪、犬、猫则宜在腹中线两侧后腹部。另外，猪也可在第 5～6 乳头之间，腹下静脉和乳腺中间进行。

三、操作方法

(1)单纯为了注射药物，牛、马可选择肷部中央。如有其他目的的依据腹腔穿刺法进行。

(2)给猪、犬猫注射时，先将两后肢提起行倒立保定，然后局部剪毛消毒。

(3)术者一手把握腹侧壁，另一手持连接针头的注射器在距离耻骨前缘 3～5 cm 处的中线旁，垂直刺入 2～3 cm，摇动针头有空虚感且回抽针筒无内容物吸出，即表明已经刺入腹腔，即可注入药液。

(4)注射完毕后，局部消毒处理。

四、技术特点

腹膜具有较强的吸收能力，药物吸收快，注射操作方便。

五、注意事项

(1)腹腔内有各种内脏器官，在注射或穿刺时易受伤，应特别注意。

(2)小动物腹腔内注射宜在空腹时进行，防治腹压过大而误伤其他器官。

任务二　投药技术

一、拌料给药

1.方法　在混料前，根据用药剂量、疗程及猪的采食量准确计算出所需药物及饲料的量。药物拌料一般采用分级混合法，即把全部用量的药物加到少量饲料中，充分混合后，再加到一定量饲料中，再充分混匀，然后拌入给药所需的全部饲料中。混好的饲料可供动物自由采食。

2.注意事项

(1)拌料所用药物应无特殊气味，容易混匀。

(2)切忌把全部药量一次加到所需饲料中，简单混合，否则会造成部分动物因摄入过量药物发生中毒，而大部分动物吃不到药物，达不到防治疫病的目的。

(3)注意药物配合禁忌。有些药物混入饲料后，可与饲料中的某些成分发生拮抗作用。如饲料中长期混合磺胺类药物，就容易引起鸡 B 族维生素或维生素 K 缺乏。应密切注意并及时纠正不良反应。

二、饮水给药

1.操作方法　将药物溶于饮水中，让动物自由饮用，要求 2 h 内饮完。

2.注意事项

(1)注意药物特性和饮水要求：饮水给药要注意药物必须是水溶性的，能完全溶解于水，某些难溶于水但经过加温或加助溶剂后可溶的药物也可以混水给药。同时，饮用水要清洁，若是用氯消毒的自来水，应先用容器装好露天放置 1～2 d，让余氯挥发，以免影响药物效果。

(2)注意调药均匀，按量给水：调配药液时，药物要充分溶解并搅拌均匀。保证绝大部分动物在一定时间内喝到一定量的药物水，一般药水以在 1 h 内饮完为好，防止剩水过多，造成动物饮入药物剂量不够，或加水不够、饮水不够、饮水不均。调药时要认真计算不同日龄及动物群大小的供水量，并掌握饮水中的药物浓度，浓度通常以百分比表示。

(3)注意给药前停水，确保药效：为保证禽只饮入适量的药物，用药前要让整个禽群停止饮水一段时间(具体时间视气温而定)，一般寒冷季节停水 4 h 左右，气温较高季节停水 2～3 h。经过一定时间的停水，然后供给配好的带药饮水，不仅能让禽只在一定时间内充分喝到药水，而且治疗效果比较理想。

三、胃管投药法

1. 操作方法　保定病畜，畜主站在病畜左侧，握住笼头，固定头部。

术者站于动物头部稍右前方，用左手无名指伸入左侧上鼻翼的鼻腔，中指、食指伸入鼻腔，与鼻腔外侧的拇指固定内侧的鼻翼。右手持胃管将前段通过左手拇指与食指之间沿鼻中隔徐徐插入胃管，并加以固定，防止病畜骚动时胃管滑出。当胃管抵达咽部后，随病畜吞咽动作将胃管插入食道。

判定胃管正确插入食道后，再将胃管前端推送到颈部下 1/3 处，即可投药。

投药结束后，紧捏或弯曲胃管末端慢慢抽出胃管。用完的胃管放在 2%煤酚皂溶液中浸泡消毒、清洗、备用。

2. 注意事项

(1)插入或抽动胃管时要小心、缓慢、不宜粗暴。

(2)如果病畜呼吸极度困难时，或有鼻炎、咽炎、喉炎、高温时，应禁用胃管给药。

(3)牛插入胃管后，如有气体排出，应鉴别是来自胃内或是呼吸道内。来自胃内的气体有酸臭味，与呼吸动作不一致，为正确判明胃管已插入食道，可在胃管的体外游离端口猛吹入一口气，同时观察颈部食道路径有明显的一阵臌胀。

(4)牛胃管投药时，当胃管进入咽部或上部食道时，有时会发生呕吐，此时应该放低牛头，以防呕吐物误入气管中，如果呕吐物很多，则应抽出胃管，待吐完后再投。

(5)经证实胃管插入食道深部后，方可时行投药，如果投药后引起咳嗽、气喘，应立即停止。投药过程中如果因动物骚动，使胃管移动脱出时，也应停止投药，在重新插入并判断无误后再继续投药。

(6)经鼻插入胃管，常由于操作粗暴或反复投送，刺激咽喉黏膜引起肿胀发炎，有时会使血管破裂而引起鼻出血，应引起高度重视。少量出血时，可将动物头部适当高抬或吊起，冷敷额鼻部，并不断淋浇冷水；出血过多而冷敷无效时，可采用 1%鞣酸棉球塞于鼻腔中，或皮下注射 0.1%盐酸肾上腺素 5 mL，必要时可注射全身止血药。

四、牛(羊)口腔灌药法

站立保定，一手握角根，另一手握鼻中隔，或抓紧鼻钳子，使头稍高抬固定。

术者站在斜前方，左手食、中指从牛的一侧口角处伸入口腔，并压住舌头，右手持盛满药液的灌药瓶(橡胶瓶、长颈玻璃瓶)，自另一侧口角伸入舌背部，抬高瓶底并轻轻振抖(如用橡胶瓶时可压挤瓶体)，使药液流出，配合吞咽动作，间歇灌服，直至灌完。但不能盲目连续灌服，以免误咽。

五、灌肠给药

常用于动物的大便秘结、排便困难的治疗，临床上采用将温水或温肥皂水或药液灌入直肠内的方法，来软化粪便促进排粪。

1. 操作方法　一般方法是将灌肠液或注入液盛于漏斗(吊桶)内，将漏斗举起或将吊桶挂在保定栏柱上。术者将灌肠器的胶管游离一端，缓缓插入肛门至直肠深部，溶液即可徐徐注入直肠内，边流边向漏斗(或吊桶)内倾注溶液，直至灌完。并随时用手指刺激肛门周围，使肛门紧缩，防止注入的溶液流出。灌完后拉出胶管，放下尾巴。

中小动物灌肠，采用小动物灌肠器，一端插入直肠，另一端连接漏斗，将溶液倒入漏斗内，即可流入直肠内。或采用 100 mL 注射器(不连接针头)连接胶管注入溶液。

2. 注意事项

(1)直肠内存有宿粪时，按直肠检查要领取出宿粪，再进行灌肠。

(2)避免粗暴操作，以免损伤肠黏膜或造成肠穿孔。

(3)溶液注入后由于排便反射，溶液易被排出。为了防止排出，可用手压迫尾根，或在注入溶液的同时以手指刺激肛门周围，或按摩腹部。最有效办法是用塞肠器固定肛门。

六、阴道(子宫)投药

本法主要用于治疗阴道、子宫疾病的局部用药的投入。

1. 阴道内的投药　将患畜保定好，通过一端连有漏斗的软胶管，将配好的接近动物体温的消毒或收敛液冲入阴道内，待药液完全排出后，术者再徒手或戴灭菌手套将消毒药剂涂在阴道内，或者是直接放入浸有磺胺乳剂的棉塞中。

2. 子宫内的投药　先将动物保定好，使用阴道开膣器，将带回流支管的子宫导管或小动物灌肠器送入子宫内。将药液倒入漏斗内让其自行缓慢流入子宫。每次注入药液的数量不可过多，并且要等到液体排出后才能再次注入。

子项目二　导尿技术

一、临床应用

(1)在不能通过经皮的膀胱穿刺术获取标本时，用此方法收集用于分析或细菌培养的尿液。

(2)直接经膀胱内给药或引入 X 射线造影剂。

(3)提供封闭式的连续尿液引流(如需要仔细监测尿液排出状态时)。

(4)排除尿道阻塞。

二、器械及动物准备

1. 器械准备　灭菌导尿管，消毒外科手套，中性肥皂，聚乙烯吡咯酮碘外科刷，棉球，无菌润滑胶，盛尿容器；抗生素软膏(连续导尿时)；局部麻醉药或利多卡因(母畜用)；光源和用于视学技术的无菌阴道反射镜(母畜用)。

2. 保定和姿势　需要一助手来保定动物，以确保整个操作过程为无菌操作。适合于导尿术的姿势，对公犬、公猫和母猫来说是侧卧，母犬理想的保定姿势是站立，其他姿势也可。

三、导尿操作流程

(一)公犬导尿

(1)用聚乙烯吡咯酮碘外科刷清洁包皮和外阴周围，彻底淋洗后晾干。如要进行连续导尿，最好将包皮和外阴周围剃毛。

(2)选择合适大小和型号的导尿管。为减少尿道创伤，使用弹性好的且管径最小的容易插进的导尿管。

(3)彻底洗净手，戴上无菌手套。

(4)检查导尿管有无瑕疵。丢弃表面粗糙、管腔阻塞或管壁变薄的导尿管。

(5)手持导尿管在近插管处估计插入膀胱所需长度。如果导尿管插入膀胱过深，会打结或在膀胱内自己折回。

(6)助手：让犬侧卧保定，外展犬的后腿上部，使犬包皮缩回以暴露 2.5～5 cm 长远端龟头，用中性肥皂清洗龟头远端，这样可以清除包皮腺的分泌物。

(7)术者：用润滑剂润滑导尿管末端，将导尿管末端稍插入尿道口。润滑导尿管除了有助于通过尿道外，还可以减少远端尿道的细菌进入膀胱的机会。为防止导尿管在尿道插入时被污染，可让导尿管剩余部分留在无菌包装内。

(8)导尿管向前上方插入膀胱，当导尿管经过坐骨弓时可能会稍遇阻力。

(9)当确定导尿管充分进入膀胱，却无出现尿时，试着用注射器从导尿管抽取尿液，或将导尿管再插进 2.5～5 cm，不可用手压迫膀胱让尿液流出来，以免增加病原感染的机会。

(10)收集尿液标本。

(11)轻轻牵引取出导尿管，在动物病历上注明已导尿。

(二)母犬导尿术

母犬导尿术分为盲导尿技术和可视导尿技术两种。

1. 盲导尿技术

(1)保定动物处于站立姿势，将动物尾部拉向一侧，用 0.1%新洁尔灭溶液冲洗外阴。

(2)用 1 mL 注射器吸取 2%盐酸利多卡因注射液 1 mL，去掉针头再将注射器插入阴道 4～5 cm 并注入药物，以麻醉阴道表面黏膜，缓解导尿过程中的不适。

(3)在导管顶部 3～5 cm 处涂上润滑剂。

(4)术者戴消毒乳胶手套，用左手食指触摸尿道乳头状突起，尿道乳头状突起为圆形坚硬或柔软的团块。

(5)右手握住导管，在左手食指的引导下从尿道外口慢慢插入膀胱。同时用手掌护着导管剩余部分以防被污染。

(6)导管充分进入膀胱，却未出现尿时，试着用注射器从导管抽出尿液。

(7)操作结束，向膀胱内注入 0.1～0.25 g 氨苄西林或 3～5 mL 0.1%新洁尔灭溶液，拔出导尿管。

2. 可视导尿技术

(1)如果需要，将犬施以镇静。

(2)犬站立保定，或俯卧使其后肢脱离手术台末端。

(3)用 0.1%新洁尔灭溶液清洗外阴周围的皮肤及阴门，然后用生理盐水冲洗掉药液。

(4)用注射器抽吸灭菌生理盐水，冲洗阴道前庭。

(5)使用阴道开张器打开阴门，借助光源在阴道的底壁可看到一个小的阴道结节和尿道口。

(6)用灭菌润滑液润滑导尿管的头部。

(7)轻柔地将尿管头部插入尿道口，直到插入膀胱腔内。

(8)导管充分进入膀胱后，尿液可自行排出。如尿液较少而无尿排出时，可用注射器从导管抽吸出尿液。

(9)操作完毕，向膀胱内注入 0.1～0.25 g 氨苄青霉素或 3～5 mL 0.1%新洁尔灭溶液，拔出导尿管。

四、并发症及处理方法

1. 并发症　尿道或膀胱损伤；尿道感染。
2. 处理方法　局部消毒，使用抗生素治疗。

子项目三　常规外科治疗技术

任务一　子宫卵巢摘除术

一、临床应用

(1)绝育及预防子宫、卵巢疾病。

(2)子宫疾病的治疗，如子宫蓄脓、子宫肿瘤、子宫大出血等。

(3)卵巢疾病的治疗。

(4)阴道增生的治疗。阴道增生主要受雌激素影响，子宫卵巢摘除术是根治阴道增生的最好选择。

(5)糖尿病的治疗。雌性动物比雄性动物更易发糖尿病，主要由于孕酮和孕激素介导的生长激素所致；建议所有患糖尿病的犬做子宫卵巢摘除术，以避免之后对胰岛素产生拮抗。

(6)预防乳房肿瘤。第一次发情前做子宫卵巢摘除术可大大降低乳腺肿瘤的发病率。

(7)改善行为习性。发情期的母犬可能有到处小便等不正常的行为问题。

(8)癫痫的治疗。癫痫具有遗传性，遗传方式目前还不清楚。患癫痫的犬只不应该用于繁殖，最好给它绝育。母犬在发情期因为情绪紧张，癫痫发作的频率有可能比平时高。

(9)治疗幼犬泛发性蠕形螨病。患该病后应尽快进行子宫卵巢摘除术。

二、手术流程

1. 麻醉与保定　全身麻醉;仰卧保定,后躯略高。

2. 术部准备　脐后腹中线切口,术部 5 cm 范围内除毛、消毒,用创巾隔离。

3. 打开腹腔　锐性切开皮肤、皮下组织 3～5 cm,显露腹白线,切开腹白线及腹膜,显露腹腔。

4. 切除卵巢和子宫　先游离双侧卵巢,再结扎并切除子宫体。

图 6-3-1　三钳法结扎卵巢血管

牵引子宫角后部和中部,在卵巢带近端的纤维束处,找到悬韧带。如动物过肥、过大而不易牵出,在靠近肾脏的地方牵拉或切断悬韧带,注意不要破坏卵巢组织,并把卵巢移至腹腔外。三钳法结扎并切断卵巢动脉和静脉(图 6-3-1),或用止血钳夹闭卵巢动脉、和静脉后用射频组织凝闭系统烧烙分离之(图 6-3-2),该法切断组织、止血同步完成,较为快捷、方便。

将一侧卵巢游离并牵出腹腔切口外,同法游离并牵出另一侧卵巢。子宫系膜可直接剪开,然后三钳法双重结扎子宫动、静脉,并切断子宫体,子宫体与子宫颈间稍留部分子宫体即可。猫及小型犬可用射频组织凝闭系统烧烙切除(图 6-3-3)。

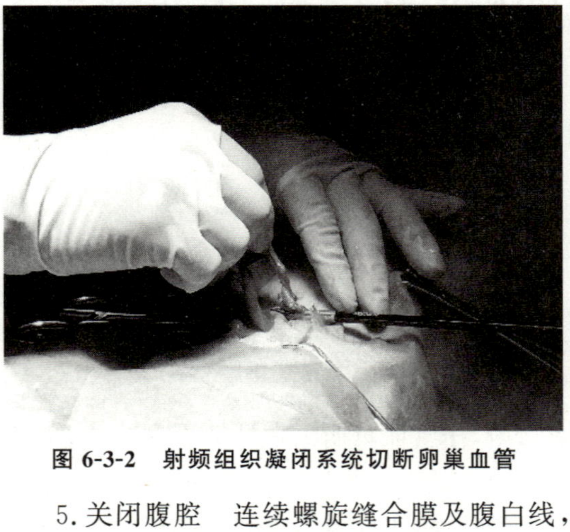

图 6-3-2　射频组织凝闭系统切断卵巢血管

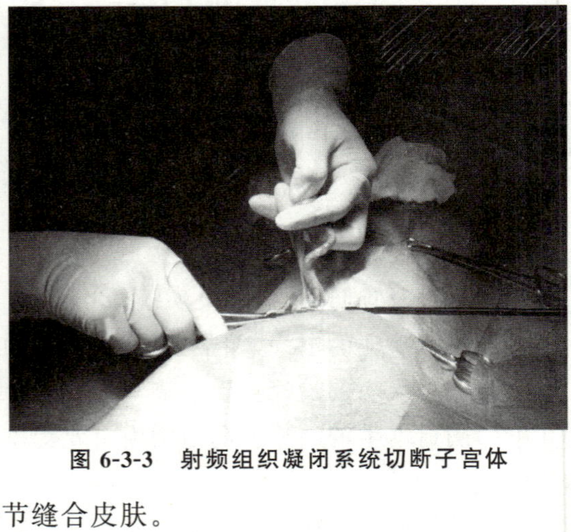

图 6-3-3　射频组织凝闭系统切断子宫体

5. 关闭腹腔　连续螺旋缝合膜及腹白线,结节缝合皮肤。

6. 术后护理　同开腹术。

7. 注意事项　结扎要确实牢靠,尤其是子宫动、静脉,将残留端放回腹腔,观察腹腔是否有出血,在确定没有出血后开始缝合腹壁。

任务二　犬、猫睾丸摘除术

一、公犬去势术

1. 临床应用

(1)正常的绝育。

(2)改变性情。改变公犬的不良习性,如发情时的野外游走、和别的公犬咬斗、尿标记等。

(3)疾病治疗。睾丸炎、睾丸肿瘤、睾丸创伤、鞘膜积水、前列腺肥大等疾病,用其他方法治疗无效时,去势手术成为治疗这些疾病的方法之一。公犬发生腹股沟阴囊疝时,手术还纳疝内容物后,也常常进行睾丸摘除手术。

2. 术前准备　术前应对去势犬进行全面的体格检查,注意有无全身变化,如体温升高、呼吸、心率异常等,如有异常应待其恢复正常后在行去势手术。同时还应对阴囊、睾丸、前列腺、泌尿道进行检查,如前列腺、泌尿道有感染,应待其感染控制好后再行去势手术。术前剃去阴囊基部及阴茎包皮鞘外的被毛。

3. 麻醉与保定　全身麻醉,仰卧保定,两后肢外展,充分暴露术部。

4. 术式　先充分消毒术部并铺无菌手术创巾。

(1)显露睾丸。术者用两手指将睾丸推挤到阴囊底部,使睾丸位于阴囊缝际两侧的最低部位。从阴囊最低部位的阴囊缝际向前的腹中线上,做一 3～4 cm 皮肤切口,依次切开皮下组织。术者一手食指、中指推顶一侧阴囊后方,使睾丸连同鞘膜向切口内突出,并使鞘膜紧绷,固定住睾丸,切开鞘膜,使睾丸从鞘膜切口处露出。此时术者一手抓住睾丸,一手用止血钳夹持附睾尾韧带,并将附睾尾韧带从附睾尾部撕下,同时将附睾系膜撕开,牵引出睾丸,充分显露精索。

(2)结扎、切断精索,去掉睾丸。

方法一:用三钳法,在精索的近心端钳夹第一把止血钳,在第一把止血钳的近睾丸侧的精索上紧靠第一把止血钳钳夹第二、三把止血钳。在第一把止血钳钳夹压痕处结扎精索,在第二、三把止血钳之间切断精索,镊子夹持少许精索断端组织,松开第二把止血钳,确认断端无出血,松开镊子,将精索断端还纳于鞘膜管内(图 6-3-4)。

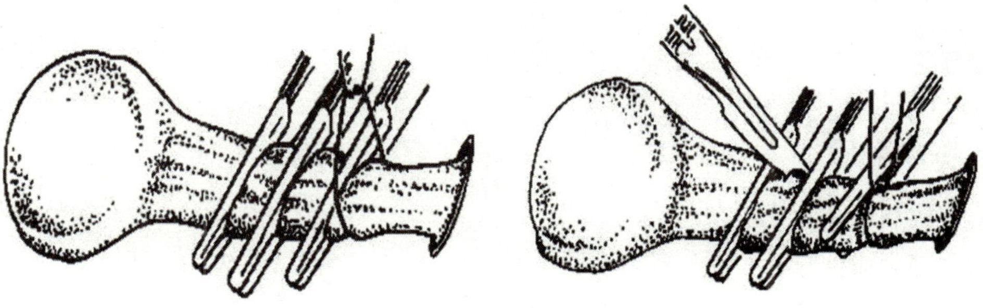

图 6-3-4　三钳法摘除睾丸

方法二:精索自体打结。用止血钳将精索打一结(图 6-3-5),将结挤压确实后,在结外端切断精索,摘除睾丸。

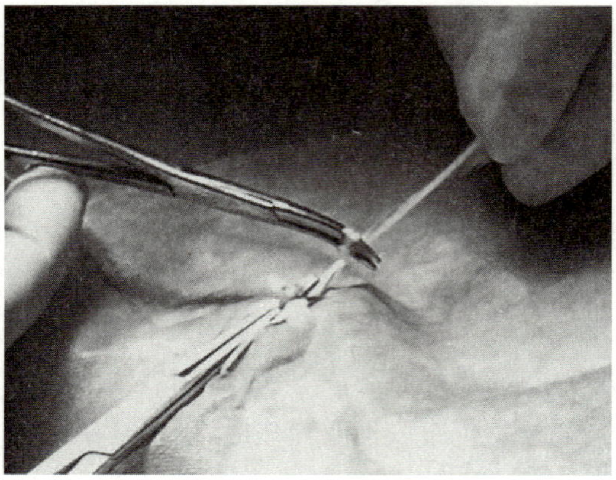

图 6-3-5 精索自体打结

方法三：将输精管与睾丸动静脉血管进行多次打结，摘除睾丸。在同一皮肤切口内，按上述操作，切除另一侧睾丸。注意：在显露另一侧睾丸时，切忌切透阴囊中隔。

(3)缝合阴囊切口。连续缝合皮下组织，结节缝合皮肤。

5.术后治疗与护理 术后 5 d，每天注射适量抗生素。术部注意清洁，每天涂布碘伏 1～2 次。动物戴伊丽莎白圈以防其舔咬术部。阴囊轻微潮红或轻度肿胀，一般不需要治疗。术后 7 d 左右拆线。

二、公猫去势术

1.临床应用

(1)防止猫乱交配，对猫进行选育，对不能作为种用的公猫进行去势。

(2)公猫去势后可减少其本身特有的臭气。

(3)减少公猫发情时的性行为，如夜间鸣叫、到处撒尿等。

2.术前准备 除去阴囊部及周围 5 cm 左右范围内被毛，并充分消毒术部。

3.麻醉与保定 全身麻醉，仰卧保定，用创巾隔离术部，将后躯略抬高。

4.术式 将两侧睾丸同时推挤到阴囊底部，固定住一侧睾丸，并使阴囊皮肤紧绷。在距阴囊逢际一侧 0.5 cm 左右处平行于阴囊缝际做一 1 cm 左右皮肤切口，分别切开肉膜和总鞘膜，显露睾丸。术者一手抓住睾丸，一手用剪刀剪断阴囊韧带，向上撕开睾丸系膜，将睾丸引出阴囊切口外，充分显露精索。结扎精索和去掉睾丸的方法同公犬去势术。阴囊皮肤切口做 1～2 针结节缝合。

5.术后治疗与护理 术后 5 d，每天注射适量抗生素。术部注意清洁、干燥，每天涂布碘伏 1～2 次。动物戴伊丽莎白圈以防其舔咬术部。阴囊轻微潮红或轻度肿胀，一般不需要治疗。术后 7 d 左右拆线。

任务三 胃切开术

一、临床应用

(1)胃内异物治疗。

(2)胃部肿瘤治疗。

(3)幽门疾病治疗。

(4)胃部实验。

二、器械准备

体温计，听诊器，止血带，留置针，医用橡皮膏，电动剃刀和刮毛刀；吸毛器或粘毛胶带；吸引器(带无菌吸引器头)；舌钳(垫舌纱布)；大辅料镊；小搪瓷污物盘；垃圾桶；大无菌器械包[缝合线若干，缝合圆针 2 根，手术刀 22、23 号各 1 把，直剪 1 把，钝头剪 1 把，弯剪1 把，持针钳 1 把，无齿镊子 2 把，有齿镊子 2 把，组织钳 6 把，牵开器 1 把，巾钳 4 把，止血钳 6 把(3 直3 弯)，创巾 2 个]；小无菌器械包[缝合线若干、缝合圆针 1 根、三棱针 1 根、持针钳 1 把、有齿镊 1 把、无齿镊 2 把、止血钳 2 把(1 直 1 弯)、直剪 1 把]、纱布、擦手三角巾。新洁尔灭棉球若干；消毒液若干；保定绳若干。阿托品(每千克体重 0.1 mL)；止血敏(每千克体重0.15 mL)；舒泰 50 (每千克体重 7～11 mg)；速眠新(每千克体重 0.1 mL)；新洁尔灭(0.1%)；苏醒灵(用量为麻醉药量的 1～1.5 倍)；肾上腺素(急救时 1 支/只犬)；青霉素(缝合伤口时撒少量)。

三、术前检查

对手术动物进行一般临床检查，测体温、听心律、听肺呼吸音、测呼吸次数，无异常后，做好记录，方可进行麻醉。

四、手术流程

1. 麻醉及保定　一般在麻醉前，先扎好静脉留置针。然后麻醉前 10～15 min 给药，肌内注射阿托品，有时还可以肌内注射止血敏防止手术出血。

非吸入全麻，采用肌内注射舒泰 50 或速眠新。舒泰 50 麻醉效果好，副作用小，速眠新麻醉效果一般，50%～60%的犬会出现呕吐、尿失禁等反应。麻醉后，观察犬的反应，待进入深度麻醉后，在手术台上仰卧保定，解开犬嘴保定绳，并用舌钳把犬舌头拉出，用湿纱布缠好，防止手术过程中犬窒息。有条件的也可实施吸入麻醉。

2. 术部准备　术部一般选在剑状软骨后脐前腹白线上。用电动剃刀把预定切口周围 8～15 cm 范围内的毛剪去，并用吸毛器或粘毛胶带把毛屑清理干净。然后用刮毛刀配合肥皂水把毛茬刮干净，最后用清水把术部擦洗干净。除毛后，术部消毒，由切口线开始由内向外涂以5%碘酊，间隔 2 min 后再重复一次。待碘酊完全干燥后用 75%的酒精以同样方式涂布脱碘。

3. 打开腹腔　紧张切开预定切口部皮肤 5～8 cm，助手注意止血。

用剪刀将腹白线外的筋膜分离开，使白线清晰显露后，用有齿镊夹起白线上提，使白线与其下脏器分离，在白线上切一小口，然后在镊子保护下剪开或切开白线切口全长，暴露腹腔。用钝剪或弯剪切除镰状韧带，在创缘垫两块纱布并用组织钳固定，然后垫纱布，用牵开器牵开创口，完全暴露腹腔。

4. 固定和切开胃壁　术者左手垫湿纱布，右手用手指进入腹腔找到胃，双手配合拉出胃。助手用数块温生理盐水纱布垫填塞在胃和腹壁切口之间，以抬高胃壁并将胃壁与腹腔内其他器官隔离开，以减少胃切开时对腹腔和腹壁切口的污染。

胃的切口位于胃腹面的胃体部，在胃大弯的无血管区内，纵向切开胃壁，在预定切口两侧透过胃浆肌层做两条牵引线，并用止血钳固定好。然后用手术刀在胃壁上向胃腔内戳一小口，退出手术刀，改用手术剪通过胃壁小切口在镊子的引导下扩大胃的切口，胃壁切口长度一般为

5～8 cm，具体依手术目的而定。

5. 胃内检查处理和缝合胃壁切口

(1)检查处理。胃壁切开后，胃内容物流出，清除胃内容物后进行胃腔检查，采取所需检查和治疗措施后，用温生理盐水冲洗胃腔。

(2)缝合胃壁。胃的第一层缝合用全层连续缝合，缝合完毕，用新洁尔灭棉球擦拭缝合的创口缘，清除血凝块及污物。助手用湿纱布覆盖整个胃，做无菌隔离，并把器械拿走。然后，主刀、助手二人同时换第二套无菌手套。打开小无菌器械包，进行胃的第二层缝合，用连续内翻缝合法。缝合完毕，用温生理盐水对胃进行冲洗，冲洗完毕，把胃还纳于腹腔。向腹腔内倒入温生理盐水，冲洗腹腔，用电动吸引器把水吸出，反复 2～3 次。

6. 关闭腹腔　松开牵引器、组织钳，去除纱布，闭合腹腔，用连续缝合法全层缝合腹白线及腹膜，用结节缝合法缝合皮肤。并按需要装置结系绷带。

五、术后护理

(1)术后 3 d 禁食，输液补充营养，3 d 后可饲流质易消化食物。

(2)每天注射抗生素消炎，连用 5 d。

(3)术部注意清洁、干燥，每天涂布碘伏 1～2 次。

(4)术后 24 h，即可做轻度适量运动。

(5)术后 7～10 d 拆线。

任务四　膀胱切开术

【临床应用】

排除膀胱结石；切除膀胱肿瘤；切除息肉及采集活检组织；探查尿道。

【器械准备】

1. 常规手术器械　刀柄、刀片、手术镊、组织钳、持针器、手术剪、缝针、缝线。

2. 辅助材料　纱布、生理盐水、消毒棉球、局部麻醉药品、消炎药品。

3. 其他相关器材　腹部牵开器；做尿道插管或输尿管插管需要的红色橡胶管或相似软管；用于保存组织活检样本的福尔马林容器；用于转移黏膜活检样本或结石的无菌容器或者培养拭子。

【术前准备】

术前 6～8 h 禁水，8～12 h 禁食。术前检查，确定动物身体机能满足麻醉及手术条件。

【手术步骤】

1. 麻醉与保定　全身麻醉，仰卧保定。

2. 术部准备　雌性动物切口选在耻骨前腹中线上，雄性动物选在包皮旁，切口长 5～10 cm，小型动物可略短。术部周围 15～20 cm 范围内除毛、消毒，用创巾隔离。

3. 开腹、显露膀胱　紧张切开皮肤、皮下组织，皱襞切开腹白线、腹膜，犬、猫将腹白线和腹膜一起切开。用牵开器将腹壁创缘向两边牵开，打开腹腔，用温生理盐水纱布隔离切口。在耻骨前拉到膀胱，并牵出切口外。

4. 固定、隔离膀胱　用生理盐水纱布将膀胱基部包裹。切口选在膀胱背侧，纵向切开，长度依手术目的而定。在膀胱预定切口四周做浆膜肌层固定牵引线，以便操作。如果膀胱过度充盈，可先用注射器将尿液抽出。

5. 切开膀胱　在膀胱背侧预定切开部先用手术刀一次性切透膀胱壁全层，应避免黏膜层与肌肉层分离以防出血，再将切口扩大到所需长度。注意避免伤及在三角区进入膀胱背外侧的输尿管。

6. 膀胱切口缝合　手术完毕，用温生理盐水充分冲洗、清除膀胱内残留的病理物质、组织碎片和血凝块，准备缝合。如为结石排除手术，还需做尿道插管反向冲洗尿道，将可能残留其中的结石冲到膀胱内以利于清除。冲洗完毕，即可缝合膀胱切口，可用简单连续缝合：缝线应穿过浆膜层、肌层以及黏膜下层，不得穿透黏膜层以防继发尿石症。也可以用简单连续缝合结合库欣氏缝合来闭合膀胱。缝合后，挤压膀胱，以确认缝合后是否有渗漏。最后用温热生理盐水冲洗膀胱外壁，将膀胱还纳回腹腔内。

7. 关腹　对于腹中线切口，可连续螺旋缝合腹膜及腹白线，大动物可单独缝合腹膜；在阴茎旁切口对腹直肌鞘做普通连续缝合；对皮下组织做水平褥式缝合；结节缝合皮肤，装置结系绷带。

【术后护理】

(1)术后 5 d，每天口服或注射抗菌消炎药，以防感染。

(2)保持创口卫生，每天消毒创口，给动物佩戴伊丽莎白圈以防舔咬伤口。

(3)每天牵遛 2～3 次，进行排尿、排便。但要避免奔跑、蹦跳等剧烈运动，以防伤口裂开。

(4)术后 7～10 d 复查并拆线。

(5)如为结石手术，术后应注意控制饮食结构，或给予相应处方日粮，防止复发。

任务五　尿道造口术

【临床应用】

用于雄性动物尿道结石的治疗。

【器械准备】

常规手术器械，辅料，消毒棉球，导尿管，20 mL 一次性注射器。

【术前准备】

术前检查，禁水 6～8 h，禁食 8～12 h。

【手术步骤】

1. 麻醉与保定　全身麻醉，仰卧保定。

2. 术部准备

(1)膀胱切开术部。沿阴茎包皮旁 1 cm，切口长 5～10 cm。

(2)尿道造口术部。肛门与阴囊基部连线的中点处，耻骨联合水平线上切口一般为 2～3 cm。术部周围 15～20 cm 范围内除毛、消毒，用创巾隔离。

3. 会阴部尿道造口术

(1)在预定切口部位切开皮肤,分离皮下组织,使阴茎暴露。

(2)将阴茎海绵体的肌肉分离,使尿道显露,纵向切开尿道 1.5 cm,选取适当的导尿管从尿道口插至尿道内,将结石推至切开的尿道处,取出结石,冲洗尿道;将一灭菌导尿管插入尿道造口一端的尿道并插入膀胱,将尿道中可能存在的结石冲入膀胱,并将导尿管留置于膀胱内。

(3)使用可吸收缝线对尿道皮肤与黏膜进行缝合。先将尿道黏膜和会阴部皮肤做 3 针结节缝合,固定尿道口的位置,再结节缝合全部的尿道黏膜和皮肤。每针间距在 2 mm,缝合时要使黏膜和皮肤对合严密,不可有皱褶和内翻、外翻现象。然后闭合剩余的组织和皮肤。将灭菌的导尿管固定在会阴部皮肤上,连接尿袋。

(4)最后将会阴部尿道造口的部位用 0.9%生理盐水清洗干净,再用碘酒消毒,最后用纱布包扎好。

4. 切开膀胱,排除结石　手术步骤同膀胱切开术。

【术后护理】

以犬为例说明术后护理方法。

1. 消炎　0.9%生理盐 100 mL,头孢曲松 250 mg;甲硝唑 20 mL;皮下注射拜有利 1 mL,1 次/d,连用 7 d。

2. 补液、补充营养　5%葡萄糖 100 mL,ATP 、辅酶 A 各 1/2 支,1 mL 维生素 C,2 次/d,连用 3 d。

3. 止血　每天皮下注射止血敏 1 mL,连用 3 d。

4. 创口护理　每天为病犬用生理盐水冲洗清理创口,并将红霉素软膏涂抹在创口处,直到创口愈合,将导尿管拆除。

5. 饮食管理　手术后 24 h 禁食禁饮水,并限制运动。1 d 后可少量进食进水。1 周之内尽量给病犬喂流食。

手术后 7 d 拆除创口处皮肤缝合线,15 d 后拆除导尿管。

任务六　肛门再造术

【临床应用】

用于治疗新生动物先天性锁肛。

【器械准备】

常规手术器械,辅料,消毒棉球,直径 3 cm 的塑料软管一根。

【术前准备】

术前检查,禁水 6～8 h,禁食 8～12 h。

【手术步骤】

一、幼犬肛门再造术

1. 麻醉与保定　全身麻醉,仰卧保定,后躯垫高。

2 术部准备　尾根下方明显凸起的积粪部，术部周围 15～20 cm 范围内除毛、消毒，用创巾隔离。

3 肛门再造　在积粪凸起部纵向将皮肤切开再横向切开，呈十字切口，切口的大小要与正常的肛门口大小相近。剪除多余皮肤，修剪成圆环状，要让切口尽量整齐。

钝性分离皮肤和皮下组织，显露直肠盲端，将其牵拉至体外并用灭菌注射针头交叉固定，用纱布充分隔离直肠盲端后做"X"形切开。挤出直肠内的积粪，再用温生理盐水反复冲洗干净。

用丝线将直肠与皮肤进行结节缝合。

4 术后护理　术后 3 d 禁食水；静脉注射阿米卡星、氨苄西林钠；补充 0.9%氯化钠、5%葡萄糖、18 种氨基酸和复合维生素，连用 5 d。术后 3 d 给予流食，7 d 后拆线。

二、仔猪肛门再造术

1. 麻醉与保定　局部浸润麻醉，仰卧保定。

2. 术部准备　尾根部直肠末端位置，术部周围 15～20 cm 范围内除毛、消毒，用创巾隔离。

3. 肛门再造　尾根下方，触压柔软部，即直肠末端，相当于肛门位置，做一小切口，再扩大至塑料软管直径大小。徐徐插入塑料软管到直肠，内用止血钳固定，一边用止血纱布止血。用胃导管将低浓度高锰酸钾溶液导入直肠，将粪便排出；将塑料软管末端与直肠末端做环形结节缝合

4. 术后护理　解除保定后放于消毒过的干净猪圈中，每天用碘伏消毒创口；用氨苄青霉素消炎 0.5 g/次，肌内注射，1 次/d，连用 5 d；饲喂易消化多汁料，特别是青绿饲料和干净饮水；7 d 后拆除再造的肛门软管。

子项目四　物理治疗技术

任务一　冷疗与热疗

一、冷疗

1. 方法　用冰水或冷水浸泡局部组织，使局部的毛细血管和淋巴管收缩，减少局部的渗出，制止溢血，镇痛消炎，消除急性炎症的各种症状。

2. 注意事项　一般在软组织挫伤后的 24～48 h 内采用冷却疗法；冷却疗法要避免过度进行。

二、热疗

1. 方法

(1)湿热疗法。局部敷以温湿布，或用 40 ℃的温水局部浸泡 4 min，冷水中浸泡 1 min，反复进行，4～5 个回合为 1 次，每天进行 2～3 次。也可以选用浴槽在 41～43 ℃下进行全身浸泡并进行缓慢按摩，可在水中加入低起泡性的清洁剂或防腐剂。浸泡时间为 15 min，并维持水

温。反复洗净皮肤及伤口上的渗出物和分泌物，给予良好的刺激，可促进创伤的愈合。

(2)干热疗法。将红外线灯距离病变部分 60 cm，照射 15～30 min，3～4 次/d。照射时应该用手感觉局部的温度，防止局部温度过高造成灼伤。还可以使用高频电磁波通过组织，使组织的深部产热。

2. 注意事项　多用于损伤类疾病的后期，但忌用于局部肿瘤、浮肿和肿胀等病理变化，上述病变中局部血液循环受阻，加热容易导致组织坏死。

任务二　超声波治疗

超声波治疗仪发出的超声波振动，可引起细胞内物质共振，能使细胞浆流动、细胞震动等，从而产生对细胞理疗的作用。另外，超声波治疗可以改善细胞膜的通透性，促进新陈代谢、加速血液和淋巴循环、提高再生机能等。目前临床已经广泛应用于软组织损伤及慢性疼痛、血管硬化、术后肿胀、前列腺炎症、产科炎症等疾病的治疗。目前，临床使用的超声治疗仪主要有便携式和台式两类(图 6-4-1、图 6-4-2)。

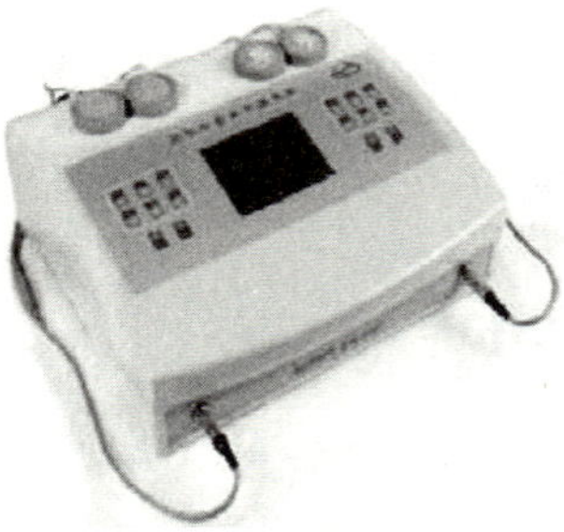

图 6-4-1　便携式超声治疗仪

图 6-4-2　台式超声治疗仪

一、方法

(1)动物取舒适体位，充分暴露治疗部位，并将被毛剃除，皮肤涂上适量耦合剂，将超声头置于治疗部位。

(2)打开电源开关，设定输出模式，按 MODE 键选择：CON 连续模式、1(输出、间隙时间各 1 s)、0.5(输出、间隙时间各 1/2 s)、0.3(输出、间隙时间各 1/3 s)。

(3)设定输出强度：UP 键/DOWN 键为 0.1 步距，每按一次增加/减少 0.1 W；SET 键为 0.5 步距，每按一次增加 0.5 W。强度显示窗显示设定值(0.1～1.5 W/cm^2)。

(4)设定治疗时间：UP 键/DOWN 键为 1 min 步距，每按一次增加/减少 1 min。

(5)开始治疗：按下 ST/SP 键，开始输出超声波，时间显示窗数字闪烁，并开始计时。

(6)结束治疗：设定时间到，输出停止，蜂鸣器报警，时间显示数字为“0”并闪烁，治疗结束。在治疗过程中，按下 ST/SP 键，输出停止，时间显示数字回到设定值，治疗结束。

(2)切断电源:先关闭电源开关,再拔掉电源线。
(3)擦净超声头上的耦合剂,并用75%乙醇涂擦消毒。

二、注意事项

(1)耦合剂应涂布均匀,超声头紧贴皮肤,不得有任何细微间隙。
(2)固定法治疗时或治疗皮下骨突部位时,超声波强度宜小于0.5 W/cm^2。
(3)避免使用大剂量超声波高强度治疗。
(4)动物治疗部位皮肤感觉机能下降时,应注意控制治疗时间和强度。
(5)进行胃部治疗前,动物须适量饮水,抬高前躯进行治疗。
(6)治疗部位如伴有血肿,超声头应尽量避开血肿中心,输出强度要小,以防引起出血。
(7)恶性肿瘤、急性全身性感染、高热及妊娠动物等禁止使用此法。

子项目五　中医治疗技术

任务一　中药方剂疗法

一、解表

1. 麻黄汤(《伤寒论》)

方法:麻黄(去节)45 g、桂枝45 g、杏仁60 g、炙甘草20 g,水煎,候温灌服(或为细末,稍煎,候温灌服)。

主治:外感风寒表实证。

2. 银翘散(《温病条辨》)

方法:银花60 g、连翘45 g、淡豆豉30 g、桔梗25 g、荆芥30 g、淡竹叶20 g、薄荷30 g、牛蒡子45 g、芦根30 g、甘草20 g为末,开水冲调,候温灌服,或煎汤服。

主治:风热表证。

二、清热

1. 白虎汤(《伤寒论》)

方法:石膏(打碎先煎)250 g、知母45 g、甘草25 g、粳米45 g,水煎至米熟汤成,去渣温服。

主治:阳明气分热盛证。

2. 黄连解毒汤(《外台秘要》)

方法:黄连30 g、黄芩60 g、黄柏60 g、栀子45 g,为末,开水冲调,候温灌服,或煎汤服。

主治:三焦火热证。

三、祛风

镇肝熄风汤(《衷中参西录》)

方法:怀牛膝90 g、生赭石90 g、生龙骨45 g、生牡蛎45 g、生龟板45 g、生杭芍45 g、玄参

45 g、天冬 45 g、川楝子 15 g、生麦芽 15 g、茵陈 15 g、甘草 15 g，水煎服，或共为末，开水冲调，候温灌服。

主治：肝阳上亢，气血上逆之类中风。

四、祛湿

独活散（《元亨疗马集》）

方法：独活 30 g、羌活 30 g、防风 30 g、肉桂 30 g、泽泻 30 g、酒黄柏 30 g、大黄 30 g、当归 15 g、桃仁 10 g、连翘 15 g、汉防己 15 g、炙甘草 15 g，研为细末，开水冲，候温加酒 120 mL，同调灌服。

主治：风湿痹痛。

五、和解

小柴胡汤（《伤寒论》）

方法：柴胡 45 g、黄芩 45 g、党参 45 g、制半夏 30 g、炙甘草 15 g、生姜 20 g、大枣 60 g，水煎服或为末，开水冲调，候温灌服。

主治：少阳病。

六、消食

保和丸（《丹溪心法》）

方法：山楂 60 g、六神曲 60 g、半夏 30 g、茯苓 30 g、陈皮 30 g、连翘 30 g、莱菔子 30 g，共为末，开水冲调，候温灌服。

主治：食积停滞。

七、泻下

大承气汤（《伤寒论》）

方法：大黄 60 g（后下）、芒硝 180 g、厚朴 30 g、枳实 30 g，水煎服或为末开水冲调，候温灌服。

主治：阳明腑实证。

八、化痰止咳平喘

二陈汤（《和剂局方》）

方法：制半夏 45 g、陈皮（原方用橘红）50 g、茯苓 30 g、炙甘草 15 g，水煎服或为末，开水冲调，候温灌服。

主治：湿痰咳嗽，呕吐，腹胀。

九、温里

理中汤（《伤寒论》）

方法：党参 60 g、干姜 60 g、炙甘草 60 g、白术 60 g，水煎服，或共为末，开水冲调，候温灌服。

主治：脾胃虚寒证。

十、理血

白术散（《元亨疗马集》）

方法：白术 30 g、当归 30 g、熟地 30 g、党参 30 g、阿胶 60 g、陈皮 30 g、苏叶 20 g、黄芩 20 g、砂仁 20 g、川芎 20 g、生姜 15 g、甘草 15 g、白芍 20 g，水煎服，或共为末，开水冲调，候温灌服。

主治：胎动不安、习惯性流产、先兆流产等。

十一、补益

1. 四君子汤（《和剂局方》）

方法：党参 60 g、炒白术 60 g、茯苓 60 g、炙甘草 30 g，共为末，开水冲调，候温灌服，或水煎服。

主治：脾胃气虚。

2. 补中益气汤（《脾胃论》）

方法：炙黄芪 90 g、党参 60 g、白术 60 g、当归 60 g、陈皮 60 g、炙甘草 45 g、升麻 30 g、柴胡 30 g，水煎服。

主治：脾胃气虚及气虚下陷诸证。

3. 六味地黄汤（《小儿药证直诀》）

方法：熟地黄 80 g、山萸肉 40 g、山药 40 g、泽泻 30 g、茯苓 30 g、丹皮 30 g，水煎服，也可作为散剂服用。

主治：肾阴虚。

十二、固涩

乌梅散（《蕃牧纂验方》）

方法：乌梅（去核）15 g、干柿 25 g、诃子肉 6 g、黄连 6 g、郁金 6 g，共为末，开水冲调，候温灌服，也可水煎服。

主治：幼驹腹泻及其他幼畜的湿热下痢。

十三、驱虫

万应散（《医学正传》）

方法：槟榔 30 g、大黄 60 g、皂角 30 g、苦楝根皮 30 g、黑丑 30 g、雷丸 20 g、沉香 10 g、木香 15 g，共为末，温水冲服。

主治：蛔虫、姜片虫、绦虫等虫积证。

任务二　针灸疗法

一、猪穴位的灸术

1. 山根

方法：吻突上缘弯曲部向后第一条皱纹上，正中为主穴，两侧旁开 1.5 cm 处各一副穴，共三穴。三棱针、小宽针，直刺入 0.5～1 cm，见血。

主治：中暑，感冒，消化不良，热性病等。

2. 鼻中

方法：两鼻孔之间，鼻中隔正中处，一穴。三棱针、小宽针，直刺入 0.5 cm，见血。

主治：感冒、肺热等。

3. 玉堂

方法：口腔内，上腭第三棱正中线旁开 0.5 cm 处，左右各一穴。小宽针、三棱针，从口角斜刺 0.5～1 cm，见血。

主治：胃火、食欲不振、舌疮、心肺积热。

4. 耳尖(血印)

方法：耳尖背侧(距耳尖约 2 cm)三条血管上，每耳任取一穴。小宽针，刺破血管，见血，或在耳尖部剪口放血。

主治：中暑、感冒、中毒、消化不良、热性病。

5. 太阳

方法：外眼角后上方、下颌关节前缘的凹陷处，左右各一穴。小宽针，(向下斜刺)见血，或避开血管用毫针直刺 2～3 cm。

主治：肝热传眼(结膜炎)、感冒、脑炎、热性病。

6. 大椎

方法：最后颈椎与第一胸椎棘突间的凹陷中，一穴。用毫针、圆利针或小宽针向前下方斜刺入 3～5 cm。

主治：感冒、肺热、脑黄、癫痫、血尿等。

7. 断血

方法：最后胸椎棘突与第一腰椎棘突间为主穴，前后各移一脊椎为副穴。用毫针、圆利针直刺 2～3 cm。

主治：阉割后出血、尿血、便血等。

8. 百会

方法：最后腰椎与第一荐椎棘突间(腰荐十字部)的凹陷处。用毫针、圆利针或小宽针垂直刺入 3～5 cm，或用灸烙。

主治：腰胯风湿、后肢麻痹、便结、痉挛抽搐、脱肛等。

9. 后海

方法：尾根与肛门间的凹陷正中。毫针、圆利针或小宽针稍向前上方刺入 3～9 cm。

主治：泄泻、便秘、少食、脱肛等。

10. 尾尖

方法：尾部尖端，提起尾巴可以见到尾梢顶端，即尾间穴。小宽针从尾梢端垂直插入，出血。或十字切开放血。

主治：中暑、感冒、风湿、肺黄、少食等。

11. 肛脱

方法：肛门两侧旁开 1 cm，左右侧各一。用毫针、圆利针向前下方刺入 2～6 cm，或电针、水针。

主治：直肠脱。

12. 三脘

方法：胸骨后缘与脐的连线中点为中脘，中脘与胸骨后缘连线的中点为上脘，中脘与脐的连线中点为下脘。用毫针、圆利针直刺入 2～3 cm，或艾灸 3～5 min。

主治：腹痛、腹泻，咳喘。

13. 抢风

方法：肩关节与肘突连线近中点的凹陷中，左右侧各一。用毫针、圆利针或小宽针直刺 2～4 cm。

主治：前肢扭伤、风湿。

14. 涌泉

方法：前蹄叉正中上方约 2 cm 的凹陷中，每肢各一。小宽针向后上方刺入 1～1.5 cm，出血。

主治：蹄黄、风湿、扭伤、中暑、感冒。

15. 后三里

方法：髌骨外侧后下方约 6 cm 的肌沟内，左右肢各一。用毫针、圆利针或小宽针向腓骨间隙刺入 3～4.5 cm，或艾灸 3～5 min。

主治：消化不良、腹泻、后肢瘫痪。

二、犬穴位的灸术

1. 水沟

方法：上唇唇沟上 1/3 与中 1/3 交界处，一穴。三棱针或毫针点刺或直刺 0.2～1 cm。

主治：中风、中暑、支气管炎、休克、昏迷。

2. 山根

方法：鼻背正中有毛与无毛交界处，一穴。三棱针或毫针点刺或直刺 0.2～1 cm，出血。

主治：中风、中暑、感冒、发热、休克。

3. 耳尖

方法：耳郭背面尖端脉管上，左右耳各一穴。三棱针或小宽针点刺，出血。

主治：中暑、感冒、发热、中毒。

4. 大椎

方法：第七颈椎与第一胸椎棘突之间，一穴。毫针直刺 2～4 cm 或艾灸。

主治：发热、咳嗽、前肢及肩部风湿症、扭伤。

5. 身柱

方法：第三、四胸椎棘突之间，一穴。毫针直刺或向前下方刺入 2～4 cm 或艾灸。

主治：肺热，咳嗽、肩部挫伤。

6. 悬枢

方法：最后(第十三)胸椎与第一腰椎棘突之间，一穴。毫针直刺 1～3 cm 或艾灸。

主治：腰风湿、腰扭伤、消化不良，腹泻。

7. 百会

方法：腰荐十字部，即最后腰椎与第一荐椎棘突之间，一穴。毫针直刺 1～3 cm，或艾灸。

主治：腰胯疼痛、后躯瘫痪、脱肛、泄泻。

8. 二眼

方法：荐椎两旁，第一、二背荐孔处，左右侧各两穴。毫针直刺 1～2 cm 或艾灸。

主治：腰胯疼痛、后肢瘫痪、子宫疾病。

9. 后海

方法：尾根与肛门之间的凹陷中，一穴。毫针向前上方刺入 2～4 cm。

主治：泄泻、便秘、脱肛、公犬阳痿。

10. 尾尖

方法：尾部腹侧正中，距尾根部 1 cm 处的血管上，1 穴。小宽针或三棱针直刺 0.5～1 cm。

主治：中风、中暑、腹泻、感冒、发热、中毒。

11. 脾俞

方法：第十一肋间，背最长肌与髂肋肌之间的肌沟中(倒数第二肋间，距背中线约 6 cm)，左右各一穴。毫针沿肋间向内下方刺入 2～3 cm 或艾灸。

主治：食欲不振、消化不良、呕吐、贫血。

12. 中脘

方法：剑状软骨后缘与脐眼之间的正中处一穴。毫针向前斜刺 0.5～1 cm 或艾灸。

主治：消化不良、呕吐、腹泻、胃痛。

13. 抢风

方法：肩关节后方的肌肉凹陷中，左右各一穴。毫针直刺 2～3 cm。

主治：前肢神经麻痹、扭伤、风湿。

14. 环跳

方法：股骨大转子前方的凹陷中，左右各一穴。毫针直刺 2～4 cm 或艾灸。

主治：后肢风湿、腰胯疼痛。

15. 后三里

方法：小腿外侧上 1/4 处，胫、腓骨间隙中，左右各一穴。毫针直刺或斜刺 2～3 cm 或艾灸。

主治：消化不良、腹痛、腹泻、后肢麻痹和疼痛。

子项目六　住院动物的日常护理

一、患病动物的观察与记录

执业兽医师助理对患病动物进行观测记录，包括看、听、触和嗅。记录开始于对动物基本生理参数的记录。如果动物住院，则在其住院期间还要记录额外的生理信息，包括食欲、肠蠕动、饮水量、排尿、精神状态等。

1. 观察与记录的操作步骤

(1)比较患病动物与同种正常动物的行为与表现。

(2)比较该动物正常时与现在的行为和表现。

(3)比较该动物刚入院时与现在的行为与表现。

(4)按照动物医院的要求和步骤填写观测记录。

(5)在病例档案上填写发生的变化并签名。

(6)如果病情恶化或发生其他的并发症，应马上通知执业兽医师，并且在病历档案上记录观察结果和时间并签名。

(7)用量化性描述或程度记录结果(如早上 10:00 呕吐，约 200 mL，只有黏液，没有食物)。

2. 治疗记录板准备工作

(1)当患病动物从诊疗室进入病房时，在治疗记录板上记录动物名字，动物所住位置和每天需要的治疗及一些相关医嘱。

(2)当一项治疗完毕后，做上标记，记录治疗时间，同时在病历档案上做相同的记录。

(3)留一定的空白区记录一些信息，如动物出院时执业兽医师对动物主人的建议。同时可以放置一些警示性标志。

(4)患病动物出院后，从记录板上擦去其信息。

二、病舍管理基本要求

患病动物恢复至健康的要素之一就是舒适安全的居住环境。笼舍必须大小合适，以便动物可以轻松地站立、行走和转身。笼子的栏杆必须足够密集，以免动物钻出。笼子与笼子之间必须加隔板，防止动物互相接触。每个动物的笼垫必须清洁、柔软和干燥。

三、住院动物的喂养

(1)按年龄给予适宜的食物。

(2)注意食物的适口性。

(3)适当增加食物的温度和水分。

(4)必要的时候，可以进行强制饲喂。

四、水的需求

一旦动物入院，除非有禁忌，否则应立刻提供饮水；根据需要 24 h 添水；如果水碗被打翻，发现后应立即清扫并擦干笼子。

五、社交和运动

运动和玩耍对于住院的动物是很重要的。对犬来说，每天至少要锻炼两次。如果不能进行户外散步，可以在病房内运动。遛犬时间 3～5 min 即可。

六、预防医院内感染

所有的医务人员都应该做好消毒工作，避免医院内感染。每位工作人员对于动物-动物和动物-人之间的潜在传染性疾病必须有高度的认识，防止医院内感染。

子项目七　病例的跟踪回访

一、跟踪回访形式

可以采取电话、信函、到养殖场等形式。

二、跟踪回访前工作

(1)了解畜主和患病动物的种类、年龄、地址、联系电话。
(2)执业兽医师诊断的疾病。
(3)治疗的经过及治疗天数。
(4)回访前了解相关疾病的预防知识。

三、跟踪回访内容

(1)了解患病动物康复情况。
(2)征求畜主对医疗服务的意见、建议和需求。
(3)提供动物科学饲养及疾病预防知识。

四、跟踪回访时间

(1)住院动物回访应在患病动物出院后一周内完成。
(2)患病手术动物、转诊患病动物中有疑难病例或未确诊的必须在一周内回访。
(3)每天回访时间:上午 8:00—12:00,下午 13:30—17:30。

项目七 综合管理岗位工作

子项目一　院长工作职责

医院院长全面负责动物医院的管理工作。现代动物医院的管理任务对院长的专业水平、管理水平和思想提出了更高要求，不但要考虑本地区动物医疗的发展情况，更要了解全国动物临床的发展水平，时刻关注并跟踪国外动物临床医疗水平和发展趋势。

一、负责管理动物医院的日常工作

(1)负责组织各项规章制度和技术措施的制订和实施，制订动物医院各项工作计划，按计划对工作进行安排和布置，负责对动物医院工作计划和各项规章制度的执行情况进行检查总结。

(2)负责提高动物医院兽医师和技术人员的业务水平，加强服务管理和设备管理。

(3)导医疗业务统计、病案管理等工作，负责组织和检查病历书写，监督病案文书完成及归档。

(4)建设和维护客户关系，提升动物医院在相应区域的知名度和美誉度，持续提升经营业绩。

(5)负责确定动物医院兽医师或诊疗工作人员的值班、会诊安排。

(6)负责领导处理各类突发事件。

二、负责人事管理工作

(1)负责医院人才招聘和队伍建设工作，打造具有高度凝聚力和归属感的团队，提升组织效率和团队合作能力；

(2)组织院内学习，持续提升工作人员技术、服务水平，提升服务能力；

(3)负责组织动物医院医护人员业务技术学习、考核和业务指导工作；

(4)负责组织业务经验交流和科研总结。

三、负责运营管理工作

(1)根据动物医院实际统筹管理安排，结合动物医院的具体实际情况，组织开展动物医院的运营工作，确保各项工作有序进行。

(2)负责动物医院财务管理相关工作，做好固定资产的管理。

子项目二 动物医院发展规划制定

任务一 动物医院初期和远期发展规划

动物医院发展规划是对动物医院发展的战略规划，是动物医院发展的路线与纲领。在动物医院发展战略的制订和实施过程中必须紧紧围绕动物医院发展的战略核心，提高动物医院的竞争力。动物医院的竞争力是对动物医院内部要素的客观分析和评价，它取决于动物医院在行业中所处的市场地位，动物医院的核心竞争力是其发展战略的实质核心。首先要对动物医院内部因素进行分析，把握机会，规避风险。通过对比分析，能够知己知彼，充分发挥自身优势，实现目标、资源和战略相统一。对内部因素的调查分析内容包括：动物医院资源竞争优势分析，产品与服务价值链分析，核心管理能力分析，核心竞争力分析，潜在核心能力的分析，价格成本分析，面临战略优势与劣势分析，优势(Strengths)、劣势(Weakness)、机会(Opportunities)、威胁(Threats)分析，即 SWOT 分析，动物医院财务和市场营销分析。根据分析结果确定战略的方向、方针，编写分析报告。其次要对动物医院外部环境进行分析，其内容包括宏观环境分析和微观环境分析。宏观环境分析包括：政治(Politics)、经济 (Economy)、社会(Society)和技术 (Technology) 分析，简称 PEST 分析。微观环境分析包括顾客需求发展分析，供应者供应能力分析，竞争对手的竞争能力分析，潜在进入者分析。按照预定的战略方针和方向，根据分析报告拟订战略规划草案，制定动物医院发展战略规划。

在动物医院发展初期，决策层要对动物医院所处的外部环境，包括宏观环境和行业发展态势，分析出行业发展的趋势和成功的关键要素，同时结合行业趋势和成功关键要素来有意识地培养自身独特的资源和能力，并依此打造核心竞争力。动物医院应围绕自己的战略目标，制定一个科学的战略发展规划，从而确保能够健康、可持续地发展。随着现代科学技术的发展，动物医疗行业的竞争加剧，动物医院要根据自身特点制定战略规划。战略规划是未来时期动物医院发展的关键性任务。战略规划的编制既要密切联系动物医院的实际，在发展方向的选择、目标设定、举措与保障等方面进行积极的探索。重要的是要把未来几年的规划贯彻落实到各年度的工作计划中，落实到各科室的业务工作上来。有效加强战略规划的执行落实，对动物医院向更高效率、更高质量的发展道路上迈进具有重要意义。动物医院战略规划编制过程中需要注意以下几个方面。

首先，动物医院发展规划是一项战略性、系统性工程，涉及学科建设、教学科研能力建设、人才建设、质量安全、建筑布局调整等诸多方面。在规划编制过程中，要围绕动物医院的“学科、人才、质量、服务”等要素进行目标设定，确保相互之间的层次与重点有机衔接，相互融合。动物医院决策层充分征求员工的意见与建议，对照动物医院等级建设标准，积极向优秀企业学习，找差距，定目标，寻求突破，突出技术创新在发展中的关键作用。积极倡导技术创新，通过规划营造技术创新氛围，实现技术创新突破，使部分医疗技术在本区域范围内确保领先优势，并形成自己的特色。坚持一切以患病动物为中心，从患病动物主人的需求出发，对动物诊疗的各流程进行人性化管理。

其次，要把动物医院发展愿景体现在动物医院的发展规划中。紧跟国家政策导向，对动物医院发展进行谋划，发展规划编制需结合动物医院的实际，依托学科建设、科研技术水平、人才状况、区域畜禽保健需求等方面的实际情况，做好分析、科学制定发展目标。做好区域动物诊疗服务市场的调查分析，找准发展突破点。在明确动物医院自身定位，认清学科现状的同时，找准市场定位，根据动物医院周边畜主或宠主需求变化，制定差异化的专科发展方向和服务，创造新的优势项目，打造专科特色和服务亮点。

再次，动物医院要依靠在某一专业技术领域领先的学术水平和医疗技术服务水平来打造品牌，因此要在学科建设上争取建成具有本区域的动物医疗技术的引领者，形成品牌，吸引更多优秀人才。在人才引进时，既要注重人才的遴选，也要注重可培养人才的爱院情怀，避免人才培养后流失。动物医院应建立培训鼓励机制，有计划、有选择的派人参加进修，学术会议、学术交流等，拓宽医务人员视野，提高临床技能。

动物医院要紧跟形势，积极做好技术应用与创新工作，及时了解具有前沿性、可行性的新技术或诊疗新方法，适时引进与推广，为动物医院发展创造新的增长点，吸引患病动物主人来院就诊。通过新技术、新方法的引进与应用来带动技术创新，不断提高动物医院技术水平，实现动物医院的可持续发展。

任务二 经营模式创新规划

近年来，随着我国人民生活水平的迅速提高，家庭饲养宠物的数量越来越多，动物医疗服务需求越来越多，动物医院数量也在不断增加。目前根据动物医院管理方式不同主要分为三种。第一种是农业院校附属的教学动物医院，承担着教学、科研、生产的任务；第二种是各级畜牧兽医站，其在承担辖区内的动物防疫工作中，附带提供动物临床诊疗服务；第三种是社会力量主办的动物诊疗机构，其主营业务是为宠物提供临床诊疗服务，在市场上占有更高的比重。第一种模式由于有科研院所的科技支撑，拥有较好的基础，在行业中有较大的影响力，尤其是在疑难杂病的诊疗上具有更大的优势。目前大多数都教学动物医院都施行企业化运营方式。第二种模式主要针对畜禽养殖户，在农村地区较为多见，但是随着畜牧兽医改革的推进这种模式的规模在逐渐缩小。第三种模式在市场上占有更高的比重，覆盖面比较大，受众较多，现就第三种经营模式进行介绍。

第三种经营模式动物诊疗机构中有单店经营模式和连锁经营模式。单店经营规模小，经营较为灵活，是较为常见的模式，但是目前在单店经营模式中，每个单店的医疗技术水平参差不齐、收费价格也是有高有低，所以很难规模化。随着社会的发展，加上资本的支持，连锁经营模式在动物诊疗行业中得到了快速发展。与单店经营的动物医院相比连锁动物医院有统一的动物医院门店标识、统一的服务，更有利的发挥连锁经营的优势，更容易被消费者识别和认可。连锁动物医院总部为连锁分院的宠物医师、护理工作人员等提供更加专业的培训，能提高连锁分院医疗水平，规范动物诊疗行为。

现就目前连锁动物医院的主要的经营模式进行介绍。目前我国连锁动物医院经营的基本模式主要有直营连锁、特许连锁和自由连锁。

直营连锁是由同一资本开设分店，资本是各连锁分店之间的主要联结纽带，并属于同一所有者，各分店均由同一个投资主体投资开办；总部与各连锁分店之间关系紧密，直营连锁的总部对各连锁分店的投资、人事、财务、分配等方面实行高度集中，统一管理，而各连锁分店只负责销售、服务等方面的业务，管理经营的高度集中统一是直营连锁的核心。各连锁分店都必须使用同一企业名称、同一店堂识别系统，都必须统一企业造型、装饰、字形、色标、象征图案、徽章、服饰等标识。此种连锁模式要求连锁总部必须具备一定的实力，而且要有一定数量的连锁分店。

特许连锁也称特许加盟连锁，即由拥有技术和管理经验的总部指导传授加盟店经营技术经验，并收取一定比例的权利金及指导费，此种契约关系即为特许连锁。特许加盟总部拥有一套完整有效的运作技术优势，从而转移指导，让加盟店能很快运作，从中获取利益，使得加盟网络日益壮大。特许连锁的授权人拥有特许权，特许权可以是商号、商品、标识、产品和服务以及其他可以带来经营利益的特别权力。授权人与加盟者之间的主要联系纽带是特许权授权合同。加盟店铺归加盟者所有。盟主的总部拥有高度集中的经营权，加盟者必须完全按照总部的一系列规范生产经营，自己没有经营自主权。加盟者必须向盟主交付一定数额的费用，通常包括加盟费、特许权使用费、保证金、其他营运指导费等。

自由连锁即自愿连锁，是各动物医院之间为了共同利益而采取的一种合作方式，分散的众多的单店经营的动物医院，既保持着各自的独立性，又维持着永久性的连锁关系，使进货和其他事业共同化，以达到共享规模效益的目的。自由连锁通常是由一个或几个核心动物医院发起。各连锁动物医院共同进货，可以使各个中小型的动物医院获得低廉的商品进货价格，这也是中小型动物医院自愿成为自由连锁店的主要原因。加盟的各成员企业，在所有权、经营权和核算方面都保持着独立性。核心企业与各加盟的成员企业之间是松散的联合，合同是他们之间的联结纽带。

目前在我国连锁经营模式的动物医院规模已经越来越大，形式也不完全相同。有的连锁动物医院只有直营连锁，有的连锁动物医院内部是直营连锁和自由连锁模式相结合，也有的连锁动物医院内部三种连锁经营模式同时存在。动物医院可以根据自己的实际情况选择合适自己的经营模式。

子项目三　动物药房管理

动物药房是动物医院必备的功能区，担负着采购入库、药物储存和药物领取等工作，药房管理的好坏对于动物医院的医疗质量和服务质量都产生重大影响。为了做好动物医院药房的管理，首先要建立和执行动物药房的管理制度，其次做好药品的采购和质量管理。

任务一　动物药房管理制度

动物药品管理制度包括：动物药品储存养护的管理制度、中药饮片验收、保管、养护制度、一次性使用医疗器械使用后毁形管理制度。

一、动物药品储存、养护的管理制度

对药房所陈列的动物药品应准确分类，整齐摆放，定期检查，发现质量问题及时处理；药品应实行分类储存和色标管理，堆垛应留有一定的距离；对近效期的药品要有效期的标志，确保标志到位，每年检查养护两次；做好对药房及药库温湿度的测定、记录和管理工作；储存、陈列、养护过程中发现的有问题药品应存放在有标志的柜或箱中，并及时报告药剂科负责人进行确认、处理。药物与食品一样都有一个有效期，不能使用过期药物。一般在药物的原容器的标签上都会标有有效期，所有药物都应按照有效期放置到货架上。将最先过期的药物放在货架的最前面，将最晚过期的药物放在货架的最后面，即“先进先出”，将过期药物立即从货架上撤走，将它们交给院长办公室或者动物医院指定部门，由他们负责联系经销商或是报废。所有的药物都应该存放在阴凉、干燥处，避免阳光直射，因为有些药物在阳光照射下会加速失效，这些应该存放在照不到阳光的封闭橱柜或抽屉内。有些药物需要冷藏，如生物制剂，特别是疫苗，都要存放在冰箱内。药物通常是独立包装，每个包装内还含有一个药物使用说明。如果药物没有独立包装，那么通常将使用说明直接贴在盛放药物的容器壁上，药物使用说明上的信息包括适应证、剂量、用法以及注意事项。在药物使用说明书上一般写有药物的储存信息，如果没有任何关于储存的信息，则表明该药物可以放在药房的货架上，只要阴凉、干燥且没有阳光直射。药物的管理与库房内的其他物品的管理一样。当一种药物储备不足时，应将该药物列入动物医院的需求单内且通知采购部门，不要让动物医院内的任何物品耗尽，但也不要囤积过多。在保存药物使用说明书时，将它们按字母顺序夹在活页本内，将每个使用说明书放在一个单独的、干净的塑料套里，以便阅读说明书两面的信息，将活页本放在药房内，随时参考。

二、中药饮片验收、保管、养护制度

对于使用中药饮片的动物医院，在采购入库中药饮片（材）时必须执行质量验收制度，验收合格后方可入库。验收时，要核对送货凭证、随时同行联或发票，检查外包装是否破损、水浸、污染、品名、规格、数量、生产厂家、批号、真伪、霉变、虫蛀、走油、挥发、色泽、风化、潮解、水分、杂志、掺假等。经检查验收质量合格的药品方可入库，并认真填写、完整的验收记录，对验收不合格的或质量可疑的品种不得入库，放置于“不合格品区”按有关规定处理。验收毒性中药要有两人以上核对签名。在库饮片、药材要分类、定点存放，要按照其性质、性状分类保管，易虫蛀、霉变的必须特殊保管。配备必要的防潮设施，对在库饮片、药材应做到勤查看、勤晾晒，定期进行循环检查养护（检查养护周期最长不得超过 3 个月），对易生虫、霉变的重点品种应每月检查一遍。做好库房的环境卫生工作，保证库房整齐、清洁、认真做好防潮、防鼠、防蛀等养护工作。养护记录应认真、真实、规范。

三、一次性使用医疗器械使用后毁形管理制度

一次性使用无菌医疗器械使用后必须立即按规定要求进行毁形，不得重复使用。毁形要

求：一次性输液器应剪为三段；一次性注射器将乳头折断。毁形的一次性使用无菌医疗器械应置于消毒液浸泡 1 h。剪下毁形消毒的一次性输液器的头皮针部分，去掉调速器，一次性注射器针头、针管和芯杆分开，分别放入消毒液中浸泡消毒；取下的针头单独浸泡消毒，用硬质锐器盒盛装；明确没有污染的器械（如配药的注射器）使用后不须浸泡消毒只需毁形。经上述处理后的输液器、注射器，统一收集在指定地点暂存，经称量、登记后集中交由有资质的医疗废弃物处理公司进行无害化处理。及时如实填写一次性使用无菌医疗器械使用后销毁记录。

任务二 动物药品采购规划

药品采购人员在药品市场调查、分析预测的基础上，根据本单位药品的销售或使用情况编制采购计划，按采购计划签订进货合同及履行合同等采购业务活动的过程称为药品采购。在动物医院药品采购中要依法、适时购进质量优良、价格适宜的药品。动物医院要掌握新型动物药品的动态和市场信息，制定药品采购计划，加速周转，减少库存，保证药品供应。同时，做好动物药品成本核算和账务管理。动物药品采购是动物医院经营工作的重要环节，其工作的好坏直接影响着动物医院的经济效益和社会效益，因此做好药品采购管理具有非常重要的意义。

一、采购的动物药品应具备的基本条件

要采购合法企业所生产或经营的合格动物药品，具有法定的质量标准、法定的批准文号和生产批号，包装和标志符合有关规定和储运要求，中药材应标明产地。动物医院从事药品采购工作的人员，应当具有高中以上学历，并具有相应兽药、兽医（动物医学）等专业知识，熟悉兽药管理法律、法规及政策规定。

二、动物药品采购的原则

动物药品采购决定着患病动物的用药质量，影响动物医院药品的销售，最终决定着动物医院的经济效益和社会效益。因此，药品采购应坚持以下原则：

1. 质量第一　动物医院必须把药品质量放在第一位，也只有坚持质量第一的原则才能有良好的社会效益，从而保持稳定的、长远的经济效益。

2. 以需定购　动物药品的最终消费者是患病的动物，疾病防治需要什么、需要多少是动物医院采购药品的依据之一，必须坚持以需定购的原则。

3. 质优价廉　要求药品采购工作在保证质量的前提下，尽量以最低的价格购进最优的药品，即坚持质优价廉的原则。

4. 合理库存　是动物医院取得良好经济效益的保证。如库存过多，采购工作须坚持合理库存的原则。合理库存的依据是市场行情与信息、药品的历史销售情况及销售目标。

5. 协调利益　药品采购涉及供需双方的利益，采购工作必须兼顾供需双方的利益，即坚持协调利益的原则。

三、药品采购规划

根据药品的销售量、市场信息与行情及企业的实际经营能力，确定采购药品的品种、采购

数量、采购时间及采购方式。

1. 确定药品采购的品种　通常药品采购品种应是市场需要、适销对路、质优价廉、新批号与新药品及名牌厂家生产的品种。

2. 确定药品采购的批量　药品的采购数量因品种、销量、进货途径不同而异。对常用药品，一般以销量来确定采购量。所谓常用药品，是指药店常年经销及临床常用的预防、治疗及诊断药品。此类药品疗效确切，销售量比较稳定。对于不常用或很少使用的品种，其采购数量应尽可能少，一般不超过六个月的销量。

3. 选择合适的药品采购时间　对于一般品种，应在库存仅供一个月的正常销售时就开始组织采购；对需要从厂家或产地采购的品种，应提前一个月以上联系，使其做好发运准备，以便签订合同后即可按时发货；对通过市场行情分析及有关信息了解到价格将上调的品种，应及时采购；对季节性用药一般提前一个月左右开始组织采购。

任务三　动物药品质量监控管理

为确保动物药品的质量，动物药品购进应当严格执行检查验收制度，并有准确详细的记录。在购进动物药品时，应当依照国家兽药管理规定、兽药标准和合同约定，对每批动物药品的包装、标签、说明书、质量合格证等内容进行检查，符合要求的方可购进。不符合规定要求的，不得购买和使用。药品质量验收，包括药品外观性状的检查和药品内外包装及标志的检查。有下列情形之一的动物药品，不得入库：①与进货单不符的。②内、外包装破损可能影响产品质量的。③没有标识或者标识模糊不清的。④质量异常的，其他不符合规定的。兽用生物制品入库，应当由两人以上进行检查验收。必要时，应当对购进动物药品进行检验或者委托兽药检验机构进行检验，检验报告应当与产品质量档案一起保存。

一、购进药品的检查、验收

1. 对供货企业的审核　对首次供货单位进行生产或者经营的法定资格、质量保证能力和质量信誉的审核，必要时应当对生产、经营企业实施实地核查。供货企业必须是具有合法资格的动物药品生产企业或者动物药品经营企业，进口动物药品应当为国外企业依法在国内设立的销售机构，或者依法委托的国内代理机构销售的。

2. 对动物药品品种的审核　国内动物药品应当具有依法取得产品批准文号，进口动物药品应当具有依法取得进口兽药注册证书。动物药品包装、标签和说明书应当符合国家兽药管理有关规定和储运要求。中药材应当符合注明产地要求。对首次采购的动物药品生产企业，包括新剂型、新规格、新包装等的动物药品，应当进行合法性和质量可靠性的审核、经营预防兽用生物制品、经营兽用处方药，必须建立供货单位的质量档案，长期保持供货关系的档案资料应当长期保存。

3. 签订购销合同　审核合格的方可签订购销合同、购入动物药品应明确质量保证条款，约定双方的责任及合同的执行期限。

4. 验收　应当按照动物药品管理规定、法定标准、许可事项、合同规定的质量条款和质量信息，对购入的动物药品进行逐批质量检查验收，对售后退回的动物药品，也应当进行逐批质量检查验收。应当对动物药品的标签说明书、质量合格证、内外包装和依法规定具有特定管理要求的动物药品的有关证明,或者文件进行逐一检查核对。

5.采购记录　动物医院采购动物药品应当保存进货的有效凭证,建立真实、完整采购记录。采购记录应当载明动物药品的商品名称、通用名称、批准文号、批号、剂型、规格、有效期、生产单位、供货单位、购入数量、购入日期、经手人或者负责人等内容。

二、采购药品及时入库

动物医院应当建立动物药品入库、检查核对制度。仓库管理人员应当根据有效凭证收货、发货,按照有关凭证逐一检查、核对,并做好真实、准确、完整的质量检查核对记录,确保及时、准确查明动物药品来源、去向等所需信息情况。管理人员对货与单不符、包装不牢或者破损、标志模糊不清、质量异常等情况的兽药有权拒收或者发放,并应当及时报告。

三、做好有效期药品的管理

有效期药品按国家有关规定进行管理,过期失效动物药品不得使用。有效期低于半年的药品不得入药房。零发动物药品做到“先进先出、易变先出”。将近效期药品填入《近效期药品登记表》,对于有效期在半年内的药品,各部门之间调剂使用,或通知临床尽量使用。针对有效期在一个月内的药品,通知库房联系供货单位,协商予以退货一或换货。每季度或者每月对药品逐一过目,仔细检查药品的批号、有效期、外观,做到定期登记、杜绝动物药品过期失效。

四、不合格药品的管理制度

验收药品时,发现包装破损、渗漏、瓶口松动、霉变、异物等现象时,应联系药房,予以更换。在调配过程中发现药品变色、裂片、沉淀、无标签等现象时,应联系药房,予以更换。在配液过程中,应进行仔细检查,若发现有变色、沉淀、异物、瓶口松动、瓶身裂纹等现象时应联系药房,药房予以更换。将不合格药品进行登记,及时上报科室主任。

五、质量投诉管理制度

注重动物药品的使用效果及信息反馈 兽医或者宠物医生及相关从业人员必须对药品的药理特性及适应证有充分了解和熟练掌握,科学组方,对各类药品的毒副作用要有精确的认识并组织好应对方案,以减少或避免毒副作用的发生。注重客户的信息反馈,精心梳理反馈意见并建立药品档案,执业兽医师或宠物医师应及时调整组方,根据医疗效果及时向动物药品生产企业或经营企业提出意见和建议。为规范动物药品的售后质量管理,认真处理售后药品的质量问题,确保及时发现问题,消除质量隐患。在接到药品质量投诉时,应及时做好记录,并按规定的程序和要求进行调查和处理。经核实确认药品质量合格,应在确认后 24 h 内通知该药品购货方恢复该药品销售,并业务部门解除该药品的暂停发货。如确实存在药品质量问题,应及时向公司质量负责人汇报,并通知仓库按规定暂停该药品的出库,通知业务部门停止该药品的销售,并通知该药品的其他购货方暂停销售该药品。若经调查确认为假冒本公司销售的药品,就及时报告当地动物药品质量监督管理部门,协助核查,以弄清事实真相。

子项目四　财务管理

任务一　动物医院财务管理制度

为了加强动物医院可持续发展能力建设，提升全体员工工作的主动性和创造性，加强动物医院财务管理和监督，规范财务行为，提高资金使用效益，根据国家有关法律法规制定财务管理制度。

动物医院要执行国家有关法律、法规和财务规章制度，坚持厉行节约、勤俭办事业的方针，正确处理社会效益和经济效益的关系，正确处理国家、单位和个人之间的利益关系。动物医院要科学合理编制预算，真实反映财务状况；依法组织收入，节约支出，健全财务管理制度，完善内部控制机制；加强经济管理，实行成本分类核算，强化分类成本控制，实施分类绩效考评，提高资金使用效益；加强动物医院资产管理，合理配置和有效利用医院资产；加强经济活动的财务控制和监督，按月进行财务分类核算并提供财务分析报告，防范财务风险。有条件的动物医院应设立专门的财务机构，会计为专职人员，出纳根据具体性进行调整，会计人员须持证上岗。动物医院实行统一领导、集中管理的财务管理体制。动物医院的财务活动在负责人领导及全体同志的监督下，由财务部门集中管理。动物医院收支票证要规范、合理。

一、动物医院的预算管理制度

动物医院按照国家有关规定，根据动物医院发展计划和目标编制的年度财务收支计划。财务预算由收入预算和支出预算组成，所有收支应全部纳入预算管理，建立健全预算管理制度，包括预算编制、审批、执行、调整、决算、分析和考核等制度。动物医院应按照国家有关预算编制的规定，对年度预算执行情况进行全面分析，根据年度发展计划以及预算年度收入的增减因素测算编制收入预算；根据业务活动需要和可能编制支出预算，包括基本支出预算和项目支出预算。编制收支预算必须坚持以收入定支出、收入大于支出或收支平衡、统筹兼顾、保证重点的原则。动物医院在预算执行过程中应定期将执行情况与预算进行对比分析，及时发现偏差、查找原因，采取必要措施，保证预算整体目标的顺利完成。年度终了，动物医院应真实、完整、准确、及时编制决算。动物医院要加强预算执行结果的分析和考核，并将预算执行结果、成本控制目标实现情况和业务工作效率等一并作为内部业务综合考核的重要内容。逐步建立与年终评比、内部收入分配挂钩机制。制定绩效考核办法，对动物医院预算执行、成本控制以及业务工作等情况进行综合考核评价，并将结果作对动物医院所有人员实行奖惩的主要依据。

二、动物医院的收入管理

收入是指动物医院开展动物诊疗服务及其他活动依法取得的非偿还性资金。收入包括医疗收入和其他收入。医疗收入是动物医院开展动物医疗服务活动取得的收入，包括门诊收入和住院收入。

门诊收入是指为门诊动物提供诊疗服务所取得的收入包括挂号收入、检查收入、化验收入、治疗收入、手术收入、药品收入和其他收入等。

住院收入是指为住院动物提供医疗服务所取得的收入，包括笼位收入、检查收入、化验收入、治疗收入、手术收入、护理收入、卫生材料收入、药品收入、其他住院收入等。

其他收入，即为动物医院开展医疗业务、科教项目之外的活动所取得的收入，包括培训收入、租金收入、投资收益、捐赠收入等。

医疗收入在医疗服务发生时依据动物医院确定的付费方式和付费标准；动物医院要严格执行国家财务政策，建立健全各项收费管理制度。门诊、住院收费必须按照有关规定使用动物医院财务会统一监制的收费票据，并切实加强管理。

三、动物医院的支出管理制度

支出是指医院在开展医疗服务及其他活动过程中发生的资产、资金耗费和损失。支出包括医疗支出、科教项目支出、管理费用和其他支出。医疗支出，即医院在开展医疗服务及其辅助活动过程中发生的支出，包括人员经费、耗用的药品及卫生材料支出、固定资产折旧、无形资产摊销。其中，人员经费包括基本工资、津贴补贴、奖金、社会保障缴费等。其他费用包括办公费、印刷费、水费、电费、物业管理费、差旅费、会议费、培训费等。

管理费用，即动物医院行政及后勤管理部门为组织、管理医疗和科教业务活动所发生的各项费用，包括动物医院行政及后勤管理部门发生的人员经费、耗用的材料成本、计提的固定资产折旧、无形资产费用，以及动物医院统一管理的坏账损失、印花税、利息支出和其他公用经费。

其他支出，即医院上述项目以外的支出。动物医院的支出应当严格执行国家有关财务规章制度规定的开支范围及开支标准；国家有关财务规章制度没有统一规定的，由动物医院规定。动物医院应严格控制人员经费和管理费用，须按有关规定并结合管理要求制定具体的工资总额和管理费用支出比率等控制指标并报财务会批准后实施。动物医院所使用的一切物资采购或更换物资采购均须报财务会审批后进行。

四、动物医院的成本管理制度

动物医院成本核算包括医疗和药品成本核算，成本费用分为直接费用和间接费用。

1. 直接费用　指可以直接计入医疗或药品支出的费用。包括医疗科室和药品部门开支的基本工资、补助工资、其他工资、职工福利费、社会保障费、公务费、卫生材料费、药品费、修缮费、设备购置费和其他费用。辅助科室能明确为医疗或药品服务的科室或班组的费用支出可直接计入医疗或药品支出。

2. 间接费用　指不能直接计入医疗支出或药品支出的管理费用。包括医院行政管理部门和后勤部门发生的各项支出，以及职工教育费、咨询诉讼费、坏账准备、科研教育费、报刊费、租赁费、利息支出、银行手续费等。

间接费用需按医疗科室和药品部门的人员比例或相关因素进行分摊，并按支出明细逐项进行分配

医院成本核算的具体项目包括：人力成本（人员工资、职工福利费、奖金、职工教育经费、工会经费、降温费、劳保费、探亲费等）、公务费（办公费、差旅费、交通费、燃料费、保险费、会议费、租赁费、办公性修理费等）、业务费（印刷费、科研费、动物饲养费等）、卫生材料费（包括医疗、药

品、化学制剂、敷料、X光材料、药品等)、低值易耗品费(医疗、药品、注射器、玻片等)、固定资产的损耗以及其他支出。

成本管理是指动物医院通过成本核算和分析,提出成本控制措施,降低医疗成本的活动。成本管理的目的是全面、真实、准确反映医院成本信息,强化成本意识,降低成本,提高动物医院绩效,增强动物医院的竞争力。成本核算是指动物医院将其业务活动中所发生的各种耗费按照核算对象进行归集和分配,计算出总成本和单位成本的过程。成本核算应遵循合法性、可靠性、相关性、分期核算、按实际成本计价、收支配比等原则。根据核算对象的不同,成本核算可分为科室成本核算、医疗服务项目成本核算、病种成本核算、诊次成本核算。成本核算一般应以科室、诊次为核算对象。在以上述核算对象为基础进行成本核算的同时应将固定资产折旧、无形资产摊销纳入成本核算范围。

科室成本核算是指将动物医院业务活动中所发生的各种耗费以科室为核算对象进行归集和分配,计算出科室成本的过程。

医疗服务项目成本核算是以各科室开展的医疗服务项目为对象,归集和分配各项支出,计算出各项目单位成本的过程。核算办法是将医疗技术类和医疗辅助类科室的医疗成本向其提供的医疗服务项目进行归集和分摊。为了正确反映动物医院正常业务活动的成本和管理水平,在进行医院成本核算时,有些支出,一般不应计入成本范围。如,不属于医院成本核算范围的其他核算主体及其经济活动所发生的支出、为购置和建造固定资产支出、购入无形资产支出、对外投资的支出以及不得列入成本的其他支出。

动物医院应根据成本核算结果,对照目标成本或标准成本,采取趋势分析、结构分析、量本利分析等方法及时分析实际成本变动情况及原因,把握成本变动规律,提高成本效率。在保证医疗服务质量的前提下,利用各种管理方法和措施,按照预定的成本定额、成本计划和成本费用开支标准,对成本形成过程中的耗费进行控制。

任务二　财务系统信息化建设

随着国家的发展,医疗机构的各种业务都在进行着深度的变革,动物医院的财务数据也越来越多,这就使得动物诊疗机构的工作变得更加困难,需要利用科技的手段来提高工作效率,因此将计算机技术运用到财务会计工作之中,利用网络来收集和处理各种数据,通过信息技术对数据进行传递和存储,以保证信息传播的高效率以及安全性。在过去的工作中,会计一般都是采用人工的方法来进行,效率和工作量都比较低。而在财务会计信息化建设中,利用计算机进行各种会计工作,可以更加有效地进行财务信息的统计以及分析,有利于为管理人员提供更加精确的决策依据。动物医院财务会计信息化建设的解决对策

(一)注重会计信息化建设

加强对动物医院的财务和会计工作的管理,从以下几个层面入手:一是要把重点放在动物医院的信息化工作上,要把自己作为动物医院的领导力量;二是要加大对财务工作的宣传,使各科室的财务工作人员认识到信息的重要意义,从而达到全面提升信息系统的认识;三是加大经费的投入,在实施信息化的同时,要加大经费的使用力度,推动医院的硬件设施和网络设施的不断更新。在医疗机构的内部管理方面,要加强对医院内部的信息的监管,加强信息系统的

建设，确保信息的安全性和有效性。在医疗机构的财政方面，投资一定数量的经费，引进新的技术，建立相应的技术监控系统，加强账户的使用。加强对信息技术的宣传，使其与动物医院的战略发展目标相结合，提高医疗卫生服务的水平。动物医院应将信息化技术应用于财务管理工作，制定相应的战略，合理地开发和使用信息软件。要适应日益增长的数据，以及大数据处理的需求，必须具备高配置的硬件设施。在软件上，动物医院可以依据自己的具体条件自行设计和研发应用软件，要注重软硬件设备的后续维护，特别是软件的更新。如发现设备故障应立即进行修理或替换。同时，要根据会计管理信息化建设的需要，结合信息技术的发展趋势，培养专业技术人员，从而对原有系统进行改进，充分发挥软件资源的利用价值。另外，为了保证资料的保密性，必须配备"防火墙"，可以设置专用的维修基金，有能力的可以配置专业的信息技术人才，保证财务系统的正常运转。医院的财务人员要全面分析信息化系统的构成要素，运用信息化技术对财务数据进行归纳，高效地运用软件开展实践工作，同时也能为动物医院发展建设提供依据。在财务系统的建设中，必须对资金的投入进行全面的评估，合理购置软件，并加强技术推广，从而达到财务管理与信息系统相结合的目的。同时，要根据财务管理信息化建设的需要，结合信息化技术的发展趋势，培养专业技术人员，对原有系统进行改进，充分发挥软件资源的利用价值。此外，动物医院也要针对财务管理组织架构进行改革，针对运用信息化技术的实践，开发出一套改进的软件，让整合财务系统发挥出最大的效用，从而在各种软件的运行下，优化财务管理的各种资源。

（二）健全财务会计信息化建设制度保障

在动物医院内部的财务资料要标准化，建立起一套标准化的技术系统来进行，这样才能提高财务人员的工作效率。在院内不仅要进行会计信息的记录，还要对财务进行准确的管理和分析，将各方面的职责划分清楚，建立相应的职责体系，健全财务会计信息化建设缺乏制度保障。严格控制账户的使用，让专门的人员来负责财务信息的运行，确保动物医院的会计工作规范化、集中化，加强对财务的监督，建立健全的财务信息体系，保证动物医院的健康发展。动物医院要加强信息采集，指导各部门正确的交流，保证信息的完整。要健全风险管理制度，注重对权利和义务的细化，便于问责。

（三）重视人才培养

动物医院要及时地找到问题所在，积极引进专业能力强、高素质、具有管理能力的专业技术人员。通过对内部人员进行信息技术的训练，提高业务能力，以更好地融入新的信息时代，进而推动动物医院的信息化建设。在动物医院的培训与人才引入中，通过专家对动物医院内部人员的培训，使其能够正常进行会计工作，从而保障动物医院内部的正常运转。将信息化工作融入动物医院的日常工作中，各部门要加大对员工的教育力度，特别是动物医院要注重对会计信息化建设及其他专业技术的研究。推行信息技术管理系统、财务软件应用软件等，并开展技术知识的相关培训。与此同时，动物医院院长必须注重财务部员工的意见，适时地回应他们的需要，并通过引进先进的信息化手段来提高动物医院的财务管理水平。应该加大对技术人才的培养力度，对会计人员进行定期的培训，组织技术人员的技术培训。动物医院经常组织财务部经理们进行沟通和讨论，帮助他们发现工作中的问题，帮助他们克服工作上的问题。随着信息化时代的来临，对动物医院财务从业人员的业务素质提出了更高的要求，同时也迫切需要财务管理人才能够不断更新技术能力，及时掌握大数据研究动态。财务人员还要具备一定的业务知识，对各个业务领域的工作情况有一定的认识，从财务角度对业务进行剖析。财务工作者要积极地投身于业务运作之中，将视野扩展到客户需求层面。动物医院的员工要学会自主学习最新知识，掌握最新的医学技术和信息技术。通过与专业的管理组织的协作，让他们能够随时地掌握最新的工作。会计员工不但要具备基本的财务技能，更要懂得如何学会与之相适应的资讯科技，以提升员工的综合能力。实行财务结算过程中，应与财务结算系统服务器相连，将其相关的会计资料输入到各部门的账目中，从而降低数据的重复性，提高工作效率和数据准确性。

任务三　动物医院经济效益核算

一、动物医院经济效益分析

动物医院经济效益分析可以采用统计的、数学的等具体方法，这些方法是多种多样的。下面介绍几种经济效益分析的方法。

1.因素分析法　把综合性指标分解成各个原始的因素，以便确定影响经济效益的原因，这种方法称为因素分析法。其要点是：

(1)确定某项指标是由哪几项因素构成的，各因素的排列要遵循正常的顺序。

(2)确定各因素与某项指标的关系，如加减关系、乘除关系、乘方关系、函数关系等。

(3)根据分析的目的对每个因素进行分析，测定某一因素对指标变动的影响方向和程度。

因素分析法的每一层次分析计算也称为连锁替代法，这种方法就是找出影响一项指标的几个相互联系的因素，依次把其中每一个因素作为变数，暂时把其他因素作为不变数，逐个进行替换，以测定此因素对该项指标的影响程度。根据测定的结果，可以初步分清主要因素与次要因素，从而抓住关键性因素，有针对性地提出改善经营管理的措施。因素的排列顺序要根据因素的内在联系加以确定。

2.结构分析法　也称比重分析法，就是计算某项经济指标各项组成部分占总体的比重，分析其内容构成的变化，从而区分主要矛盾和次要矛盾。从结构分析中，能够掌握事物的特点和变化趋势，如按构成流动资金的各个专案占流动资金的总额的比重确定流动资金的结构，然后将不同时期的资金结构相比较，观察构成变化与产品积压的情况，以及产销平衡定额情况，为进一步挖掘资金潜力指明了方向。

3.动态分析法　将不同时间的同类指标的数值进行对比，计算动态相对数据以分析指标发展的方向和增减速度。例如以某年作为基准年，该年的某一指标定为100，将以后几年的指标与该基准年的指标相比较，换成百分数，或者采用环比的方法以此来分析某项指标的变化趋势。

二、动物医院经济效益核算

通过利润来对动物医院的经济效益进行核算，动物医院的利润通过利润表反映。

1.利润　是动物医院在一定会计期间的经营成果，是动物医院收入减去有关的成本与费用后的余额。如果收入大于成本费用为赢利，反之为亏损。值得注意的是，净利润是指动物医院确认的当期利润总额扣除所得税费用之后的利润。

2.利润表　利润表是反映动物医院在一定会计期间经营成果的会计报表。利润表属于动态会计报表,其作用主要体现在以下四个方面:

(1)有助于分析企业的经营成果和获利能力。

(2)有助于考核企业管理人员的经营业绩。

(3)有助于预测企业未来利润和现金流量。

(4)有助于企业管理人员的未来决策。

任务四 动物医院资金计划

一、意义

资金是动物医院的命脉,为了保证资金流的稳定,财务一般都会按月/年编制资金计划,对未来一个月或一年的资金情况进行预估,提前预知可能存在的资金风险。资金计划是为了维持动物医院的财务流动性和资本结构,以有限的资金去谋取最大的经济效益,从而采取的关于资金的筹措以及使用的一整套相关计划。资金计划是对未来一定期间资金回流和使用情况的预测,目的是为了保证现金流的稳定,维持企业的正常运营,最大限度避免资金链断裂的风险。资金计划中有三个关键指标:期初现金余额、预计现金流入、预计现金流出。在期初现金余额与预计现金流入的合计数大于预计现金流出的时候,说明动物医院目前经营产生的自有资金可以维持正常运营,也就是具有自我造血的能力;反之,动物医院无法自我造血,则需要寻找额外的资金支持,来补充动物医院的现金流。但资金计划并不是各部门提交资金规划的简单相加,编制的过程中需要关注一些额外的问题,如果忽视这些问题,很可能会出现计划外的情况,影响动物医院运营。在制订资金计划时,要把动物医院的预算作为起点,以保证计划的合理性。简单地讲,资金计划就是收款和付款的提前计划,它包括银行存款和库存现金,还有承兑汇票之类的各种票据的收付,每一样可预见的收入和支出都应详尽的进行填写。资金计划无论怎样安排,最后余额都应该为正数,否则需要重新填写。正常来讲,每张结算单的填写,都必须以整个资金计划内容为模板。如果填写的付款结算单不在资金计划内,或者填写的付款结算单金额超出了资金计划的范围,那么最后是没办法通过审核的。所以填写资金计划前,一定要以当期动物医院实际发生的业务为依据。财务人员在进行资金计划编写时,一定要认真负责,合理预见收入,尽量控制支出。

二、资金计划编制

资金计划通常由财务部门进行编制,但是如果动物医院规模较大,业务多或业务发展较快,那么通常就需要业务部门提交本部门的规划,由财务部进行整合,再据此编制资金计划。

在编制资金计划的过程中,有些问题需要重点关注,因为这些问题会直接影响资金计划的效用。资金计划中的三个关键指标是期初现金余额、预计的现金流入、预测现金流出情况。

1.期初现金余额　不能只是把动物医院所有银行账户以及支付宝等第三方账户的金额相加的总和作为期初现金余额,否则可能会导致过于乐观的估计资金情况,因为有些钱虽然在账户里,但实际上是不能使用的。例如,在相关平台开设网店或是进行直播等活动,平台账户会冻结一部分保证金,这部门保证金没有被扣除,依然存在于动物医院的账户里,但实际上不可使用。这部分不可使用的金额,需要从期初现金余额中扣除。有些动物医院因为专项募集资金、项目合作或是财政补贴的要求,设立有专项账户,账户中的资金只能用于某些项目,不可用于项目外的支出,这类属于受限制的账户,相关的资金计划需要单独编制。所以期初的现金余额并不等于所有银行账户的余额相加,需要区分不可用的余额、受限制的余额以及可以随意使用的余额,这样才能得到动物医院真实的资金余额情况,如果将这些类别混在一起,会出现高估期初资金余额情况,导致在资金计划执行中出现资金缺口,影响动物医院的正常运营。

2. 预计现金流入　一般动物医院现金流入主要为动物临床诊疗费、药品销售回款。可以将销售回款按照可靠性进行分类。部分客户信誉良好,之前月份一直依照合同或是结算单按时回款,这种回款的可靠性就很高,预计未来回款也不能存在问题。如果客户前期就出现拖延回款或是传出了重大的负面消息,那么此客户的销售回款就很可能无法如期流入动物医院,可靠性较低。依据前期的经验来判断,还有一些客户是若业务人员催款力度大,就可以按时回款,若业务人员忘记催款,客户就会进行拖延,这类客户需要单独整理出来提示相关部门,加大催款力度,保证及时回款。将销售回款分为三类:确定回款、重点关注、回款可能性小。前两类可以计入资金计划的预计现金流入中,最后一类建议单独列示,避免乐观估计资金流入情况。

3. 预测现金流出情况　动物医院主要的现金流出包含人工成本、供应商付款、营销推广费用、税费、房屋物业水电费等。首先要挑出和专项账户相关的支出,单独进行列出,剩余部分可以分为固定时间必须支付的和可以延迟支付的两大类。固定时间必须支付的款项,如人员的工资、办公场地的房租、税费、五险一金等,这些款项没有办法进行拖延,否则会给动物医院带来重大的风险,这些款项的支付时间也非常确定,各月之间也不会有太大的波动。可以延迟支付的款项,如人员报销、营销推广费、供应商付款等,在动物医院资金充足的情况下,可以按照相关的约定进行支付,但如果动物医院的资金比较紧张,延迟付款就非常重要了,这种延迟主要是为了缓解集中支出带来的资金压力。如每月 8 日发工资,15 日之前需要缴纳各项税费,月初还会扣缴五险一金,这样就会导致 15 日前资金支出金额较大,但这段时间销售回款较少,客户通常在下半月回款,那么在 15 日前支付供应商款项就会增加很大的资金压力。如果跟供应商商讨将付款时间调整到 15 日之后,等销售陆续回款后再支付供应商款项,这样更可以保证动物医院的现金流稳定。所以预测现金流出,需要按照期初资金余额以及现金流入的情况来安排付款的时间和节奏,在资金紧张的情况下保证各种款项的支付,维持动物医院的信誉。在资金紧张的情况下,为了更好地体现付款的时间和节奏,建议按照周来编制资金计划,这样能更加仔细地观察是否存在集中支出的情况,合理的缓解某一时点的资金压力。在整个现金流出的预测过程中,也可以发现企业存在的一些问题,例如一些付款时间的不合理,在未收到客户回款的情况下,企业垫付了给供应商的支出,长此以往,随着企业收入的增长,这种垫付会带来更多的资金压力,需要进行改善,后续客户可以收取一部分预付款或是在和供应商续约的时候调整付款时间。

编制资金计划时,专项资金账户需要单独列表来体现,这部门整体的管理区别于自有资金,使用受到多方的监管和控制。自有资金的部分,合理的进行了资金的安排,这种安排在确定回款和重点关注全部按时流入的基础上制定的,是一种比较理想的状态。但实际上销售回款存在一定的不确定性,并不能保证重点关注的部分一定会回款,同时对于一些供应商的付款,也可能无法拖延,这样就会导致一现金流入低于预期而且付款更加集中。资金紧张的时候需要做好资金计划,资金宽裕的时候同样也要做好计划。

三、资金规划

资金规划是指资金的统筹管理，在确保动物医院资金安全的前提下，实现资金效益的最大化。资金规划按照规划期的长短，分为短期资金计划和中长期资金规划。其中，短期资金计划指计划期在一个月以内的计划。只要有了资金规划，有了对未来财务上的预见性，开支才会有取舍，有轻重缓急，不然重大的开支计划是满足不了的，会出现大麻烦。

年度资金规划就是一年度的资金规划，其资金规划方法有增量预算法和零基预算法两种方法。

1. 增量预算法　又称调整预算法，是在基期水平的基础上，分析预算期业务量水平及有关影响因素的变动情况，通过调整有关基期项目及数额编制预算的方法。用增量预算法编制的预算称为增量预算。增量预算法的适用于经营活动变动比较大的企业和与收入成正比变动的成本费用支出。一般用于有一定经营历史的企业，商业模式相对较稳定。增量法的资金规划具体操作步骤如下：

①评估增量项目，做好预测，落实到时间点，今年要不要扩大生产规模，扩张的幅度及带来的影响；有没有新的投资项目，大概在几月份；今年有没有设备更新，基础设施改造、升级；银行贷款、民间借款、集资款等——还本、付息；股东、股权激励等——分红；各种成本、费用指标和标准的异动，及采购信用政策异动，带来巨大利润及资金波动；各种产品上下市及价格异动，信用政策异动，带来巨大利润及资金波动；潜在的现金流损失（诉讼、赔偿、召回等）。②进行汇总填表，计算资金运行情况。

2. 零基预算法　又称零底预算法，其全称为“以零为基础编制计划和预算的方法”，是指在编制预算时，不受上期预算项目和收支情况的约束，以零为基点编制预算的方法。零基预算法的基本特征是不受上期预算安排和预算执行情况的影响，一切预算收支均以“零”为出发点，都建立在成本、效益分析的基础上，根据实际需要和可能来编制预算。用零基预算法编制的预算称为零基预算。适用于创业型企业。

零基法的资金规划操作步骤：首先评估增量项目，做好预测，计算营运资金需求，计算运营费用及风险金占用，预计资金增量，计算各种往来款占用，计算投资额，计算融资，计算资金缺口和解决方案。然后汇总填表，计算现金流情况。

子项目五　动物医院人才队伍建设

任务一　人才招聘

动物医院要想在激烈的市场竞争中站稳脚跟并不断发展，取决于是否拥有优秀的人才，是否能够充分地利用市场。作为现代动物医院应该把人员招聘作为一项重要的管理内容。人员选拔、招聘是动物医院人力资源缺乏时最常用的方法。动物医院要想吸引优秀人才加盟，就必须选择好的选拔人员和选拔渠道，并细心地组织设计好选拔招聘的全过程。提前做好人力资源规划和招聘计划，保证有充分的时间与精力去选择人才，谨防用人时才想到招人，否则会因急用而降低用人标准，影响对人才质量的把关。招聘规划应从三个方面着手进行：首先，要考虑动物医院的战略规划，根据主要业务、战略部署及核心竞争力，确定需要招聘的人员要求、招聘渠道和招聘方式；其次，必须明确当前业务发展的人员需求，即业务量的增加和开拓，工作内容的重新调整等；最后，要考虑人员流动产生空缺职位的补充。

一、招聘原则

1. 公开的原则　动物医院根据人力资源规划把招聘职位种类、数量、要求的资格条件及考试的方法等均向社会公开。这样做一方面可以大范围内广招贤才，另一方面有助于形成公平竞争的氛围，使招聘单位确实招到德才兼备的优秀人才。此外，招聘工作在社会的公开监督下，能产生良好社会效益，防止不正之风。

2. 遵守公平就业的原则　对所有应聘者一视同仁，不得人为制造各种不平等的限制或条件和各种不平等的优先优惠政策。努力为优秀的应聘者提供平等的机会，不拘一格地选拔、录用各方面的优秀人才。

3. 竞争原则　人员选拔需要各种测试方法来考核和鉴别人才，根据测试和考核结果的优劣来选拔人才。靠领导的目测或凭印象，往往带有很大的主观片面性和不确定性。创造一个公平竞争的环境，一方面通过各种渠道吸引较多的人来应聘，另一方面严格考核程序和手段，科学地录取人选，防止徇私舞弊等现象的发生，通过公平公正的竞争，选拔优秀人才。

4. 全面原则　对应聘者的考核要兼顾知识、能力、品德、心理、智力及工作经验和业绩等各方面因素。因为一个人能否胜任某项工作或者发展前途如何，是由多方面因素决定的。近年来，人们对情商越来越重视反映了基于这种观点的一种倾向。

5. 量才原则　认真考虑人才的专长，量才录用，量职录用。工作有难易，人的能力有大小、要求有区别、本领有高低。招聘应量才录用，做到人尽其才、用其所长、职得其人、人岗匹配，充分发挥人力资源的作用。

二、招聘的方式

一般医院选拔人员的方式包含面试、笔试和实际考察三种类型。

面试是经过事先安排，有目的、有步骤进行的选择有能力胜任工作的人选的活动。面试能够提供更多的有关应聘人员综合素质的信息，是最广泛，最有效的招聘手段之一。面试的考察内容主要有教育背景、职业经历、修养风度和团队意识与沟通能力等。笔试主要是考察应聘者的理论知识水平，一般用于应聘人员较多的情况下的初步筛选，但难以测出应聘者的实际操作、能力综合素质等，因此，常与面试结合进行。医护工作操作性很强，要求员工有很强的实际工作能力。因此，可通过实际操作对应聘者的能力或技巧进行判断、考察和评价。这种选拔方法要求招聘者有相当的专业知识，能对所测人员做出正确的评价。

任务二　人才培养

随着国家经济技术水平、人民生活水平的提高，以及动物医疗服务的开展，人们对动物医疗人才的技术、能力、道德素质的要求也越来越高。医学是一门实践性很强的科学，医学人才培养的一个重要方式就是临床实践，因此，医院承担着医学人才培养的重任。只有做好医院自有人才的培养，挖掘他们的潜力，医院的发展才能获得持久的动力。

一、医院人才培养的原则

1.强调临床实践　医学的实践性很强，通过实践，医生才能把理论与实践结合起来，才能学会在面对临床实践中出现的各种不同情况时，及时做出正确判断。开展临床实践，首先要练好临床基本功，如问诊、病历书写等，这样才能更好地为动物主人和动物服务。

2.突出道德素质　医生是一项崇高的职业，健康所系，性命相托，医生的职业道德水平对其医疗服务质量的高低将产生直接影响。医生职业道德素质，包括责任感、敬业精神、科学作风和合作精神等，医德的培养应该作为医生培养的第一步。

3.博与专相结合　当代医学的分科越来越细，专业越来越精，要求医学人才所掌握的知识既博又专。博是专的基础，以博促专，而后促创新。而为动物服务的全科医生，其知识就更注重广博度了，这样才能应对各种复杂的情况出现。专是开展医疗，解决动物医学难题的需要。同时，动物医院的人力、财力和物力都是有限的，集中资源发展某一个专业领域，打造动物医院的核心竞争力，容易取得成功。因此，加大力度培养专业人才与动物医院的发展目标是一致的。

4.普遍提高与重点培养相结合　动物医院人才培养要注重提高人员的整体素质，储备充足的后备人才，为选拔优秀人才打下坚实基础。同时，对那些基础好，学习能力强，有进取精神的人员进行重点培养。培养的目标是让他们成为某一领域的专家和学科带头人，带领本医院某学科快速发展，成为医院在市场竞争中的优势。总之，普遍提高与重点培养相结合，就是要建立起一支结构合理的人才梯队，保证医院有稳定的人力资源供给，带动医院的整体发展。

5.侧重知识更新　培养医生除了要注重知识的广度和深度，还要注意知识的更新。当前，科学技术迅猛发展，新知识、新理论、新技术层出不穷。必须不断学习，不断创新，要充分利用现代信息技术，把握本学科的发展动向和趋势，了解国际动态，这样才能在专业领域保持竞争优势。

二、医院员工法律医德教育

1.医德培养　古人云："无德不成医。"历代著名医家不但有高超的医技，更有高尚的医德，因而受到人们的普遍赞誉。医德是医生职业道德中一个非常重要的内容。它包括"以动物和动物主人为中心"的服务理念，要求医护人员一切为动物和动物主人着想。以爱心和诚心对待动物，用温暖的服务减轻疾病所带来的痛苦。良好的医德还包括尊重客户的人格和权利，要求医务人员不分贫富，平等热忱地对待每一位客户，对客户的询问给予耐心细致的解答，自觉维护客户的隐私，等等。市场经济一方面转变了医务人员的服务观念，促使其更好地为客户提供服务；另一方面又使一些人被物质利益所驱使医德沦丧，导致医患关系紧张。因此，医德建设在任何时候都不能放松。

2.法律意识的培养　随着我国公民法律意识的增强，对医疗活动的正确性越来越多地提出了质疑，医疗纠纷的案件也层出不穷。医疗活动的一个显著特点就是高风险性，为了抢救动物的生命，常常要在最短的时间内做出正确的决策，思维活动高度紧张。因此，必须加强医生法制教育，使医生能够运用法律的武器在医疗纠纷的案件中合理地保护自己，并自觉守法，减少医疗事故的发生。培养医生法律意识可以通过举行法律知识讲座，分析典型案例的方式进行。

3. 合作精神的培养　在高度分工的情况下，必须团结协作，密切配合，才能打破个人能力的界限，发挥出集体的智慧，取得最好的效果。因此，团结协作也是医生职业道德的内容之一。协作不仅包括医生之间的，还包括医生和护士，护士之间的协作。遇到疑难杂症时，召集所有医生进行会诊，商讨解决方案需要协作；医生用药要借助于临床药学或向药剂师咨询时需要协作；大型手术的开展更需要各层各类医务人员的通力合作。建立良好的协作关系，首先要互相尊重，各司其职，出现问题共同承担，而不是互相推诿和埋怨；其次要处理好协作与竞争的关系，要在制度上保证竞争的公平、公正性。

任务三　动物医院人才发展规划

动物医院要发展壮大，离不开人才的聚集，所以，动物医院要做好人力资源发展规划。将人力资源发展规划根据时间长短分为短期规划、中期规划和长期规划。短期规划主要解决的是一年内短期性的人才需求与配置问题，做好基本的人事管理，如招聘、任用、升迁、奖惩等，以维持现有的运营为主；中期规划一般为三年，是预测未来三年内人才供需状况之后做的人力资源规划；长期规划一般为五年。企业长期发展需要一批人才，所以，开发人才、留住人才、培养人才、发挥所长是人力资源长期规划的重点。

一、动物医院人才发展规划步骤

为动物医院人力资源规划，首先要弄清动物医院战略决策及经营环境，弄清现有人力资源状况，这是制定人力资源规划的基础工作。预测人力资源需求与供给，是人力资源规划中技术性较强的关键工作，预测的要求是指出计划期内各类人力的余缺状况。接着，要制定人力资源开发及管理计划。最后实施人力资源计划并监督、分析和评价。

二、动物医院人才培养规划实施

为了培养、稳定、建设一支高素质的人才队伍，推动动物医院在新的历史条件下全面、快速、健康、可持续发展，动物医院要结合自身实际情况，特制定人才培养实施方案。

1. 培养目标　扩大人才结构的主要预期目标，5 年内医疗人员学历水平达到较优的水平；调整和优化人才队伍结构的主要预期目标，人才在各专业、各科室分布趋于合理，人才的专业、年龄结构和高、中、初级专业技术人才的比例趋于合理；提高人才队伍整体素质的主要预期目标：在提高思想政治素质、加强职业道德建设的同时，使人才的知识水平和能力素质有较大提高。

2. 培养措施　选派优良的青年骨干到优秀动物医院进修，通过广泛的学习交流，获得更多的科技前沿新信息、新技术、新思路；坚持从实际出发，以业绩、能力、贡献为主的原则，评价在职人员。对急需的、缺乏的、贡献大的人员，在申报、评聘专业技术职称时给予倾斜，在开展新技术、新业务等方面给予经济及设备支持；加强教育培训，坚持院校培养的主渠道，出台优惠政策，鼓励中青年医护人员参加在职研究生教育，提高教育投入，加大支持力度，推动在技术人员不断的掌握新技术、新知识和新理论。加大人才培养力度，推进动物医学专业学科的发展，加强与行业领先的动物医院的合作，带动学科的发展。在未来的5年，对优势学科进行重点打造，有针对性地引进国内外的先进技术，聘请知名专家定期指导；引进高学历人才，加快人才梯队建设。动物医院根据专业技术人员的学历结构，专业技术人员的梯队建设，专业发展的需要，实施有计划、有步骤地引进高学历人才战略，为引进人才营造优良、舒服的工作和生活环境。

子项目六 动物医院安全管理

任务一 生物安全管理

2021年4月《中华人民共和国生物安全法》正式实施，生物安全上升到国家战略层面。生物安全关乎人民生命健康，关乎国家长治久安，是国家总体安全的重要组成部分，也是影响乃至重塑世界格局的重要力量。作为动物疾病的诊疗机构，动物医院也要做好生物安全。加强动物诊疗全过程生物安全防范，提高安全防护意识，有效预防、及时控制和消除动物生物安全事故的危害，规范生物安全管理工作，及时妥善处置突发生物安全事故，保障动物医疗从业人员身体健康。患人畜共患传染病的动物尸体及废弃物处置过程中可能发生的人畜共患病原感染人、造成动物一定数量死亡的动物烈性传染病的生物安全事件，所以要加强动物医院医疗全过程的生物安全防范。

一、生物安全规程

门诊、住院部、化验室、病理剖检室等部门的人员必须遵循标准防范的原则，执行如下生物安全规程。

(1)化验室工作人员，尤其是微生物实验室工作人员在进入实验室工作前，应穿防护用品和佩戴必要的防护设施；工作完毕离开实验室时，应按无菌操作要求依次脱掉防护用品和设施，应清洁面部、消毒双手后方可离开实验室，并开启紫外线灯消毒室内空气至少一小时。

(2)对人畜共患病患病动物进行检查、采取标本时，门诊动物医生及相关工作人员必须做好个人防护及手卫生。

(3)化验室应划分清洁区和非清洁区，非本室工作人员禁止进入工作区，防止交叉感染，微生物实验室不得穿露脚趾的鞋子。

(4)可能直接或意外接触到血液、体液以及其他具有潜在感染性的物品或感染性动物的操作时，应戴上合适的手套，操作后必须洗手、消毒。

(5)采样时有喷溅可能的，为了防止眼睛或面部受到泼溅物的伤害，应戴眼罩或面罩。

二、规范处理医疗废物

(1)所有培养物、被病原体感染的材料、废弃的标本等，应进行高压灭菌后，盛放在专用密闭容器内。

(2)对锐器进行专门处理,皮下注射针头用后不可重复使用,包括不能回套针头护帽、不能截断,应将其完整地置于专用一次性锐器盒中,按医疗废物处置规程进行处置。

(3)化学性废物应进行分类盛放,特别是具有毒性、腐蚀性、易燃易爆性的废弃的化学物品,应按《危险化学品安全管理条例》《医疗废物管理条例》进行妥善保存,防止流失、溢漏等,并同相关部门进行无害化处理。

(4)对产生的各种医疗废物按照《医疗废物管理条例》进行分类盛装,并做好交接、登记。

三、污染区域消毒与隔离

1. 微生物实验室　门上应标有国际通用的生物危害警告标志;任何人员未经允许不能进入实验室工作区域;实验室的门应随时保持关闭;每天应定期消毒实验室空气、物体表面,遇污染应随时消毒。

2. 病理剖检室　对血液和其他体液、组织及排泄物的标准防护方法标本的收集、标记和运输始终遵循标准防护方法,所有操作均要戴手套。应当由经过培训的人员来采集患病动物的血样;静脉采血时使用一次性的真空采血管。装有标本的试管应当置于适当的容器中运至实验室,检验申请单应当分开放置在防水袋内或信封内。

接收人员不能打开这些袋子。应当在生物安全柜内打开标本管。必须戴手套,并建议使用护目镜或面罩对眼睛和黏膜进行保护。穿防护衣,必要时在防护衣外面再加穿塑料围裙。打开标本管时,应用纸或纱布抓住塞子以防止喷溅。使用次氯酸盐和高级别的消毒剂来清除污染。

任务二　消防安全管理

为进一步消除动物医院安全隐患,落实好消防安全责任,动物医院要做好消防安全工作,保障人身财产安全。动物医院要遵守国家消防法律法规,贯彻“预防为主、防消结合”的消防工作方针,组织实施消防安全宣传教育,及时检查和消除火灾隐患,防止火灾事故,确保消防安全。

一、建立消防安全责任制

医院主要负责人牵头制定符合国家消防法规的责任制度,明确工作职责,确定活动要求,明确各个岗位的消防责任。确保落实逐级消防安全责任制,明确各级各类人员消防安全职责,确定各级、各岗位消防安全责任人,维护保养建筑消防设施,保障安全疏散条件,落实消防安全措施,接受社会监督。

消防安全责任人、消防安全管理人应报当地公安机关消防机构备案。在公安机关消防机构的指导下,将消防安全管理纳入动物医院目标管理考核的内容。

动物医院应确定一名分管院领导为单位消防安全管理人,对消防安全责任人负责,并履行下列职责:拟订年度消防工作计划,组织实施日常消防安全管理工作;制定消防安全制度和保障消防安全的操作规程,并检查督促落实;每月至少组织一次防火检查,督促落实整改火灾隐患;组织实施对本单位消防设施、灭火器材和消防安全标志的维护保养,确保其完好有效,确保疏散通道和安全出口畅通；组织管理志愿消防队组织，每半年至少开展一次灭火技能培训和火灾扑救预案演练：在员工中组织开展消防知识、技能的宣传教育和培训，每年至少组织一次应急疏散预案的演练；动物医院每年至少组织开展一次消防安全评估，评估结果向消防安全责任人专题报告，并报当地公安机关消防机构备案。

职能科室、医技科室负责人是所在科室的消防安全责任人，应履行各自职责。掌握本责任区消防安全情况，贯彻执行消防安全管理制度和操作规程，全面落实本部门消防安全责任；开展员工消防安全宣传教育活动，督促员工认真执行安全操作规程，遵守安全用火、用电、用气规定，加强用火、用电、用气设备、设施及压力容器、易燃易爆危险物品的安全管理，特殊工种岗位禁止无证人员上岗操作；落实每日防火巡查，确保本部门所在区域疏散通道、安全出口畅通，灭火器材、消防设施和疏散指示标志完好有效；定期开展消防安全自查，发现火灾隐患及时组织整改，重大情况应立即向上级主管部门报告；根据科室和病区特点制定灭火和应急疏散预案，并定期演练。发生火灾时，组织员工按预案疏散人员，扑救火灾：完成其他消防安全工作。

消防控制室值班人员应当持有消防行业特有工种《职业资格证书》，并遵守消防控制室管理制度，掌握消防控制设备的功能和操作规程，按照规定测试自动消防设施功能，保障消防控制室设备的正常运行；对火警信号应立即进行确认，火灾确认后应立即报火警、启动灭火和应急疏散预案，并报消防安全责任人对故障报警信号应及时确认，消防设施故障应及时排除，不能排除的应立即向部门主管人员和消防安全管理人报告；不间断值守，做好消防控制室的火警、故障和值班记录。

二、消防安全制度主要内容

动物医院应按消防法律法规，结合本单位实际，制定消防安全制度，由消防安全责任人批准后发布实施。

建立消防安全例会制度，包括会议召集、人员组成、会议频次、议题范围、记录等内容；建立防火巡查、检查和火灾隐患整改制度，包括责任部门、责任人和职责、检查频次、参加人员、检查部位、内容和方法、火灾隐患认定、处置和报告程序、整改责任和看护措施、情况记录等内容。

建立消防值班制度，包括责任范围和职责、突发事件处置程序、报告程序、工作交接、值班人数和要求、情况记录等内容。

建立消防设施、器材管理制度，包括安全疏散设施、自动消防设施、灭火器材等。

建立危险源管理制度，包括责任部门、责任人和职责、设施登记、操作资格、动火审批程序、检查部位和内容、发现问题的处置、情况记录等内容。

建立灭火、应急疏散演练制度，包括预案制定和修订、责任部门、组织分工、演练频次、程序、注意事项、情况记录、演练的小结与评估等内容。

建立 消防宣传教育培训制度，包括责任部门、责任人和职责、频次、培训对象、培训内容、考核办法、情况记录等内容。

建立消防安全工作考评和奖惩制度，包括责任部门和责任人、考评目标、内容和办法、奖惩办法等内容。

建立其他必要的消防安全制度，如动物医院易燃易爆危险品、仓库管理和志愿消防队组织管理等制度。

三、完善动物医院消防设施

动物医院的建筑结构、耐火等级、平面布置、安全疏散、消防设施和建筑装修等必须符合国家相关消防标准和管理规定的要求。动物医院建筑的安全出口数不应少于 2 个。安全出口或疏散出口应独立设置，相邻 2 个安全出口或疏散出口最近边缘间的水平距离不应小于 5 m，动物医院内其他建筑应按有关消防技术标准的要求设置疏散楼梯。

动物医院建筑的下列部位应设有火灾应急照明：封闭楼梯间、防烟楼梯间及其前室、消防电梯前室或合用前室、疏散走道和避难层、建筑面积大于 100 m^2 的地下或半地下公共活动场所、公共建筑内的疏散走道。

公共建筑应设置灯光疏散指示标志，并应符合下列规定：应设置在安全出口和疏散门的正上方；应设置在疏散走道及其转角处距地面高度 1.0 m 以下的墙面或地面上。灯光疏散指示标志的间距不应大于 20 m；对于袋形走道，不应大于 10 m；在走道转角区，不应大于 1.0 m。

在不同部位放置合适的灭火器，如扑救 A 类——固体火灾应选用水型、泡沫、磷酸铵盐干粉灭火器，扑救 B 类——液体火灾应选用干粉、泡沫、二氧化碳型号灭火器，扑救极性溶剂 B 类火灾不得选用化学泡沫灭火器；扑救 C 类——气体火灾应选用二氧化碳、干粉型灭火器；扑救带电火灾应选用干粉、二氧化碳型号灭火器。一个计算单元内配置的灭火器数量不应少于 2 个，每个设置点灭火器的数量不宜多于 5 个。手提式灭火器宜设置在挂钩、托架上或灭火器箱内，其顶部离地面应小于 1.5 m，底部离地面高度不应小于 0.15 m。

动物医院在新建、改建、扩建、室内、外装修工程或变更使用性质时，应当依法将消防设计文件报送公安机关消防机构审核或备案；工程竣工时，应当依法报送公安机关消防机构消防验收或备案。

建筑工程施工现场的消防安全由施工单位负责。实行施工总承包的，由总承包单位负责。分包单位向总承包单位负责，服从总承包单位对施工现场的消防安全管理。对建筑进行新建、改建、扩建和室内、外装修以及变更使用性质时，建设单位与施工单位在订立的合同中应明确各方对施工现场的消防安全责任。动物医院应对消防控制室、消防水泵房等重点部位和防火巡查、检查以及建筑消防设施维护保养等管理环节实施标准化管理。

规范消防安全标识管理，动物医院应按要求设置消防安全布局标识、消防设施器材标识、消防安全疏散警示标识等消防安全标识。主要出入口、消防车道、防火间距等位置应分别设置总平面布局标识、消防车道标识、防火间距标识等消防安全布局标识。建筑消防设施所在位置应设置认知标识、操作使用标识、建筑自动消防设施检测合格标识等消防设施器材标识。建筑内安全出口、疏散通道、疏散楼梯、主要疏散路线等部位应设置安全疏散警示标识。

四、做好日常火灾防范工作

1. 保持动物医院通道畅通　动物医院的通道内不得堆放杂物，应保持通道畅通，疏散通道上应设置疏散和事故照明设备，以便火灾时进行疏散和扑救。

2. 规范使用氧气　在使用氧气时，氧气瓶要竖立固定，医护人员不得用有油污的手和抹布触摸氧气瓶和制氧设备。氧气瓶应符合避热、禁油、防止撞击、氧气瓶室内不得存放任何可燃杂物，并应及时扫除灰尘，保持清洁；输氧管道不得用酒精等有机溶剂，可用新洁尔灭的水溶液擦拭。氧气瓶的开关、仪表、管道均不得漏气，医务人员要经常检查，保持氧气瓶的洁净和安全输氧,还要随时检查用火、用电的安全情况。

3.规范放射机房管理　采用一、二级耐火等级的建筑,吊顶应用不燃材料装修。电器设备必须符合电气安装规程,电缆变压器的负载、容量应达到规定的安全系数,防止超载失火。中型以上的诊断用X线机,应设置一个专用的电源变压器。X线机用的电缆应敷设在封闭的电缆沟内,电缆应采用金属套管或选用阻燃电缆,电气设备与线路、开关的设置应避开可燃物在电缆沟内,应用防火填料堵塞洞孔,防止老鼠等小动物进入。移动电缆的弯曲度不宜过大,以防被高压电击穿;地表走线部位,应予以垫衬,高压插头与插座之间的空隙,应用绝缘材料填充。X线机及其设备部件应有良好的接地装置。严守X线管的使用规程,经常对X线机进行检查,发现问题及时处理。清毒和清洗污物使用酒精、汽油等易燃液体时,必须打开门窗通风,易燃液体在室内的存放量不得超过500 mL,并有专人专柜负责保管。

4.做好手术室管理　室内要保持良好通风条件,若采取机械排风,不得循环。排风口应设在手术室的下部,消毒间与手术室应分开设置。控制麻醉剂、消毒剂(如酒精)等要做到即领即用,不得在手术室内贮存,用过的渗有易燃液体的载体(如棉球等)要随时放入有盖的容器内。室内禁止使用电炉、酒精灯等明火。禁止在使用易燃性麻醉药过程中,使用电灼、电凝器、激光刀等。医护人员在防静电时应采用特制的导电软管,或对麻醉机和手术床作导除静电处理,并应穿着防静电服装和导电鞋操作。麻醉机及手术台周围地板要采用金属导线接地等导除静电的技术措施。室内应备有二氧化碳灭火器。

5.做好药库、药房的消防管理　药库应按《建筑设计防火规范》要求,在医院一角或四周建筑不相连的地点独立设立,不得与门诊部、病房等人员密集地点毗连。易燃、易爆等危险性药品应另设危险品库存放,并按化学危险物品的分类原则进行分类,单独分开隔离存放。存放量大的中草药库应定期摊开,注意防潮,以防发热自燃。库内禁止吸烟,电气设备的安装、使用应符合防火要求。对易燃危险药品应限量存放,一般不得超过1 d用量,以氧化剂配方时应用玻璃、瓷质器皿盛装,不能用纸包装。化学性能相互抵触或相互产生强烈反应的药品,要分开存放。盛放易燃液体的玻璃器皿,应放在药架底部,以免破碎、脱底而起火灾。药房内的废弃纸盒、纸屑,不要随地乱丢,应集中在金属桶篓内,每日清除。中草药不可大量堆积、储存,以防发热自燃。药房应严禁明火和吸烟,电气照明的灯具、开关、线路,不得靠近药架或穿过药品。中草药原料堆放处应严禁烟火。在中药制剂工艺过程中,用乙醇制取或沉淀需要加热时,可用蒸气加热,不得使用明火,同时保持室内通风良好,电气设备应有防爆装置。药渣应先用水淋洗,把乙醇洗去,然后出渣,此过程中应通风良好,在杜绝明火的前提下进行。

任务三　财物安全管理

动物医院实行“统一领导,集中管理”模式,动物医院一切财务活动在院长的领导下,由动物医院财务部门统一负责管理。依法组织收入,努力节约支出,正确安排和合理使用资金;严格执行国家有关法律、法规和财务规章制度;认真编制和执行财务预算;积极推进绩效考核方法,完成目标管理,做好财务监督、检查和经济活动分析;进行经济预测,做好动物医疗收费的管理工作。

为了确保财产安全,财务室要安装防盗门窗,配备灭火器材。工作人员能正确使用灭火设备，特别是下班离室前一定要关锁好保险箱和防盗门。使用公安指定的合格保险箱，做到撬不开，搬不走。现金存放过夜不得超过规定的限额500元，如确有特殊原因不能按时将超限额现金存入银行的，必须向上级领导提出书面申请，经领导签字同意后方可存放在财务室保险箱内过夜，否则一旦发生失窃案件，必须追究全额赔偿责任。

动物医院领导如同意财务室存放大额现金过夜，必须落实安全保卫措施，防范设施、技术应符合有关安全防范要求，还必须安排专门值班守护人员。动物医院收费室和个人如有大额现金交财务室，应在下午下班之前办理。财务科要加强各项收费安全管理工作，教育职工不要将所收现金放在办公室内或带回家保管，要在规定的时间内交财务室或存入银行。如违反规定造成所收现金失窃或短少，应负全额赔偿责任。财务人员去银行存、取大额现金，医院应安排保卫人员随同。非本室人员不得进入操作室，一切财务手续均在财务室办理。印鉴、票据必须妥善保管，支票、汇票不得预留印章。

动物医院院长为医院财务总负责人，对医院财务负总责。动物医院应当根据国家有关法律、法规等规定，建立健全内部财务管理办法，做好财务管理的基础工作，定期上报会计报表及财务分析，服从医院的管理、监督和检查。

子项目七　对外交流

作为社会服务组织的动物医院要在社会上立足和发展，离不开与社会各方面都交流。动物医院常见的交流方式有行业交流、技术推广以及公益活动组织。

一、行业交流

动物医院承担着动物诊疗任务，属于服务行业，有的行业特点，所以要想发展壮大一定要与行业的发展保持一致。为了紧跟行业的发展，进行行业交流势在必行。目前动物医院参加的行业交流途径很多，如中国兽医协会每年举办的中国兽医大会，还有畜牧兽医相关学会以及行业协会组织的各种学术交流会，还有知名企业组织的技术培训会或者新产品推介会。通过这些会议的交流，动物医院可以获得最新的行业咨询和最新的产品，为提高动物诊疗服务质量和服务水平奠定基础。

二、技术推广

动物医院可以凭借自身的技术优势，定期或者不定期的举办技术推广或者培训会，针对动物疾病的预防、诊治做科普宣传。经过一系列的推广培训活动，不但可以回馈社会，而且能够大大提升动物医院在客户中的影响力，为进一步打造品牌创造条件。

三、动物医疗纠纷处理

近年来，宠物医疗纠纷频繁发生。这不仅损害了动物医院的形象，影响了动物医院的社会效益和经济效益，而且阻碍了医学的创新和医学科学的发展，据统计，真正的医疗事故纠纷仅占纠纷的10%左右。许多医疗过程并未造成医疗事故，但仍然发生严重的医疗纠纷。根据医疗纠纷产生的原因和现状，可以预测，医疗纠纷在今后相当一段时间内将会更加突出，不可能在近期减少和消失。因而宠物医护人员、动物医院管理者对此当有充分的心理准备。

（一）医疗纠纷概念

医疗纠纷是指客户与医疗机构之间，因对动物诊疗护理过程中发生的某一问题、不良反应及其产生的原因认识不一致导致的分歧或争议。争议的焦点集中在医疗机构在动物诊疗护理过程中是否有过失，过失是否导致动物的不良后果，是否承担法律责任。近年来，医疗纠纷涉及范围更广，包括医疗服务态度、医疗收费及医疗环境等。

（二）医疗纠纷的原因

1.动物医院方面的原因

(1)医疗事故引起的纠纷。医院方面为了回避矛盾，对医疗事故不做实事求是的处理而引起。

(2)医疗差错引起的纠纷。这类纠纷常因为客户和医生对是否是医疗事故的意见不同引起。

(3)服务态度引起的纠纷。多是因为医生的态度等原因造成医疗纠纷，特别是当动物出现不良后果时，即使不是医务人员的过失，但动物主人易联系起来而引发纠纷。

(4)不良行为引起的纠纷。医务人员的不良行为如殴打动物等可能造成纠纷。

2.动物主人方面的原因

(1)缺乏医学知识和对医院规章制度不理解。

(2)因动物主人不良动机造成纠纷，极少数动物主人企图通过吵闹来达到某些目的。

3.医疗纠纷增长的原因

(1)广大人民群众医疗保健知识水平提高，法律观念和自我保护意识增强，动物主人开始用法律的武器保护自己的权益。

(2)有些医疗主体因为对物质利益的追求等原因造成医德水平降低，服务态度下滑，造成医疗纠纷。

(3)医疗技术日新月异，但新技术的使用还存在许多未知的情况，可能带来一些新的医疗纠纷。

（三）医疗纠纷的处理

无论从动物医院还是动物主人角度来讲，医疗纠纷的防范都是最重要的、也是最经济有效的方法，但是无论多么有效的防范措施，也无法杜绝所有纠纷的发生，只要有医疗活动，就可能有纠纷发生，无论大医院小医院都必然要面对医疗纠纷。因此，需要正确地面对、妥善地处理。

1.处理的原则　医疗纠纷的本质是民事纠纷，因此，处理医疗纠纷的基本原则与处理其他民事纠纷一样应该遵循公平、公开、公正的原则，以保护动物主人和医疗机构及其医务人员的合法权益，维护医疗秩序，保障医疗安全，促进医学科学的发展作为处理医疗纠纷的指导思想。

医院管理者在面对医疗纠纷时一定不要躲避，不要一味推诿，企图用拖延的方式来解决问题。这样往往会导致医疗纠纷的升级，引发恶性的医疗纠纷暴力事件，给医院特别是医务人员造成更大的伤害。对此，近几年来，一些大型连锁动物医院也在有针对性地设立专门的管理部门受理和处理宠物主人的投诉，及时处理医疗纠纷，有效地维护了医患的合法权益。

2.处理途径　处理医疗事故的三种途径：协商解决、行政调解和司法诉讼。当事的双方可以根据实际情况，根据双方的意愿自由选择这三条途径之一。协商解决是解决民事纠纷的一个基本的途径，即使是采取行政调解和司法诉讼，也并不排斥协商解决。

四、公益活动

动物医院要有社会责任感，也要积极参与社会公益活动。比如，为社区宠主举办义诊活动、给流浪小动物送温暖活动，开展动物保健宣传、科学养宠宣传等活动。

通过这些活动，动物医院发挥专业的医疗技术水平，体现优良的服务能力，在服务社会的同时，也提高了自己的知名度。还有的动物医院发起了多次的流浪动物救助活动，帮助更多流浪动物得到更有效的医疗救助。在救助动物的同时，提高了动物医院的声望。

公益活动可以由动物医院自己单独组织，也可以联合其他企业、个人共同举办，积极承担起社会责任，为小动物健康成长保驾护航，共同建造美好和谐家园。

参考文献

[1] 曹建文，刘越泽，2010. 医院管理学[M]. 3 版. 上海：复旦大学出版社.

[2] 陈溥言，2015. 兽医传染病学[M]. 6 版. 北京：中国农业出版社.

[3] 高利，2016. 小动物疾病学[M]. 北京：科学出版社.

[4] 侯加法，2002. 小动物疾病学[M]. 北京：中国农业出版社.

[5] 姜德康，2022. 羊传染性胸膜肺炎的诊断与治疗[J]. 中国动物保健，24(9)：40-41.

[6] 李晶晶，耿琦，姜胜，等，2015. 动物医院门诊库房管理系统[J]. 中国兽医杂志，51(9)：108-111.

[7] 李玉杰，吴东明，潘庆山，2022. 改良半腱肌移位术在犬会阴疝复发中的应用[J]. 中国兽医杂志，58(8)：105-108.

[8] 李哲，葛慎峰，杨久强，等，2014. 动物诊疗纠纷产生的原因及对策[J]. 养殖技术顾问(7)：271-272.

[9] 李振清，袁善东，张长胜，2006. 物理疗法在兽医临床中的应用[J]. 畜牧兽医杂志(2)：70.

[10] 梁永春，吕长荣，杨必顺，等，2008. 罗威纳犬急性胃扭转的手术治疗[J]. 中国兽医杂志(4)：55.

[11] 林德贵，2003. 动物医院临床技术[M]. 北京：中国农业大学出版社.

[12] 刘学忠，李建基，王志强，等，2015. 动物医院运行管理中遇到的问题解析[J]. 当代畜牧(18)：106-107.

[13] 柳旭伟，葛文霞，赵乐，2014. 手术治疗杜宾犬急性胃扭转一例[J]. 黑龙江畜牧兽医(18)：76-77.

[14] 齐玉生，2002. 现代医院管理百科全书：中卷[M]. 北京：当代中国出版社.

[15] 少恒，2010. 实用礼仪大全[M]. 北京：当代世界出版社.

[16] 司宏富，2020. 动物诊疗管理工作中存在的问题与建议[J]. 当代畜牧(12)：67-68.

[17] 王康凌，谢瑞海，顾邦华，等，2022. 猪弓形虫病的综合防治体会[J]. 中国动物保健，24(8)：5-6.

[18] 王晓燕，2022. 动物诊疗事故技术鉴定问题思考[J]. 中国动物保健，24(8)：118-119.

[19] 王子轼，周铁忠，2010. 动物病理[M]. 北京：中国农业出版社.

[20] 魏小利，2022. 禽流感的诊断与防控[J]. 今日畜牧兽医，38(6)：28-30.

[21] 谢富强，2018. 兽医影像学[M]. 3 版. 北京：中国农业大学出版社.

[22] 杨汉春，2020. 动物免疫学[M]. 3 版. 北京：中国农业大学出版社.

[23] 杨荣，李宗英，2017. 动物医院院内感染管理[J]. 中国畜牧兽医文摘，33(3)：13-14.

[24] 杨荣，李宗英，唐艳荣，2016. 动物医院人才发展战略管理[J]. 中国畜牧兽医文摘，32(9)：35.

[25] 杨位荣，林金顶，曾秀京，2014. 犬巨大结肠症的治疗体会[J]. 中国畜牧兽医文摘，30(6)：

177.
[26] 曾鸿章,2017.以绩效管理促进动物医院质量提升[J]. 中国动物保健,19(10):78-80.
[27] 张斌,2019.宠物医院实务[M].2版.北京:中国农业出版社.
[28] 张鹭鹭,2014.医院管理学[M].北京:人民卫生出版社.
[29] Paula Pattengale, 2010.动物医院工作流程手册[M]. 夏兆飞,主译.北京:中国农业大学出版社.